权威·前沿·原创

皮书系列为
"十二五""十三五""十四五"时期国家重点出版物出版专项规划项目

BLUE BOOK

智 库 成 果 出 版 与 传 播 平 台

智能互联网蓝皮书

BLUE BOOK OF INTELLIGENT INTERNET

中国智能互联网发展报告
（2025）

ANNUAL REPORT ON CHINA'S INTELLIGENT INTERNET
DEVELOPMENT（2025）

主　　编／唐维红

执行主编／唐胜宏

副 主 编／刘志华

社会科学文献出版社
SOCIAL SCIENCES ACADEMIC PRESS（CHINA）

图书在版编目（CIP）数据

中国智能互联网发展报告 . 2025 / 唐维红主编 . --
北京：社会科学文献出版社，2025.6. --（智能互联网
蓝皮书）. -- ISBN 978-7-5228-5418-2

Ⅰ. TP393.4

中国国家版本馆 CIP 数据核字第 2025EF1222 号

智能互联网蓝皮书
中国智能互联网发展报告（2025）

主　　编 / 唐维红
执行主编 / 唐胜宏
副 主 编 / 刘志华

出 版 人 / 冀祥德
责任编辑 / 吴云苓
责任印制 / 岳　阳

出　　版 / 社会科学文献出版社 · 皮书分社（010）59367127
　　　　　　地址：北京市北三环中路甲 29 号院华龙大厦　邮编：100029
　　　　　　网址：www.ssap.com.cn
发　　行 / 社会科学文献出版社（010）59367028
印　　装 / 三河市东方印刷有限公司

规　　格 / 开　本：787mm×1092mm　1/16
　　　　　　印　张：27.25　字　数：411 千字
版　　次 / 2025 年 6 月第 1 版　2025 年 6 月第 1 次印刷
书　　号 / ISBN 978-7-5228-5418-2
定　　价 / 168.00 元

读者服务电话：4008918866

栗　蔚　　原春锋　　徐恺岳　　殷利梅　　高广泽
唐胜宏　　唐维红　　黄　韬　　黄绍莽　　黄梁峻
曹冰雪　　龚泊榕　　康　劼　　蒋树强　　蔡　鸿
蔡玮倩　　廖灿亮　　黎向阳　　潘剑锋

编 辑 组　廖灿亮　　王　京　　刘　珊　　冯雯璐　　董晋之
王媛媛

主要编撰者简介

唐维红 人民网党委委员、监事会主席、人民网研究院院长，高级编辑、全国优秀新闻工作者、全国三八红旗手。长期活跃在媒体一线，原创网络评论专栏"人民时评"曾获首届"中国互联网品牌栏目"和中国新闻奖一等奖，参与策划并统筹完成的大型融媒体直播报道《两会进行时》获得中国新闻奖特别奖。2020~2023 年担任移动互联网蓝皮书主编。2024 年至今担任智能互联网蓝皮书主编。

唐胜宏 人民网研究院常务副院长，高级编辑。主持、参与完成多项马克思主义理论研究和建设工程项目、国家社科基金项目，以及中宣部、中央网信办课题研究，《融合元年——中国媒体融合发展年度报告（2014）》《融合坐标——中国媒体融合发展年度报告（2015）》执行主编之一。代表作有《网上舆论的形成与传播规律及对策》《运用好、管理好新媒体的重要性和紧迫性》《利用大数据技术创新社会治理》《融合发展：核心要义是创新内容凝聚人心》等。2012~2023 年担任移动互联网蓝皮书副主编、执行主编。2024 年至今担任智能互联网蓝皮书执行主编。

刘韵洁 中国工程院院士，紫金山实验室主任兼首席科学家，国家未来网络试验设施重大科技基础设施（CENI）项目负责人。曾主持设计、建设和运营管理我国第一个公用数据网络体系，开拓了我国公用数据通信新领域。曾获得国家科技进步奖一等奖 1 项、部级科技进步奖一等奖 2 项，从事网络技术工作 50 余年，在数据网、互联网以及未来网络等方面做出了开拓性工作。

赵春江 中国工程院院士，中国农业信息化领域学科带头人。现任北京市农林科学院国家农业信息化工程技术研究中心主任/首席科学家、国家农业智能装备工程技术研究中心首席科学家、农业农村部农业信息技术综合性重点实验室主任、中国人工智能学会智能农业专业委员会主任、北京市科协副主席。长期从事现代信息科技与农业融合应用研究，获国家科技进步奖二等奖、国家 863 计划突出贡献奖、国家 973 计划先进个人和全国杰出专业技术人才等。

方兴东 浙江大学传媒与国际文化学院常务副院长、求是特聘教授，全球互联网口述历史（OHI）项目发起人，清华大学博士。近 30 年全程见证、参与和研究中国互联网。互联网实验室和博客中国创始人，主持国家社科基金重大项目 3 项，发表高水平学术论文 100 余篇，其中 9 篇被《新华文摘》全文转载。出版《IT 史记》《网络强国》《欧拉崛起》等专著 30 余部。

李　斌 交通运输部路网监测与应急处置中心主任，车路一体智能交通全国重点实验室副主任。长期从事智能交通技术研发及工程应用工作，主要成果包括智能公路磁诱导自动驾驶技术、智能道路系统体系架构、路网运行监管技术、车路协同安全预警技术等。

郑　宁 中国传媒大学文化产业管理学院法律系主任、文化法治研究中心主任，教授，法学博士，研究方向为文化传媒法、互联网法、行政法。发表论文 60 余篇，独著、主编著作和教材十余部，主持多项国家级、省部级项目。

序

作为新一轮科技革命和产业变革的重要驱动力量，人工智能对全球经济社会发展和人类文明进步所产生的深远影响正在日益显现。人工智能与新一代网络通信技术融合创新，引领经济社会迈向智能化的广阔空间。

2024 年，我国发展历程很不平凡，庆祝新中国成立 75 周年，党的二十届三中全会胜利召开，是实现"十四五"规划目标任务的关键一年，也是习近平总书记提出网络强国战略目标 10 周年和我国全功能接入国际互联网 30 周年。在政策引领、技术突破等多重因素作用下，中国智能互联网朝着创新驱动与深度融合的方向快速前进。

截至 2025 年 2 月，我国 5G 基站达到 432.5 万个，比上年末净增 7.4 万个，建成了全球规模最大的 5G 网络。在用算力中心标准机架数超过 880 万，算力总规模位居全球第二。"东数西算"工程深入实施。国产芯片产业竞争力、创新力与产业韧性持续增强。

大模型技术不断取得新突破，训练和运营成本降低，推动人工智能的全面落地。继文生文、文生图之后，国内科研机构、企业厂商发布文生视频大模型，实现大模型多模态功能跃升。截至 2024 年底，共 302 款生成式人工智能服务在国家网信办完成备案，其中 2024 年新增 238 款。

智能互联网在政务、教育、医疗、科研、能源、传媒等多领域广泛应用，AI 电脑、AI 手机、AI 键盘等智能终端产品纷纷涌现，自动驾驶迅速发展，人形机器人在文娱、制造、民生等新场景落地，催生新模式、新业态，为经济高质量发展注入新动能。截至 2024 年底，我国生成式人工智能产品的用户规模达 2.49 亿人，占整体人口的 17.7%，这是一个极富分量的数据，

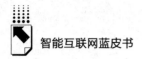

标志着生成式人工智能在中国的应用和普及已初具规模，也预示着人工智能技术全方位融入人们日常生活和工作的井喷式发展即将到来。

与此同时，智能互联网带来的算法偏差、虚假信息及人机权责边界模糊等问题，引发社会高度关切。2024年我国不断强化数据安全管理、人工智能治理、未成年人网络保护并完善个人信息保护标准。2024年7月，中国主提的加强人工智能能力建设国际合作决议在联合国大会通过。《人工智能全球治理上海宣言》助力推动全球人工智能治理迈向更高水平。

习近平总书记指出："谁能把握大数据、人工智能等新经济发展机遇，谁就把准了时代脉搏。"党的二十届三中全会《决定》对完善推动人工智能等战略性产业发展政策和治理体系，加强网络安全体制建设，建立人工智能安全监管制度等提出明确要求。2024年12月，中央经济工作会议提出，开展"人工智能+"行动，培育未来产业。2025年政府工作报告部署"持续推进'人工智能+'行动"等重点任务。系统性战略安排为我们推动智能互联网的技术进步、产业发展与安全保障指明了前进方向、提供了根本遵循。我们要深刻学习领会、贯彻落实习近平总书记关于网络强国的重要思想和关于人工智能的重要论述，抢抓人工智能发展的历史性机遇，积极推动人工智能科技创新和产业创新融合发展，加快发展新质生产力。

适应互联网智能化发展的大趋势，从2023年度起，人民网将已连续出版12年的移动互联网蓝皮书，更名为智能互联网蓝皮书。今年是智能互联网蓝皮书第二年出版。本书是学界、业界关于智能互联网的最新理论研究和实践成果，展示中国智能互联网发展的成效与经验、挑战与趋势。我愿将本书推荐给关心中国智能互联网发展的社会各界人士，期待此书的出版能为推动中国智能互联网的高质量发展贡献力量。

中国工程院院士

2025年3月

摘　要

2024年，在"人工智能+"政策驱动下，我国多模态大模型高速演进，AI智能体、智能终端迎来爆发式发展。智能互联网支撑人工智能与搜索引擎、社交应用等互联网基础应用融合，并在垂直行业、专业领域加速应用，政府数智化建设全面提速，产业数智化与绿色化协同发展，人工智能治理体系愈发完善。展望2025年，智能互联网技术底座将加速创新突破，科技创新与产业创新融合发展，推动智能互联网应用走深向实创新范式，我国人工智能治理将迈向更高水平。

2024年全球智能互联网加速向深度融合演进。我国智能互联网法规政策呈现精细化、多元化特征，人工智能监管与发展并重，并进一步加强数据和网络安全管理。智能经济产业蓬勃发展，涵盖智能技术的产业化和传统产业智能化升级。智能科技通过数据要素重构、生产流程再造及空间形态重塑等方面，促进文化产业生态体系构建。数字化与绿色化协同发展，形成了以智能互联网自身绿色化发展、强化对传统产业绿色化转型的赋能作用等为代表的数字化绿色化协同发展态势。

2024年，以无损以太网、确定性广域网、算网操作系统等为代表的智能互联网网络基础设施关键技术加速发展。数据产业发展呈现产业主体多元化、数据资源总量剧增、数据流通平台建设加速等特征。算力作为数字经济时代的基础设施底座，社会需求呈爆发式增长，算力互联网推动我国智算产业高质量发展。AI技术开启手机智能交互新时代，推动终端向更智能、更便捷方向发展。具身智能的发展不仅推动人工智能技术的革新，还在智能制

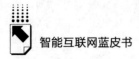
造、智能机器人、智能驾驶等领域展现重大的战略意义。大模型技术在安全领域的应用不断深入。

2024年，大模型赋能政务服务更加注重场景化应用与生态构建，推动资源整合与产业基础建设。智慧农业方面，智能育种、无人农场、农产品智慧供应链等领域发展成效显著。政策支持与市场驱动共同推动智慧医疗发展，技术创新引领医疗模式变革，AI辅助诊断精准度提升。我国自动驾驶政策环境持续优化、核心技术迭代加速，交通运输部和工信部通过试点示范推动自动驾驶在城市和城际典型交通应用场景落地。智慧文旅保持高速增长态势，成为推动文旅产业转型升级的核心动力。智慧体育在发展新质生产力背景下迎来蓬勃发展。VR/AR产业在人工智能等新技术推动下发展模式发生转变。

2024年生成式人工智能技术的快速发展引发了诸多著作权风险。如何在鼓励技术创新与保护著作权之间找到平衡，成为关键问题。我国构建了以公共数据共享、开放、授权运营为核心的公共数据应用基本架构，形成了各具特色的应用模式，但在高质量数据供给、生态系统培育等方面面临挑战。智慧政府实践探索不断拓展，分散建设、制度滞后等问题有待解决。全球人工智能伦理治理正加速转向系统性落实，各国与国际组织的治理实践持续深入拓展，全球性治理规则方兴未艾。人工智能技术在教育领域深入应用，依托多模态数据采集与智能分析技术，实现教学质量的动态化、精准化评估。

关键词： 智能互联网　"人工智能+"　大模型

目 录 ⟫

Ⅰ 总报告

Ⅱ 综合篇

Ⅲ 基础篇

Ⅳ 市场篇

Ⅴ 专题篇

皮书数据库阅读**使用指南**

总 报 告

B.1
中国智能互联网:"人工智能+"
引领融合创新

唐维红 唐胜宏 廖灿亮*

摘 要: 2024 年,在"人工智能+"政策驱动下,我国大模型多维跃升,智能体、智能终端迎来爆发式发展。智能互联网支撑人工智能与搜索引擎、社交应用等互联网基础应用融合,并在垂直行业、专业领域加速应用,政府数智化建设全面提速,产业数智化与绿色化协同发展,人工智能治理体系愈发完善。展望 2025 年,智能互联网技术底座将加速创新突破,科技创新与产业创新融合发展,推动智能互联网应用走深向实创新范式,我国人工智能治理将迈向更高水平。

关键词: "人工智能+" 多模态 智能体 智能终端 人工智能治理

---

* 唐维红,人民网党委委员、监事会主席、人民网研究院院长,高级编辑;唐胜宏,人民网研究院常务副院长,高级编辑;廖灿亮,人民网研究院研究员。

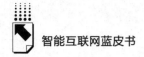

2024年是新中国成立75周年，是习近平总书记提出网络强国战略目标10周年，也是我国全功能接入国际互联网30周年。以大模型为代表的人工智能（AI）快速演进，驱动新一轮科技革命和产业变革。2024年政府工作报告首提"人工智能+"行动，多地多部门发布政策文件积极推动落实，引领智能互联网行业蓬勃发展、传统行业智能化转型升级。智慧农业、智慧医疗、智慧教育、智能制造、智能驾驶、智慧城市、数字政府等领域亮点纷呈。在政策持续引领、技术创新突破、产业应用拓展等多重因素驱动下，中国智能互联网朝着创新驱动与融合发展的方向快速前进。

一　2024年中国智能互联网发展概况

（一）基础底座进一步夯实

1.算力基础设施实现新突破

2024年，我国加紧构建"全国一体化算力网络"，算力产业迎来跨越式发展。算力供给水平持续提升。截至2024年底，我国在用算力中心标准机架数超过880万，算力总规模较2023年底增长16.5%、位居全球第二。智能算力需求激增。2024年全国算力总规模达280EFLOPS（每秒百亿亿次浮点运算），智能算力在算力总规模中占比提升至32%。[①] 全国超30个城市已经建成或正在建设、扩容智算中心，数量超过250个，成为人工智能产业发展的强劲引擎。例如，北京亦庄人工智能公共算力平台算力升级到5000P[②]。河南建设的空港智算中心首批2000P算力于2024年投产，打造我国中部地区智能算力新引擎。中国移动建成中国移动算力中心（哈尔滨），中心内超过1.8万张AI加速卡，智能算力规模达6.9EFLOPS，是全球运营商最大单集群智算中心。国产图形处理器（GPU）公司摩尔线程宣布其夸娥

---

① 全国数据资源统计调查工作组：《全国数据资源调查报告（2024年）》，https://www.nda.gov.cn/sjj/ywpd/sjzy/0429/ff808081-960ee580-0196-813a908a-03fb.pdf。

② PetaFLOPS的缩写，代表每秒能够完成一千万亿次浮点运算的能力。

（KUAE）智算集群从千卡扩展至万卡规模，总算力超过 10EFLOPS。算力互联网建设得到进一步推进。贵州、四川、安徽芜湖等省市政府上线算力调度平台，汇聚区域内的算力，提高算力基础设施利用率。国家超算互联网平台上线并连接 10 余个算力中心，超过 200 家应用、数据、模型等服务商入驻，构建起我国一体化的超算力网络和服务平台。

2. 人工智能大模型初具规模

2024 年国内大模型数量及生成式人工智能服务数量实现突破，进一步为我国智能互联网发展奠定了技术基础。截至 2024 年底，共 302 款生成式人工智能服务在国家网信办完成备案，其中 2024 年新增 238 款备案，还有 105 款基于已备案模型的生成式人工智能应用在地方网信办完成登记。[①] 据国家数据局公布的数据，我国 10 亿参数规模以上的大模型数量已经超过 100 个。[②] 截至 2024 年 7 月，全球人工智能大模型的数量达 1328 个，我国大模型数量占比 36%，仅次于美国，位列第二。截至 2024 年 12 月，我国生成式人工智能产品的用户规模达 2.49 亿人，占整体人口的 17.7%。[③]

3. 数据要素市场加快布局

2024 年全国数据生产总量达 41.06 泽字节（ZB），同比增长 25%。[④] 数据要素流通渠道更加畅通。截至 2024 年 7 月，我国已有 243 个省级和城市的地方政府上线了数据开放平台。[⑤] 北方大数据交易中心、贵阳大数据交易所等 24 家数据交易机构联合发布《数据交易机构互认互通倡议》，持续降低合规流通和交易成本，激发数据要素市场活力。具有核心竞争力的数据供

---

① 《国家互联网信息办公室关于发布 2024 年生成式人工智能服务已备案信息的公告》，中国网信网，2025 年 1 月 8 日，https：//www. cac. gov. cn/2025-01/08/c_ 1738034725920930. htm。
② 中国信息通信研究院：《全球数字经济白皮书》，2024 年 7 月，https：//m. gmw. cn/toutiao/2024-03/25/content_ 1303695041. htm。
③ 中国互联网络信息中心：《第 55 次〈中国互联网络发展状况统计报告〉》，2025 年 1 月，https：//www. cnnic. net. cn/NMediaFile/2025/0117/MAIN1737106895576721DFTGKEAD. pdf。
④ 《〈全国数据资源调查报告（2024 年）〉正式发布》，《人民日报》2025 年 4 月 30 日，http：//paper. people. com. cn/rmrb/pc/content/202504/30/content_ 30070806. html。
⑤ 复旦发展研究院：《资讯｜2024 中国开放数林指数发布（复旦 DMG）》，2024 年 9 月，https：//fddi. fudan. edu. cn/_ t2515/96/fe/c21257a694014/page. htm。

应商、服务商和运营商不断涌现，推动全国数据要素市场规模持续扩大。例如，人民网人民数据基于人民链 Baas 服务平台（2.0 版本）进行数据确权、上链、存证、交易服务，向相关单位发放"数据资源持有权证书"、"数据加工使用权证书"和"数据产品经营权证书"（三证），助力数据要素市场健康发展。2024 年全国数据市场交易规模预计超 1600 亿元，同比增长 30% 以上。北京、上海、浙江、广州、深圳、海南、贵阳等地主要数据交易机构上架产品 1.6 万多个，数据交易（含备案交易）总额超 220 亿元，同比增长 80%。[①] 随着人工智能行业对 AI 训练数据集需求增加，文本、语音、图像及机器人动作等数据集进一步发展。2024 年 12 月，上海人工智能实验室、国家地方共建人形机器人创新中心等开源全球首个基于全域真实场景的百万真机数据集 AgiBotWorld，为人形机器人在复杂场景中进行自主学习和决策提供支持。

4. 国产芯片迎强劲复苏

2024 年我国集成电路产量、出口额创历史新高，芯片产业竞争力、创新力与韧性持续增强。数据显示，2024 年我国集成电路产量达 4514 亿块，同比增长率高达 22.2%；出口 2981 亿块，出口额达 1595 亿美元（约 1.13 万亿元），同比增长 17.4%，超过手机、汽车成为出口额最高的单一商品。[②] 中芯国际实现 7 纳米芯片小规模试产，华为发售搭载麒麟 9020 芯片的多款智能手机，我国 7 纳米制程芯片实现突破。2025 年初，深度求索（DeepSeek）公司发布开源推理大模型 DeepSeek-R1，该模型通过技术创新降低了对高端图形处理器（GPU）芯片的依赖，降低了企业准入门槛，为国产芯片提供了更多的市场机会。华为昇腾、沐曦、天数智芯、海光信息、昆仑芯科技、燧原科技等多家国产芯片厂商宣布适配或上架 DeepSeek 模型服务，国产芯片产业链协同创新加速推进。

[①] 《2024 年全国数据市场交易规模预计超 1600 亿元》，新华社，2025 年 1 月 10 日，https://www.gov.cn/lianbo/bumen/202501/content_ 6997834.htm。

[②] 工信部：《2024 年电子信息制造业运行情况》，2025 年 2 月 6 日，https://www.miit.gov.cn/gxsj/tjfx/dzxx/art/2025/art_ 1700821f77774a368eaa88e6c9fb3807.html。

5. 智能网络能力持续提升

截至 2024 年底，我国 5G 基站达到 425 万个，比上年末净增 81.5 万个，已建成全球规模最大的 5G 网络。[①]"东数西算"工程深入实施，内蒙古、河北、甘肃、宁夏等八大枢纽节点建设提速。全球首个规模最大、覆盖最广的 400G 全光骨干网在我国全面投入运营，实现算力枢纽节点间低至 20 毫秒、省域间仅 5 毫秒的超低时延全光直连。[②] 3 家基础电信企业发展蜂窝物联网终端用户超过 26 亿户，持续推动网络向"万物智联"发展。[③]"5G+工业互联网"全国建设项目数超 1.7 万个，实现 41 个工业大类全覆盖。[④] IPv6 地址数量为 69148 块/32，IPv6 活跃用户数达 8.22 亿。[⑤] 与此同时，我国多措并举推进 6G 网络发展。《国家数据基础设施建设指引》等政策文件均强调有序推进 5G 网络向 5G-A 升级演进，全面推进 6G 网络技术研发创新。北京等多地也明确强调要加快 6G 实验室和 6G 创新产业集聚区等项目建设，探索 6G 应用。

（二）智能终端迎来爆发式发展

1. 智能硬件终端发展迅猛

2024 年，AI 大模型与手机、电脑、耳机、眼镜、音箱等端侧硬件融合加速，各大厂商纷纷推出 AI PC（个人计算机）、AI 手机、AI 眼镜等产品，成为 AI 行业新增长引擎。电商平台京东 2024 年"双十一"数据显示，AI

[①] 工信部：《2024 年通信业统计公报》，2025 年 1 月 26 日，https：//www.miit.gov.cn/gxsj/tjfx/txy/art/2025/art_ 641c048c5d4f4e308098bf6c4e3dcb4a.html。

[②] 《走近大国工程丨东数西算新动脉 探访全球首个规模最大、覆盖最广的 400G 全光省际骨干网》，中央纪委国家监委网站，2024 年 11 月 11 日，https：//www.ccdi.gov.cn/yaowenn/202411/t20241111_ 386836_ m.html。

[③] 工信部：《2024 年通信业统计公报》，2025 年 1 月 26 日，https：//www.miit.gov.cn/gxsj/tjfx/txy/art/2025/art_ 641c048c5d4f4e308098bf6c4e3dcb4a.html。

[④] 《工信部：2024 年 5G 网络不断向农村地区延伸》，央广网，2025 年 1 月 21 日，https：//news.cnr.cn/dj/20250121/t20250121_ 527048072.shtml。

[⑤] 中国互联网络信息中心：《第 55 次〈中国互联网络发展状况统计报告〉》，2025 年 1 月，https：//www.cnnic.net.cn/NMediaFile/2025/0220/MAIN1740036167004CKE0DITFO1.pdf。

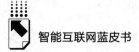
电脑、AI 手机、AI 键鼠、AI 音箱成交额同比增长均超 100%。① AI 手机领域，2024 年国产 AI 手机出货量预计达 0.4 亿台，② 各大厂商持续发布搭载 AI 大模型的手机产品，升级硬件能力与服务能力，智能图像处理、智能日程管理、复杂场景分析等功能成为标配。例如，小米的 Xiaomi 15Pro 手机，搭载 Xiaomi AISP 大模型计算摄影平台 2.0，具备 AI 绘画、AI 抠图等功能；华为的 Mate 70 Pro+手机，搭载盘古大模型，支持 AI 修图、AI 降噪通话、AI 隔空传送等功能。AI 眼镜领域，国内多家科技企业发布 AI 眼镜产品或宣布发布计划，边缘侧智能加速发展。例如，百度发布的小度 AI 眼镜，搭载中文大模型，具备第一视角拍摄、识物百科、视听翻译、智能备忘等功能；雷鸟创新发布的 V3AI 拍摄眼镜，搭载通义千问大模型，具备拍照摄影、AI 语音、语义搜索等功能。

2. 自动驾驶商业化提速

2024 年，自动驾驶迅速发展，各地区车路协同范围持续扩大。我国主要整车企业均已实现 L2 级（组合辅助驾驶）智能网联乘用车的规模化量产，在终端市场规模和渗透率两方面实现大幅度增长。2024 年上半年，我国乘用车 L2 级辅助驾驶新车渗透率达到 55.7%，较 2023 年显著提升，预计 2025 年将达到 65%。2024 年国内乘用车智能座舱渗透率超过 70%，预计 2025 年将达到 76%。③ 新能源乘用车表现更为突出，2024 年 1~8 月 L2 级及以上辅助驾驶功能装车率达 66.6%。④ 与此同时，自动驾驶技术应用在实际道路运营上快速推进，多个城市在指定区域内启动自动驾驶商用化应用，变革城市交通格局与人们生活方式。例如，北京高

① 《京东双 11 战报出炉：超 1.7 万个品牌成交额同比增长超 5 倍，大屏电视成农村地区换新首选》，极目新闻，2024 年 11 月 12 日，http：//www.ctdsb.net/s403_ 303411/1222915.html。

② 《智能手机 2024 成绩单：AI 升温、折叠屏降速，OPPO 跌出前五》，《时代周报》2025 年 1 月 1 日，https://openapi.jrj.com.cn/yidianzixun/yaowen/2025/01/47015160.shtml。

③ 《2025 年中国汽车业站上新起跑线》，《经济参考报》2025 年 1 月 24 日，https://www.xinhuanet.com/fortune/20250124/dc886900e44f4c47ab5672970e3e043f/c.html。

④ 《上半年新能源车 L2 级及以上辅助驾驶功能装车率达 66.4%》，《新京报》2024 年 8 月 21 日，https：//finance.eastmoney.com/a/202408213161467775.html。

级别自动驾驶示范区覆盖范围扩大至 600 平方公里，无人清扫车、无人巡逻车、无人接驳车等不断在示范区涌现，自动驾驶应用场景不断拓展。苏州市在工业园区开展低速无人车的测试与运营，主要用于物流配送和员工接送等场景。自动驾驶出行服务平台"萝卜快跑"在武汉实现无人驾驶商业化运营，仅在 2024 年第二季度就提供了约 89.9 万的自动驾驶订单服务。自动驾驶出行服务公司"小马智行"在广州、深圳实现出租车全无人商业收费等，初步实现商业化落地。此外，自动驾驶公交车、卡车、矿车正逐步走向成熟。

3. 人形机器人初步落地

随着人形机器人与人工智能深度融合，人形机器人的感知、学习和决策能力不断增强。例如，科大讯飞人形机器人搭载星火大模型，持续提升复杂任务理解、物理世界常识任务拆解、多模态感知和理解等能力。与此同时，人形机器人在文娱、制造、民生服务等场景逐步落地，并初步实现量产与商业化应用。例如，在中央广播电视总台乙巳蛇年春晚舞台上，十几个人形机器人与舞者共舞，受到广泛关注。2024 年，乐聚机器人发布搭载华为云盘古大模型的"夸父"人形机器人，并宣布已交付蔚来汽车、北汽越野车等企业工厂使用。

（三）智能产业发展迅速

1. 政策引领产业发展

2024 年，我国人工智能领域顶层布局进一步加强，从中央到地方政府陆续出台政策文件，明晰产业发展路径，引领智能互联网领域产业快速发展。2024 年，"人工智能+"行动首次被写入政府工作报告，明确"深化大数据、人工智能等研发应用，开展'人工智能+'行动"。党的二十届三中全会审议通过的《中共中央关于进一步全面深化改革、推进中国式现代化的决定》提出，完善推动人工智能等战略性产业发展政策和治理体系。国家发改委等六部门印发《关于促进数据产业高质量发展的指导意见》，部署系列举措加快繁荣数据产业生态。与此同时，各地方政府积极抢抓发展机遇，推出相关政策支持当地人工智能产业发展，打造智能互联网创新高地。例如，北京发布"人工智能+"行动计划，围绕机器人、教育、医疗、文化、交通等领域打造标杆应用，提出打造"具有全球影响力的人工智能创新策源地和应用高地"目标；① 广东出台夯实人工智能产业底座、构筑智能终端产品新高地等系列举措，并提出"到2025年，全省算力规模超过40EFLOPS，人工智能核心产业规模超过3000亿元"的发展目标等。② 我国地方人工智能产业生态正逐步构建。

2.产业规模持续扩大

2024年我国智能互联网领域投融资依然处于高位，吸引了大量资本涌入。数据显示，我国在2024年的AI投资额按单一国家计算位列全球第二位，仅次于美国。③ 另IT桔子数据显示，截至2024年12月17日，我国人工智能领域共发生644起投融资事件，超过2023年（633起），涉及金额821.29亿元，同比增长29%。④ 工信部数据显示，截至2024年9月底，我国已初步构建了较为全面的人工智能产业体系，我国人工智能核心产业规模接近6000亿元，产业链覆盖芯片、算法、数据、平台、应用等上下游关键环节，相关企业超过4500家。⑤ 智能技术不仅发展形成独立的产业或行业，其衍生的自动驾驶、具身智能、低空经济等新兴产业快速发展，而且推动农业、制造业、医疗、教育、政务等传统行业领域智能化转型升级，智能互联网相关产业规模不断壮大。

---

① 北京市发展和改革委员会等：《北京市推动"人工智能+"行动计划（2024—2025年）》，2024年7月26日，http://www.bkweek.com/a/zhongdianjujiao/kjb2024/kjb0727/9359.html。
② 广东省政府办公厅：《广东省关于人工智能赋能千行百业的若干措施》，2024年5月26日，http://www.gd.gov.cn/zwgk/gongbao/2024/12/content/post_4436826.html。
③ 《2024年全球AI投资猛增至1100亿美元，中国表现突出居第二》，界面新闻，2025年2月12日，https://www.jiemian.com/article/12338303.html。
④ 《人工智能领域投融资火爆，年内融资金额已超820亿元》，澎湃新闻，2024年12月18日，https://m.thepaper.cn/newsDetail_forward_29680260。
⑤ 《中国人工智能核心产业规模已近6000亿元》，中国新闻网，2024年9月13日，https://www.chinanews.com.cn/cj/2024/09-13/10285775.shtml。

二 2024年中国智能互联网发展特点

（一）大模型多维跃升引领应用拓展

1. 大模型百舸争流

一是国产大模型能力升级，性能比肩甚至超过国际主流大模型。例如，2024年3月，月之暗面公司宣布旗下大模型产品Kimi支持200万字超长无损上下文，"长文本"领域实现突破。2025年初，深度求索（DeepSeek）公司发布开源推理大模型DeepSeek-R1，在数学、代码、自然语言推理等任务上的性能比肩国外OpenAI o1正式版，但其训练所消耗算力以及服务定价远低于全球其他模型，极大降低了AI应用的研发成本，引领行业深度变革。二是大模型向多模态方向持续进化。多模态大模型不仅能处理文本，还能理解图像、视频、音频等多种数据形式，精准捕捉信息的深层含义，初步具备文本、图像、视频、语音、3D图像等生成能力。国内许多大模型应用均支持文生图、文生视频和图生视频功能。例如，腾讯混元文生视频大模型、字节跳动豆包视频生成模型、快手可灵1.5大模型等应用，用户只需要输入一段描述即可生成视频。三是大模型训练和推理成本降低，推动AI市场化应用。例如，DeepSeek通过多头潜注意力（MLA）等技术，将大模型推理成本压缩了97%。[①] 字节跳动豆包大模型团队提出稀疏模型架构UltraMem，使大模型推理成本最高可降低83%。[②] 随着大语言模型能力和性价比的提升，百度、字节跳动、智谱AI等国内大模型企业纷纷调降了相关产品和服务的价格，为AI大模型更加广泛的商业应用奠定了基础。2024年我国AI大模

---

① 《DeepSeek重塑算力生态 国产算力迎新机遇》，光明网，2025年2月20日，https://tech.gmw.cn/2025-02/20/content_37861214.htm。

② 《豆包提出全新稀疏架构 降低推理成本》，《新京报》2025年2月12日，https://www.bjnews.com.cn/detail/1739339595129932.html。

型应用市场规模约为 157 亿元，2022~2027 年复合增长率达 148%。[①] 四是大模型研发主体趋向多元，垂直大模型不断涌现。大模型研发不再是大型互联网企业的"专利"，各大高校、科研机构以及包括中小企业的行业企业创新研发各种类型的大模型产品，例如月之暗面的 Kimi、深度求索的 DeepSeek-V3 等通用大模型产品，以及阿里国际商用翻译大模型 Marco、国家电网的电力行业大模型光明电力大模型、中国科学院海洋研究所的海洋大模型琅琊 1.0 等垂类大模型，助力各行业数智化转型。五是小语言模型（SLM）快速发展。多家企业推出小语言模型应用——以其体积更小、训练用数据少、成本更低的优势，助力生成式人工智能的进一步落地应用。

2. 智能体引领应用方向

智能体（AI Agent）一般指基于大模型等技术底座，能够感知环境、做出决策并执行任务的自主系统，其最大特点是自主性，即在无须人类干预的情况下，根据外部传感器或数据输入自主做出决策并执行相应动作。[②] 2024 年，AI 大模型驱动人工智能在云边端实时协同，赋能智能体快速发展。一是智能体迎来广泛应用。传媒、医疗、金融、教育、制造、政务等领域的智能体应用不断涌现，"AI 助手""智能助理"等成为主流产品形式。例如人民网发布的"社交智能助理"，通过集成 11 种大模型能力，为自媒体运营提供一站式解决方案，助力自媒体提升运营效率、加强版权保护和内容风控。首都网络普法智能体"京小 e"，依托百度文心一言大模型底座，提供精准、高效、便捷的 24 小时在线法律服务。二是头部企业积极构建智能体生态系统。服务普通大众的智能体成为行业普遍看好的应用方向。相关企业积极推进智能体开发框架和智能体商店布局，抢占发展赛道。例如，百度推出基于文心大模型的文心智能体平台，腾讯推出基于混元大模型的智能体创作与分发平台腾讯元器，字节跳动推出基于豆包大模型的智能开发工具豆包 MarsCode，蚂蚁集

① 第一新声研究院：《2024 年中国 AI 大模型产业发展与应用研究报告》，2025 年 1 月，https：//news. qq. com/rain/a/20250117A02H4E00。
② 中国互联网络信息中心：《生成式人工智能应用发展报告（2024）》，https：//www. cnnic. cn/NMediaFile/2024/1216/MAIN1734335943312M6I8EAUXYM. pdf。

团推出独立 AI 原生 App "支小宝"及智能体开发平台"百宝箱"等。三是手机等端侧智能体迎来初步发展。个性化 AI 助手成为智能体端侧应用的主要方向。例如，荣耀 AI 智能体，具备"AI 反诈""一键点饮品""一键旅行规划与订票"等多项端侧 AI 功能。联想发布的 PC 个人 AI 智能体"联想 AI Now"，基于 Meta 的 Llama 3.1 构建的本地大语言模型，使用户可以通过自然语言交互来管理任务、获取信息，助力提升工作效率和用户体验。

3. 具身智能初步落地应用

具身智能（Embodied Artificial Intelligence，EAI）是一种基于物理实体进行感知和行动的智能系统，其核心在于智能体通过物理身体与环境的交互来实现感知、理解、决策和行动。2024 年，国内外科研机构和企业在具身智能领域取得了重要进展，成功推出了多款具身智能机器人。具身智能正从理论走向实践，加速落地。一是大模型技术的突破为具身智能的发展提供技术支撑。例如，2024 年，华为云推出盘古具身智能大模型，能够让机器人完成 10 步以上的复杂任务规划，并且在任务执行中实现多场景泛化和多任务处理。同时盘古具身智能大模型还能生成机器人需要的训练视频，让机器人更快地学习各种复杂场景。北京大学研究团队发布的具身大模型研究成果 ManipLLM，实现了在提示词的引导下，大语言模型在物体图像上直接预测机械臂的操作点和方向，进而操控机械臂直接完成各项具体任务。二是具身智能机器人商业化落地。优必选、小米、华为、科大讯飞等企业均在具身智能领域积极布局，并发布了相关商业化产品。例如，优必选宣布其工业版人形机器人 Walker S 系列已被应用于东风柳汽、比亚迪、吉利汽车等多家车企的生产线，辅助完成生产任务。具身智能在自动驾驶中的应用进一步深化，特别是在动态交通环境中的感知与决策能力显著提升，无人驾驶汽车在多个城市实现商用。

（二）赋能垂直行业智能升级

1. 网络服务

2024 年，人工智能与互联网基础应用进一步融合，赋能网络服务智能化。一是 AI 与网络搜索深度融合。百度、360、搜狗、夸克、豆包、抖音、小红书等互联网企业积极布局 AI 搜索，推动大语言模型与搜索引擎的融合，抢占新的流量入口和信息分发渠道，推动网络搜索功能智能化水平实现全方位跃升。例如，百度"AI 搜索"涵盖话题探索、问题解决、决策辅助、主题研究、学习创作等多个方面，还支持文生图、多轮对话、智能摘要、AI 修图等功能。二是 AI 丰富网络社交、短视频内容生态。微信、微博、小红书、抖音等网络社交、短视频平台纷纷借助 AI 开发不同场景的应用，丰富用户体验。例如微博先后推出一系列功能型 AI 账号，只要用户发布大于 10 字的原创微博，就有可能收到自动回复。哔哩哔哩"AI 视频小助理"可通过主动评论触发，自动生成视频内容总结并以时间戳呈现。抖音推出的"即梦"App、"AI 玩法特效"等 AI 工具，具备图片与视频特效功能，助力用户创造个性、有趣的视频内容。三是 AI 为网络购物带来新机遇。2024 年，AI 数字主播广泛应用于直播带货、新闻播报等业务，不受时间和空间限制，极大降低了人力和运营成本。不少互联网电商平台通过引入 AI 技术，实现智能化管理。例如，2024 年第二季度，快手电商通过引入自研的推荐大模型提升识别用户购物意图的能力，其搜索商品交易总额（GMV）同比提升超 80%。[①]

2. 智慧农业

2024 年，农业农村部印发了《农业农村部关于大力发展智慧农业的指导意见》和《全国智慧农业行动计划（2024—2028 年）》。我国智慧农业从"强基础"向"重应用"转变，建设成效显著，涵盖了种业 4.0、无人农场、智能温室、智慧牧（渔）场、农产品智慧供应链、农业智能管理与服务等诸多新型农业产业形态、服务模式与工程科技。2024 年，我国新增建设智慧农业创新应用项目 19 个，累计建设项目 116 个；累计支持建设国家数字农业创新中心、分中心 34 个，发布温室精准水肥一体化技术、规模

---

① 《快手找到了大模型的另一种答案》，界面新闻，2024 年 8 月 21 日，https：//www.jiemian.com/article/11587861.html。

蛋鸡场数字化智能养殖技术等 7 项智慧农业主推技术；新增立项智慧农业相关行业标准 17 项，发布实施 6 项，并推动建立智慧农业技术装备检测中心。① 浙江发布了首批 27 个智慧农业"百千"工程成果案例，全省累计创建数字农业工厂（基地）417 家、未来农场 33 家，"浙农码"累计赋码 3600 万次、用码达 4.9 亿次。② 江苏累计投入 8.72 亿元开展"无人化"农场建设，目前已建成各类"无人化"农场 283 个，数量位居全国前列。山东大力推广蔬菜智慧化种植，寿光约有 1.6 万个大棚集成应用了全程物联网设备，并统筹搭建了寿光蔬菜产业互联网平台，实现从"经验种菜"向"数据种菜"转变。新疆 2024 年全面推广基于北斗卫星导航系统的棉花精量播种机，实现覆膜、铺设滴灌带、下种、覆土"一次性"完成，每公里直线误差不超过 2 厘米。③

3. 智慧媒体

党的二十届三中全会通过的《中共中央关于进一步全面深化改革、推进中国式现代化的决定》指出，构建适应全媒体生产传播工作机制和评价体系，推进主流媒体系统性变革。2024 年，主流媒体持续探索将人工智能等新技术运用在新闻采集、生产、分发、接收、反馈中，以先进技术推进媒体系统性变革。一是打造 AI 应用工具和媒体数字人。例如，由人民日报社主管、依托人民网建设的传播内容认知全国重点实验室推出人工智能创作引擎"写易"，目前已为多个党政机关和大型国企提供应用服务。潮新闻推出潮奔奔 AI 助手，具备内容智能检索、新闻推荐、热门活动推荐、旅游路线生成等多元化功能。数字主播、数字记者、数字员工等逐渐应用于媒体内容生产、用户交互服务等场景。2024 年 3 月，湖南卫视将 AI 导演"爱芒"推

---

① 《智慧农业涌新潮》，《农民日报》2024 年 12 月 16 日，http：//www. scs. moa. gov. cn/xxhtj/ 202412/t20241216_ 6467939. htm。
② 《对齐颗粒度！浙江部署智慧农业，亮出"浙农码"》，《钱江晚报》2024 年 7 月 13 日，https：//tidenews. com. cn/news. html？id＝2846932&source＝1。
③ 《新疆全面使用无人驾驶北斗卫星导航精量播种机 棉花种植机械化率达 100%》，央视网，2024 年 4 月 28 日，https：//news. cctv. com/2024/04/27/ARTINwP8zLdW7f09jEKuYM4Y 240427. shtml。

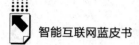

至前台，其不仅扮演了节目旁白、环节串联、行程策划的角色，还在录制过程中展现了实时对话、视频剪辑的能力，赋予文艺创作更多可能性。2025年2月，杭州新闻联播在节目中启用AI数字人播报，成为全国首个全数字人主持播报的"联播"类新闻节目。二是探索AI应用于新闻传播全流程。例如，在内容生产方面，中央广播电视总台利用AI技术推出多部生成式AI作品，包括文生视频AI系列动画片《千秋诗颂》、AI微短剧《爱永无终止》《奇幻专卖店》《美猴王》等。在内容传播方面，《珠海特区报》推出智AI栏目"智谈"，能以个性化的方式推送相关信息，满足不同用户的需求。2024年全国两会报道中，上海广播电视台发布AIGC工具Scube（智媒魔方），集成了多模态素材识别、横屏转竖屏、自动生成稿件、全语种智能翻译、视频自动剪辑等多种AI能力，节约了两会报道团队的时间和制作成本。三是打造媒体垂类大模型应用。2024年，媒体主导的传播大模型、派生万物传播大模型算法、芒果大模型、智媒云大模型、"白泽"跨模态大模型等通过生成式人工智能服务备案。中央广播电视总台的"总台算法"成为首批11个通过国家标准认证的大模型之一。此外，人民网建设的"主流价值语料库"，针对人工智能大模型普遍回答不好却又不容回避的重大问题、敏感问题、疑难问题，提供安全语料支撑、知识增强服务，现已形成3000余万篇基础语料、19万多对问答语料，实现了与多个国产主流大模型的集成对接，并联合相关机构发布人工智能多维度价值对齐"五有"框架。依托主流价值语料库，人民网推出面向党政服务、媒体服务的大模型应用基座"人民智媒大模型"，基本解决大模型价值取向问题、政治方向问题、事实幻觉等问题，在各种场景下提供值得信赖的文本生成和输出。

4. 智慧医疗

2024年，智能互联网与医疗行业融合进入"快车道"，作为医生诊断辅助工具以及患者问诊便利工具成为两个重要方向。一是医生诊断辅助工具智能化。AI在医学影像分析领域展现出惊人潜力。截至2024年底，我国有90余款人工智能医学影像辅助诊断软件获批中国国家药品监督管理局（NMPA）三类医疗器械证，涵盖心血管疾病、肺部疾病等多个领域，助力医疗服务效率提升。上海市第九人民医院等开发的 AI 儿童常见眼病筛查与管理系统，可迅速筛查近视、斜视、上睑下垂等眼部疾病，对高度近视的筛查准确率超 95%。[1] 二是患者问诊便利工具智能化。相关应用不断涌现，医疗服务的智能化、精准化、便利化水平进一步提升。例如，浙江省卫生健康委与蚂蚁集团推出数字健康人"安诊儿"并嵌入医学 AI 大模型，集成了浙江各级各类医疗机构的 20 余项医疗健康服务。用户可以通过简单的语音对话享受智能导诊，以及在线取号、排队叫号、报告查询、医保支付、取药提醒等多项智能服务。三是医疗大模型辅助临床治疗。2024 年，医疗大模型在数据处理、知识推理、疾病诊断等方面的能力不断增强。例如，讯飞医疗与四川大学华西医院合作的"华西黉医"大模型，将复杂病历内涵质控准确率提升至 90%。上海瑞金医院与华为打造的瑞智病理大模型 RuiPath，覆盖中国每年 90% 癌症发病人群罹患的癌种，支持医生与其开展互动式病理诊断对话，回答准确率达 90% 以上。[2]

5. 智慧文旅

2024 年，智能互联网应用在文娱层面全面落地，特别是文生视频大模型的出现，使用户可以直接生成、修改文娱作品的画面、视频等，助力行业生产效率快速提升。例如，国产游戏《黑神话：悟空》利用 AI 大模型快速生成角色的初步形象，同时实景扫描国内名胜古迹并借助 AI 工具生成游戏画面。AI "魔改" 短视频风靡，普通大众可以利用 AI 工具对影视内容进行换脸、配音、剪辑，实现对影视作品的重新解读、演绎，带来全新视听体验。在文旅行业，AI 数字人、智能导航、语音讲解等智能服务越来越普及。2024 年 5 月，文化和旅游部等五部门印发《智慧旅游创新发展行动计划》，加快推进以数字化、网络化、智能化为特征的智慧旅游创新发展。不少在线旅游服务平台基于自身平台数据训练推出 AI 智能产品，主要在旅游行程规

---

[1] 《仅凭一张照片就能识别近视，大模型为基层医疗带来了新技术》，澎湃新闻，2025 年 1 月 21 日。

[2] 《瑞金医院发布瑞智病理大模型 RuiPath，为临床诊断精准导航》，上观新闻，2025 年 2 月 18 日，https://export.shobserver.com/baijiahao/html/862048.html。

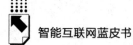

划、服务预订以及智能问答等方面赋能文旅发展。例如，"飞猪"平台与北京朝阳区文旅局推出"AI 游北京朝阳"文旅大模型，围绕朝阳区的"吃住行游购文娱"，为游客提供智能规划及导览、个性化行程定制、趣味互动等一站式智慧旅游服务。

6. 智慧教育

2024 年，智能互联网在辅助教学、教育评价和教师教研等应用场景全方位落地，引领教育行业深刻变革。一是教育智能公共服务平台迎来新发展。2024 年 3 月，教育部对国家智慧教育公共服务平台进行了升级，同时推动教育系统人工智能大模型的应用示范，并搭建数字教育国际交流平台。全国多所学校积极探索利用 AI 技术提高教学质量，进一步推动 AI 在教育领域的深入应用和推广。二是教育大模型和智能体不断涌现。截至 2024 年 6 月底，全国已备案的教育领域大模型和深度合成算法有约 40 个。[①] 上海市虹口区十余所学校的教师通过低代码搭建了名师数字分身、学科教学、协同育人等多个领域的 100 余个智能体。成都中医药大学联合 13 所高等中医药院校打造了中医药高等教育"杏林传薪"AGENT 多智能体协同平台，包含 9 大中医药高等教育智能体。三是智能学习机发展迅猛。智能学习机是新型的学习辅助工具之一，使用群体以小学生为主，常用于日常作业辅导、复习/预习课程、考试冲刺、薄弱知识点攻克等。大模型的应用使学习机变得更加智能化和个性化。相关报告数据显示，2024 年中国学习平板市场全渠道销量为 592.3 万台，同比增长 25.5%，销售额为 190.6 亿元。[②]

7. 智慧金融

2024 年，智能互联网与金融行业进一步融合，各大金融机构、互联网企业推出智慧金融智能体应用，重塑数字金融业务，智能助手、数字客户经理、投研报告等领域成为重点方向。一是 AI 大模型重塑金融场景应用，打

---

① 《全国教育大模型备案约 40 个，盈利压力下教育公司几家欢喜几家愁》，《21 世纪经济报道》2024 年 8 月 6 日，https：//www.stcn.com/article/detail/1279630.html。

② 《销售额近 200 亿！这种省心"神器"市场火爆……青岛专家提醒→》，《半岛都市报》2025 年 2 月 24 日，https：//finance.sina.cn/2025-02-24/detail-inemqtxe9909347.d.html。

造金融机构特色化核心竞争力。例如，中国建设银行启动"方舟计划"，打造金融大模型基座与能力体系，推进生成式人工智能技术在市场营销、投研报告、智能风控等场景的应用。中国邮政储蓄银行积极推动融合大模型技术的"邮储大脑"转型升级，加快虚拟营业厅、智能业务助手、数字客户经理等场景推广应用。二是金融智能体应用落地，通过对金融信息的深度挖掘和分析，为金融决策提供支撑。例如，京东金融推出的"AI智能问答助手"，能够实时提供热点资讯、研报财报、媒体报道等信息，通过对话互动为用户获取所需信息和决策提供支持。百度智能云推出的金融服务智能体应用"智金"，具备一键生成专家视角金融评估报告、对客提供产品专业咨询和智能推荐服务等功能，助力金融机构增收提效。

（三）政府数智化建设全面提速

1. 政务服务智能化

2024年政府工作报告首提"人工智能+"行动，同年10月中办、国办印发的《关于加快公共数据资源开发利用的意见》提到，支持人工智能政务服务大模型开发、训练和应用。多地发布政策文件推动"人工智能+"行动，数字政府、智能政务成为重要的落地场景。一是政务大模型及AI数智员工提高行政办公效率。大模型数据处理、智能分析等能力能显著提升政务处理能力和效率。多地政府部门积极在政务系统接入大模型，开启政府数字化转型新篇章。例如，北京市海淀区政府利用政务大模型，将查找数据、指标计算等场景所需的3天时间压缩到1分钟。2025年初，多地政府部门宣布在政务系统部署接入DeepSeek模型，助力政务办公领域多场景效率提升。例如，深圳市福田区推出基于DeepSeek开发的"AI数智员工"，覆盖政务服务全链条，公文修正准确率超95%。二是智能体提升政务服务便利化水平，优化营商环境。2024年，利用大模型在语言理解、政务业务与法规知识学习、逻辑推理等方面的能力，多地在政务服务领域打造政务智能体、推出政务数字人，深度创新智能问答、政策文件解读、政府热线、综窗助手等典型应用。例如，人民网打造的社情民意一体化汇集平台"民意通"，可将

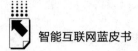
众多渠道的群众留言自动去重，统一分发、统一办理、统一回复，大幅提高群众工作的效率，减轻基层工作负担，提升基层办实事解难题的工作效能。宁夏中卫慧通基于国产大模型打造的基层政务智能体"村长 copilot"，能够结合本地情况，对户籍办理、社保查询等日常政务以及生活问题给出详细、准确的解答。广东深圳市罗湖区人民政府门户网站推出"AI+政务问答"平台，能够为办事群众和企业提供个性、精准、智能的政务解答服务。

2. 社会治理智能化

智能互联网正日益成为推动社会治理创新的重要力量。2024 年，多地积极引入人工智能、大数据、物联网等技术，助力实现城市运行状态的实时监测和智能管理，提升政府决策能力。一是赋能智慧城市建设。引入 AI 成为各地提高城市治理效率、打造智慧城市的标配。例如，杭州推进"全域数智绿波"建设，将互联网智能云感知数据和智能硬件感知数据集合，并应用人工智能算法模型，输出信号灯控制、智能调度、智能停车等实时交通关键指标，极大提升了道路通行效率。二是辅助政府决策。多地政府部门在政务业务中引入人工智能技术，助力提高政府决策治理能力。例如，2024年 6 月，深圳法院上线运行人工智能辅助审判系统（1.0），助力审判工作智能化。系统上线以来，全市法院民商事案件结案效率同比提升 28.14%，深圳中院民商事案件结案效率同比提升 39.60%。①

（四）数智化与绿色化协同发展

1. 智能互联网自身绿色化发展

2024 年，我国数据中心、通信基站等信息基础设施的绿色化水平提升，算力基础设施绿色化发展进程全面加速推进。有关部门持续推进国家绿色数据中心建设，加快数据中心节能降碳技术改造和设备更新升级。全国累计建成 246 家绿色数据中心，覆盖通信、互联网、公共机构、能源、金融、智算

---

① 《深圳获"世界智慧城市大奖"！》，《深圳特区报》2024 年 11 月 7 日，https://sztqb. sznews. com/attachment/pdf/202411/08/ac527337-d969-49a4-9b6f-3e249d5d2064. pdf。

等领域，在电能利用效率（PUE）、可再生能源利用率、水资源利用效率（WUE）等方面均处于行业先进水平。[①] 通过提高站址共享率、采取节能降碳技术等措施，我国通信基站能耗水平显著下降，相比商用初期，我国 5G 基站单站址能耗降低超 20%。[②] 通过统筹部署全国 8 个算力枢纽节点、10 个国家数据中心，正在构建布局合理、绿色集约的一体化数据网络集群。通过部署超低损耗光纤、实现全光接入网络覆盖，降低算力网络损耗、提升网络传输效率，我国算力基础设施绿色化发展进程加速。

2. 智能化与绿色化协同共进

党的二十届三中全会提出支持企业用数智技术、绿色技术改造提升传统产业。2024 年 7 月底，《中共中央 国务院关于加快经济社会发展全面绿色转型的意见》印发，提出深化人工智能、大数据、云计算、工业互联网等在电力系统、工农业生产、交通运输、建筑建设运行等领域的应用，实现数字技术赋能绿色转型。[③] 8 月底，中央网信办、国家发改委、工信部等九部门印发《数字化绿色化协同转型发展实施指南》，提出要积极布局双化协同基础能力、融合技术体系、融合产业体系，助力产业高端化、智能化、绿色化。[④] 不同经济主体间不断创新融合，催生以数字新能源服务、新能源汽车等为代表的数智化与绿色化协同共进的新业态。

（五）智能互联网治理体系愈发完善

1. 紧跟技术趋势保障安全发展

党的二十届三中全会通过的《中共中央关于进一步全面深化改革、推

---

① 《加快国家绿色数据中心建设 助力推进新型工业化》，《人民邮电报》2024 年 6 月 19 日，https：//www.digitalchina.gov.cn/2024/szzg/zcjd/202406/t20240619_ 4845375.htm。

② 《5G 带动万亿经济产出 深度覆盖将成下阶段重点》，《中国经营报》2024 年 2 月 3 日，http：//www.cb.com.cn/index/show/bzyc/cv/cv135212341644。

③ 《中共中央 国务院关于加快经济社会发展全面绿色转型的意见》，https：//www.gov.cn/gongbao/2024/issue_ 11546/202408/content_ 6970974.html。

④ 《关于印发〈数字化绿色化协同转型发展实施指南〉的通知》，https：//www.gov.cn/zhengce/zhengceku/202408/content_ 6970435.htm。

进中国式现代化的决定》提出了"完善生成式人工智能发展和管理机制""要加强网络安全体制建设，建立人工智能安全监管制度"等一系列新任务新要求，为智能互联网治理指明了方向。相关部门遵循发展与安全并重的监管理念，紧跟技术发展趋势，及时出台治理举措，防范人工智能风险，推动智能互联网形成良好创新生态。2024年9月，国务院发布《网络数据安全管理条例》，明确提供生成式人工智能服务的网络数据处理者应当加强对训练数据和训练数据处理活动的安全管理，采取有效措施防范和处置网络数据安全风险。同月，全国网络安全标准化技术委员会发布《人工智能安全治理框架》1.0版。此框架以鼓励人工智能创新发展为第一要务，以有效防范化解人工智能安全风险为出发点和落脚点，提出了包容审慎、确保安全，风险导向、敏捷治理，技管结合、协同应对，开放合作、共治共享等人工智能安全治理的原则。2024年12月27日，工信部成立人工智能标准化技术委员会，明确部署工作程序和要点，标志着人工智能行业标准化工作迈入新阶段。

2. 智能网络治理日趋精细化

2024年1月，《未成年人网络保护条例》开始施行，进一步构建三方联动的未成年人智能防护机制，通过分级管理、精准过滤及适龄化服务，系统保障未成年人网络权益。2024年9月，国家互联网信息办公室发布《人工智能生成合成内容标识办法（征求意见稿）》，明确任何组织和个人不得恶意删除、篡改、伪造、隐匿本办法规定的生成合成内容标识。同月，全国网络安全标准化技术委员会发布《网络安全标准实践指南——敏感个人信息识别指南》，为敏感个人信息处理、出境和保护工作提供参考。

2024年，中央网信办部署开展了包括"规范生成合成内容标识"在内的"清朗"系列专项行动。公安部公布了10起打击整治网络谣言违法犯罪的典型案例，其中4起涉及使用人工智能工具造谣，有力打击了人工智能滥用的违法犯罪行为。

3. 积极参与和引领人工智能全球治理

伴随着人工智能技术的飞速发展，人工智能全球治理进程加速推进。中国作为人工智能大国，是人工智能全球治理的积极倡导者和践行者，积极为人工智能全球治理贡献中国智慧。2024 年 3 月，联合国大会通过首个关于人工智能的全球决议《抓住安全、可靠和值得信赖的人工智能系统带来的机遇，促进可持续发展》。2024 年 7 月，联合国通过了由中国主提的《加强人工智能能力建设国际合作》的决议——联合国首份关于人工智能能力建设国际合作的决议，140 余个国家参加决议联署。同月，我国举办 2024 世界人工智能大会暨人工智能全球治理高级别会议并发表《人工智能全球治理上海宣言》，提出倡导建立全球范围内的人工智能治理机制，支持联合国发挥主渠道作用，欢迎加强南北合作和南南合作，提升发展中国家的代表性和发言权等促进全球人工智能健康有序安全发展的系列主张。2025 年 2 月，中国参加人工智能行动峰会，并会同 60 个国家和国际组织共同签署《关于发展包容、可持续的人工智能造福人类与地球的声明》，展现人工智能全球治理的中国担当。

三　中国智能互联网发展面临的挑战

（一）技术滥用风险待有效防范

人工智能作为基础性、通用性技术，技术滥用、恶用恐造成多方面的负面影响。2024 年，随着智能互联网应用的普及，数据泄露、舆论操控、深度伪造、技术军事化等风险进一步凸显。例如，在 2024 年美国大选期间，AI 深度伪造被用于制造误导性、煽动性音频、图像和视频，伪造总统候选人，篡改竞争对手竞选宣言，生成飓风灾区虚假视频以扩散阴谋论等，影响公众对候选人和竞选议题看法，干扰选举。在国内，2024 年央视"3·15"晚会曾曝光人工智能拟声和换脸诈骗术。9 月，网传的一段某直播带货企业高管严重不当行为的音视频引发舆情，后警方通报，系某网民使用人工智能工具训练生成并通过网络发布，造成谣言大量传播。此外，通过"污染语料"喂养生成式人工智能应用进而生成虚假信息，再用污染后的 AI 生成回答进行社交媒体裂变传播的案例也开始出现，对网络舆论生态及社会、市场秩序造成负面影响。智能向善是《全球人工智能治理倡议》的核心宗旨，也是中国在全球人工智能治理领域提出的重要理念。面对技术滥用、恶用的风险，需要全球各国加强合作，共同防范和打击对人工智能技术的滥用、恶用。

（二）就业结构影响待积极应对

以生成式人工智能为核心的智能互联网应用在创造更多新型就业岗位的同时，也在逐步取代部分劳动力岗位。2024 年无人驾驶在多地扩大运营范围、加速商业化落地，AI 主播应用进一步拓展，引发电商直播、新闻、教育、虚拟客服等多个领域相关职业群体岗位被人工智能替代的担忧。全球咨询机构麦肯锡预计，到 2030 年，受人工智能发展影响，中国将有高达 2.2 亿的劳动力需要进行技能升级或技能再培训。其中客户服务、后台支持、IT 以及创意及艺术管理等职业受到的影响最大。[①] 值得关注的是，人工智能所需的新增岗位与替代职业所面对的群体有很大的差异性。如何进一步平衡应用发展与保障就业，或将是智能互联网发展面临的长期挑战。

（三）行业应用适配待全面拓展

融合应用是智能互联网高质量发展的核心之一。虽然当前智能互联网应用向垂直化、专业化方向不断拓展，但在很多行业应用渗透依然不足，融合应用场景有待进一步深化。以 AI 大模型为例，当前国内外大模型企业不少还处于亏损状态，一定程度上说明广阔的应用市场暂未完全打开。大模型在模型部署、算力服务等方面的成本依然较高，且与一些行业、企业的应用需求适配度有限。例如，一些大模型受限于高质量行业数据的缺失等，在复杂的、跨领域的实际应用场景中表现不佳，在建筑、能源、制造等行业渗透和融合相对较慢，特别

---

① 《麦肯锡：AI 预计影响 2.2 亿中国劳动力技能升级》，《北京日报》2023 年 11 月 28 日，https://xinwen.bjd.com.cn/content/s656532bee4b0a9019c76f7cf.html。

是在工业领域的生产制造环节，涉及对机器等各类实体的操作，需要人与设备、工艺、系统的适配，环节多、流程复杂，安全性、准确性和稳定性要求高。目前人工智能主要体现在自然语言和图像的处理上，在生产制造环节复杂的数值计算、时序分析和实时决策等场景的应用上仍有很大提升空间。如何让智能互联网在实体经济核心场景中发挥价值和作用，需要进一步探索。

（四）智能算力困局待有效突破

我国算力基础设施规模居全球第二，而智算需求不平衡、能力不匹配、被"卡脖子"的问题依然突出。据中国信息通信研究院云计算与大数据研究所统计，按服务"卡时"计算，我国智算利用率仅25%左右。此外，我国计算芯片和框架多达十余种，互相尚未形成兼容生态，该现象恐导致"算力不足"与"算力过剩"问题同时存在。随着英伟达GPUA100、H100等芯片被美国政府禁售，我国大模型算力训练与发展也将受到影响。2025年2月，深度求索（DeepSeek）推出的DeepSeek-R1大模型用户与需求激增，让其处于满负荷算力运行状态，不得不暂停应用程序编程接口（API）充值服务，这凸显智能算力对人工智能应用的重要性。随着人工智能应用的普及、拓展，算力已成为智能互联网的"刚需"，需要加快构建全国一体化算力网，推动全国大型算力的协同调度和高效利用，同时降低算力成本，推动人工智能产业进一步创新发展。

（五）数据（语料）有效供给不足待破解

数据是人工智能的基础和核心要素之一。当前我国数据生产总量庞大，数据总量位居全球第二[①]，根据国际数据公司（IDC）测算将在2025年跃居全球首位。然而，当前我国大模型行业存在语料数据供应不足的问题，特别在垂直细分领域，一些共享、免费下载的语料数量多，质量却不高。全球通

---

① 《2022年我国数字经济规模达50.2万亿元》，新华社，2023年4月28日，https://www.gov.cn/yaowen/2023-04/28/content_5753561.htm。

用的 50 亿大模型数据训练集里，中文语料占比仅为 1.3%。此外，受数据加工能力不足、数据孤岛现象存在等影响，我国庞大的数据总量未能得到充分存储、挖掘和利用，导致我国数据有效供给不足，或将在一定程度上制约智能互联网的进一步发展。数据显示，2023 年全国生产的数据只有 2.9% 被保存；存储数据中，一年未使用的数据占比约四成；数据交易机构的产品成交率为 17.9%。① 2024 年，全国数据存储总量为 2.09 泽字节（ZB）②，占年度全国数据生产总量的约 5%。数据只有用得好，价值才能"显性化"。为更好发挥数据资源的价值，需要进一步深化数据要素配置改革，扩大公共数据资源供给；大力推进数据要素的市场化价值化；鼓励应用创新，丰富数据应用场景；打造高质量垂类数据集，释放我国丰富的应用场景优势与行业数据价值，助力智能互联网创新发展。

四　中国智能互联网发展趋势

（一）技术底座加速升级创新突破

以人工智能为核心的智能互联网技术底座将加速创新突破，为智能互联网带来更广阔的发展空间。一是多模态大模型持续升级。随着模型参数、训练数据和训练时间的增加，多模态大模型的图文理解、跨模态交互、推理能力等将进一步提升，通用性、泛化性和稳定性进一步增强，为迈向通用人工智能（AGI）奠定基础。二是合成数据训练或将崛起。人工智能系统生成的合成数据或将大规模用于大模型训练，例如医疗影像、自动驾驶场景等数据，有望解决当前高质量数据稀缺的问题，降低模型训练成本，提升模型训练效果。与此同时，数据质量管理、数据安全治理受到重视，可信数据空间

---

① 全国数据资源调查工作组：《全国数据资源调查报告（2023 年）》，2024 年 4 月，https：//www. nda. gov. cn/sjj/ywpd/sjzy/0830/ff808081-91bfe71b-0191-c0c89bbc-0030. pdf。
② 全国数据资源统计调查工作组：《全国数据资源调查报告（2024 年）》，https：//www. nda. gov. cn/sjj/ywpd/sjzy/0429/ff808081-960ee580-0196-813a908a-03fb. pdf。

将进一步建设落地。三是智算基础设施性能更优。DeepSeek 通过算法优化、稀疏计算、模型蒸馏等技术减少对高性能 GPU 芯片依赖的成功探索，将进一步减少对海外硬件的依赖，缓解国产算力性能短板问题。无损以太网、确定性广域网、算网操作系统等关键技术将推动形成灵活调度、资源共享、统一服务的一体化智算基础设施。四是 AI 空间智能（Spatial Intelligence）有望迎来快速发展期。随着三维感知、多模态融合、边缘计算等技术的突破，具备快速生成 3D 图片、3D 视频、3D 场景等功能的空间智能大模型或将陆续发布，在沉浸式体验、智能驾驶、智能制造等领域进一步展现应用潜力。

（二）融合应用将走深向实创新范式

2025 年政府工作报告提出，持续推进"人工智能+"行动，推动科技创新和产业创新融合发展。在国家政策驱动下，随着端侧 AI 及大模型成本降低，智能互联网行业应用将持续走深向实。一是垂直化应用逐步成熟，持续赋能实体经济。特别是在工业生产领域，我国庞大制造业规模与海量制造数据优势有望进一步发挥，驱动人工智能大模型在产业链研发设计、营销服务、行政管理等环节之外，向生产制造、生产流程优化等复杂场景、核心环节渗透与融合，赋能企业生产、销售环节，助力加快现代化产业体系构建。据数据分析公司 Gartner 预测，到 2026 年，超过 80% 的企业会使用生成式人工智能 API，或部署生成式人工智能的应用程序。[①] 二是智能体将迎来快速发展阶段。大模型功能的跃升将进一步提升智能体自然语言处理、环境交互、决策与任务执行等能力，与各行各业多样化场景适配的智能体应用将爆发式涌现，并从被动式助手转变为主动式问题解决者，提供更加个性化的响应和服务。智能体也有望成为空间智能的重要应用载体，在三维空间中的感知、理解、交互和决策能力进一步提升。三是智能终端驱动 AI 应用生活化。AI 大模型的发展重心将逐步从云端向手机等终端载体发展。AI 手机、AI

---

① 《Gartner：预计 2026 年超过 80% 的企业将使用生成式 AI 应用》，界面新闻，2023 年 10 月 20 日，https：//www. jiemian. com/article/10258560. html。

PC、AI 玩具、AI 可穿戴设备等产品将成为新的消费热点，智能电视、智能冰箱、扫地机器人、智能音箱等家电家居产品将持续接入 AI 能力，创造更加智能的工作方式和生活方式。与此同时，具备智能决策能力的人形机器人有望迎来"量产元年"，并在智能制造、养老陪护、物流仓储等多个场景中进一步拓展应用。汽车智能座舱将进一步普及，开启舱驾融合一体化、智能化新篇章。

（三）人工智能治理将迈向更高水平

智能互联网治理将进一步完善，在推动技术创新的同时，防范化解相关风险。一是出台与完善相关法律法规。法律法规将延续分类分级的精细化、场景化、体系化治理路径，致力于构建集促进创新、防范风险等多重目标的综合性法治框架，坚持包容审慎与设置底线相结合、分类处理与分阶段推进相结合，建立更加完善的智能互联网法律法规、伦理规范和政策体系。持续强化人在治理闭环中的作用，切实守住红线、底线，防范化解大模型幻觉的不利影响等。二是高度重视技术治理。"用 AI 治理 AI"的理念有望逐渐落地，通过内容标识技术实现 AI 溯源与透明、利用智能技术审核人工智能生成内容、大模型安全性与鲁棒性测试、推动大模型价值对齐等工具和应用或将涌现，助力统筹人工智能发展和安全。三是积极推动人工智能全球发展与治理。我国在进一步深化人工智能国际合作，为全球人工智能治理贡献中国智慧的同时，也将进一步关注全球南方的人工智能需求，积极实施"人工智能能力建设普惠计划"，弥合全球南方"智能鸿沟"，助力全球南方国家共同发展。

参考文献

中国互联网络信息中心：《生成式人工智能应用发展报告（2024）》，https：//www.cnnic.net.cn/6/86/88/index.html。

工业和信息化部：《2024 年电子信息制造业运行情况》，https：//www.miit.gov.cn/gxsj/tjfx/dzxx/art/2025/art_ 1700821f77774a368eaa88e6c9fb3807.html。

中国信息通信研究院：《人工智能发展报告（2024 年）》，http：//www. caict. ac. cn/kxyj/qwfb/bps/202412/t20241210_ 647283. htm。

中国互联网络信息中心：《第 55 次〈中国互联网络发展状况统计报告〉》，https：//www. cnnic. net. cn/NMediaFile/2025/0117/MAIN173710689576721DFTGKEAD. pdf。

综合篇

B.2
2024年全球智能互联网
发展状况及2025年展望

钟祥铭 姚 旭 方兴东*

摘 要： 2024年，全球智能互联网加速向深度融合方向演进。美国智能生态持续深化，欧洲智能化转型遭遇挑战，中国依靠自主创新弯道超车，亚非拉智能鸿沟问题加剧。《全球数字契约》开创全球网络治理新格局，提出创新治理新机制。未来，智能体与空间智能将推动智能互联网的多维度拓展，技术创新、产业融合、政策支持和国际合作仍是关键策略。

关键词： 智能互联网 创新生态 AI赋能 AI治理 全球网络治理

---

* 钟祥铭，浙江传媒学院新闻与传播学院副研究员，主要研究领域为数字治理、智能传播；姚旭，浙江传媒学院动画与数字艺术学院讲师，主要研究领域为AIGC；方兴东，浙江大学传媒与国际文化学院常务副院长，主要研究领域为数字治理、网络治理、科技政策。

导语：全球智能互联网正加速向深度融合方向演进

2025年初，拉斯维加斯的消费电子展（CES）与法国巴黎的人工智能行动峰会（Artificial Intelligence Action Summit）彰显了AI技术在科技领域的核心地位及其广泛影响，标志着AI技术在消费电子、智能家居、智能出行等领域的全面渗透与深度融合。行业融合与跨界合作进一步走向深化，汽车与消费电子、家电等领域的创新应用不断涌现，极大地拓展了智能互联网的边界。国际科技合作与创新在CES等平台上得到强化，国际品牌与中国企业的积极参与，有力促进了跨区域技术交流与协同发展。新创企业的活跃展示进一步推动了技术前沿探索，为科技领域的持续演进注入了新的动力。

据IDC预计，到2027年，全球在AI领域的总投资规模将达到4236亿美元，2022~2027年复合年增长率（CAGR）为26.9%。聚焦中国市场，预计到2027年，中国在AI领域的投资规模将达到381亿美元，占据全球总投资的近9%。① 这一投资增长趋势充分反映了全球各国对AI技术的高度重视与战略布局，AI技术已成为推动经济增长、提升国家竞争力的关键力量。大量的资金投入不仅加速了AI技术的研发与创新，更推动了AI技术在各行业的广泛应用与产业化发展，为智能互联网的深度融合提供了坚实的物质基础与技术支撑。

智能互联网的发展正以前所未有的速度重塑全球经济、社会和人类生活的方方面面，专注于先进大语言模型和相关技术开发的中国创新型科技公司"深度求索"（DeepSeek）的横空出世成为这一进程中的重要里程碑。区别于ChatGPT，DeepSeek跨越了技术创新最为关键的主流化鸿沟，推动AI技术全面进入主流化普及应用阶段，为全球智能互联网的发展注入新的活力。

---

① IDC FutureScape：《2024年中国人工智能与自动化十大预测》，2024年1月29日，https：//www.idc.com/getdoc.jsp? containerId=prCHC51822324。

同时，这也预示着未来的竞争将超越单纯技术指标的比拼，转向生态系统成熟度与制度适应性的复合博弈。[①] 与此同时，随着《全球数字契约》（GDC）的推进，全球网络治理新格局也在逐步形成。AI治理、数据安全、隐私保护等问题受到关注。各国政府、企业和学术界都在积极探索解决方案，以确保互联网的有序发展。

当下，智能互联网的发展将继续深化，AI技术将在更多领域实现突破和应用，进一步推动全球智能互联网向深度融合方向演进。智能体、具身智能、空间智能等新兴技术的快速发展，也将进一步拓展智能互联网的应用边界，为人类社会带来更加智能化、便捷化的生活体验。[②] 智能时代加速前行，AI、物联网、5G等技术深度融合，形成了强大的技术合力，反哺智能互联网全面发展，直至重塑经济、社会和生活等各领域。然而，数据隐私、算法偏见、AI安全等问题日益凸显，成为制约智能互联网可持续发展的关键挑战。在地缘政治竞争激烈的背景下，全球协作和联动愈发重要。各国需加强在AI技术研发、应用推广、治理监管等方面的国际合作，共同应对挑战，推动智能互联网可持续发展。

一 2024年全球智能互联网发展：AI赋能的协同演化

智能互联网以前沿技术的深度融合为核心驱动力，通过创新生态构建、跨域互联互通及产业智能化升级，重构全球经济范式与社会治理结构，并在跨学科伦理框架与全球协同治理机制的引导下，实现技术普惠性、安全性与可持续性的多维平衡发展。

2024年，以AI大模型、5G-A、边缘计算和多模态大模型等为代表的关键技术持续突破，推动智能互联网向创新驱动、万物互联、产业升级与合

[①] 方兴东、王奔、钟祥铭：《DeepSeek时刻：技术—传播—社会（TCS）框架与主流化鸿沟的跨越》，《新疆师范大学学报》（哲学社会科学版）2025年第4期。

[②] World Labs, Space Intelligence AI Model, Retrieved from World Labs, 2024.

规发展的新阶段演进。2024年全球互联网用户数量达到57亿，占全球人口的70%左右（见图1），相较于2023年增长率为2.13%。[①] 全球互联网用户规模呈现持续扩张态势，数字接入普及率显著提升，区域间数字包容性差异趋于收敛。代际分布数据显示年轻群体占比结构性上升，接入方式泛在化趋势增强，其驱动机制呈现多维复合特征（涵盖政策支持、技术创新及社会经济转型等要素），对经济结构重构、文化传播模式革新及社会治理范式转型产生深远影响。

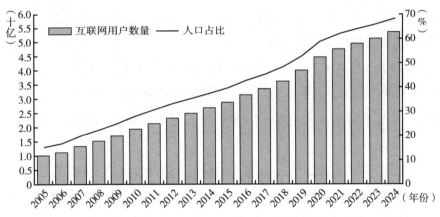

图1 全球互联网用户数量（2005~2024年）

资料来源：国际电信联盟。

（一）核心技术进展

AI大模型实现了多维度快速演进，成为智能互联网的核心驱动力与重要的技术底座。生成式AI的广泛应用，推动了智能互联网在内容生成、语言处理等领域的突破。多模态大模型能够处理文本、图像、音频等多种数据类型，推动了智能应用的多样化和个性化。大模型在垂直领域的应用不断深化，例如在医疗、金融和教育等领域，显著提升了各行业的智能化水平。

在此进程中，特定技术的创新突破，为大模型的持续演进与应用拓展提

---

① ITU：《衡量数字化发展：2024年事实与数据》，2024年11月。

供了有力支撑。DeepSeek 在技术创新方面表现突出，其绕过英伟达 CUDA（Compute Unified Device Architecture，计算统一设备架构）框架，直接使用 PTX（Parallel Thread eXecution，并行线程执行）语言进行开发，采用混合专家模型（Mixture of Experts，MoE）、多头潜在注意力（Multi-Head Latent Attention，MLA）、多令牌预测（Mlti-Token Prediction，MTP）、纯强化学习训练方法以及 FP8（8 位浮点）混合精度训练等创新方法，推动了国产芯片的发展，减少了对英伟达等硬件厂商的依赖，降低了算力成本。通过底层优化和软硬件协同创新，DeepSeek 在国产算力平台上实现了高性能，为国内 AI 模型的发展提供了有力支持。

5G-A 与 6G 技术不断集成创新。5G-A（5.5G）作为 5G 的升级版，实现了更高的传输速率和更低的时延，为智能互联网提供了强大的网络支持。同时，6G 技术的研发也在加速，预计将实现更高速率、更低时延和更广覆盖。

边缘计算的广泛应用与智能算力的提升。边缘计算技术的广泛应用使得数据处理更加高效，减少了数据传输的延迟，提升了系统的实时性和可靠性。智能算力在 2025 年预计增长 43%，达到 1037.3EFLOPS，为 AI 大模型和复杂应用场景提供了强大的计算支持。[①] 此外，数据智能分析技术的进步也显著提升了企业的数据治理能力，为智能互联网的应用提供了坚实的数据基础。

（二）多元应用场景拓展

智能互联网在智慧城市与智能交通、智慧医疗、智能制造与工业互联网、智能家居与消费电子、智慧金融等多个领域的应用场景拓展方面展现出广泛而深入的影响力，不仅推动了各行业的智能化转型，还促进了跨行业的协同创新。

在智慧城市与智能交通方面，全球范围内已有数百个城市启动智慧城市

① IDC：《2025 年中国人工智能计算力发展评估报告》，2025 年 2 月。

建设。从市场规模来看，中国智慧城市市场规模持续扩大，2024 年将达 33 万亿元。① 智慧城市的发展正在实现更多领域的跨界融合，如智能交通与智能物流的融合将提高城市运行效率。近年来，全球智慧交通市场规模也呈现显著增长趋势。北美和欧洲地区占据全球智慧交通市场的主导地位，亚洲地区增长潜力巨大。2025 年我国的智慧交通市场规模预计将占全球市场的 1/3 以上。② 智能交通的应用场景日益丰富，包括根据实时交通情况，对交通信号进行智能控制，减少交通拥堵和延误；通过智能公交系统，实现公交车实时定位、到站时间预测等功能，提升公共交通服务水平；智能停车系统能够帮助用户快速找到停车位，提高停车效率，缓解城市停车难问题。

在智慧医疗领域，远程诊断与咨询更加普及。2024 年远程医疗已成为重要医疗工具，2025 年预计 60% 的医疗咨询将通过线上方式进行。远程医疗平台利用集成 AI 技术来分析症状并实时提供建议，应用进一步扩展到农村和医疗资源欠缺地区。与此同时，AI 辅助诊断也更加精准。2024 年谷歌健康部门的 AI 系统识别肺癌早期迹象准确率达 95%。此外，AI 还显著提升了医疗管理效率，如 AI 导诊台、智能病历归档、智能排班与调配、智能监测与管理等，助力医务管理提质增效。③

在智能制造与工业互联网领域，数字孪生、AI 质检、5G-A 与边缘计算等技术全面赋能生产制造环节。数字孪生从单点应用扩展为全流程覆盖，基于 AI 的实时仿真系统可实现物理工厂与虚拟空间的毫秒级同步；工业视觉与生成式 AI 结合颠覆传统质检模式，自进化算法模型可通过少量样本自主生成缺陷数据库，突破检测精度；5G-A 与边缘计算推动无人化工厂普及，自主移动机器人集群通过分布式智能决策系统实时优化物流路径。生产协作环节上，工业元宇宙打破地域限制，人机协作进入新阶段。未来的工业元宇宙平台将

① 中研普华产业研究院：《2024—2029 年智慧城市产业现状及未来发展趋势分析报告》，2023 年 11 月。
② 前瞻产业研究院：《2025—2030 年全球及中国智慧交通行业发展前景展望与投资战略规划深度报告》，2025 年 2 月。
③ 中研普华研究院：《2024—2029 年中国智慧医疗行业市场全景调研与发展前景预测报告》，2024 年 1 月。

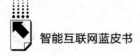

支持千万级设备接入，形成跨时区的"虚拟制造网络"，大幅提升全球协同研发效率；人机协作模式形成"人类决策+机器执行"的新型分工体系。供应链与能源管理环节上，供应链智能体逐渐实现全局优化，分布式制造网络兴起；可持续制造成为核心竞争力，碳中和压力倒逼绿色智能制造加速。

此外，智能家居市场持续增长，消费者对智能家电、智能安防等产品的需求不断提升。AI 技术的应用使得智能家居设备更加智能化和个性化，例如通过语音助手控制家电、实现家庭环境的智能调节等。在金融领域，智能互联网推动了智慧金融的发展。AI 技术在风险评估、投资决策等领域的应用，显著提升了金融服务的效率和精准度。生成式 AI 在内容创作、广告营销等领域的应用也取得了显著进展。

（三）产业生态融合与优化

2024 年，全球智能互联网产业生态的融合与优化呈现多维度、深层次的发展态势。随着 AI、5G-A、物联网等技术的不断成熟，各行业之间的边界逐渐模糊，形成了一个相互依存、协同发展的生态系统。

在制造业领域，AI 驱动的智能监控与预测性维护系统通过机器学习算法优化生产函数，将设备故障预测准确率提升至 98%，实现从离散生产单元到动态优化网络的范式转换。5G 与 IoT（Internet of Things，物联网）的深度融合则催生"物理—数字"双空间耦合机制，例如智能交通系统中 V2X（Vehicle-to-Everything，车联网）技术的应用使城市交通调控效率提升 40%，标志着产业协同从物理连接向数据互联的质变。这一进程的底层逻辑在于技术簇的互补性创新——AI 提供认知能力，5G 构建传输神经，IoT 扩展感知维度，三者协同形成"感知—决策—执行"闭环，推动全要素生产率年均增长 2.3%。[①]

云服务商在这一生态重构中扮演着基础设施赋能者的关键角色。北美四大云厂商 2024 年三季度资本开支激增至 576 亿美元（同比增长 61%），其战略重心从算力供给转向 AI 模型即服务（Model as a Service）的生态构建。

---

① IDC：《2024 智慧城市技术趋势曲线》，2024 年 12 月。

微软 Azure 等平台通过 API（Application Programming Interface，应用程序编程接口）开放大语言模型能力，使技术扩散速度提升 5 倍，形成"算力基建—开发工具—商业应用"的三层赋能架构。① 云服务的垂直整合不仅重构了技术权力结构，更推动了技术民主化进程：中小企业通过边际成本获取尖端 AI 能力，打破了传统技术创新中的资源壁垒。这种"中心化基础设施+分布式应用创新"的模式，本质上是以云平台为枢纽的生态位分化，既维持了核心技术的集约化开发，又释放了长尾市场的创新潜力。

创新生态的涌现进一步强化了系统的协同演化能力。2024 年 AI/IoT 领域新增 1000 家初创企业，② 其通过边缘计算优化（时延降至 5ms 以下）等技术微创新填补落地缝隙，而 OpenAI 主导的产业联盟则通过专利池共享将技术商业化周期缩短 60%。这种"分散突破—集中整合"的创新网络具有复杂适应系统特征：企业间既竞争又合作，通过标准互操作性降低交易成本，同时以贡献值确权机制解决集体行动困境，使联盟成员研发效率提升22%。更深层的变革在于价值创造逻辑的转型——制造业服务化中的"产品+数据洞察"模式使企业利润率提升 8~12 个百分点，反映出生态价值从实体产品向数据服务的迁移。这种迁移本质上是由技术融合引发的价值网络重构，数据要素的流动性使其成为连接生产端与消费端的新型媒介。③

然而，生态系统的持续优化仍面临双重张力：技术层面，物联网设备私有协议导致异构系统兼容性障碍；制度层面，数据主权与跨境流动的治理矛盾亟待解决。未来生态的稳健性取决于算力协同（边缘计算与中心云）、制度平衡（开放创新与知识产权保护）及人机关系适配的三重突破。智能互联网的产业生态已超越单纯的技术叠加，演变为数字文明时代的新型生产关系框架，其发展轨迹将深刻影响全球经济格局的重塑方向。

---

① 《北美云厂商资本开支大增 AI 领域迎新机遇》，搜狐网，2025 年 2 月 12 日，https://www.sohu.com/a/858107898_122066678。
② Dealroom：《2024 年全球 AI 投资市场报告》，2024 年 7 月。
③ 《激发数据要素赋能服务型制造发展潜力》，光明网，2024 年 3 月 21 日，https://www.toutiao.com/article/7348781187273638440/? upstream_biz=douba&source=m_redirect。

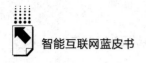
二 世界主要国家和地区智能互联网发展特点

智能互联网的技术扩散在世界范围内呈现区域不平衡性，美国凭借其强大的技术创新能力和成熟的产业生态系统，持续深化在全球智能互联网领域的领先地位；欧洲通过政策驱动和技术创新，努力提升其竞争力，特别是在AI治理和数据隐私保护方面制定了严格的法规；中国则通过自主技术创新和应用拓展，迅速突破崛起成为全球智能互联网领域的重要力量，特别是在5G技术和AI应用方面取得了显著进展；而亚非拉地区在数字基础设施建设方面仍面临诸多挑战，智能鸿沟问题日益严峻。

根据DIGITIMES Research《生成式AI专题报告（2024）》[Generative AI Special Report（2024）]，生成式AI的市场规模预计将快速扩大，到2024年将达到400亿美元，到2030年将增长至1.5万亿美元，2022~2030年的复合年增长率（CAGR）为83%（见图2）。① 生成式AI正在改变内容生产和获取方式，降低知识获取和创作的难度，激发数字经济的活力和创造力，并以创新模式融入各行业。

（一）美国：生态系统持续深化

美国政府对AI技术的重视和支持，进一步巩固了其在全球智能互联网领域的主导地位。例如，美国政府通过《芯片与科学法案》，投入520亿美元强化半导体产业链，确保AI算力基础设施自主可控。美国在技术创新、应用场景拓展和企业实力等方面都展现强劲的发展态势。硅谷在AI芯片（如英伟达H100）、量子计算（如IBM量子处理器）领域保持领先。北美四大云厂商（谷歌、微软、Meta、亚马逊）受益于AI对核心业务的推动，持

---

① Tsai J. Generative AI market to reach US ＄1.5 trillion by 2030 with Taiwan holds hardware advantage；software and services to see promising future, says DIGITIMES Research，2024-09-02，https：//www.digitimes.com/news/a20240830VL205/market-hardware-software-genai-digitimes.html。

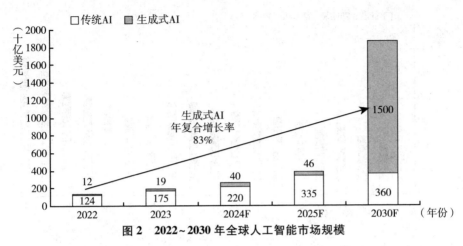

图2 2022~2030年全球人工智能市场规模

资料来源：DIGITIMES Research，Generative AI Special Report（2024）。

续加大资本开支。2024年三季度，四大云厂商的资本开支合计为576亿美元，同比增长61%，环比增长11%（见图3）。目前，北美四大云厂商增加的资本开支主要用于AI基础设施的投资，并从AI投资中获得了积极回报，预计2025年仍有望继续加大资本开支。[①]

美国在AI领域的政策制定和资金投入，使得其在技术研发、人才培养和产业应用等方面都处于领先地位。美国在AI领域的快速推进和战略布局，对其他国家的技术发展和市场空间产生一定的竞争压力。这种竞争压力并非单一维度的"打压"，而是其通过强化自身的技术壁垒、优化产业生态以及推动全球技术标准的制定，试图在AI领域维持其全球竞争优势。同时，这也促使其他国家加快产业投资和自主创新，以应对全球竞争格局的变化。因此，美国的AI发展战略可以被视为一种基于自身利益的技术竞争策略，其对国际AI格局的影响是多维度的，既包括技术竞争和市场争夺，也涉及全球治理和国际合作的复杂互动。

在智能互联网关键基础设施方面，美国也展现显著的优势。2024年，

---

① 《美股四巨头AI军备竞赛再升级：今年资本支出将超3200亿美元，华尔街担忧》，澎湃新闻，2025年2月7日，https://www.toutiao.com/article/7468643331703243303/? upstream_biz=doubao&source=m_ redirect。

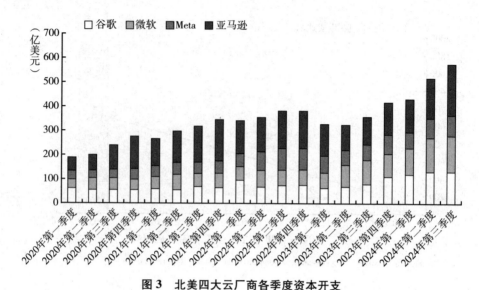

图3　北美四大云厂商各季度资本开支

资料来源：各公司公告，Wind，中原证券研究所。

美国的 El Capitan 以 1.742 exaflops（百万兆浮点运算）的峰值性能位列全球超级计算机榜首。美国在全球超级计算机前十名中占据五席，包括 Frontier、Aurora 和 Eagle 等，这些超级计算机的性能均超过 1 exaflops。相比之下，其他国家如中国和日本的超级计算机虽然也表现出色，但在数量和性能上仍与美国存在差距。此外，美国在数据中心基础设施方面的投入和发展也十分显著，其数据中心配备了先进的硬件如图形处理器（Graphics Processing Unit，GPU）和张量处理单元（Tensor Processing Unit，TPU），以支持复杂的 AI 模型和大规模数据集的处理。OpenAI 等美国企业也在积极推动基础设施建设，以确保全球 AI 技术的发展符合美国的技术和标准。这些因素共同使美国在智能互联网生态系统中的影响持续深化。

美国政府推出了大规模的投资项目，如"星际之门计划"（Stargate），将在未来四年内投入 5000 亿美元用于 AI 基础设施建设。[①] 这些投资不仅推

---

① Friesen G. Trump's AI Push：Understanding The ＄500 Billion Stargate Initiative，Forbes，2025-01-23，https：//www.forbes.com/sites/garthfriesen/2025/01/23/trumps-ai-push-understanding-the-500-billion-stargate-initiative/。

动了技术创新，还促进了相关产业的发展，为美国在全球智能互联网领域的领先地位提供了支撑。根据数据分析公司 Dealroom 的报告，2024 年全球 AI 投资市场规模达到了 1100 亿美元，较上一年增长了 62%。其中，美国 AI 初创企业共筹集了 807 亿美元，占美国风险投资总额的 42%（见图 4）。[1]

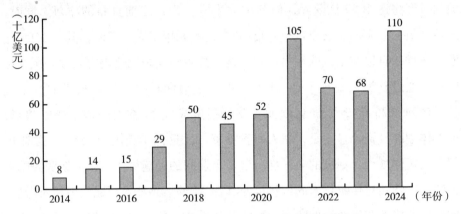

图 4　全球范围针对人工智能领域的风险投资活动

资料来源：Dealroom：《2024 年全球 AI 投资市场报告》。

在军事应用方面，美国国防部成立了"利马"生成式 AI 特别工作组，旨在探索和推进生成式 AI 技术在军事领域的应用。美国国防部信息系统局（DISA）也将生成式 AI 技术纳入"技术观察清单"，以确保在军事领域中能够充分利用这一技术的潜力。生成式 AI 技术在情报分析与战场态势感知、战勤保障等军事作战领域已展现其独特的应用潜能。DeepSeek 的技术突围，对美国出口管制政策的有效性提出了质疑，并表明除非特朗普政府采取新方法，否则美国公司最终可能会付出代价。DeepSeek 的成功应该作为一个警钟：美国目前针对中国的 AI 战略正在失败，且基于错误的假设。[2]

---

①　Dealroom：《2024 年全球 AI 投资市场报告》，2024 年 7 月。

②　Reevaluating US AI Strategy Against China，https：//itif.org/publications/2025/02/13/reevaluating-us-ai-strategy-against-china/.

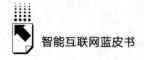

（二）欧洲：发展遭遇多重挑战

欧洲在智能互联网及 AI 产业的发展中面临多重挑战。资金短缺成为欧洲推动 AI 技术发展的主要障碍。法国总统马克龙宣布未来几年内法国 AI 领域的投资将达 1090 亿欧元，但其中一半资金来自之前宣布的项目。同时，欧盟委员会主席冯德莱恩宣布筹集 2000 亿欧元用于人工智能，其中 1500 亿欧元同样来自以前出台的相关计划。这些投资与美国相比仍有较大差距。尽管欧盟通过欧洲创新理事会（EIC）加大了对深科技和战略技术的资金支持，计划 2025 年投入 14 亿欧元支持包括生成式 AI 在内的多个核心项目，但整体创新投资仍显不足，私人研发投资占比远低于美国。① 此外，欧盟内部市场运作规则和标准的多样性阻碍了企业间的无缝协作以及创新资源的自由流动；欧洲对传统技术的依赖也使其在 AI 等新兴技术领域发展相对滞后。同时，严格的监管政策保障了数据隐私和安全，却也在一定程度上限制了包括 AI 在内的创新速度，这些挑战共同削弱了欧洲在全球智能互联网领域的竞争力。

尤其值得注意的是，在巴黎人工智能行动峰会上，美欧之间在 AI 监管方面的冲突尤为突出。美国批评欧盟的严格监管框架，如《AI 法案》《数字服务法》（DSA）和《通用数据保护条例》（GDPR），认为这些法规阻碍了技术创新。美国副总统万斯在峰会上表示，这些"大规模法规"对企业的合规成本和运营构成了重大挑战，尤其是对小型企业的影响更为明显。相比之下，法国总统马克龙和欧盟委员会主席冯德莱恩，坚决捍卫其在 AI 监管方面的立场，强调安全和负责任的 AI 发展是确保公众信任和伦理进步的关键。这种分歧不仅反映了美欧在 AI 监管哲学上的差异，也凸显了全球 AI 治理的复杂性。

此外，欧洲内部市场的碎片化也阻碍了智能互联网技术的广泛应用。欧

---

① 《欧盟加速布局 AI 投资》，新浪财经，2025 年 2 月 14 日，https：//finance. sina. com. cn/money/forex/datafx/2025-02-14/doc-inekmuhz4122843. shtml。

盟内部不同国家和地区的市场规则、标准和监管框架存在差异，这使得企业在跨地区运营时面临诸多障碍，增加了运营成本和市场准入难度。这种市场碎片化不仅限制了欧洲企业的发展空间，也影响了智能互联网技术在欧洲的快速推广和应用。

（三）中国：创新引领智能转型

2024年是中国互联网行业具有里程碑意义的一年，不仅是全功能接入国际互联网30周年，也是智能转型的关键时期。AI技术在互联网、电信、政务、金融等领域的渗透率显著提升，推动了各行业的智能化升级。中国政府加快了AI发展的顶层布局，各地陆续出台政策举措，探索AI发展新路径，打造智能互联网创新高地。这些政策为智能互联网的发展提供了明确的方向和有力的支持。

科技创新始终是推动互联网行业发展的核心动力。中国在AI技术方面取得了显著进展，特别是在大模型和生成式AI领域。通过底层优化和软硬件协同创新，DeepSeek在国产算力平台上实现了高性能，为国内AI模型的发展提供了有力支持。此外，中国在智能芯片、开发框架、通用大模型等多个领域实现了创新。

互联网基础设施的持续升级也为技术创新提供了坚实保障。截至2025年1月，中国IPv6地址数量达到6.75万块/32，全球排名第二。IPv6活跃用户数达到8.355亿（见图5），域名总数达到3302万个，其中"CN"域名数量达到2082万个。这些基础资源的丰富和发展，为互联网行业的技术创新和应用拓展提供了强大的支撑。[1]

5G技术的快速发展成为互联网行业新的引擎。截至2024年11月，中国已累计建成5G基站419.1万个（见图6），占移动基站总数的33.2%，5G网络的广泛覆盖为物联网、智能交通、工业互联网等新兴领域的发展提供了强大的技术支持。同时，AI技术在内容创作、智能交互、科学探索和

---

[1] CNNIC：《第55次〈中国互联网络行业发展状况统计报告〉》，2025年1月。

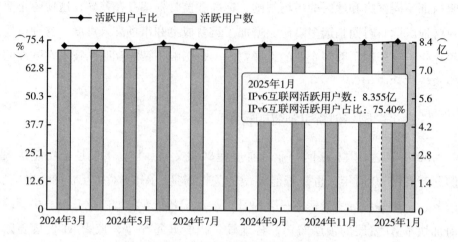

图5 2024~2025年中国IPv6活跃用户数

资料来源：国家IPv6发展监测平台。

工业生产等多个领域的应用不断深化，极大地提升了生产效率和用户体验。①

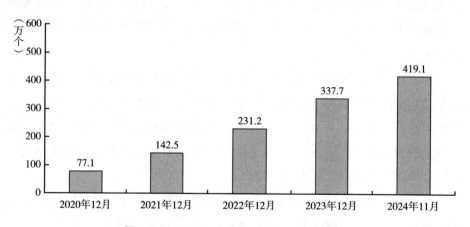

图6 2020~2024年中国5G基站建设数量

资料来源：工业和信息化部。

---

① CNNIC：《第55次〈中国互联网络发展状况统计报告〉》，2025年1月。

中国的算力规模已位居全球第二，且保持了 30% 左右的年增长率。[1]
2024 年，全国一体化算力算网调度平台发布，通过整合全国的算力资源，
实现智能网络的动态调度，提升了智能网络的响应能力和资源利用效率。

生成式 AI 迅速成为中国最热门的投资领域之一。2024 年，网信部门会
同有关部门按照《生成式人工智能服务管理暂行办法》要求，持续开展生
成式 AI 服务备案工作。截至 2024 年 12 月 31 日，共 302 款生成式 AI 服务
在国家网信办完成备案，其中 2024 年新增 238 款备案；对于通过 API 接口
或其他方式直接调用已备案模型能力的生成式 AI 应用或功能，2024 年共
105 款在地方网信办完成登记。[2]

中国智能互联网的行业应用加速落地，助力社会治理智能化，释放经济
发展新动能。例如，在金融、文娱等垂直领域，大模型应用已率先落地，推
动了行业的数字化转型。在智慧医疗、自动驾驶、智能制造等领域，智能化
应用也在加速发展，提升了行业的生产效率和服务质量。与此同时，中国加
快构建中国式网络治理框架，从立法、执法、司法领域全方位构建智能互联
网治理体系，促进了智能互联网的健康发展和规范应用。

（四）亚非拉：智能鸿沟不断加剧

在智能互联网发展中，亚非拉地区面临着日益加剧的智能鸿沟问题。尽
管非洲和亚洲部分地区在数字基础设施建设方面取得了一定进展，但整体仍
面临诸多挑战。2024 年，非洲互联网普及率为 38%，而宽带互联网接入率
相对较低。据国际电信联盟（ITU）数据，非洲每 100 名居民中仅有 1 名固
定宽带用户，这表明非洲宽带互联网接入率远低于互联网普及率。[3] 移动互
联网的可用性虽有所提高，但宽带基础设施的覆盖范围和服务质量仍落后于

---

[1]　《工信部：我国算力总规模居全球第二　保持30%左右的年增长率》，中国新闻网，2023 年
7 月 19 日，https://www.chinanews.com/cj/2023/07-19/10045898.shtml。
[2]　中国互联网络信息中心：《工信洞察之生成式人工智能应用发展报告（2024）》，2024 年
11 月。
[3]　国际电信联盟（ITU）：《衡量数字化发展：2024 年事实与数据》，2024 年 11 月。

其他地区，5G 覆盖率不足 10%，[①] 制约远程教育（如尼日利亚 EdTech 平台）普及。此外，非洲和拉美地区在数字经济政策和监管框架的制定和实施方面仍处于起步阶段，拉美地区仅 35% 的劳动力接受过基础数字培训，[②] 阻碍智能技术应用，物流基础设施的改善相对缓慢，这些因素共同限制了智能互联网技术的广泛应用。

与此同时，亚洲部分国家虽然互联网普及率显著提升，但农村和贫困地区数字基础设施仍然薄弱。例如，印度等国的网络基础设施虽有迅猛发展，但区域货运和物流网络的发展仍难以支撑电商的快速扩张。此外，由于经济和地理条件的限制，拉美地区的电子支付和移动钱包的使用虽在增加，但现金仍占主导地位。这些挑战不仅影响了亚非拉地区在全球智能互联网竞赛中的竞争力，也进一步加剧了智能鸿沟。亚非拉地区需要加大投入，改善数字基础设施，特别是在农村和贫困地区。同时，加强数字经济政策和监管框架的制定和实施，推动物流基础设施的改善，以提高智能互联网技术的普及和应用水平。

三　技术突破与治理创新：从 GDC 到 AI 碎片化挑战

在"技术后冲"时代，全球网络治理的重点逐渐转向应对 AIGC 主流化带来虚假信息等风险。然而，当前治理机制的不完善，统一标准和协调机制的缺乏，使得全球网络治理面临严峻挑战。在此背景下，《全球数字契约》（GDC）应运而生，旨在构建全球性高效协作治理机制。2024 年 9 月 22 日，联合国未来峰会通过 GDC，标志着网络治理全球机制的历史性突破，也预示着联合国正式回归网络治理主战场。[③] GDC 的推进过程中，多方模式与政府主导的多边模式之间的冲突贯穿始终。多方模式以其灵活性和包容性在互

---

① ITU：《2024 年全球 ICT 发展报告》，2024 年 11 月。
② IDB：《2024 年拉美劳动力技能调查报告》，2024 年 11 月。
③ 方兴东、钟祥铭：《〈全球数字契约〉的历史回响——洞察全球网络治理的历史演进与未来变革趋势》，《暨南学报》（哲学社会科学版）2024 年第 8 期。

联网治理中占据核心地位，却也面临权力不平衡和合法性等问题。尽管GDC倡导多方模式，却难以摆脱政府主导的多边模式属性。[①] 这种冲突反映了全球网络治理的复杂性，也为非西方国家提供了推动全球网络治理变局、争取国际权益的历史性机遇。

AI碎片化现象在技术层面和全球治理层面呈现双重复杂性。技术层面的异构性导致算法框架、数据接口与算力资源的分散化，形成跨模态应用的"技术孤岛"；而全球治理机制的割裂则加剧了伦理规范与法律体系的区域性冲突，进一步削弱技术协同效应。这一双重碎片化挑战引发国际社会的高度关注。

2025年巴黎人工智能行动峰会提出以"动态互操作性"为核心的新型治理框架，旨在通过技术标准融合与主权协商机制，构建跨国界的技术协议栈。在技术生态层面，基于神经符号系统融合的混合智能架构逐步成熟，其通过统一知识表征与联邦学习机制，可有效整合分散的垂直领域模型，缓解由场景特异性引发的技术效能损耗。

同时，法律与伦理建设取得突破性进展。联合国教科文组织修订的《人工智能伦理全球公约》首次将"技术可追溯性"与"责任链映射"纳入强制性条款，要求跨国AI系统需满足全生命周期透明化要求。私营部门通过开放API接口与共建产业联盟，已形成算力共享与风险共担的协作模式，为全球AI生态的系统性整合提供了重要支持。

作为颠覆性技术范式，AI仍处于快速演进阶段，其对社会经济结构的深层次重构效应尚未完全显现。当前技术实践中暴露出的算法偏差、数据隐私伦理困境及人机权责边界模糊等问题，已引发学界对技术异化风险的深度关切。特别是在生成式AI领域，大模型的可解释性缺失与多模态数据泛化能力不足，导致技术可靠性与安全性面临双重挑战。通过异构系统集成与具身智能等前沿方向突破，AI在边缘计算、自适应制造及复杂系统优化等领

---

① 钟祥铭、方兴东：《〈全球数字契约〉与多方模式新纪元——探究全球网络治理基础性机制的范式转变与逻辑》，《传媒观察》2024年第11期。

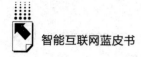
域已展现出超越传统方法的涌现式能力。未来，全球智能互联网的发展将依赖于技术突破与治理创新的双重驱动，以实现技术主权与全球协作的平衡，推动智能互联网的可持续发展。

四 展望：2025年全球智能互联网趋势预测

2025年将是全球智能互联网发展的关键转折点。随着智能体技术与空间智能取得突破性进展，智能互联网将进入深度整合与多维度拓展的新阶段。智能互联网的全球竞争本质上是技术生态与治理能力的综合博弈。通过技术突破、产业融合、政策支持与国际合作的多维度协同策略，全球智能互联网将在技术创新与社会进步中实现突围，引领未来数字经济的发展方向。

第一，技术突破：智能体与空间智能的协同演进。一方面，智能体技术通过多模态感知、自主学习及群体协同等能力的提升，显著提升了其在复杂动态环境中的适应性与任务执行效率。2025年，智能体将在智能制造、智慧医疗、智慧城市等领域实现广泛应用，成为推动智能互联网发展的核心力量。另一方面，空间智能在3D建模、环境感知与智能导航方面的进步，将实现对物理空间的精细化管理和优化配置。[①] 例如，World Labs推出的空间智能AI模型和谷歌DeepMind的Genie 2模型，展现了从单张图片生成3D虚拟世界的能力，显著提升了3D内容制作的效率和一致性。Meta的导航世界模型（NWM）则进一步提升了AI在复杂环境中的空间智能和导航能力，为机器人导航、自动驾驶等领域的应用提供了强有力的支持。

第二，产业融合：跨领域协同与资源优化。在智能制造与工业互联网领域，智能体技术与空间智能的深度融合将推动智能制造的发展。通过AI技术和物联网的结合，企业能够实现生产过程的智能化监控和优化，显著提升生产效率和产品质量。在智慧医疗与健康管理领域，智能互联网将推动电子病历系统的建设和医疗数据的互通共享。AI技术在疾病诊断、药物研发等

---

① 中关村智友研究院：《2024具身智能科技前沿热点》，2024年12月。

领域的应用，将显著提升医疗服务的效率和质量。在智慧城市与智能交通领域，通过 AI 技术和物联网的结合，实现城市交通的智能化管理，显著提升交通效率和安全性。自动驾驶技术的突破也将推动智能交通的快速发展。

第三，政策支持：灵活监管与创新环境。一方面，政策支持为智能互联网的发展提供了保障。通过制定灵活的监管框架，政府能够有效应对技术标准、数据隐私等方面的全球性挑战，营造良好的创新环境。另一方面，政府需加大研发投入和人才培养力度，推动智能互联网技术的普惠化和可持续发展。通过政策引导，促进产学研合作，加速技术成果的转化和应用。

第四，国际合作：全球资源整合与协同发展。国际合作有助于整合全球资源，共同应对技术标准、数据隐私等方面的全球性挑战。通过跨国界的技术协议栈和主权协商机制，构建全球性高效协作治理机制，将推动智能互联网技术的普惠化发展，缩小智能鸿沟。通过开放 API 接口与共建产业联盟，形成算力共享与风险共担的协作模式，实现全球 AI 生态的系统性整合。

参考文献

方兴东、王奔、钟祥铭：《DeepSeek 时刻：技术—传播—社会（TCS）框架与主流化鸿沟的跨越》，《新疆师范大学学报》（哲学社会科学版）2025 年第 4 期。

方兴东、钟祥铭：《〈全球数字契约〉的历史回响——洞察全球网络治理的历史演进与未来变革趋势》，《暨南学报》（哲学社会科学版）2024 年第 8 期。

钟祥铭、方兴东：《〈全球数字契约〉与多方模式新纪元——探究全球网络治理基础性机制的范式转变与逻辑》，《传媒观察》2024 年第 11 期。

B.3
2024年智能互联网法规政策发展与趋势

郑 宁 龚泊榕 陈宏湲*

摘 要： 2024年智能互联网法规政策呈现精细化、多元化特征，人工智能监管与发展并重，数据和网络安全管理进一步加强。执法以人民为中心，通过系列专项行动净化网络环境；司法实践着重探索AI技术法律边界，加强未成年人和个人信息保护。未来，将加快智能互联网领域立法修法进程，完善制度体系，重点防范新兴领域风险，积极参与国际规则制定与国际合作，适应技术发展趋势，保障产业健康发展与网络安全。

关键词： 智能互联网法规政策 人工智能 数据治理 网络安全

一 2024年智能互联网法规政策概述

（一）法规政策

2024年，智能互联网领域的法规政策在人工智能和大数据广泛应用的驱动下，展现精细化、多元化的特征，为新时代网络法治建设筑牢根基。

从中央政策层面来看，2024年2月，国务院办公厅印发《扎实推进高水平对外开放更大力度吸引和利用外资行动方案》，指出要规范数据跨境安全管理，组织开展数据出境安全评估等相关工作。3月，国务院政府工作报告提出

---

* 郑宁，中国传媒大学文化产业管理学院法律系主任，教授、博士生导师，主要研究方向为互联网法、文化传媒法；龚泊榕，中国传媒大学文化产业管理学院，主要研究方向为文化法治与知识产权；陈宏湲，中国传媒大学文化产业管理学院。

要深入推进数字经济创新发展，制定支持数字经济高质量发展政策，积极推进数字产业化、产业数字化，促进数字技术和实体经济深度融合。深化大数据、人工智能等研发应用，开展"人工智能+"行动，打造具有国际竞争力的数字产业集群。7月，中国共产党第二十届中央委员会第三次全体会议通过《中共中央关于进一步全面深化改革、推进中国式现代化的决定》，提出要完善推动人工智能等战略性产业发展政策和治理体系，并加强网络安全体制建设，建立人工智能安全监管制度。8月，中共中央办公厅、国务院办公厅发布《关于数字贸易改革创新发展的意见》，提出要促进实体经济和数字经济深度融合，强调放宽数字领域市场准入，鼓励外商扩大数字领域投资。

从法律层面来看，2024年2月，《中华人民共和国保守国家秘密法》颁布，并于5月1日起施行。此次修订加强了与《数据安全法》的协同衔接，新增涉密数据管理及汇聚、关联后涉及国家秘密数据管理的原则规定。

从行政法规层面来看，2024年1月，我国首部专门性的未成年人网络保护综合立法《未成年人网络保护条例》开始施行，对未成年人网络保护的原则要求、网络素养促进、网络信息内容规范、个人信息网络保护、网络沉迷防治等多方面作出具体规定。2月，《消费者权益保护法实施条例》发布，自7月1日起施行，规定经营者应当依法保护消费者的个人信息。9月，《网络数据安全管理条例》公布，自2025年1月1日起施行，细化个人信息保护规定，完善重要数据安全制度，优化网络数据跨境安全管理规定，明确网络平台服务提供者义务。

从部门规章层面来看，2024年3月，国家网信办发布《促进和规范数据跨境流动规定》，对数据出境制度作出优化调整。5月，国家市场监督管理总局颁布《网络反不正当竞争暂行规定》，预防和制止网络不正当竞争行为，促进数字经济规范持续健康发展。6月，国家网信办联合公安部、文化和旅游部、国家广播电视总局公布《网络暴力信息治理规定》，要求网络信息服务提供者应当履行网络信息内容管理主体责任，建立完善网络暴力信息治理机制。

从行政规范性文件层面来看，国家数据局、中央网信办等17部门于

2023 年 12 月联合发布《"数据要素×"三年行动计划（2024—2026 年）》，指出要完善数据分类分级保护制度，落实数据安全法规制度、网络安全等级保护、关键信息基础设施安全保护等制度。2024 年 1 月，工业和信息化部等部门联合发布《关于推动未来产业创新发展的实施意见》，指出应引导企业建立数据管理等自律机制，完善安全监测、预警分析和应急处置手段。2月，自然资源部发布《自然资源数字化治理能力提升总体方案》，要求统筹信息化高质量发展与安全。同月，财政部发布《关于加强行政事业单位数据资产管理的通知》，要求落实网络安全等级保护制度。国家数据局等部门联合发布《关于开展全国数据资源调查的通知》，指出要加快数据资源开发利用，更好发挥数据要素价值。工业和信息化部公开《工业领域数据安全能力提升实施方案（2024—2026 年）》，要求着重提升工业企业数据保护、数据安全监管、数据安全产业支撑三类能力。3月，国家网信办发布《数据出境安全评估申报指南（第二版）》《个人信息出境标准合同备案指南（第二版）》，具体说明申报数据出境安全评估、备案个人信息出境标准合同的方式、流程和材料。同月，自然资源部发布《自然资源领域数据安全管理办法》，对数据分类分级管理、数据全生命周期安全管理、数据安全监测预警与应急管理等内容进行规定。4月，人力资源社会保障部等九部门联合印发《加快数字人才培育支撑数字经济发展行动方案（2024—2026 年）》，提出要培养数字人才。同月，商务部发布《数字商务三年行动计划（2024—2026 年）》，要求建立商务领域数据分类分级保护制度，探索建立合法安全便利的数据跨境流动机制。国家金融监督管理总局发布《关于促进企业集团财务公司规范健康发展提升监管质效的指导意见》，落实数据安全责任制，建立数据安全保护基线。5月，国家发展改革委、国家数据局等部门发布《关于深化智慧城市发展推进城市全域数字化转型的指导意见》，要求加快推进城市数据安全体系建设。同月，文化和旅游部办公厅等部门联合印发《智慧旅游创新发展行动计划》，提出要加强旅游领域用户个人信息和个人隐私保护。国家能源局发布《电力网络安全事件应急预案》，完善电力网络安全事件应对工作机制。中央网信办等多部门联合印发《2024 年数字乡村发展工作要点》，指出持续开展网络安全督查检查专项行动，加强涉农重点网站和业务信息系统防护能力建设，提升广大农民数字素养与技能。中央网信办等部门联合印发《信息化标准建设行动计划（2024—2027年）》，要求推进数据安全相关标准研制，推动数据要素流通标准研制。中央网信办、中央机构编制委员会办公室、工业和信息化部、公安部发布《互联网政务应用安全管理规定》，保障互联网政务应用安全稳定运行和数据安全。6月，全国网络安全标准化技术委员会发布《网络安全标准实践指南——大型互联网平台网络安全评估指南》。8月，工业和信息化部等十一部门公布《关于推动新型信息基础设施协调发展有关事项的通知》。同月，国家市场监督管理总局发布《互联网广告可识别性执法指南》。中央网信办秘书局等十部门印发《数字化绿色化协同转型发展实施指南》。工业和信息化部办公厅发布《关于组织开展 2024 年"5G+工业互联网"融合应用先导区试点工作的通知》。9月，全国网络安全标准化技术委员会发布《网络安全标准实践指南——敏感个人信息识别指南》。国家发展改革委等六部门联合印发《国家数据标准体系建设指南》。10月，工业和信息化部印发《工业和信息化领域数据安全事件应急预案（试行）》。11月，国家网信办发布《移动互联网未成年人模式建设指南》，提出创新未成年人模式保护措施，推动时间、内容、功能等"三大优化"。国家数据局印发《可信数据空间发展行动计划（2024—2028 年）》，提出到 2028 年，可信数据空间运营、技术、生态、标准、安全等体系取得突破，初步形成与我国经济社会发展水平相适应的数据生态体系。

（二）执法

2024 年，中国智能互联网的执法实践聚焦于净化网络环境、维护信息真实性和保障公共利益，体现了以人民为中心的治理理念。中央网信办通过"清朗"等系列专项行动，重点整治网络生态乱象、人工智能滥用、金融信息不规范等问题，旨在应对新技术环境下网络空间的新风险与新挑战。

网络生态治理方面。部分"自媒体"为吸引流量，制造虚假热点、散布误导性信息等，严重扰乱网络秩序。2024 年 1 月，中央网信办启动"清朗·2024 年春节网络环境整治"专项行动，集中整治人民群众反映强烈的网络生态突出问题，为广大网民营造文明健康的春节网上氛围。3 月，中央网信办部署开展 2024 年"清朗"系列专项行动，包括"清朗·整治'自媒体'无底线博流量""清朗·打击违法信息外链""清朗·优化营商网络环境—整治涉企侵权信息乱象"等 10 项专项行动，着力研究破解网络生态新问题新风险。

整治滥用人工智能方面。生成式 AI 工具的普及使得伪造信息、编造谣言更加便捷。4 月，公安部公布十起打击整治网络谣言违法犯罪典型案例，其中四起涉及使用人工智能工具造谣，执法范围涉及湖南、江西、重庆、广东等地。

打击虚假金融信息乱象方面。网络非法集资宣传、误导性投资建议等虚假金融信息，极易诱导公众上当受骗。12 月，国家网信办提出将继续加大对网上金融信息乱象的打击整治力度，规范网上金融信息传播秩序，着力维护人民群众财产安全。

（三）司法

2024 年，我国智能互联网司法实践呈现鲜明的时代特征。在数字经济快速发展的背景下，大数据、人工智能等前沿数字技术与新兴产业领域的矛盾纠纷日益增多，为司法审理带来了法律主体认定、责任分配等方面的一系列难题。面对这些挑战，司法机关主要在以下三个方面展开积极探索与应对。

第一，人工智能与大数据相关主体权益保护。随着人工智能深度合成技术的快速发展，未经许可擅自对声音进行 AI 化使用的行为广泛兴起，对自然人声音权益的侵害风险日渐凸显。2024 年 1 月，广东高院发布的民法典第四批典型案例中即有关于声音权益等人格权保护的内容，AI 声音相关案件的裁判结果在保护自然人声音权益与引导 AI 技术向善发展等方面具有重大积极意义。关于数据抓取、交易方面的不正当竞争纠纷，6 月广东高院发布的"促进新质生产力发展"知识产权保护首批典型案例中的 iDataAPI 抓取并交易第三方数据案，以及 9 月最高人民法院选登的典型案例中第八起征信数据平台的不正当竞争纠纷案，都彰显了司法实践对数据要素合理流通与公平竞争的重视。

第二，未成年人网络保护。未成年人成长与互联网深度关联，而现阶段利用网络侵害未成年人权益的犯罪手段复杂多样，方式不断翻新。3 月，最高人民检察院召开"加强综合司法保护守护未成年人健康成长"新闻发布会，发布最高检第五十批指导性案例，促进解决涉及未成年人的帮助信息网络犯罪活动、诈骗、网络隔空猥亵等审理痛点、难点，推广体现未成年人网络保护特点的办案规则和有益经验，为全国各级检察机关办理涉未成年人网络司法保护案件提供了示范借鉴和方向引领。

第三，个人信息保护。3 月，《最高人民检察院工作报告》与《最高人民法院工作报告》均强调要加强个人信息保护，完善数字权益保护规则。在个人信息收集常态化背景下，为确保个人信息安全，民法典、个人信息保护法等规定了信息处理者保障用户个人信息安全的法定义务。在北京互联网法院 12 月发布的 AI 换脸案件中，被告用原告出镜的视频制作模板并通过技术手段将原告面部特征替换，不具有肖像意义上的可识别性，不构成肖像权侵权。但涉案视频以数据形式呈现的原告面部等个体化特征属于个人信息，被告收集包含原告人脸信息的视频并用算法合成的过程属于对个人信息的处理，其未经授权，构成对个人信息权益的侵害。该案判决对肖像权、个人信息权益进行了准确区分，既维护了自然人的合法权益，又为人工智能技术和新兴产业发展留有合理空间。

二 2024年智能互联网法规政策特点

（一）人工智能监管与发展并重

1. 加强人工智能治理

（1）多部门协同推进人工智能治理

2024 年，各部门积极协同，围绕人工智能发布了一系列政策文件，形成了覆盖政策引导、人才培育、技术创新、安全监管的综合体系。4月，人力资源社会保障部等九部门联合印发《加快数字人才培育支撑数字经济发展行动方案（2024—2026年）》，紧贴数字产业化和产业数字化发展需要，提出重点围绕人工智能等数字领域新职业，培养高水平数字人才。8月，工业和信息化部等十一部门发布《关于推动新型信息基础设施协调发展有关事项的通知》，强调多部门要协同推进人工智能等新型信息基础设施建设，部署区域性人工智能公共服务平台，深化区域间均衡协调发展，同时强化人工智能等新技术风险评估。

（2）加大监管力度，防范人工智能风险

近年来，人工智能技术的迅猛发展为社会带来了诸多便利和创新。然而，一些不法分子利用人工智能工具制造虚假信息、传播网络谣言，给社会秩序和网络安全带来了新的挑战。为此，各地公安和网信部门加大了对相关违法违规行为的打击和监管力度，努力防范人工智能技术带来的风险。

2024年上半年，公安部公布了10起打击整治网络谣言违法犯罪的典型案例，其中四起涉及使用人工智能工具造谣，均为相关涉案人员或机构利用人工智能工具生成虚假或不实文章、谣言在网络平台上发布，扰乱社会秩序，最终被依法采取行政或刑事强制措施。此外，网信部门也加强了对生成式人工智能服务的监管。7月，重庆网信部门通报了多起违规从事生成式人工智能服务的案例。针对未经安全测评备案、违规提供人工智能服务的网站，网信部门依法对运营主体进行了执法约谈，责令立即停止相关服务。

（3）司法裁判探索人工智能技术应用边界

人工智能的技术特点和应用场景带来了全新的法律挑战，使现行法律框架面临严峻考验。2024年，通过对涉人工智能典型案件的审理，各地法院逐步探索人工智能技术应用的法律边界。

在人工智能生成内容的著作权归属与侵权认定上，一些法院认定当生成内容具备人类创作的独创性表达时，可以受到著作权法保护。但由于人工智能本身不是法律意义上的"作者"，著作权应归属于对生成内容进行选择、修改并最终固定的人类创作者。

在人格权保护上。人工智能技术如深度伪造、AI换脸等在娱乐和商业领域广泛应用，也存在未经同意利用人工智能技术生成他人形象或声音或非法采集使用个人生物识别信息并通过人工智能技术进行处理的情形，法院在审理相关案件时，均认定未经授权的人工智能合成行为构成侵权。

在专利法中的定位上，一些法院认定，人工智能系统不具有民事主体资格，不能作为专利法意义上的发明人。人工智能生成的发明，应由对人工智能系统进行设计、开发和操作的人类发明人申请专利。

在平台责任与算法治理上，一些法院认为，用户上传的人工智能生成内容涉嫌侵权和违法内容，若平台在知晓侵权内容后，应采取必要措施，否则可能构成帮助侵权。

2. 促进人工智能技术发展与应用

（1）推动人工智能产业发展

2024年，各级政府和相关部门高度重视人工智能技术在多领域的应用与发展，通过多种举措，积极推进人工智能技术的发展与应用，为其研发和应用创造良好的政策环境。

3月，政府工作报告中提出了深化大数据、人工智能等研发应用，开展"人工智能+"行动，打造具有国际竞争力的数字产业集群。国家发展改革委发布《促进国家级新区高质量建设行动计划》，提出要加快设在新区的国家新一代人工智能创新发展试验区和国家人工智能创新应用先导区建设，促进人工智能技术在新区的深入应用。

4月，国家知识产权局保护司印发《2024年全国知识产权行政保护工作方案》，强调要加大对人工智能等战略性新兴产业的保护力度，积极探索人工智能等新技术在知识产权监管中的应用，为人工智能产业的发展保驾护航。各地政府也积极响应，出台利好政策推动人工智能产业发展。

（2）加强行业自律

在全球人工智能技术蓬勃发展的时代背景下，凝聚行业共识、强化自律机制，已然成为推动我国人工智能产业稳健、可持续发展的重要路径。

8月，中国网络空间安全协会人工智能安全治理专委会协同相关产学研用单位正式发布《生成式人工智能行业自律倡议》，从保障数据安全与隐私、促进内容生态正向建设等方面，面向行业发出倡议，推动各方形成共识，共同推动生成式人工智能行业健康发展。9月，全国网络安全标准化技术委员会发布了《人工智能安全治理框架》1.0版，从内生、应用两个维度分析人工智能风险，从模型、数据、系统以及网络、现实、认知、伦理等角度，提出相应技术应对和综合治理措施。

（二）进一步加强网络安全监管

1. 聚焦突出问题，维护网络秩序

2024年，国家相关部门高度重视网络生态治理，针对网络突出问题，采取多项举措，切实维护网络秩序，营造清朗的网络环境。

"清朗"专项行动全面展开。1月，中央网信办启动"清朗·2024年春节网络环境整治"专项行动，集中整治人民群众反映强烈的网络生态突出问题，旨在净化网络环境。3月，中央网信办继续以清朗网络空间为目标开展2024年"清朗"系列专项行动等10项整治任务。11月，中央网信办秘书局、工业和信息化部办公厅等部门联合开展"清朗·网络平台算法典型问题治理"专项行动，针对网络平台算法存在的突出问题，规范算法应用。

司法机关强化网络违法犯罪打击。3月，《最高人民检察院工作报告》和《最高人民法院工作报告》公布。报告指出，针对互联网领域侵犯个人信息、虚假宣传等乱象办理公益诉讼6766件[①]，督促落实监管责任和平台责任，用法治力量维护网络清朗。同月，最高人民检察院召开了"加强综合司法保护　守护未成年人健康成长"新闻发布会，聚焦未成年人网络保护。

完善网络暴力治理机制。6月，国家网信办联合公安部、文化和旅游部、国家广播电视总局共同发布《网络暴力信息治理规定》，要求从源头上

---

① 《最高人民检察院工作报告》，中国政府网，2024年3月15日，https://www.gov.cn/yaowen/liebiao/202403/content_ 6939586. htm。

遏制网络暴力行为，营造和谐有序的网络环境。

规范网上金融信息传播。12月，国家网信办提出将继续加强对网上金融信息乱象的打击整治力度。通过规范网上金融信息传播秩序，着力维护人民群众的财产安全。

2. 加强数据安全治理，规范数据跨境流动

2024年，国家高度重视数据安全与跨境流动监管，陆续出台多项政策法规，旨在规范数据跨境流动，强化数据安全管理，推动数据要素合规、安全、高效流通，促进数字经济健康有序发展。

加强数据安全保障。《"数据要素×"三年行动计划（2024—2026年）》强调加强数据安全保障，落实数据安全法规制度，完善数据分类分级保护制度。2月新通过的《保守国家秘密法》加强与《数据安全法》的衔接。9月，《网络数据安全管理条例》公布，提出网络数据安全管理总体要求和一般规定，完善重要数据安全制度，优化网络数据跨境安全管理规定。自然资源部发布《自然资源领域数据安全管理办法》，财政部发布《关于加强行政事业单位数据资产管理的通知》，工信部印发《工业领域数据安全能力提升实施方案（2024—2026年）》和《工业和信息化领域数据安全风险评估实施细则（试行）》，财政部、国家网信办发布《会计师事务所数据安全管理暂行办法》，中央网信办等部门发布《互联网政务应用安全管理规定》。

加强数据跨境安全管理。2月，国务院办公厅印发《扎实推进高水平对外开放更大力度吸引和利用外资行动方案》，强调组织开展数据出境安全评估、规范个人信息出境标准合同备案等工作。3月，国家网信办发布《促进和规范数据跨境流动规定》，对数据出境制度进行优化调整。商务部发布《数字商务三年行动计划（2024—2026年）》，要求建立商务领域数据分类分级保护制度，形成重要数据目录，提升数据处理者安全意识和防护能力，促进符合条件的外资企业数据跨境流动，探索建立合法安全便利的数据跨境流动机制。

3. 加强未成年人网络保护，完善个人信息保护标准

2024年，国家着力完善未成年人网络保护体系，进一步构建三方联动的未成年智能防护机制，通过分级管理、精准过滤及适龄化服务，系统保障未成年人网络权益。同时，强化敏感信息治理，推进重点行业个人信息防护能力提升。

切实提高我国未成年人网络保护水平。1月，《未成年人网络保护条例》开始施行，重点规定了不得通过网络对未成年人实施侮辱、诽谤等网络欺凌行为，不得为未成年人提供游戏账号租售服务和建立网络直播发布者真实身份信息动态核验机制等。11月，国家互联网信息办公室发布的《移动互联网未成年人模式建设指南》针对移动智能终端、应用程序和应用程序分发平台提出了未成年人模式建设的总体方案，要求实现三方联动，提供未成年人模式时间管理、内容管理、权限管理等功能，在最有利于未成年人原则基础之上，做到便捷使用，有效识别违法信息和可能影响未成年人身心健康的信息，并根据不同年龄阶段未成年人身心发展特点和认知能力提供适龄的产品和服务。

提供个人信息处理和保护工作指引。9月，全国网络安全标准化技术委员会发布《网络安全标准实践指南——敏感个人信息识别指南》，为敏感个人信息处理、出境和保护工作提供参考，相比于之前在个人信息保护合规实践中起着重要指导作用的《信息安全技术　个人信息安全规范》，在很多方面有所变化。此外，文化和旅游部办公厅、中央网信办秘书局等联合印发的《智慧旅游创新发展行动计划》提出要加强旅游领域用户个人信息保护。

4. 健全网络安全预警机制，加强应急处置能力

2024年，国家相关部门着力健全网络安全预警机制，高度重视在网络安全应急预案和响应机制上的完善，提出了一些具体有力的指导措施。

5月，国家能源局发布《电力网络安全事件应急预案》，建立国家能源局、派出机构、电力调度机构和电力企业之间的协同工作机制，明确了各方职责，形成了上下联动、快速响应的应急体系，并详细规定了电力网络安全事件的报告、响应、处置、恢复和评估等流程，规范了网络安全事件的处置流程，有助于确保网络安全事件得到及时、有效的处理，减少事件造成的损失。10月，工业和信息化部印发《工业和信息化领域数据安全事件应急预案（试行）》，为工业和信息化领域数据安全事件提供分级应急处置方案，涵盖监测预警、事件响应和事后总结等关键环节，确保及时控制与化解风险，旨在提升数据安全事件的应急管理水平，保障国家安全、保护公众利益和促进企业数据管理合规化。

（三）促进数字化转型

1. 加快数字资源的开发利用

2024年，我国积极投身于多领域的数字资源开发利用协同推进工作，深度挖掘并高效利用不同领域的数字资源，全力驱动各领域迈向数字化转型。

2月，国家数据局、中央网信办、工业和信息化部、公安部联合发布《关于开展全国数据资源调查的通知》，强调摸清数据资源底数，加快数据资源开发利用，更好发挥数据要素价值。

在数字商务发展板块，4月，商务部发布《数字商务三年行动计划（2024—2026年）》，激励电商平台借助大数据、人工智能等前沿技术，大力拓展数字资源在商业领域的应用边界。在智慧城市建设维度，5月，国家发改委发布《关于深化智慧城市发展推进城市全域数字化转型的指导意见》，全方位涵盖从城市基础设施数字化至政务服务数字化进程，深度整合城市交通、能源、环境等多元领域数据，达成城市运行的智能化管控与决策。同时，中央网信办等多部门聚焦乡村数字资源开发工作，在5月联合印发《2024年数字乡村发展工作要点》，着重强化农村网络基础设施建设，深度挖掘农村特色数字资源潜能。11月，国家数据局印发《可信数据空间发展行动计划（2024—2028年）》，明确提出至2028年要基本构建起广泛互联、资源汇聚、生态昌盛、价值共创、治理有序的可信数据空间网络，塑造安全、可靠的数据流通生态环境。

2. 推动互联网融合应用，助力实体经济发展

随着数字化浪潮席卷各行各业，传统实体经济面临着市场需求快速变化、生产效率亟待提升、创新能力亟须增强等诸多挑战。近年来，5G、大

数据、人工智能等新兴技术的蓬勃发展为互联网与实体经济的深度融合奠定了坚实基础，在此形势下，推动互联网融合应用、助力实体经济发展成为我国经济实现高质量发展的必然选择。

2024年1月，工业和信息化部、教育部、科学技术部等七部门联合印发《关于推动未来产业创新发展的实施意见》，指出应强化安全治理，引导企业建立数据管理、产品开发等自律机制，完善安全监测、预警分析和应急处置手段，防范前沿技术应用风险。后各部门陆续印发《自然资源数字化治理能力提升总体方案》《关于加强行政事业单位数据资产管理的通知》等文件，强调融合应用的数据安全管理。

2月，中共中央办公厅、国务院办公厅发布《关于数字贸易改革创新发展的意见》，提出要促进实体经济和数字经济深度融合，促进数字贸易改革创新发展。8月，中央网信办秘书局等十部门印发《数字化绿色化协同转型发展实施指南》，工业和信息化部办公厅发布《关于组织开展2024年"5G+工业互联网"融合应用先导区试点工作的通知》，推动产业链上下游协同创新，提升产业整体竞争力。

3. 推进数据基础设施及标准体系建设

2024年，在数字化进程不断加速的背景下，我国在推进数据基础设施及标准体系建设领域采取了一系列具有深远意义的举措。

自5月起，中央网信办、工业和信息化部等部门印发《信息化标准建设行动计划（2024—2027年）》《网络安全标准实践指南——大型互联网平台网络安全评估指南》《网络安全标准实践指南——敏感个人信息识别指南》等文件，针对信息化建设的各个层面展开深入布局，对从数据基础设施的技术规范，到数据安全防护机制的构建标准等方面进行规划与完善，有力推动我国信息化建设的标准化进程。9月，国家发改委等六部门联合印发《国家数据标准体系建设指南》，从宏观战略视角出发，以系统思维对国家数据标准体系进行全面规划。

三　智能互联网法规政策趋势展望

（一）加快立法修法进程，提高政策适应性

智能互联网时代，技术快速迭代促使全新应用场景和商业模式爆发式涌现，现行法规在应对新兴技术时具有滞后性。以人工智能创作领域为例，部分人工智能创作的文学艺术作品在网络上引发广泛关注，其可版权性及归属问题在法律层面形成棘手难题，难以界定该创作是否构成著作权法意义上的"作品"以及版权应归属于研发团队、创作者抑或其他主体。这不仅密切关系创作者的合法权益，更对整个文化创意产业的良性发展产生深远影响。

在立法修法方面，应致力于构建一个集促进科技创新、防范技术风险等多重目标于一体的综合性互联网法治框架，坚持包容审慎与设置底线相结合、分类处理与分阶段推进相结合等立法策略，建立更加完善的智能互联网法律法规、伦理规范和政策体系，并构建追溯问责机制。此外，在人工智能、区块链等领域的立法工作也应该加快推进，避免重蹈"先发展，后治理"的困境，[①] 加快制定和完善与人工智能应用相关的专门法律并完善科技伦理审查标准，构建多层次的伦理道德判断结构及人机协作的伦理框架。[②]

（二）稳中求进，完善互联网制度体系，推动产业创新融合发展

在当下复杂多变的全球经济格局中，互联网产业成为驱动经济增长的核心力量，推动各行各业的发展与变革。2024 年 12 月召开的中央经济工作会议指出，2025 年应坚持稳中求进、以进促稳，要充实完善政策工具箱，打好政策组合拳。

应在全力维护市场稳定这一重要前提之下，逐步完善涵盖准入、监管、

---

①　李金华：《数字经济背景下中国信息产业与信息化：发展现实及政策思考》，《北京工商大学学报》（社会科学版）2022 年第 6 期。

②　江必新、胡慧颖：《人工智能安全发展的法治体系构建》，《探索与争鸣》2024 年第 12 期。

税收等各个层面的全方位制度。此外，还应大力推动互联网与传统产业的深度融合与协同发展。首先，制定相关行业标准，推动互联网、大数据、人工智能三者相互关联，并构建跨行业、跨领域的工业互联网平台，支持骨干制造业企业、大型互联网企业、知名科研机构联合建设，建成一批国家级、区域级、行业级、企业级的工业互联网平台。① 同时，在制造业领域，政府鼓励企业积极引入先进的工业互联网平台，借助大数据分析技术实现生产流程的精细化优化与精准化控制，通过人工智能技术达成设备的智能化运维与故障的前瞻性预测，从而推动制造业向智能化、高端化的方向转型升级，提升我国制造业在全球产业链中的地位与竞争力。

（三）重点关切互联网新兴领域风险隐患，持续推进防范处治

在互联网技术高速迭代的当下，区块链金融、量子计算应用等新兴领域蓬勃发展，为经济增长与科技创新带来新契机，然而机遇与风险并存，这些领域潜藏着诸多亟待关注的风险。此外，网络安全威胁、数据泄露、算法歧视等问题在互联网新兴领域频繁出现。从 DDoS（Distributed Denial of Service，分布式阻断服务）攻击致使网站瘫痪，到恶意软件窃取用户数据，新型网络攻击手段不断涌现。部分企业安全防护不足，致使大量用户信息泄露，严重侵犯用户权益。算法歧视则体现在基于算法的系统中，使特定群体遭受不公平对待，影响社会公平。

鉴于此，未来相关部门需重点关注这些风险隐患，通过构建动态风险预警机制，运用大数据分析、人工智能等技术，实时监测市场、网络及系统运行状态，及时察觉异常并发出预警。同时，制定高效应急处置预案，针对不同风险类型规划应对策略，从源头遏制风险，保障互联网经济的稳定与安全。在风险防范与处置方面，强化技术监管，研发先进监测技术，监控网络交易与数据传输。统一行业标准，明确各领域技术、

---

① 赵剑波：《推动新一代信息技术与实体经济融合发展：基于智能制造视角》，《科学学与科学技术管理》2020 年第 3 期。

安全与业务规范。开展安全培训，提升互联网从业者和用户的安全意识与应急能力。

（四）深入参与智能互联网领域国际规则制定，加强国际合作

目前，随着人工智能、跨境电商等产业的发展，智能互联网领域国际合作已成为我国重点关注问题。尽管我国在一些智能互联网技术领域取得了重要成果，但在与国际技术标准对接过程中，仍然处于劣势地位。[①] 治理网络空间不只是某些或某个国家的责任，任何全球性的空间都必须建立全球的治理结构，[②] 然而少数发达国家掌握关键的网络基础设施资源和核心信息通信安全技术，大肆推行网络霸权主义，成为当前网络空间全球治理面临的最大挑战之一。[③]

未来我国将在智能互联网更多细分领域参与国际规则制定，特别是在新兴的人工智能应用、量子通信与智能互联网融合等前沿领域，积极输出中国方案，促进国内政策与国际规则深度融合，增强我国在全球智能互联网治理中的话语权。此外，加强国际智能互联网领域交流与合作，如积极加入符合自身利益的全球数字贸易协定等，[④] 促进国家间交流，形成共赢局面。

参考文献

李金华：《数字经济背景下中国信息产业与信息化：发展现实及政策思考》，《北京

---

① 黄宁、章添香：《国际技术标准竞争：政策逻辑、现实约束及趋势展望》，《清华大学学报》（哲学社会科学版）2024 年第 6 期。

② 李强、曾薇：《网络安全治理中的国际协作》，《中国科技论坛》2016 年第 11 期。

③ 李超民、张坯：《网络空间全球治理的"中国方案"与实践创新》，《管理学刊》2020 年第 6 期。

④ 梁宇：《中国参与全球数据治理的机遇、现实困境与实践进路》，《中国科技论坛》2024 年第 8 期。

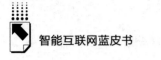
工商大学学报》（社会科学版）2022年第6期。

江必新、胡慧颖：《人工智能安全发展的法治体系构建》，《探索与争鸣》2024年第12期。

赵剑波：《推动新一代信息技术与实体经济融合发展：基于智能制造视角》，《科学学与科学技术管理》2020年第3期。

黄宁、章添香：《国际技术标准竞争：政策逻辑、现实约束及趋势展望》，《清华大学学报》（哲学社会科学版）2024年第6期。

李强、曾薇：《网络安全治理中的国际协作》，《中国科技论坛》2016年第11期。

B.4
中国智能经济产业发展现状和趋势

朱贵波　张　暐　王金桥*

摘　要： 2024 年，中国智能经济产业蓬勃发展，涵盖智能技术的产业化和传统产业智能化升级。大模型推理能力的提高、生成技术创新、合成数据的应用、低能耗智算中心的建设以及相关法律法规的完善，都在加速智能经济产业的发展，但芯片国产化困难、高质量行业数据集缺乏及通用人工智能安全风险加大等挑战依然存在。政府和企业需共同努力，推进核心技术研发、促进数据开放共享、加强智能治理措施。

关键词： 智能产业化　产业智能化　大模型　智能经济产业

随着全球科技的迅猛发展，人工智能已成为推动新一轮产业变革的核心力量，深刻改变着社会生产模式和经济发展形态。人工智能技术不仅促进了新兴产业的崛起，也加速了传统产业的转型升级，通过提高效率、降低成本以及创造新商业模式来推动社会进步、经济发展。

智能经济产业发展包含产业智能化和智能产业化两个部分。产业智能化是指传统产业通过应用智能技术进行转型升级，以提高效率、降低成本、优化资源配置，并创造新的业务模式的过程。智能产业化指的是将智能技术如

---

* 朱贵波，中国科学院自动化研究所副研究员，硕士生导师，武汉人工智能研究院研究员，主要研究方向为通用人工智能和多模态大模型技术产业应用；张暐，武汉人工智能研究院科研项目经理，中国计算机协会执行委员，主要研究方向为人工智能技术应用和产业化；王金桥，中国科学院自动化研究所副总工程师，研究员，博士生导师，紫东太初大模型中心常务副主任，武汉人工智能研究院院长，主要研究方向为多模态分析理解和通用大模型技术产业化应用。

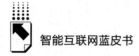

人工智能等发展成为独立的产业或行业，还衍生出低空经济、自动驾驶、具身智能等新兴产业，核心价值是智能驱动新的产品和服务。智能产业化为产业智能化提供了必要的技术支持和技术储备，而产业智能化反过来又促进了智能技术的应用和发展，两者相互促进，共同推动智能经济产业发展。

一 智能经济产业发展概况

（一）人工智能产业化发展

1. 智能产业市场持续增长，智能化企业质量不断提升

2024年，全球人工智能产业保持高速增长。据IDC预测，2024年全球人工智能产业规模将达到6233亿美元，同比增长21.5%，大模型涌现式发展，为人工智能产业高速增长提供了核心动力。[①] 截至2024年12月，我国生成式人工智能产品的用户规模达2.49亿人，占整体人口的17.7%，20~29岁等更年轻一代网民使用生成式人工智能产品的比例最高，达41.5%。[②]

2024年，人工智能企业质量不断提高。人工智能创业企业是推动全球人工智能产业生态繁荣的重要力量。《2024全球独角兽企业观察报告》显示，人工智能成为全球新晋独角兽主要赛道。伴随着大模型快速发展，一大批初创企业快速成长为独角兽。2024年全球108家新晋独角兽企业中，有33家为人工智能企业，占比达到30.6%。[③] 截至2024年12月，中国人工智能领域共发生644起投融资事件，超过2023年（633起），涉及金额821.29

---

① 中国信息通信研究院：《人工智能发展报告（2024年）》，2024年11月29日，https：//www. develpress. com/？p＝8056。

② 中国互联网络信息中心：《第55次〈中国互联网络发展状况统计报告〉》，2025年1月，https：//www. cnnic. net/n4/2025/0117/c88-11229. html。

③ 创业邦：《2024全球独角兽企业观察报告》，2025年1月，https：//www. eeo. com. cn/2025/0115/706759. shtml。

亿元，同比增长 29%。①

2. 智能技术要素持续革新，国产大模型彰显特色优势

算法上，人工智能大模型继续引领创新。2024 年 2 月，OpenAI 发布视频生成大模型 Sora，发展了 Diffusion Transformer 技术，大模型的多模态生成能力进一步成熟。4 月，Meta 开源的 Llama3 系列缩小闭源模型差距，借大规模训练与架构优化跻身前沿阵营。5 月，OpenAI 的 GPT-4o 发布，整合了文字、视频和图片等多种模态；6 月，Anthropic 发布 Claude 3.5 Sonnet，视觉推理和多模态能力进一步提升。9 月，OpenAI 的 o1 模型借推理计算变革提升复杂任务处理能力。年内国产大模型如通义千问、DeepSeek、紫东太初、月之暗面、MiniMax 等凭借特色优势于国际舞台崭露头角，部分性能指标超越国际主流大模型，DeepSeek V3 不仅达到开源 SOTA，正式超越了 Llama 3，而且训练消耗的算力仅为后者的 1/11，DeepSeek R1 凭借其强大推理能力直接对标闭源的 o1 模型，开源开放和技术革新引起国际热烈追捧。

数据上，合成数据带来解决数据瓶颈的希望。2024 年 6 月，英伟达正式发布全新开源模型 Nemotron-4，指令模型的训练仅依赖大约 2 万条人工标注数据，其余的训练数据都是通过 Nemotron-4 SDG Pipeline 专用数据管道合成。2025 年 1 月，英伟达在 CES 大会推出了基石世界模型 Cosmos，使开发者能够轻松生成大量基于物理学的逼真合成数据，生成场景与真实世界高度一致。数据合成用于模拟复杂环境下的交互数据，解决了现实世界数据获取难、风险高等问题，极大地提升了智能体的学习效率与适应能力，尤其是在自动驾驶、具身智能等智能新兴产业展现出巨大潜力。

算力上，低能耗的绿色智算中心成为建设重点。2024 年全国算力中心机架总规模超过 830 万标准机架，算力总规模达 246EFLOPS，位居世界前列。算力中心平均电能利用效率（PUE）降至 1.47，创建国家绿色数据中

---

① 《人工智能领域投融资火爆，年内融资金额已超 820 亿元》，澎湃新闻，2024 年 12 月，https：//m. thepaper. cn/newsDetail_ forward_ 29680260。

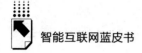

心 246 个。① 2024 年内全国已经建设和正在建设的智算中心超过 250 个，2024 年上半年，智算中心招投标相关事件 791 起，同比增长高达 407%，已有超 20 个城市建设了智算中心，全国规划具有超万张 GPU 集群的智算中心已有十多个。2024 年内我国 58.3% 的算力中心已连接到国家骨干网，国家算力枢纽节点已全面实现 20 毫秒时延保障能力，全国 65% 的省市可以在 5 毫秒内接入一个算力数据集群。②

3. 智能风险防范持续强化，中国积极参与全球治理

在国内，全国网络安全标准化技术委员会于 2024 年 9 月发布《人工智能安全治理框架》1.0 版③，明确了人工智能安全治理的包容审慎、风险导向等原则，针对各类人工智能安全风险提出了相应的技术应对措施和综合治理措施，构建了人工智能安全风险治理框架。2024 年 9 月 14 日，国家互联网信息办公室发布《人工智能生成合成内容标识办法（征求意见稿）》④，旨在规范人工智能生成合成内容标识。

国际上，2024 年 5 月 21 日，欧盟理事会正式批准《人工智能法案》，在适用范围、人工智能系统风险分级管理、通用人工智能模型管理、执法与处罚等方面，为整个人工智能产业链上的相关方提供了一个合规义务框架。2024 年 7 月 11 日，美国国会通过《内容来源保护和防止编辑和深度伪造媒体完整性法案》，旨在解决人工智能生成内容的"深度伪造"泛滥问题。中国于 2024 年 6 月发布《人工智能全球治理上海宣言》，提出了促进全球人工智能健康有序安全发展的系列主张。这一宣言彰显了中国积极参与人工智能全球治理的决心和努力，在人工智能全球治理话语体系中占据重要一席。

① 2024 年中国算力大会：《推动算力由量向质发展》，2024 年 10 月，https：//www.odcc.org.cn/news/p-1848257956015857665.html。
② 2024 年中国算力大会：《中国算力发展报告（2024 年）》，2024 年 10 月，https：//www.odcc.org.cn/news/p-1845683540253827074.html。
③ 全国网络安全标准化技术委员会：《人工智能安全治理框架》，2024 年 9 月，https：//www.cac.gov.cn/2024-09/09/c_1727567886199789.htm。
④ 国家互联网信息办公室：《人工智能生成合成内容标识办法（征求意见稿）》2024 年 9 月，https：//www.cac.gov.cn/2024-09/14/c_1728000676244628.htm。

（二）传统产业智能化发展

2024年政府工作报告中提出开展"人工智能+"行动。随着相关政策深入推进，多行业智能化成效显现，尽管各行业成熟度高低有别，整体却表现出较高的探索积极性。据2024年国民经济运行情况发布会披露，全年国内生产总值1349084亿元，按不变价格计算，比上年增长5.0%。分产业看，第一产业增加值91414亿元，比上年增长3.5%；第二产业增加值492087亿元，比上年增长5.3%；第三产业增加值765583亿元，比上年增长5.0%。[①]三大产业虽然平稳增长，但其智能化建设备有特点。

1. 第一产业数据资源建设快，智能化场景应用范围广

第一产业主要包括农、林、牧、渔业，仍处于数字化经营提升阶段，场景应用很广但依赖于物联网技术、大数据技术对数据资源的优先建设。在农业领域，从经验式、粗放式向数字化、精细化转型。2024年10月，农业农村部印发《全国智慧农业行动计划（2024—2028年）》，提出2024年全面启动智慧农业公共服务能力提升、智慧农业重点领域应用拓展、智慧农业示范带动3大行动8项重点任务，到2026年底，农业生产信息化率达到30%以上。[②] 在林业领域，人工智能技术对全过程网络化、信息化数据闭环管理，在环境监测、森林防火、病虫害防治等方面应用成效显著，大大提高了林业管理的效率和精准度，促进了林业资源的可持续利用和保护。在畜牧业领域，基于物联网、人工智能技术的智慧养殖，通过实现养殖过程的实时监控和精准管理，在提高生产效率和产品质量、降低成本、增强食品安全的可追溯性等方面应用成效明显。在渔业领域，池塘、工厂化、大水面等养殖模式智能化改造正加快推进，智能化养殖在鱼群生长监测、智能增氧、饲料精准投喂、鱼病诊断防控、循环水处理等场景广泛应用。在海水养殖优势区，

---

① 国务院新闻办：《2024年国民经济运行情况发布会》2025年1月，https：//www.gov.cn/lianbo/fabu/202501/content_ 6999424. htm。

② 农业农村部：《全国智慧农业行动计划（2024—2028年）》，2024年10月，https：//www.gov.cn/zhengce/zhengceku/202410/content_ 6983057. htm。

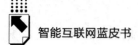
通过环境监控、精准投喂、自动起捕、智能巡检、洗网机器人等设施设备的推广应用，沿海工厂化、网箱等养殖模式数字化改造正逐步推进。

2. 第二产业生产运营要求高，智能化场景应用探索强

第二产业主要包括能源、建筑、制造业等行业。在制造业领域，人工智能推动生产过程的数字化和智能化改造，提升了生产效率和产品质量，推动产业结构不断优化和升级，通过提升供应链的协同性与透明度，不断创新服务模式，推动制造业从传统的产品制造转向产品与服务的结合。在建筑行业，2024 年 2 月，国家发展改革委等部门印发了《绿色低碳转型产业指导目录（2024 年版）》，将"建筑工程智能建造"纳入其中①，智能制造通过提升建筑业的设计效率、施工质量、成本进度控制、安全施工水平、绿色发展水平等方式，全面提升新建项目建筑工业化技术应用范围与建造水平。

第二产业总体智能化应用推进相对较慢，而且由于线下生产流程的复杂性和高度的专业化，数字化也较难。第二产业的核心在生产运营，涉及对机器等各类实体的操作，需要人与设备、工艺、系统的适配，环节多、流程复杂，对安全性、准确性和稳定性要求高。目前人工智能主要体现在自然语言和图像的处理上，并不直接适用于生产制造环节复杂的数值计算、时序分析和实时决策等场景。

3. 第三产业降本增效需求大，智能化场景应用融合深

第三产业主要包括软件、金融、文体娱乐等生产性服务业，数字化程度高、数据积累丰富，成为人工智能落地最快的行业。又因其产品和业务的虚拟属性，在客户服务和数据处理等方面有强需求，为其他传统行业的智能化发展探索提供了示范。在软件行业，人工智能可以优化从需求分析、开发、测试到运维的全流程，降低人力成本，提高应用开发和服务质量；在金融行业，2024 年 11 月，中国人民银行等七部门联合印发《推动数字金融高质量

---

① 国家发展改革委等 10 部门：《绿色低碳转型产业指导目录（2024 年版）》，2024 年 2 月，https：//www.gov.cn/zhengce/zhengceku/202403/content_ 6935418. htm。

发展行动方案》，提出系统推进金融机构数字化转型。[①] 人工智能提升金融服务的广度和精度，实现营销、风控、投研等环节的赋能提效。在文体娱乐行业，2024 年 4 月，国际奥委会发布《奥林匹克 AI 议程》，提出引领全球体育领域开展人工智能计划的框架[②]，催生数字健身、数字赛事转播、电子体育项目、沉浸式观赛等智能化新形态，极大地革新了体育的服务内容和供给方式。这些行业的人工智能实践正加速走向成熟，并向场景纵深融合。

二 智能经济产业发展趋势与特点

（一）计算底座和基础模型迭代升级，支撑智能产业化创新式发展

伴随着人工智能大模型的发展，分布式训练支持、混合精度计算支持、高速互联通信等新挑战不断驱动智能化底座迭代升级。芯片架构向定制化演进，适配 Transformer 计算特性。英伟达自 Hooper 架构引入 Transformer 引擎提升算法计算性能，实现了数据精度动态切换（Black Well 架构二代 Transformer 引擎已支持 FP8、FP6、FP4 等多种低精数据），在保证性能的前提下降低计算总量。2024 年 6 月，芯片创业公司 Etched 推出仅支持 Transformer 架构的 Sohu 芯片，牺牲编程能力提升计算速度，推理吞吐量达到 H100 的 20 倍。[③]

此外，随着大模型参数持续增长、输入输出数据长度快速提升，模型参数和计算缓存 KV 值消耗的内存空间呈指数级增长，存储和互联成为主要瓶颈。在芯片单位面积算力接近天花板且性能相对过剩的背景下，计算底座创新升级重点从算力向内存和互联转变，如 AMD M I300X 已重点突出显存和

---

① 中国人民银行等 7 部门：《推动数字金融高质量发展行动方案》，2024 年 11 月，https：//www. gov. cn/lianbo/bumen/202411/content_ 6989645. htm。

② 国际奥委会：《奥林匹克 AI 议程》，2024 年 4 月，http：//news. cn/20240420/bb64e5f7f93a4510a10739f3864b4f5c/c. html。

③ Etched, Etched is Making the Biggest Bet in AI, 2024 年 6 月，https：//www. etched. com/announcing-etched。

互联指标[①]，英伟达 B200 显存容量和显存带宽提升幅度（240%×H100），均超过算力提升幅度（220%×H100@ FP16）。

（二）研发设计和营销服务高效适配，加快产业智能化规模化应用

从三次产业的纵向环节来看，在产业高附加值的上游和下游，分别对应着知识密集型和服务密集型环节，对人的辅助和替代作用效果显著，产业智能化规模化应用较快。

在产业链上游的设计研发环节，人工智能大模型对海量知识的高效学习、推理和生成能力，不仅能大幅提升文案、影像、代码等内容创意的生成效率，还适用于生物、环境、材料等涉及海量科研数据处理的科学计算领域。高质量专业数据集，决定了产业智能化的速度。文案、影像、代码等有大量基于互联网的开放、开源数据集，进展最快；工业研发/设计方面，芯片[②]、汽车等领域也已出现用人工智能辅助设计生成的应用。

在产业链下游的营销服务环节，基于机构自有知识库的内容生成与智能对话，已经显著提升营销服务的效率和体验，成为各行业尝试应用人工智能的先行领域。营销服务大多直接面向 C 端用户，跨行业通用性强，能够充分利用人工智能的基础能力和通用的营销服务知识，快速开发和调试出适配机构需要的应用。在营销方面，各行业都能基于广告人工智能进行素材生成和精准投放；服务方面，各行业也在搭载自有知识库，利用智能客服机器人为用户提供专业的个性化服务。[③]

（三）多领域多场景行业大模型落地，驱动产业智能双向协同融合

通用大模型不断发展，已经推动智能产业的底层技术和产品形态的

---

① AMD，AMD Instinct MI300X Accelerators，2023 年 12 月，https：//www.amd.com/en/products/accelerators/instinct/mi300/mi300x.html。

② SIEMENS，A new era of EDA powered by AI，2024 年 9 月，https：//eda.sw.siemens.com/en-US/trending-technologies/eda-ai-page/。

③ IBM，Work smarter with personalized AI assistants，2024 年 8 月，https：//www.ibm.com/products/watsonx-orchestrate。

变革。相比于通用大模型侧重发展通识能力，行业大模型侧重发展专业能力，是大模型在行业应用场景中的价值实现，通过弥合人工智能技术与产业智能化需求间差距，将成为驱动产业智能双向协同融合的重要抓手。

据《中国大模型发展指数》报告，大模型在教育、金融、政务、医疗、能源、交通、气象等多个领域实现了深度融合和创新应用，剔除智算中心的通用大模型项目，2023 年大模型项目仅有 54 个，中标金额 3.9 亿元，2024 年公开披露的大模型中标项目多达 1010 个，中标金额约为 36.4 亿元，[①] 行业大模型应用落地不断加速。通过大模型与行业知识的深度融合，传统产业将开发出更专业智能的解决方案，重塑生产流程、优化管理决策、升级服务模式，实现降本增效和创新发展。同时在具身智能、自动驾驶、低空经济等新兴产业，行业大模型作为智能化底座成为推动产业发展的基础力量。在具身智能领域，具身大模型提供自然语言交互、环境感知和任务规划的能力，提升智能体策略学习的泛化性。[②] 在自动驾驶领域，自动驾驶大模型结合世界模型已经形成对自动驾驶复杂场景的理解、感知和数据决策能力，分别用于车端部署、数据生成、仿真模拟等多种自动驾驶场景。[③]

三　智能经济产业发展面临的问题与挑战

（一）基础芯片国产化替代难，智能产业化支撑弱

高性能芯片技术是智能产业化发展的保障。随着模型参数量从千亿

---

① 零壹智库：《中国大模型发展指数（第 2 期）》，2024 年 12 月，https：//finance. sina. com. cn/wm/2024-12-31/doc-ineciyir3667506. shtml。

② 中国电信人工智能研究院、清华大学：《大模型驱动的具身智能：发展与挑战》，2024 年 8 月，https：//www. sciengine. com/SSI/doi/10. 1360/SSI-2024-0076。

③ 澳门大学，World Models for Autonomous Driving：An Initial Survey，2024 年 3 月，https：//arxiv. org/abs/2403. 02622。

迈向万亿，模型能力更加泛化，大模型对底层算力的诉求进一步升级，万卡及以上集群成为大模型基建军备竞赛的标配，有助于压缩大模型训练时间，实现模型能力的快速迭代。英伟达作为全球 GPU 算力芯片市场领导者，代表性产品 V100、A100、H100 技术指标处于领先水平，最新产品 Blackwell GPU 采用先进的 4 纳米工艺，提供高达 20 petaflops 的 FP4 运算能力。其他科技巨头如 AMD、英特尔、微软、亚马逊和谷歌也在 AI 芯片领域展开竞争。

2025 年 1 月，拜登政府发布 AI 芯片的出口管制新规，进一步加强了对一些国家和地区的限制。[①] 中国 AI 芯片国产化进程虽然加速推进，华为、寒武纪、海光信息等企业在自研 AI 芯片技术上取得重要进展。但与全球领先 AI 芯片产品相比，国产芯片在芯片精度、性能指标和制造工艺等方面仍然存在一定差距。除了芯片硬件以外，AI 芯片产业的发展还需要与硬件相匹配的软件生态支撑（如计算框架、工具链等），国产人工智能芯片软件生态还较为零散杂乱，未形成完善的软硬件支撑生态。

（二）行业高质量数据集缺乏，产业智能化速度慢

2025 年 1 月，美国总统特朗普宣布 Stargate 项目，未来四年投资 5000 亿美元，在美国打造新的 AI 基础设施，Stargate 项目启动将从建设数据中心开始。[②] 是否具备高质量的专业数据集，决定了产业智能化的快慢。例如我国第二产业，就主要受限于复杂的线下生产流程和高度专业化的知识，高质量行业数据缺乏有效沉淀和深度结合，产业智能化推进相对较慢。原因主要体现为：①行业数字化程度不一，各场景、环节数据结构不统一，行业数据质量参差不齐；②行业生产过程中的各个环节相互交织，数据具有较高关联性和复杂性，数据的来源、采集方式、时间戳的差异

---

① 《欧盟对美国限制人工智能芯片出口表达担忧》，新华网，2025 年 1 月，http：//world. people. com. cn/n1/2025/0114/c1002-40401773. html。

② 《特朗普开启"星际之门"：21 世纪 AI 时代的"星球大战"？》，澎湃新闻，2025 年 1 月，https：//m. yicai. com/news/102451640. html。

等都降低了数据的准确性和完整性；③同行业的各企业间数据壁垒严重，部分领域数据获取难度大，隐私性要求高，对于数据共享和流通提出了更高要求。

数据交易作为行业间数据流通的重要形式，仍存在场内数据供给和需求存在不足，持续运营能力薄弱的问题。[①] 这一方面是由于数据确权难、定价难，数据市场交易主体及模式也较为单一，另一方面也是因为数据资源挖掘能力和供需关系匹配能力较弱，行业间数据流通效果不及预期。

（三）人工智能安全风险加大，智能治理应对不足

以大模型为代表的通用人工智能技术在变革生产生活方式的同时也带来更大的风险。人工智能直接面向用户，使用条款普遍赋予企业超出必要限度的个人信息使用权，企业员工很有可能故意或过失地违反公司保密制度，将公司的营业信息、技术信息、平台底层代码等信息泄露，加大了用户个人隐私和商业秘密泄漏的风险。

由于缺乏规范的许可使用机制，人工智能的输出具有侵权风险。尤其是在大模型强大的生成能力下，大模型使用作品难以逐个、准确地援引法定许可或合理使用条款，这使得大模型可能会侵犯被使用作品的复制、改编、信息网络传播权等权利。例如大模型训练不可或缺的 C4 数据集，包括至少 27 个被美国政府认定为盗版和假冒产品市场的网站。[②] 人工智能通常被用于制作虚假文本、音频、视频等合成内容，既加剧了公众对于公开信息的不信任感，又导致相关虚假信息与虚假形象被运用于诈骗、政治干预、煽动暴力和犯罪等破坏公共利益的领域，极大影响社会安全、公共安全与利益。

---

① 中国信息通信研究院：《数据交易场所发展指数研究报告（2024 年）》，2024 年 8 月，http://www.caict.ac.cn/kxyj/qwfb/ztbg/202408/P020240816544947002101.pdf。

② Google，C4（Colossal Clean Crawled Corpus），2023 年 9 月，https://paperswithcode.com/dataset/c4。

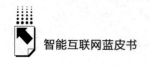

四 智能经济产业发展对策建议

（一）建设智能产业化技术生态，推进智能核心技术和关键产品研发

面对着日益迫切的算力资源要素自主化和规模化需求，一方面，持续推进智算中心软硬件基础设施研发投入和技术创新，尤其是鼓励目前国产化AI芯片的架构创新，以及可重构芯片、存算一体、类脑智能等技术创新，形成一批具有自主知识产权的核心产品和技术，增强算存运一体化能力。同时也应在基础设施上实现技术突破，比如柔直供电、液冷技术、微电网等，以应对智算业务日益灵活的需求。

另一方面，加强智算标准顶层设计，完善智能算力标准体系，系统开展智能算力标准制定。加快智算中心建设、智算调度、计算架构、训练框架、数据接口、信息安全、软硬件规范等标准体系建设，通过建立全面的评价标准，引导企业在研发、生产、管理等环节对标达标，有效促进智算资源的合理分配，帮助中小企业更好地利用智算服务，降低其应用成本。

（二）夯实产业智能化数据底座，以产业数据开放共享促进数据流通

针对数据质量不高、供需匹配不足、应用挖掘不够的问题，建议以行业主管部门为主体、以强化企业数据沉淀能力为目标，以数据开放共享为手段，打造高质量行业数据，加快产业智能化发展。

重点针对生产运营流程复杂的重资产行业，以授权运营的思路搭建集数据归集、管理、加工、交易为一体的公共数据平台，将各类型参与主体纳入平台，由应用主体对公共数据进行加工增值后以数据产品的形式开放给市场。行业主管部门持有和控制的公共数据是纵向的数据归口，在行业领域内具有相对完整性和全面性，要以行业主管部门为主体统筹规划运营，持续扩

大高质量公共数据的规模。

在企业数据管理能力方面，持续推进国家标准《数据管理能力成熟度评估模型》贯标评估工作，覆盖重点行业的重点企业，提升企业数据管理能力。监督企业成立专职团队提高数据管理执行效率，成立统一数据管理归口部门，并设置专门的数据管理岗位，建立数据、技术、业务协同机制，将各分散的单一功能型技术工具进行集成，消除数据管理协同难点，提高数据管理效率。

（三）推动智能和产业协同治理，丰富治理工具和监管制度实践创新

通用人工智能具有更广泛的社会影响，相应地应有更高的风险安全要求，其治理既需要完善治理理念与规则，也需要优化治理手段与能力，具体以制度建设为主、技术验证为辅进一步更新丰富监管治理工具箱。

在制度安全上，优化监管制度工具，以推进事前、事中、事后全流程监管。从风险等级、新技术新应用类别等方面明确评估效力，完善鲁棒性、安全性、隐私性、公平性等多维评估指标，统筹信息内容风险、个人信息保护、安全性、版权保护等评估制度，完善强化《互联网信息服务深度合成管理规定》等法律法规，及时发布数据审查库、数据标注规范等具体评估指引。加强人工智能领域第三方评估机构力量，明确人员专业能力、技术工具储备、资源平台建设等资质认定条件，对于在人工智能治理中有积极探索和明显成效的，在国家项目申报、政府公共服务资源采购等方面提供优惠激励政策。

在技术安全上，强化大模型监管平台、技术工具等资源配备。构建国家级人工智能大模型中试平台，提供模型测试验证、供需对接等服务，落地模型对抗安全、后门安全、可解释性等检测能力，推进加固工具等技术开发共享。鼓励增强大模型风险的动态感知、科学预警、留痕溯源、调查取证能力，提升治理专业化、精准化、智能化水平。

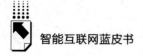

参考文献

工业和信息化部：《国家人工智能产业综合标准化体系建设指南（2024 版）》，2024 年 6 月。

中国信息通信研究院：《人工智能发展报告（2024 年）》，2024 年 11 月。

中国通信工业协会数据中心委员会：《中国智算中心产业发展白皮书（2024 年）》，2024 年 12 月。

中国工业互联网研究院：《中国工业互联网产业经济发展报告（2024 年）》，2024 年 12 月。

B.5
智能科技推动文化产业
发展的路径与机制[*]

宋洋洋[**]

摘　要： 智能科技以区块链等技术实现文化数据资产化，依托生成式人工智能与扩展现实技术革新创作流程，通过 5G 与云计算优化全产业链协同，借助智能感知技术打造沉浸式交互场景。同时，通过技术矩阵化驱动重构文化生产关系，分阶段推动技术渗透、流程重构与范式变革，并以创意、传播、体验的平权逻辑促进产业升级与社会共享。

关键词： 智能科技　文化产业　生态体系　生成式人工智能

一　引言

随着智能科技的飞速发展，文化产业也在经历深刻的转型。智能科技通过推动产业数字化、智能化进程，逐渐改变了文化产业的生产方式、传播模式及其生态结构，成为推动文化产业创新发展的关键力量。在这一背景下，如何利用智能科技重新塑造文化产业的生产关系、构建新的产业价值链，已成为当前学术研究和产业实践的重要课题。

文化产业以其丰富的内容创造和广泛的社会影响力，一直是推动社会发

* 本文为国家社会科学基金重大项目"文化和科技融合的有效机制及业态创新研究"（24ZDA078）阶段性研究成果。
** 宋洋洋，中国人民大学创意产业技术研究院副院长，文化品牌评测技术文旅部重点实验室副主任，湖南大学特聘教授，主要研究方向为文化科技融合。

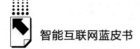

展的重要力量。然而，传统文化产业面临着内容创新瓶颈、生产效率低下、消费体验单一等问题，亟待通过科技创新来实现产业转型和升级。智能科技的引入，尤其是大数据、人工智能、虚拟现实、5G 通信、区块链等技术领域的突破，正为文化产业提供前所未有的发展机遇。通过技术的融合应用，文化产业的创新路径逐步显现，带来了从内容创作到生产流程、从用户体验到传播方式的全面变革。

首先，智能科技在生产层面的应用，不仅推动了文化创作的智能化，也大幅提升了生产效率。通过人工智能技术，文化创作的成本得以降低，创作周期得以缩短，同时创作的表现空间也拓宽了，文化产品的形态得以创新。在产业数字化转型的过程中，文化产业的生产流程正在逐步被重构，从单一的线性生产模式向更加复杂、协同的多维度流程转变。技术创新使得产业链各环节的智能协作得以实现，为文化产业带来了更高效的资源配置和价值链提升。

其次，在传播层面，智能科技的介入让文化产业的传播格局发生了革命性的变化。借助大数据和云计算技术，文化产品能够更加精准地匹配消费者需求，提升了文化消费的个性化体验。而在虚拟现实与增强现实技术的推动下，文化的传播不再局限于传统的线下模式，观众可以通过沉浸式体验参与其中，实现跨越时空的文化互动。与此同时，5G 技术和物联网的融合应用，也为文化的实时传播和跨平台传播提供了技术保障，打破了地域和时间的局限，让文化内容能够迅速渗透到全球市场。

最后，智能科技不仅在推动产业层面的数字化转型方面，也在文化空间的智能化建设方面展现巨大的潜力。从传统文化场馆的数字化改造到虚拟文化空间的创建，智能科技正在重塑文化产业的空间形态，构建起更加丰富、多元的文化体验场景。

因此，智能科技的快速发展，正在成为推动文化产业发展的核心动力。本文将深入探讨智能科技推动文化产业发展的路径与机制，分析其在文化产业生态架构重构中的重要作用，重点关注智能科技如何促进产业数字化、智能化、个性化转型，及其在促进文化内容创作，以及生产流程、传播模式和文化体验等方面的深远影响。

二 智能科技重构文化产业生态架构

智能科技作为文化产业生态重构的核心动力，通过数据要素重构、生产流程再造与空间形态重塑三个维度的技术协同，完成了对传统产业架构的颠覆性改造。这一过程不仅体现为技术工具的迭代升级，更表现为产业价值网络的重构、生产要素的数字化重组与生产关系的高度智能化适配。基于要素层、核心层与应用层的立体化技术架构体系，智能科技在数据资产化、产业数字化和空间智能化三个关键维度构建起具有自组织、自适应特征的新型文化生态系统。

（一）智能视角的文化产业生态体系总体架构

智能科技驱动下的文化产业生态体系本质上是技术逻辑与产业规律深度耦合的产物，其建构遵循从基础要素数字化到业务流程智能化，最终实现空间形态虚实共生的演进路径。要素层通过数据资产化奠定生态系统运行的物质基础，核心层借助全流程数字化构建产业发展的中枢系统，应用层依托空间智能化完成文化价值的终端转化，三个层级间形成数据要素流动、智能算法驱动与价值反馈闭环的协同机制。

（二）文化数据资产化筑牢要素层基础

数据资产化的实现需要技术创新、制度设计与市场机制的三元协同，构建起涵盖确权、评估、交易的全链条支撑体系。

数据溯源的技术保障与权益维护。区块链技术的分布式账本特性与零知识证明的结合，建立了数据溯源的双重保障机制。这种技术—制度融合的复合型解决方案，有效破解了文化数据要素流通中的信任悖论。

数据量化的模型构建与精准评估。数据量化模型构建需要突破传统资产评估的线性思维，建立基于复杂系统理论的价值发现机制。通过引入强化学习算法，构建动态自适应评估模型，能够实时捕捉市场需求变化对数据价值

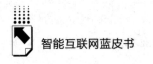

的影响因子。这种量化机制的创新，使文化数据要素完成了从资源到资本的属性转换，为要素市场的价格发现功能奠定基础。

（三）文化产业数字化做强核心层链条

文化产业的数字化进程呈现明显的技术收敛与业态分化双重特征，其演进遵循技术渗透、流程重构到范式变革的三阶段规律。

文化全业态拓展的驱动因素与成果体现。在技术渗透阶段，数字孪生与物联网技术的应用实现了物理世界的数字化镜像，形成产业转型的数据基础；流程重构阶段表现为生产系统的模块化分解与智能化重组，神经形态计算芯片的应用显著提升了内容生产的并行处理能力；范式变革阶段则催生出基于数字原生的新型文化业态，量子计算与神经渲染技术的突破正在重塑文化产品的根本形态。

文化生产全流程赋能的技术应用与效能提升。智能技术正重塑文化产业全链。生产端以生成式人工智能为核心，借助自然语言处理和生成对抗网络等技术，实现内容创作的降本增效，突破传统创作效率瓶颈，拓展创意表达维度，形成"人机协同"新范式。消费端则依托大数据驱动的用户画像和协同过滤算法，精准匹配"需求—供给"，通过实时采集用户行为数据，结合深度学习模型解析消费偏好，动态优化个性化推荐系统。这种双端协同机制重构了文化产品从创作到触达的价值链，推动产业从粗放式规模增长向精细化效能提升转型。

（四）文化空间智能化实现应用层拓展

文化空间智能化成为推动现实与虚拟空间改造的关键力量，其实践场景主要体现在对老旧厂房、公共文化场馆等实体空间的数字化赋能，以及对社交空间、游戏空间等虚拟空间的现实性增强。通过智慧管理手段，现实场所的数字化转型得以加速；借助元宇宙等前沿技术，虚拟场所的沉浸感和交互性显著提升。

城市文化空间再造成为重要趋势。借助数字技术，文化空间能够深度融入地方文化特色，激活物理空间所承载的文化记忆。通过打造一系列具有创新性的城市艺术新空间，实现了数字文化产业空间的重塑与再造，为城市文化发展提供了新的载体和动力。

文化场景智慧更新成为关键实践。人工智能等数字技术为文商旅综合体、文博场馆等文化空间提供了网络化、个性化和智慧化的服务模式。通过构建"千人千面"的智能体验和服务管理场景，满足了消费者对数字文化内容个性化、定制化的需求，提升了文化消费的体验感和满意度。

"上云用数"成为增强情感共鸣的重要手段。全息投影、数字孪生等数字技术助力打造"云展演""云演艺"等虚拟多维空间，实现了跨地域、跨时空、跨设备的文化内容交互。这种技术的应用不仅拓展了文化内容的传播范围，更为用户打造了能够产生情感连接的文化空间，显著增强了文化内容与用户之间的情感共鸣。

三　智能科技驱动文化产业技术创新逻辑

（一）技术逻辑起点：技术矩阵化驱动

文化产业的技术逻辑起点在于技术矩阵化驱动，通过多种智能技术的融合与协同，为文化产业的发展提供了强大的技术支撑。

1. "5G+云计算"强化文化数据优势

资源聚合化管理：5G 与云计算技术实现了海量文化资产的聚合化存储与管理，提供高速检索和共享服务，极大地提升了文化资源的利用效率。

资源多重备份与保护：云计算数据中心通过多重备份和容灾设计，提高了数据保存的安全性，同时为数据版权的跨主体、跨地域管理和授权提供了便利。

资源快速传输：5G 技术显著提升了大规模文化数据的传输速度，提高了文化资源的传播效率，推动了文化产业的数字化转型。

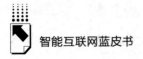

2. "XR+智能硬件"拓展文化呈现维度

沉浸式文化体验：XR（扩展现实）技术通过三维空间的无限拓展特性，打造沉浸式虚拟环境，为用户提供了强互动性的观赏体验。

立体智慧体验：智能眼镜等智能穿戴设备能够实时提供定制化的文化内容和服务，显著增强了用户的文化体验感。

虚拟创作模式：XR 与新型智能硬件的结合更新了文化创作的新途径，例如 XR 虚拟制作技术能够实现影视虚拟拍摄，提高拍摄效率并降低成本。

3. "LBS+人工智能"促进场景智能交互

智能化导览服务：通过实时位置和景点信息服务，LBS（基于位置的服务）与人工智能技术为文化场景提供了虚拟导游服务，提升了导览水平。

个性化推荐：基于用户浏览历史和位置信息的行为偏好分析，LBS 与人工智能能够精准推荐文化活动和场所，满足用户的个性化需求。

4. "大数据+算法"实现知识图谱化

文化元素关联与理解：大数据与算法的应用能够辨别不同文化元素之间的关联，形成知识库并以知识图谱形式呈现，增强了文化内容的可及性。

数字化保护与管理：通过数字化建模和数据采集，大数据技术为文物的数字化保存和智能管理提供了有力支持。

文化教育与推广：知识图谱作为文化可视化的工具，能够帮助大众更好地学习和理解传统文化，推动文化的传承与发展。

5. AIoT 增强文化场景感知力

消费画像与体验优化：AIoT（人工智能物联网）技术通过实时追踪用户行为偏好，分析受众兴趣点，助力展陈场所优化观展路线和展区内容，优化访客体验。

智能化信息展示：物联网技术能够将文物、藏品等展品的相关信息通过二维码等方式呈现给观众，实现多场景的互联互通。

（二）"赓续—呈现—传播"的技术逻辑递进

1. 技术助力文化赓续传承

拓展传承时空：通过将传统文化转化为数字形态，实现"数字永生"，突破了时间和空间的限制。

助力文明溯源：数字修复等技术手段能够展现中华文明的起源与发展，重现其灿烂成就。

赋能活态传承：数字化应用丰富了传统文化的存在形式，文化基因库和数据库等数据中心为活态化传承奠定了数据基础，推动了中华文化的全民共享。

2. 技术革新文化呈现方式

创新空间表现形式：文化资源的呈现方式从"单一线下"向"在线在场"转变，云展览、数字博物馆等"线上+线下"融合场景不断涌现。

革新互动体验形式：以沉浸式、互动体验为特点的展现形式，改变了过去单向的文化呈现模式，通过感官互动实现双向交互。

3. 技术推动文化交流传播

拓展交流边界：新的技术支撑体系催生了跨媒体平台等传播媒介，创造了远距离、高精度、低成本的传播路径，促进了文化的流动与交融。

丰富传播模式：突破了传统以图文视频为主的中心化传播方式，形成了以数字人等轻体量、强互动为特征的传播新模式。

保障传播权利：智能手机等智能终端的普及降低了内容传播的门槛，激发了大众的文化表达意愿和创造活力，"全民媒体"的出现显著提升了文化传播效能。

整体来看，智能科技驱动文化产业的技术逻辑起点在于技术矩阵化驱动，通过"5G+云计算""XR+智能硬件""LBS+人工智能""大数据+算法"和 AIoT 等技术的融合与协同，为文化产业的发展提供了强大的技术支撑。在此基础上，技术逻辑呈现"文化赓续—文化呈现—文化传播"的递进关系，推动了数字文化产业的高质量发展。

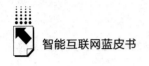

四 智能科技重塑文化产业价值体系

"文化赓续—文化呈现—文化传播"的技术逻辑不仅是智能技术推动文化产业发展的核心驱动力，还衍生出产业价值逻辑与社会价值逻辑的双重价值体系。其中，产业价值逻辑聚焦于生产关系的重组与生产流程的重构；社会价值逻辑则强调通过技术平权实现数字文化内容的共创共享，具体分析如下。

（一）产业价值逻辑：生产关系重组与生产流程重构

1. 生产关系重组

文化生产力的发展决定了文化生产关系的变革，智能技术的赋能促使文化生产方式的社会形式发生重构，进而重组了文化生产过程中人与人、人与产业之间的关系，具体表现为以下三个方面。

从线性生产到网状生产。传统的文化生产模式以生产者为中心，消费者处于被动接受地位。智能技术的普及使得生产模式从单向线性向网状发散转变，基于消费者偏好的定制化生产逐渐成为主流，消费者的需求能够直接反馈到生产环节，推动文化产品和服务的精准化供给。

从专业化生产到社会化生产。智能技术的广泛应用降低了文化创作的门槛，使得文化生产主体从专业生产者向社会大众拓展。非专业人士借助数字工具和平台能够便捷地参与文化创作，内容生产逐渐呈现社会化趋势，极大地增强了文化内容的多样性。

从内部分工到社会化大分工。5G、物联网等技术将文化生产的主体和环节紧密连接，形成了更加透明、高效的新分工网络。生产主体能够在分工网络中充分发挥自身优势，专注于核心业务，避免重复开发和资源浪费，从而提升整个文化产业的生产效率。

2. 生产流程重构

智能技术深度赋能文化产业，推动了传统文化产业创作生产流程的提质升级，实现了生产流程从单向性向并行性、从线性向矩阵式的转变，主要体现在以下两个方面。

创作流程重构。随着游戏引擎、XR（拓展现实）等技术的应用，游戏引擎（算法）+拓展现实（高清大屏）等技术嵌入拍摄流程，革新了影视制作流程。例如，高速监控镜头构图、实时调整运镜轨迹等制作手段逐渐普及，提升了创作的效率和质量。

"采编发"流程重构。5G 技术和融媒体平台的发展推动了媒体行业打通策划、采集、编辑、播发的内容生产链，实现了"一次采集、多方生成、多渠道分发"的流程再造。这种"中央厨房"式的采编与传播体系落地应用，拓展了新闻传播的广度和深度，提升了媒体的传播力和影响力。

（二）社会价值逻辑：多环节平权发展

文化产业技术逻辑的重要目标之一是推动智能技术与实体经济深度融合，实现"创意—设计—制作—传播—体验"等环节的平权发展，让广大人民群众共享数字红利，具体表现为以下五个方面。

1. 创意平权：非专业便利化与专业高效化

非专业人群创作便利化。自然语言处理等算法的支持使得生成式人工智能（AIGC）能够在短时间内处理大规模复杂数据，并进行标签化、元素化处理，为创作提供复用性、适应性强的基础内容，服务结构化创作，降低了非专业人群的创作门槛。

专业人群创作高效化。AIGC 通过提供强专业性内容素材，减少了专业人群整理基础素材的时间精力消耗，为专业内容创作释放了高创意、高自由的创作空间，提升了创作效率和质量。

2. 设计平权：提高容错率与打造新媒介

技术突破低效与不可逆性问题。数字技术通过更新设计软件和硬件，提高了设计效率，突破了传统设计领域的低效和不可逆性问题，提高了专业设计的容错率。

提供新创作媒介。数字技术构建了数字化三维绘画空间，为设计师提供了逼真多元的创作表现手法和三维展示空间，进一步推进了创作内容的创新升级。

3. 制作平权：降低制作成本与推动全民创作

降低时空要求。数字技术的应用降低了内容制作的时空要求，推动了内容制作形式从传统的图文向语音、视频等多媒体形式转变。伴随虚拟制作技术的成熟，内容制作逐渐向三维空间发展。

推动全民创作。短视频等多媒体内容以更低的制作成本推动了"全民创作"的实现，激发了大众的文化创作热情，丰富了文化内容的供给。

4. 传播平权：提高社交黏性与加速流量传播

新型传播模式崛起。数字技术对媒体的深度赋能加速了社交平台的崛起，形成了"屏屏传播"和"裂变式营销"等传播新模式。新型传播模式利用社交关系的黏性，通过社交平台加速网络流量向线下场景流动，以更低成本提高了传播效率和速度。

产生经济效益。新型传播模式在引起社会关注的同时，产生了显著的经济效益，推动了文化产业的市场化发展。

5. 体验平权：突破时空限制与提高体验可及性

突破时空与现实限制。过去，文化体验受时空、技术等因素限制，难以为群众提供跨地域的文化服务。随着声光电、虚拟现实/增强现实（VR/AR）等技术的应用，数字技术突破了群众的年龄和地域等限制，将传统的二维展示空间拓展为三维空间。

提高体验可及性。数字技术为消费者提供了"线上+线下"均可享受的立体式文化场景，提升了文化体验的可及性和互动性，使更多人能够便捷地享受高质量的文化体验。

文化产业在技术逻辑的驱动下，不仅在产业层面实现了生产关系的重组与生产流程的重构，提升了产业效率和竞争力；还在社会层面推动了创意、设计、制作、传播和体验等环节的平权发展，使广大人民群众能够共享数字文化发展的成果，体现了智能化重塑文化产业的价值逻辑。

五 智能科技赋能文化产业的场景应用与实践

随着智能科技的不断发展，文化产业不仅在创作、生产、传播和体验等环节取得了重大突破，还通过创新应用场景为观众提供了全新的文化体验。智能科技不仅提升了文化内容的质量和传播效率，还为文化产业注入了更多的创新元素，使得文化场景在形式和表现方式上发生了深刻的变革。

（一）沉浸式体验场景的创新发展

沉浸式体验已然成为文化产业中最具活力与创新精神的应用场景之一，它借助虚拟现实、增强现实、全息投影等前沿技术，极大地提升了文化内容的表现力与互动性，让观众仿佛置身于真实的文化情境之中，为文化产业的发展开辟了新的增长路径，也为文化传播与文化教育提供了全新的方式。

1.传统沉浸式体验的局限与问题

传统的沉浸式体验虽然具备一定的沉浸感，但由于过度依赖物理空间和有限的技术手段，其互动性和参与感相对较弱。以早期的 VR 展览为例，观众通常只能通过头戴式设备进入一个预先设定好的虚拟场景，场景中的元素大多是静态的，交互方式也较为单一，往往只能通过简单的手柄操作来实现有限的互动，这远远无法满足当代观众对于个性化、深度互动的需求。

此外，传统沉浸式体验的高成本和技术门槛也是阻碍其广泛普及的重要因素。构建一个沉浸式体验场景，往往需要投入大量资金购置昂贵的硬件设备，如高端的 VR 头盔、大型的投影设备等，同时还需要专业的技术团队进行复杂的技术支持和维护，这使许多文化机构和创作者望而却步，限制了沉浸式体验的应用范围和普及程度。

2.矩阵技术驱动的新型沉浸式场景打造

随着 5G、云计算、人工智能、大数据、物联网等技术的逐渐成熟，沉浸式体验迎来了全新的发展阶段。新型沉浸式场景巧妙地融合了多种先进技术，突破了传统物理空间的束缚，为观众带来了更加灵活、丰富的文化体验。例如，上海的 teamLab 无界美术馆堪称新型沉浸式场景的典范。它充分利用了投影、感应等技术，打造出一个如梦如幻、不断变化的光影艺术空间。观众踏入其中，仿佛进入了一个奇幻的异世界，光影会随着观众的移动和动作产生实时变化，实现了人与艺术作品的深度互动，让观众真切地感受到了艺术与科技融合的独特魅力。

5G 技术的高速传输和低延迟特性，为虚拟展览带来了质的飞跃。观众在虚拟展览中进行操作时，几乎感受不到延迟，能够流畅地与展品和场景进行互动。云计算平台的应用，则使得沉浸式展览的内容可以随时更新和升级，观众无须担心设备性能的限制，通过普通的智能设备，就能随时随地参与到丰富多彩的文化活动中。

人工智能技术的引入，更是为沉浸式体验增添了个性化的色彩。通过对观众兴趣和行为数据的分析，展览内容可以实现个性化推荐，观众不再是被动的接收者，而是能够根据自己的喜好，获得定制化的文化体验。

3. 短视频与社交平台的融合创新

近年来，短视频和社交平台异军突起，成为文化传播的重要阵地，沉浸式体验也在这些平台上找到了新的表达方式。许多文化创作者通过短视频和直播平台，将沉浸式体验的精彩内容传播给更广泛的受众，极大地提升了文化传播的覆盖面和参与度。

一些知名景区推出的沉浸式夜游项目，通过直播的形式呈现在观众面前，让那些无法亲临现场的观众也能感受到独特的氛围和魅力。观众可以在直播间中实时互动，提问、发表评论，仿佛自己也置身于景区之中。这种线上线下融合的方式，打破了地域和时间的限制，让文化内容能够触达更多人群。

（二）文化产业与文化事业的融合探索

文化产业以市场需求为导向，注重创新和经济效益；而文化事业则更侧重于社会效益和公共服务。在智能科技的助力下，二者的界限逐渐模糊，相互促进、深度融合，共同推动了文化内容的普及与创新。

1. 数据采集与文物保护修复的数字化转型

文物保护是文化产业的重要环节，智能科技的应用为传统的文物保护和修复工作带来了革命性的变化。数字孪生、3D 扫描和打印技术的广泛应用，使得文物修复工作更加高效、精确和可持续。

敦煌研究院便是这方面的先行者，它利用先进的数字化技术，对莫高窟进行了全方位的数据采集，建立了详细的数字档案。通过 3D 打印技术，成功复制出莫高窟的洞窟，游客可以参观这些复制品，既能欣赏到莫高窟的艺术之美，又能减少对原洞窟的人为损害，实现了文物保护与文化传播的双赢。

2. 内容挖掘与文化遗产价值再发现的技术应用

智能科技为文化遗产的挖掘和价值再发现提供了全新的途径。借助大数据、人工智能和语义分析等技术，研究人员能够快速分析和提取历史文献、古籍、艺术品等资料中的潜在价值。例如，在对敦煌壁画的研究中，人工智能图像识别技术发挥了重要作用。通过对海量壁画图像的分析，研究人员发现了许多以往被忽视的细节和隐藏信息，为深入解读敦煌文化的历史内涵提供了有力支持。大数据技术则能够整合全球范围内的文化资源，促进不同文化之间的交流与融合，让文化遗产在更广阔的舞台上展现其独特魅力。

3. 智慧管理与文博场馆运营升级的数字化举措

随着文化产业的数字化转型，智慧管理成为文博场馆运营的必然趋势。通过人工智能、物联网、大数据等技术的应用，文博场馆能够实现智能化、自动化的管理模式，有效提高运营效率，提升观众体验。陕西历史博物馆的智能导览系统便是一个成功案例。该系统结合了 AI 和 LBS 技术，能够根据游客的实时位置，为其提供个性化的参观路线推荐，并详细介绍沿途展品的历史背景和文化价值。同时，物联网技术的应用使得场馆能够实时监控展品的状态，确保文物的安全。数字化技术的运用，还让观众可以通过虚拟展览、沉浸式体验等方式参与到文化活动中，打破了传统文博场馆的时空限制。

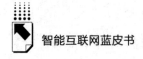
4. 数字展陈与文化遗产展示创新的技术实践

随着数字技术的飞速发展，文化遗产的展示方式发生了翻天覆地的变化，从传统的实物展示逐渐向数字化、虚拟化展览转变，为观众带来了更加丰富多样的文化体验。

5. 数字展陈的优势与发展趋势

数字展陈通过全息投影、3D 建模、VR 展览等多维度的展示方式，更加生动、直观地呈现文化遗产的历史背景和艺术价值。观众可以通过这些技术，身临其境地感受文化遗产的魅力，参与感和互动感得到增强。以秦始皇兵马俑博物馆为例，利用 3D 建模技术，使观众可以在虚拟环境中近距离观察兵马俑的每一个细节，从面部表情到服饰纹理，都能清晰可见，仿佛穿越时空，回到了秦朝的战场，感受到历史的震撼。全息投影技术则让历史人物"复活"——他们可以在展厅中生动地讲述自己的故事，让观众更加深入地了解历史文化。

6. 文化遗产数字化转型的实践案例

许多博物馆和文化遗产保护机构已经积极投身于数字化转型的实践中。法国卢浮宫推出的线上展览，让全球观众足不出户就能欣赏到蒙娜丽莎、维纳斯雕像等世界名画和珍贵文物，领略到卢浮宫的艺术魅力。

在国内故宫博物院也在数字化转型方面取得了显著成果。通过开发虚拟博物馆和线上展览，观众可以随时随地参观故宫的珍贵文物，了解故宫的历史文化。数字化转型不仅减少了对文物实物的损害，而且有利于文物的长期保存和传承，让文化遗产能够在未来继续绽放光彩。

六　结语

智能科技为文化产业的发展带来了创新机遇，更为文化产业提供了全新的发展思路与动力。随着技术的不断进步，未来的文化产业将呈现更加智能化、个性化和全球化的特点。从内容创作到传播、再到消费者的文化体验，智能科技将持续推动文化产业从传统的生产模式向数字化、智能化的方向转型，赋予文化产业更多的发展空间与潜力。

智能科技推动文化产业发展不仅是技术的突破，更是产业、文化与社会的深度融合。它在赋能文化产业的同时，也推动了文化产业对社会各阶层的包容性与公平性发展。通过智能化的生产、分发与传播手段，文化产业的边界被重新定义，推动了文化资源的平等共享和普及。

未来，智能科技将继续为文化产业的发展提供动力，同时也为人类文化遗产的保护、传承与创新注入新的活力。通过技术与文化的融合，文化产业的价值将被进一步重塑，智能科技在促进文化产业发展的过程中，必将继续发挥越来越重要的作用，推动文化产业向更加智能、创新与可持续的方向发展。

参考文献

高书生：《国家文化数字化战略的技术路线与中心环节》，《人民论坛学术前沿》2022 年第 7 期。

罗仕鉴、杨志、卢杨、张德寅：《文化产业数字化发展模式与协同体系设计研究》，《包装工程》2022 年第 20 期。

顾江：《文化强国视域下数字文化产业发展战略创新》，《上海交通大学学报》（哲学社会科学版）2022 年第 4 期。

宋洋洋：《文化数字化新阶段的价值导向与重点任务》，《群众》2021 年第 24 期。

宋洋洋、刘一琳、陈璐、穆雪姣：《国家文化数字化战略背景下数字文化产业的生态系统、技术路线与价值链条思考》，《西安交通大学学报》（社会科学版）2024 年第 5 期。

B.6
智能互联网的绿色发展

王婧媛　邓琳碧*

摘　要： 近年来，国内"双碳"政策持续深入，数字化与绿色化协同发展，形成了以智能互联网自身绿色化发展、强化对传统产业绿色化转型的赋能作用等为代表的数字化绿色化协同发展态势，打破产业边界，促进融合创新，全方位、高水平深入推进我国经济社会高质量发展，实现经济效益与生态效益的双赢。

关键词： 智能互联网　双化协同　算力　绿色化　"双碳"

一　绿色化发展进入新阶段

（一）国际绿色低碳发展战略不断调整，政治经济因素影响应对气候变化共识

减缓温室效应和保护生态环境成为世界共识。近年来，越来越多的国家将碳中和列为国家发展目标。截至 2024 年 5 月，全球已有 148 个国家明确提出碳中和承诺。[①] 为减缓温室效应和保护生态环境，自 20 世纪 50 年代以

---

* 王婧媛，北京大学博士，高级工程师，中国信息通信研究院产业与规划研究所数字孪生与城市数字化转型研究部数字化绿色化协同创新中心主任，主要研究方向为数字化绿色化协同发展、城市全域数字化转型等；邓琳碧，中国信息通信研究院人工智能研究所国际合作与技术服务部工程师，中国人工智能产业发展联盟国际合作工作组负责人，主要研究方向为人工智能国际合作、人工智能推动可持续发展等。
① 《〈2024 全球碳中和年度进展报告〉在京发布》，清华大学碳中和研究院官网，2024 年 10 月 21 日，https://www.icon.tsinghua.edu.cn/info/1070/1684.htm。

来，世界各国开展了多种形式的国际合作，其中包括以《联合国气候变化框架公约》和《京都议定书》为代表的多边环境协定，各国达成了限制和减排承诺。2015 年 12 月，巴黎气候大会将低碳经济理念普及到全球。各国纷纷签署《巴黎气候变化协定》，这份具有普遍约束力的气候协定，带来了全球绿色发展、节能减排的新机遇，为各国采取应对气候变化措施提供了指导。

部分国家气候环保政策反复横跳。近年来，俄乌冲突和中东局势加剧了全球不稳定，许多国家因国内政治需求和经济压力，放缓绿色转型的步伐。美国气候政策一直以来都受其国内政治的影响，特朗普在新一轮总统大选中获胜后，美国再次宣布退出《巴黎气候变化协定》[①]，这将对全球碳中和努力造成一定影响。2023 年，英国迫于国内经济压力，将新燃油车销售禁令的生效时间从 2030 年推迟到 2035 年，并大幅度放缓淘汰燃气锅炉的计划实施进程。[②] 受到俄乌冲突带来能源短缺的影响，欧盟部分国家推迟或放弃了部分碳中和目标。丹麦的哥本哈根市宣布放弃 2025 年前实现碳中和的目标。[③] 荷兰计划暂时取消燃煤发电厂的发电量上限。[④] 法国因核能发展受阻不得不增加化石燃料的使用。[⑤] 德国重启了原本计划淘汰的燃煤电厂，联邦议会没有通过 2035 年实现 100% 可再生能源发电的目标。[⑥]

欧盟绿色贸易壁垒将加速我国低碳绿色化发展进程。欧美在碳排放治

---

① 《每次上任，特朗普为何都要退出〈巴黎协定〉？｜国际识局》，中国新闻网，2025 年 1 月 21 日，https：//www.chinanews.com.cn/gj/2025/01-21/10357046.shtml。

② 《英国启动 2030 年禁售燃油车政策咨询　行业呼喊"需求才是重点"》，财联社，2024 年 12 月 25 日，https：//news.smm.cn/news/103104425。

③ 《环保之都丹麦哥本哈根放弃 2025 年实现碳中和目标》，今日头条，2022 年 8 月 27 日，https：//www.toutiao.com/article/7136567462644220450/？upstream_biz=doubao&source=m_redirect&wid=1740358253433。

④ 《担心缺天然气　荷兰暂时取消对燃煤发电限制》，人民网，2022 年 6 月 22 日，http：//m.people.cn/n4/2022/0622/c23-20138575.html。

⑤ 李昕蕾、刘倩如：《气候能源复合危机背景下法国核能复兴战略：路径、影响与挑战》，《中国石油大学学报》（社会科学版）2024 年第 4 期。

⑥ 《德国能源转型进入终极博弈》，零碳知识局，2025 年 2 月 19 日，https：//ecep.m.ofweek.com/2025-02/ART-93010-8420-30657306.html。

理、标准体系与规则制定方面一直走在全球前列。欧盟推出的碳边境调节机制（Carbon Border Adjustment Mechanism，CBAM），也称碳关税，于 2023 年 10 月 1 日起试运行，过渡期至 2025 年底，2026 年正式起征。[①] 我国的机电、玩具、纺织品等基本在欧盟碳关税征收范围内，这将增加产品出口到欧盟的成本，影响中国产品国际竞争力。对出口的冲击仅仅是碳关税效应的初步体现。多种迹象表明，欧盟 CBAM 的出台只是一个开始，多个发达国家将逐步利用碳规则在国际贸易领域建立起绿色贸易壁垒，这将倒逼中国高能耗企业实现绿色低碳转型。我国政府、企业、科研机构应主动应变，化危机为动力，把握契机坚定践行"双碳"战略。

（二）我国"双碳"政策走向深入，加快发展新质生产力

中央对"双碳"工作部署一脉相承、不断深入。国务院及国家发展改革委、生态环境部、工信部、住建部等相关部门和地方积极行动，以进一步落实"双碳"战略为主线，形成了广泛的政策合力。在《中共中央　国务院关于全面推进美丽中国建设的意见》[②] 明确减污降碳协同增效的相关举措和安排基础上，2024 年 7 月底中共中央、国务院印发了《关于加快经济社会发展全面绿色转型的意见》[③]，首次从经济社会发展全面绿色化出发，围绕加快形成节约资源和保护环境的空间格局、产业结构、生产方式、生活方式，深入推进相关重点领域绿色转型，分阶段提出了 2030 年、2035 年发展目标。2024 年 8 月，国务院办公厅印发《加快构建碳排放双控制度体系工作方案》，将碳排放指标及相关要求纳入国家规划，明确了"十五五"时期要建立强度控制为主、总量控制为辅的碳排放双控制度，建立碳达峰碳中和

---

① 《欧盟公布碳边境调节机制过渡阶段实施细则》，光明网，2023 年 8 月 17 日，https：//baijiahao. baidu. com/s？id=1774480621014939465&wfr=spider&for=pc。

② 《中共中央　国务院关于全面推进美丽中国建设的意见》，中国政府网，2024 年 1 月 11 日，https：//www. gov. cn/gongbao/2024/issue_ 11126/202401/content_ 6928805. html。

③ 《中共中央　国务院关于加快经济社会发展全面绿色转型的意见》，中国政府网，2024 年 8 月 11 日，https：//www. gov. cn/zhengce/202408/content_ 6967663. htm。

综合评价考核制度，强调要如期实现碳达峰目标。①

部委深入部署减污降碳协同治理工作。减污降碳协同增效是积极稳妥推进完成碳达峰碳中和重要任务的举措。2024 年初，全国生态环境保护工作会议对推动减污降碳协同增效作出战略部署，要求开展多领域、多层次减污降碳协同创新试点。② 工信部等 7 部门曾联合印发《减污降碳协同增效实施方案》③，部署了源头防控、突出重点领域、开展模式创新、优化环境治理、强化支撑保障等重点任务，要求从监管、制度、标准、能力方面形成合力、系统推进减污降碳工作落实。为加强碳足迹的管理，2024 年 6 月，生态环境部会同国家发展改革委等多部门联合印发《关于建立碳足迹管理体系的实施方案》④，拓展推广产品碳足迹应用场景，推动重点行业企业先行先试，形成推广产品碳足迹合力和共建、共担、共享工作格局。在促进设备循环利用方面，国家发展改革委、工信部、财政部等多部门联合印发《关于统筹节能降碳和回收利用　加快重点领域产品设备更新改造的指导意见》⑤，对加快构建新发展格局、畅通国内大循环、扩大有效投资和消费、积极稳妥推进碳达峰碳中和具有重要意义；2024 年"新一轮大规模设备更新和消费品以旧换新行动"释放政策效能，有效促进先进节能高效设备推广应用，使更多绿色低碳高质量消费品进入居民生活，推动全社会能耗和碳排放强度降低。

各地试点打造多类型绿色发展样板。近年来，各地区积极出台本地区碳

---

① 《国务院办公厅关于印发〈加快构建碳排放双控制度体系工作方案〉的通知》，中国政府网，2024 年 8 月 2 日，https://www.gov.cn/zhengce/zhengceku/202408/content_ 6966080. htm。

② 《全国生态环境保护工作会议在京召开》，生态环境部网站，2024 年 1 月 24 日，https://www.mee.gov.cn/ywdt/hjywnews/202401/t20240124_ 1064612. shtml。

③ 《减污降碳协同增效实施方案》，中国政府网，2022 年 6 月 10 日，https://www.gov.cn/gongbao/content/2022/content_ 5707285. htm。

④ 《关于建立碳足迹管理体系的实施方案》，生态环境部网站，2024 年 6 月 4 日，https://www.mee.gov.cn/xxgk2018/xxgk/xxgk03/202406/t20240604_ 1074986. html。

⑤ 《国家发展改革委等 9 部门联合印发〈关于统筹节能降碳和回收利用　加快重点领域产品设备更新改造的指导意见〉》，中国政府网，2023 年 2 月 25 日，https://www.gov.cn/xinwen/2023-02/25/content_ 5743276. htm。

达峰实施方案，各部委通过试点示范，引导地区探索"双碳"实施路径，扎实推进绿色低碳发展。2022 年中央网信办、国家发展改革委等五部门选择张家口市、深圳市、拉萨市等 10 个地区作为双化协同综合试点。① 国家发展改革委在 2023 年组织开展国家碳达峰试点建设，确定首批 35 个试点城市和园区，为全国提供了一批可操作、可复制、可推广的经验做法。2024 年 1 月，生态环境部发布首批 21 个城市、43 个产业园区减污降碳协同创新试点名单，衔接污染防治攻坚任务。此外，国家发展改革委与河北省联合部署推进雄安新区低碳试点建设，提出雄安新区 2030 年、2035 年和 21 世纪中叶绿色化建设目标，从构建现代化产业体系、打造低碳安全能源体系等九方面提出形成绿色低碳产业体系、大力发展绿色能源等 30 项重点任务。

（三）数字化与绿色化协同共进，推动经济社会高质量发展

党的二十届三中全会提出支持企业用数智技术、绿色技术改造提升传统产业，要求推动制造业高端化、智能化、绿色化发展。2024 年 8 月底，中央网信办、国家发展改革委、工信部等九部门印发《数字化绿色化协同转型发展实施指南》②，首次明确了数字化在绿色发展进程中的重要作用，制定了数字化绿色化协同转型发展（简称双化协同）工作的任务表、路线图，为各地区、各行业更好部署双化协同工作，推进经济社会高质量发展指明方向。各地方政府也在积极探索引领社会治理向绿色智慧方向转型升级。上海、重庆、浙江等多地系统部署双化协同相关举措，运用数字技术推动社会低碳管理高效化、生态环境治理精细化、居民生活绿色化。

产业层面，数字技术与绿色经济的深度融合打破传统产业边界和局限，

---

① 《中央网信办、国家发展改革委、工业和信息化部、生态环境部、国家能源局等 5 部门联合开展数字化绿色化协同转型发展（双化协同）综合试点》，中国网信网，2022 年 11 月 17 日，https：//www.cac.gov.cn/2022-11/17/c_ 1670316380455086.htm。

② 《关于印发〈数字化绿色化协同转型发展实施指南〉的通知》，中国网信网，2024 年 8 月 24 日，https：//www.cac.gov.cn/2024-08/24/c_ 1726213097966469.htm。

通过基础网络智能化升级、基础算力网络化布局、基站通信设施网络化共享，在实现自身绿色化、集约化、智能化部署基础上，有力促进了不同经济主体间的创新融合，催生以数字新能源服务、新能源汽车等为代表的数字技术与绿色低碳产业紧密融合、协同共进的新产业新业态。

二　智能网络自身绿色化发展走入深水区

智能互联网自身的绿色化发展，主要包含数据中心、通信基站等信息基础设施的新能源接入和节能技术改造，提升设施绿色化水平；平衡人工智能算力需求与能耗需求，集约化部署基础算力体系。

（一）数据中心能效水平持续提升

在数字化飞速发展的当下，数据中心已成为经济社会运行不可或缺的关键基础设施。美国科技巨头积极布局绿色数据中心，谷歌、苹果等企业已实现数据中心100%绿电覆盖。[①] 2025年1月，亚马逊AWS宣布将在美国佐治亚州投入110亿美元用于扩建数据中心以支持AI和云服务。OpenAI联合软银、甲骨文启动"星际之门"项目，计划在美国建设20座大型数据中心，首个数据中心已在得克萨斯州动工，将采用英伟达GPU和Arm芯片技术。[②] 据《环球邮报》，2024年，加拿大提出投入150亿美元用于研发更高效的服务器架构和冷却技术，推动人工智能绿色数据中心建设。[③] 然而，其能耗与环境影响问题也愈发凸显，绿色化发展迫在眉睫。截至2023年底，中国数

---

① What It Really Means When Google and Apple Say They Run on 100% Renewable Energy, OneZero，2020.

② 《黑石总裁：芯片出口限制放缓节奏，但数据中心需求仍然很大》，头条号"半导体产业纵横"，2025年5月6日，https://www.toutiao.com/article/7501272775718453772/？upstream_biz=doubao&source=m_redirect。

③ 《加拿大拟推出150亿加元激励 推动绿色AI数据中心投资》，百家号"AIbase基地"，2024年12月13日，https://baijiahao.baidu.com/s？id=1818296340074205488&wfr=spider&for=pc。

据中心810万在用标准机架总耗电量达到1500亿 kW·h，数据中心在用标准机架总耗电量占全社会用电的1.6%。① 尽管随着节能降碳技术和清洁能源的广泛应用，我国数据中心能效水平持续提升，但能耗总量仍在增长。我国数据中心平均电能利用效率（PUE）降至1.47，创建国家绿色数据中心246个，超140个算力中心绿色低碳等级达到4A级以上标准②，部分头部数据中心PUE已降至1.05③，在国际上处于领先地位。数据中心绿电使用比例不断攀升，国家绿色数据中心可再生能源电力平均利用率由2018年的15%提升到55%以上。④

（二）通信基站共建共享深入推进

我国充分利用存量站址资源、公共资源和社会杆塔资源等建设5G基站。截至2024年底，全国5G基站数量攀升至425.1万个，占移动电话基站总数的33.6%，与上年末相比净增87.4万个。⑤ 相比商用初期，5G基站单站址能耗降低超20%。⑥ 5G基站能耗显著降低，一方面，通过积极推进通信杆塔资源与社会杆塔资源双向共享，提高站址共享率。以中国铁塔为例，2024年，中国铁塔累计承接5G塔类需求数达261.3万个，其中95%通过共享存量资源实现。⑦ 另一方面，加速推广应用通信基站、机房节能降碳技术。通过采用能碳综合管控、优化网络架构、设备精准调控等措施，我国通

---

① 中国信息通信研究院：《中国绿色算力发展研究报告（2024年）》，2024年6月29日，https：//www.dtdata.cn/index.php？c=show&id=2245。

② 《我国算力总规模居世界前列》，新华网，2024年10月6日，https：//www.xinhuanet.com/fortune/20241006/d945c1e0d58d405ea6a06a7cb884128b/c.html。

③ 《国家数据局刘烈宏谈数算一体化建设，算力集聚效应初步显现》，《新京报》2024年8月29日，https：//baijiahao.baidu.com/s？id=1808697231254753947&wfr=spider&for=pc。

④ 《加快国家绿色数据中心建设 助力推进新型工业化》，《人民邮电报》2024年6月19日，https：//www.digitalchina.gov.cn/2024/sszg/zcjd/202406/t20240619_4845375.htm。

⑤ 《2024年通信业统计公报》，2025年1月26日，https：//wap.miit.gov.cn/gxsj/tjfx/txy/art/2025/art_641c048c5d4f4e308098bf6c4e3dcb4a.html。

⑥ 《5G带动万亿经济产出 深度覆盖将成下阶段重点》，《中国经营报》2024年2月3日，http：//www.cb.com.cn/index/show/bzyc/cv/cv135212341644。

⑦ 《筑牢数智基座 共享新质未来｜中国铁塔精彩亮相2024年世界互联网大会》，C114通信网，2024年11月20日，https：//www.c114.com.cn/other/241/a1278221.html。

信基站能耗水平显著下降。

美国企业通过技术手段降低基站能耗，如美国半导体公司 Mobix Labs 与 TalkingHeads Wireless 合作开发 5G 基站，使用 AI 技术来优化和降低塔能耗。[①] 欧洲国家也在欧盟碳关税政策引导下开始布局绿色基站建设，在技术合作方面，中兴通讯与德国电信合作 Open RAN 技术，有助于提高德国基站建设的效率和绿色化水平。[②]

（三）绿色算力成为提升科技竞争力必选项

算力是基础网络智能化发展的前提。随着人工智能技术飞速发展，其对算力的需求呈现爆发式增长。人工智能推动的智能化应用都依赖于强大的算力支撑。我国正全面加速算力基础设施绿色化发展进程，《算力基础设施高质量发展行动计划》[③] 要求完善算力综合供给体系、提升算力高效运载能力、强化存力高效灵活保障、深化算力赋能行业应用、促进绿色低碳算力发展、加强安全保障能力建设。通过统筹部署全国 8 个算力枢纽节点、10 个国家数据中心，我国正在加速构建布局合理、绿色集约的一体化数据网络集群。

新加坡也在积极构建绿色算力生态体系。浪潮云洲与 Green Terra 签署战略合作协议，构建东南亚领先的"绿色算力+工业大模型+智能体应用"生态体系，联合研发适配东南亚市场的绿色 AI 产品与行业解决方案，[④] 为当地及周边地区的企业提供绿色、高效、智能的算力服务。美国企业除了持

① 《美国 Mobix Labs 与德国 TalkingHeads 合作开发绿色 5G 基站》，头条号"邮电设计技术"，2024 年 6 月 21 日，https：//www.toutiao.com/article/7382945846414819850/？upstream_ biz＝doubao&source＝m_ redirect。

② 《中兴通讯携手德国 O2 探索零碳站点建设，为通信未来注入绿色创新》，百家号"中兴通讯"，2024 年 2 月 26 日，https：//baijiahao.baidu.com/s？id＝1791955181525349833&wfr＝spider&for＝pc。

③ 《工业和信息化部等六部门关于印发〈算力基础设施高质量发展行动计划〉的通知》，中国政府网，2023 年 10 月 8 日，https：//www.gov.cn/zhengce/zhengceku/202310/content_ 6907900.htm。

④ 《中外科技企业挖掘全球数字经济合作机遇》，头条号"国际商报"，2025 年 4 月 29 日，https：//www.toutiao.com/article/7498629690845250075/？upstream_ biz＝doubao&source＝m_ redirect。

续大规模投资算力基础设施建设外，还注重算力与清洁能源的结合，谷歌致力于让所有数据中心实现 24/7 无碳能源目标，通过碳智能计算平台将计算负载与风能和太阳能等清洁能源匹配。[①]

算力的传输和供给需以可靠的网络连接为基础，部署超低损耗光纤、实现全光接入网络覆盖是降低损耗、提升网络传输效率的核心。通过打造无损高效的网络运载服务能力，为人工智能、云计算、物联网、数字孪生等数字技术和产业的融合应用发展提供坚实保障，是数字经济绿色发展道路上需要迈出的关键一步。

三 智能网络赋能重点领域降碳增效扩绿加速部署

（一）数字技术与绿色化发展深度融合，培育数字绿色新兴产业体系

数字技术与绿色技术深度融合，通过智能优化资源配置、驱动产业创新变革，在能源生产、建筑建造及工业制造等领域实现降碳增效与绿色可持续发展，构建起贯穿全产业链的数字化低碳生态体系。

国内外主要国家已将数字技术深度应用到能源生产、输送、交易、消费及监管等各个环节，全面助力产业链深度脱碳。法国政府和国际能源署（IEA）协调的"能源终端用途数据和能源效率指标计划"（EEUDEEM）对能源需求进行监测，以评估其对能源政策的影响，并跟踪能源转型进展。德国政府通过开放 SMARD 电力市场平台，展示德国能源转型的最新动态数据，使公众能了解政策和技术对能源系统的影响。加拿大 CADMAKERS 公司基于 BIM 技术实现数字孪生，在施工策划阶段，将 BIM 技术融入整个环节中去，以直观可视化的方式进行方案编制辅助、方案模拟验证、方案优化、方案敲定。中国华能集团作为首家成功申报工信部工业互联网平台创新

---

① 《DeepSeek 将拉低算力总需求？美国科技四巨头今年算力投资不减》，财经网，2025 年 2 月 12 日，https：//yuanchuang. caijing. com. cn/2025/0211/5069805. shtml。

发展工程的发电企业，已形成纵贯各管理层级、横跨各业务领域，集分布式云边协同、数据互联、智能分析于一体的平台体系，推进了流程行业①工业互联网技术标准和规范的建立。

（二）数字技术与制度体系双重发力，推动重点行业本质降碳

数字技术在重点行业绿色化转型中发挥重要作用，能够加速生产关键环节工艺流程优化提升。此外，通过进一步健全重点行业减排、控排等制度体系，发挥技术与制度合力，共同推动重点行业实现高端化、智能化、绿色化发展。

数字技术绿色技术融合应用，提升重点行业绿色化水平。融合数字技术、工艺技术和环保技术，系统集成机器视觉、鹰眼识别、人工智能、超细雾炮、生物纳米抑尘等技术，补强钢铁产业超低排放改造的短板。以数字技术推动钢铁企业自动化为例，国内钢铁行业在积极推广短流程炼钢，发展新型电炉装备，加快推动有条件的高炉—转炉长流程炼钢转型为电炉短流程炼钢。在实践应用层面，河钢集团通过推动工艺流程结构性变革，加强电炉短流程、研发氢冶金等颠覆性技术应用，建成全废钢电炉短流程特钢厂、全球首个氢冶金示范工程和绿色化智能化新一代大型联合钢厂，开辟出降低碳排放强度的重要路径，引领行业绿色低碳发展。

加强重点领域能耗碳排放管理手段和制度体系建设。在钢铁、石化、建筑、交通等重点领域，建立重点行业数字化监测体系，推动各级政府对行业能耗监测和评估工作的常态化、制度化，定期向社会发布行业、区域、国家级主要能耗数据。《工业领域碳达峰碳中和标准体系建设指南》②《加快传统

---

① 流程行业是工业领域规范术语，指通过对原材料进行混合、分离、成型或化学反应等连续的生产过程，使其转化为产品的行业，具有生产过程连续、工艺相对固定、生产周期较长等特点，涵盖化工、石油、电力等多个领域。

② 《工业和信息化部办公厅关于印发工业领域碳达峰碳中和标准体系建设指南的通知》，中国政府网，2024 年 2 月 4 日，https：//www.gov.cn/zhengce/zhengceku/202402/content_ 6933519. htm。

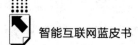

制造业转型升级》①《绿色工厂梯度培育及管理暂行办法》②《绿色建材产业高质量发展实施方案》③ 等政策纷纷出台，印染、纺织、炼油、锅炉、合成氨、电石等行业制定、部署了转型升级实施方案、规范条件，在铜冶炼、铅冶炼、电解锰、烧碱、聚氯乙烯行业搭建了清洁生产评价指标体系，出台了石化、钢铁、建材、有色、汽车、机械、电力设备、轻工业等系列性稳增长工作方案，工业制造业重点领域"双碳"政策、标准、评价得到深化细化。

（三）以智能化网络平台为抓手，助力传统行业碳足迹监测水平提升

碳监测和碳计量是实现温室气体排放"可测量、可报告、可核查"目标的重要保障。国内外利用5G、大数据、云计算、数字孪生等数字技术，搭建智能化监测平台，为系统掌握碳排放总体情况提供坚实的技术保障。

美国构建全面环境数据集成平台，该平台汇集了大气环境质量监测、有害固体废弃物管理、超级基金清理场地记录、有毒物质释放目录、饮用水安全等多元化环境相关数据，从大气、水体、土壤、固废、毒物、环保设施、辐射监测和法规遵照执行等各个方面开展分类应用④，为环境保护的管理实践与政策制定提供了坚实的数据支撑。欧盟通过"目的地地球倡议"，旨在构建大尺度跨国级别的数字孪生体，全时全域智能监测地球数据，结合现场测量校准，在空间和时间上精确监测气候发展、人类活动和极端事件，为欧盟各国实施气候适应和降碳政策提供关键抓手，德国、法国、捷克等国以城

① 《工业和信息化部等八部门关于加快传统制造业转型升级的指导意见》，中国政府网，2023年12月28日，https：//www.gov.cn/zhengce/zhengceku/202312/content_ 6923270. htm。

② 《工业和信息化部关于印发〈绿色工厂梯度培育及管理暂行办法〉的通知》，中国政府网，2024年1月19日，https：//www.gov.cn/zhengce/zhengceku/202401/content_ 6929104. htm。

③ 《工业和信息化部等十部门关于印发绿色建材产业高质量发展实施方案的通知》，中国政府网，2023年12月29日，https：//www.gov.cn/zhengce/zhengceku/202401/content_ 6925435. htm。

④ 《环保大数据：美国是如何迈出第一步的？》，阿里云，2017年7月3日，https：//developer. aliyun. com/article/137572。

市为载体，运用数字技术促进能耗降低和碳减排。①

我国以央国企为引领，率先构建企业碳监测平台，逐步面向全行业推广碳监测碳核查等涉碳服务功能应用。中国石油通过部署集团级质量、健康、安全与环境管理系统（QHSE 系统）②，搭建了专业化碳排放管理平台，对40 余项业务报表指标数据进行在线采集，包括对燃料燃烧、油气田业务、石油化工业务、间接排放、输配电等 9 大类报表进行流程化审核，实时统计。该平台帮助 125 家下属企业摸清碳排放底数，确定主要排放单位和排放装置类型，制定节能减排措施。国家电网已建成涉及电力交易、产业链金融、物资电子商务等领域 12 类试点应用的国网区块链公共服务平台。这些应用使得融资效率提升了 3 倍，新能源电力交易结算周期缩短了 25%，合同签署周期缩短了 60%。③ 同时，国网还承担了与北京"长安链""天平链"互联互通的能源电力行业骨干节点"星火链网"建设任务，共同探索碳交易应用、源网荷储等场景推广。

（四）智慧金融服务体系逐步完善，有力保障绿色技术创新研发应用

政策不断健全，为金融支持重点技术创新提供坚实的制度基础。绿色金融助力"双碳"发展作用日渐凸显，2024 年 3 月，由中国人民银行、国家发展改革委、工业和信息化部、国家金融监督管理总局等部门联合发布《关于进一步强化金融支持绿色低碳发展的指导意见》④，提出在未来 5 年内基本建成国际领先的金融支持绿色低碳发展体系——金融基础设施、环境信

---

① Destination Earth，欧盟，2024 年 6 月 3 日，https：//digital-strategy. ec. europa. eu/en/library/destination-earth-factsheet。

② 《QHSE 管理体系：中国石油全面质量、健康、安全与环境管理体系的构建与运行》，时空漫游网，2025 年 2 月 12 日，https：//baijiahao. baidu. com/s? id=1823806118873724214&wfr=spider&for=pc。

③ 《区块链基础设施——能源区块链公共服务平台"国网链"》，中国国际服务贸易交易会，https：//2d. ciftis. org/view/productmgr/productdetail? productId=54431。

④ 《关于进一步强化金融支持绿色低碳发展的指导意见》，中国政府网，2024 年 3 月 27 日，https：//www. gov. cn/zhengce/zhengceku/202404/content_ 6944452. htm。

息披露、风险管理、金融产品和市场、政策支持体系及绿色金融标准体系。该意见将高效推进各类经济金融绿色低碳政策有序落实，促使金融支持绿色低碳发展的标准体系和政策支持体系更加成熟，更好发挥资源配置、风险管理和市场定价功能。2024 年，我国支持科技创新和制造业发展的主要政策减税降费及退税达 26293 亿元。[①] 政策引导下的绿色金融体系不断完善，将为绿色技术应用创造更为宽松的融资环境，助力更多有潜力的技术研发实现持续产业化落地。

银行广泛参与成为金融支持技术创新的主力军。2024 年，各大国有银行积极响应国家号召，碳金融市场迅速发展。碳配额质押贷款、碳基金、碳保险等一系列碳金融产品应运而生。这些产品为从事绿色技术研发与应用的企业提供了新的融资途径，激励企业加大在节能减排、清洁能源等领域的技术创新投入。企业可以通过碳配额质押获得资金，用于研发更高效的碳排放处理技术，推动绿色技术的广泛应用。此外，金融机构通过提供融资租赁、供应链金融等服务，帮助技术创新企业快速将产品推向市场。融资租赁可以降低企业的设备采购成本，使企业能够更快地获取先进生产设备，提高生产效率；供应链金融则围绕核心企业，为上下游企业提供资金支持，保障技术创新产品的供应链稳定，促进技术创新产品在市场上的广泛应用。

四 展望：智能网络绿色效能进一步释放

（一）各地区全方位提升数字化绿色化发展水平

区域是贯彻落实数字化绿色化协同发展的重要载体。自 2022 年我国正式启动双化协同工作以来，各地紧密结合自身资源禀赋、产业基础和发展潜力，因地制宜、突出特色，形成一批类型各异、特色鲜明的发展模式。

---

① 《国家税务总局：2024 年减税降费及退税超 2.6 万亿元》，国家税务总局网站，2025 年 2 月 14 日，https：//www.chinatax.gov.cn/chinatax/n810219/n810780/c5238374/content.html。

一是各地区以数字化碳监测网为抓手，部署区域"双碳"基础设施建设。探明本地区碳家底是各地推动减排降碳增效工作的先手棋，针对重点点位部署碳源碳汇监测设施，各地区正在强化碳监测网络建设，实时采集并统计碳源汇量。依托城市智能中枢，建立碳源汇数据管理体系和信息平台，集成应用数据分析、物联网等前沿信息技术，对区域能源设备、水电管网实时监控，实现对区域公共用户用冷、热、电、水、气和氢的智慧化监测，全方位提升区域智慧用能管理水平。

二是依托区域主导产业，进一步因地制宜推进生产低碳化转型。河北、内蒙古、青海、四川等可再生能源富集地区，正在发力建立以新能源产业为主的新型产业体系，同步提升数字化水平；黑龙江、辽宁等重工业地区聚焦产业绿色转型升级，并充分发挥数字技术的赋能作用；山东、福建等数字经济基础雄厚地区以数字赋能行业绿色转型为主，向初步融合型区域迈进。

三是以绿色技术研发为驱动，提升绿色低碳技术创新水平。江苏、广东、浙江等数字化与绿色化条件优越地区以双轮驱动为路径，支持碳捕获、利用与封存（CCUS），新能源存储等关键技术攻关，推动技术应用与产业化发展，向双化协同技术创新、产业集群培育等深度数字化绿色化融合型区域演进。

四是逐步形成区域双化协同发展网络，形成技术、资源、制度多层次发展格局。长三角地区已进行了三省一市双化协同顶层设计，力求率先实现长三角地区双化协同一体化建设，从政策制定、应用场景推广、数据要素打通等多个层面推动双化协同从点状发展向区域联动建设迈进。

（二）智能互联网自身绿色化发展走向深入

智能网络从三方面提升数据中心能源使用效率。服务器、存储和网络通信设备组成的 IT 系统是数据中心能耗最高的子系统。智能网络数据中心自身能效优化主要包含三条实现路径。一是硬件层面。数据中心通过部署液冷型、高温型、节能型 IT 设备，提高基础网络设施能效，如高温节能服务器、低功耗网络路由器、磁光电组合数据存储系统等低功耗 IT 设备，降低数据中心硬件能耗。二是智能化调度层。采用分布式、虚拟化等技术构建高效通信网络系统，并通过构建 IT 资源池智能调度管理平台，挖掘 IT 资源池的降碳潜力，通过优化负载使服务器工作处于高能效状态，优先分配高能效算力资源，对服务器待机进行优化减少闲置资源浪费等方式，提高智能网络平台能效。在数据中心 IT 基础设施云化部署成为主流模式的今天，IT 平台级能效优化方案正在成为业界发展热点，已在产业界形成越来越多的落地应用。三是软件应用层。推动数据中心上层软件和应用的集约化标准化部署，加强面向代码的软件能耗优化，以低时延、广互联的方式保障算法运行效率，提高软件运转业务能效。

算力层多方向技术突破将加速降能耗步伐。通过高性能芯片研发、基础算法创新与工程优化、计算任务分布式处理等方式提升基础算力能效利用率。一是以芯片为主的硬件创新技术路线，通过芯片材料、专用 AI 芯片设计、芯片架构优化和高效能服务器创新，大幅提高计算效率并降低能耗。阿里云自研倚天 710 芯片通过架构优化实现了单位算力功耗降低 60%；英伟达发布 Blackwell AI 服务器架构平台，并以此为基础推出 B100、B200 与 GB200 等 AI 芯片，发展 NVLink 串连更多算力，大幅降低相对能耗。[①] 二是发展"低成本、高性能、强推理"三位一体的技术路径，优化训练过程中负载均衡与通信的策略、提升硬件利用率、降低计算成本和能效。DeepSeek 在达到或部分性能优于同类大模型的基础上，通过算法等综合优化举措，仅使用了不到 10% 的训练时间、减少了 11 倍算力资源、使用了 1% 的综合训练成本[②]，迅速成为全球 AI 领域的现象级选手，并以开源生态催化应用落地，在 AI 和大模型领域节能的预期潜力巨大。此外，细分领域采用小模型（SLMs），被认为是降低计算需求的有效方法，因为它们在执行更简单的任务时更加节能。三是结合云计算与边缘计算技术，可以实现计算任务的分布

---

① 《英伟达推出 BLACKWELL 架构　新一代 AI 芯片和硬件设备全面升级》，2024 年 3 月 19 日，https：//baijiahao.baidu.com/s？id=1793955030662400607&wfr=spider&for=pc。

② 《DeepSeek-R1 为何震惊世界》，新电实验室，2025 年 1 月 27 日，https：//baijiahao.baidu.com/s？id=1822339495187908731&wfr=spider&for=pc。

式处理，从而减轻本地设备的能耗负担。这种分布式架构不仅提高了计算效率，还降低了整体能耗。各大运营商和云计算提供商正在积极实践该技术路线，在新能源富集区积极布局 AI 算力资源。

（三）智能网络提升产业高质量发展能力

在可持续发展趋势下，智能化、数字化网络技术应用将进一步打通产业链，促进资源、场景全方位融合高效发展。智能网络低时延、全连接的技术特性将打破传统产业边界，满足不同主体协同创新需求，催生数字新能源服务、新能源汽车等新业态。智能网络还将促进企业生产模式全方位转型，进一步构建融合数字技术的绿色制造体系，提升生产与供应链管理敏捷响应能力，降低生产、管理成本，提升产品绿色竞争力。未来，随着算网融合体系逐步深化，基础算力、算法技术底座持续夯实，大数据资源积累，人工智能大模型开发与传统产业部署形成深度耦合，将进一步推动产业双化协同转型，释放数据要素价值，提高全过程生产效率，降低全链条资源消耗，实现经济社会发展与减排的双赢。

参考文献

工业互联网产业联盟碳达峰碳中和工作组、中国互联网协会网络绿色发展工作委员会：《碳达峰碳中和蓝皮书（2025）》，2025 年。

双化协同发展监测课题组：《数字化绿色化协同转型发展报告（2024）》，2024 年。

中国信息通信研究院、中国科学院大气物理研究所碳中和研究中心：《区域碳达峰碳中和发展白皮书（2022 年）》，2023 年 1 月。

中国信息通信研究院：《中国绿色算力发展研究报告（2024 年）》，2024 年。

基 础 篇

B.7
智能互联网网络基础设施发展报告

黄韬 汪硕 刘韵洁*

摘 要: 当前,全球互联网已进入智能互联网时代,无损以太网成为全球智算中心网络发展趋势,确定性广域网络成为分布式算力互联关键,算电协同成为未来算力互联网发展新模式,云原生算网操作系统成为算力一体调度关键,数据分发网络成为数据安全高效传输的关键。展望未来,智能互联网网络基础设施将广泛应用在智能体通信、具身智能、新型工业化与低空经济等新兴领域,助力新科技、新产业的蓬勃发展。

关键词: 智能互联网 网络基础设施 人工智能 数字经济 未来产业

---

* 黄韬,博士,北京邮电大学教授,江苏省未来网络研究院副院长,研究方向为服务定制网络、算力网络、确定性网络;汪硕,博士,北京邮电大学副教授,研究方向为未来网络、可编程网络、确定性网络;刘韵洁,中国工程院院士,研究方向为未来网络架构、确定性网络、网络融合与演进。

一 全球互联网已进入智能互联网时代

作为人工智能技术与互联网深度结合的结晶，智能互联网已然成为驱动全球数字化转型以及经济社会发展的关键力量。2024 年是我国人工智能大模型百花齐放之年，也是人工智能算力与数据快速发展之年。

（一）大模型从"百模大战"到"百花齐放"

大模型技术自 2022 年 ChatGPT 发布以来，迅速成为全球科技领域的焦点。根据最新统计，截至 2024 年第一季度，全球共有 1328 个人工智能大模型，其中美国在人工智能大模型方面发布了如 OpenAI 的 GPT 系列模型、谷歌的 Gemini 系列模型、Meta 的 Llama 系列模型等多个有代表性的模型。在中国，人工智能大模型数量约 478 个，全球占比 36%，[①] 如百度的文心一言、阿里的通义千问、腾讯的混元等 10 亿参数规模以上的大模型已经超过 100 个。2025 年初，中国大模型实现新的突破，1 月 20 日，中国深度求索（DeepSeek）发布的开源大模型 DeepSeek—R1 以低成本、高性能且开源的绝对优势，带动新一轮的全球 AI 热潮。

这些大模型在金融、能源、医疗、交通等多个领域实现了广泛应用，形成了上百种应用模式。2024 年，中国人工智能大模型应用市场规模约为 157 亿元，2022～2027 年复合增长率达 148%，预计到 2027 年市场规模将达到 1130 亿元。[②]大模型的商业化落地形成面向大型企业本地部署的定制化模式，面向中小企业在线服务的订阅模式，以及将大模型嵌入智能终端和应用中的广告付费模式。2025 年，DeepSeek 的发布推动了大模型应用的持续

[①] 中国信息通信研究院：《全球数字经济白皮书》，2024 年 7 月，https：//baijiahao. baidu. com/s？id=1803547141018471665&wfr=spider&for=pc。

[②] 《2024 中国 AI 大模型产业发展与应用研究报告》，2025 年 1 月，http：//caijing. chinadaily. com. cn/a/202501/17/WS678a00e4a310b59111dae3a8. html。

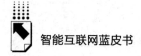

深化与拓展。通过打破大模型应用的高成本门槛，DeepSeek 吸引了全球更多行业的参与，催生新的产业形态。未来，大模型将在更多行业中发挥重要作用，助力各行业的智能化转型。

（二）智算集群从"千卡"到"万卡"

随着人工智能大模型的不断发展，模型参数量和训练数据量呈指数级增长。像拥有 1.8 万亿参数的 GPT-4 大模型，需要用 25000 张 A100 GPU（图形处理器）训练 100 天。国际科技巨头纷纷投入巨资建设大规模算力集群，美国谷歌公司（Google）推出超级计算机 A3 Virtual Machines，拥有 26000 块 Nvidia H100 GPU；截至 2024 年 10 月美国互联网公司 Meta 拥有 35 万块 Nvidia H100 集群。国内企业也在加速推进万卡集群的建设，华为昇腾 AI 集群规模扩展至 16000 卡；科大讯飞启动万卡集群算力平台"飞星一号"；天翼云上海临港国产万卡算力池启用；中国移动宣布商用多个自主可控万卡集群。此外，国产 GPU 公司摩尔线程宣布其夸娥（KUAE）智算集群从千卡扩展至万卡规模，总算力超过 10EFLOPS（每秒百亿亿次浮点运算次数）。未来，算力集群的规模还将继续扩大，从万卡迈向十万卡甚至百万卡。

（三）数据成为智能互联网的基础性战略资源

数据是智能互联网发展的核心基石之一，贯穿于算法训练、模型评估、迭代优化以及场景应用等多个环节。据国际数据公司 IDC 最新统计，到 2028 年，全球创建的总数据量将超过 400ZB，年复合增长率达 24%。美国通过政府战略和企业创新，全方位推动数据标注高质量发展，美国拥有 ScaleAI、Lionbridge 等专业数据标注公司，以及谷歌、亚马逊、微软等科技巨头的内部标注中心。为了促进数据高质量发展，中国国家发展改革委等部门也印发《关于促进数据标注产业高质量发展的实施意见》，提出到 2027 年，数据标注产业专业化、智能化及科技创新能力显著提升，产业规模大幅跃升，年均复合增长率超过 20%。①

数据作为重要的基础性战略资源，在促进经济社会高质量发展、推动数字经济高质量发展、推动国家治理能力现代化等方面发挥着关键作用。我国也在通过政策支持和制度建设，加快公共数据资源的开发利用。国家数据局于 2023 年 10 月 25 日正式挂牌成立，旨在从国家层面统筹协调数字中国、数字经济、数字社会的规划和建设，推动数据要素的高效利用和治理。

二 智能互联网基础设施发展需求与挑战

随着数字化、智能化技术的迅猛发展，网络基础设施已然成为全球经济与社会发展的重要基石。近年来，全球网络基础设施呈现融合各领域新技术、协同发展的新趋势，各国高度重视网络基础设施建设，以大量政策和资金推动网络基础设施建设。我国网络基础设施走在世界前列，特别是在光传输网络构建、算力网络布局、无损网络技术推广以及应用等方面表现突出。

（一）构建智算网络基础设施成为全球共识和投资重点

全球网络基础设施建设在政策支持和巨额投资的推动下呈现火热态势，各国通过新型网络技术的部署与研发，抢占数字经济的发展先机。美国政府通过了 1 万亿美元的基础设施投资计划，其中包括 650 亿美元用于宽带网络建设，目标是实现网络无缝覆盖；欧盟拨款 75 亿欧元用于推动高性能计算、人工智能和网络安全等领域的基础设施建设；我国在"十四五"规划中明确提出，将加快 5G、千兆光纤、工业互联网等网络基础设施建设，2024 年 1 月，工信部等七部门印发《关于推动未来产业创新发展的实施意见》，"新型网络架构""超大规模新型智算中心"被列为"未来产业"布局的标

---

① 《关于促进数据标注产业高质量发展的实施意见》，国家发改委官网，2025 年 1 月，https：//www.ndrc.gov.cn/xxgk/zcfb/tz/202501/t20250113_ 1395643.html。

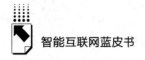

志性产品。此外，我国已在 2024 年全面投入运营了全球首个规模最大、覆盖最广的 400G 全光骨干网，持续引领了国际光传输技术的发展。

（二）单智算中心规模受限，跨域分布式训练需求迫切

全球大模型应用热度持续攀升。2024 年 10 月 ChatGPT 全球访问量 37.92 亿次，其训练和推理对算力需求呈现爆炸式增长，最新模型训练所需计算量每 3~4 个月翻 1 倍。然而，智算集群所需的电力大幅飙升，目前主要科技公司运营的单个智算中心的平均规模约为 40 兆瓦，未来将涌现更大规模的智算中心，其消耗的电量很快就会超过区域的电量供给上限。因此，智能互联网时代的算力和数据需求不能仅局限于单一区域，而是需要实现算力跨地域的互联互通，支持跨智算中心训练。目前，美国微软等公司在跨数据中心训练方面正在积极布局，提出了 Singularity 框架，成功实现了跨多个数据中心的分布式训练；美国初创公司 Prime Intellect 于 2024 年 11 月 22 日发布全球首个以去中心化形式训练的 10B 大模型 INTELLECT-1，利用覆盖 3 大洲 5 个国家的大规模去中心化训练环境，同时运行 112 台 H100 GPU，训练总时长 42 天，实现了 83% 的总体计算利用率。

（三）全国算力分布不均，跨域算力调度成为重要趋势

我国智能算力资源主要集中在一线城市和部分经济发达地区，中西部地区的智能算力资源相对匮乏。算力资源在不同地区分布不均，导致部分地区算力紧张而部分地区算力资源闲置。2022 年 2 月，我国正式启动了"东数西算"工程，该工程旨在通过构建数据中心、云计算、大数据一体化的新型算力网络体系，将东部算力需求有序引导到西部，优化全国数据中心建设布局，促进东西部协同联动。2023 年，工信部等六部门联合印发了《算力基础设施高质量发展行动计划》，提出到 2025 年，算力规模超过 300EFlops，国家枢纽节点数据中心集群间基本实现不高于理论时延 1.5 倍的直连网络传输能力，构建起更加高效、绿色、协调的算力网络体系。

（四）行业数据价值大，数据要素安全成为关键

数据为人工智能大模型提供了最基础的"养分"，大模型从海量的数据中学习各种模式、规律和知识，最终形成智能。以 OpenAI 为代表的国外大模型已通过互联网爬取了全球大量数据，例如，GPT-3 模型使用了 45TB 的互联网文本进行训练，这些数据包括代码、小说、百科、新闻、博客等，多数是通过网络爬虫获取的。然而，OpenAI 的数据爬取行为也引发了争议。2023 年 3 月，三星电子在引入 ChatGPT 不到 20 天内，就发生了 3 起数据外泄事件，引发了业界的广泛关注和对 AI 工具安全性的反思。行业大模型在训练和应用过程中，涉及大量敏感数据。例如，金融、医疗等领域的数据高度敏感，一旦泄露，不仅会损害用户隐私，还可能引发社会信任危机。针对我国行业数据全球最全、价值最大的现状，行业大模型发展中的数据隐私问题亟须解决。2025 年 1 月，国家发展改革委、国家数据局等部门联合印发《关于完善数据流通安全治理更好促进数据要素市场化价值化的实施方案》，明确要求推动数据高质量发展和高水平安全良性互动，充分释放数据价值。

（五）网络专线成本高，降低传输成本成为刚需

随着人工智能技术的快速发展，算力需求急剧增长，高昂的算力和网络成本成为许多企业和开发者面临的难题。尤其是算力专线的建设和使用成本，成为企业数字化转型的重要瓶颈。据测算，带宽为 1G 的网络传输专线费用约为 16 万元/月，超过一些计算场景总成本的 75%。[①] 若将带宽提升至 2.5G 或 10G，相关费用将大幅增长，远高于企业承受力。DeepSeek 推出的 DeepSeek-V3 和 DeepSeek-R1 模型在全球范围内引起了广泛关注，其高性能、低成本和开源的特点被认为可能改变全球 AI 市场的格局，解决算力使用成本昂贵问题。因此，降低算力成本和网络专线成本已成为企业大规模使

---

① 《瞭望｜"东数西算"堵点透视》，新华网，2024 年 1 月 15 日，http：//www.gz.xinhuanet.com/20240115/485648f473094610ba8e1967651a4cc8/c.html。

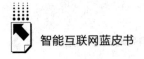
用智能互联网的刚需，创新面向智能互联网的新型网络基础设施成为未来发展的重要方向。

三　智能互联网网络基础设施关键技术

智能互联网通过对分布在不同地域的智能计算中心进行高速网络互联，形成灵活调度、资源共享、统一服务的一体化智算基础设施。无损以太网、确定性广域网络、算网操作系统等已成为智能互联网基础设施关键技术。

（一）无损以太网成为全球智算中心网络发展趋势

随着人工智能技术的快速发展，智算中心的建设规模不断扩大，其网络架构仍面临内部通信效率不足、外部互联带宽瓶颈以及网络管理复杂等问题，亟须更高效的网络技术支撑。智算中心内组网技术主要聚焦于高性能计算、低延时通信和大规模数据传输需求。当前主流技术包括 RDMA（远程直接内存访问）协议、无阻塞交换网络和光互连技术等。这些技术能够显著降低计算节点之间的通信时延，提升网络吞吐量，以满足人工智能训练和推理的高效需求。2023 年 7 月，由 AMD、Intel、Meta、微软、博通、华为、百度等超过 30 家头部企业发起成立超以太网联盟（Ultra Ethernet Consortium，UEC），旨在加强以太网全栈协议层及跨层的优化改造，打造开放生态的 AI 无损网络。

（二）确定性广域网络成为分布式算力互联关键

智算中心之间需要解决跨数据中心的高效互联及与外部网络的高速接入问题，然而由于传统网络存在丢包与拥塞，TCP 协议及超融合以太网 RoCEv2 协议在长距网络场景中，网络吞吐极低。例如，我国研究团队基于未来网络试验设施（CENI）网络构建 1000 公里 100G 光纤通路，实测 TCP 带宽利用率只有 4% 左右、RoCEv2 协议带宽只有 27% 左右。而确定性广域网络技术能够提供高可靠、低延迟、高带宽的传输服务，已逐渐成为算力互联的关键技术，满足算力资源高效互联和调度的需求。在采用新型广域确定性网络传输技术后，可系统性提升网络在带宽、时延、抖动、丢包等多个维度的技术指标，为业务提供有确定性保障的服务，峰值传输速率可提升至88%。

（三）云原生算网操作系统成为算力一体调度关键

在传统技术体系中，算力和网络的管理控制体系相互独立，难以实现真正的协同。近年来，尽管算网融合技术成为研究热点，业界从多个技术维度展开了创新和探索，但无论是"算融网"还是"网融算"，都容易出现"貌合神离""融而不通"的问题。云原生算网操作系统提出从全网作为一台超级计算机的角度构建未来算网融合系统，融合网络、计算、存储多个维度的资源，以解决算力网络中一体化调度的难题。我国紫金山实验室科研团队发布了全球首个云原生算网操作系统，实现了异构、多方算网资源的统一管控，可为业务系统提供"算力+网络"一站式服务，以云原生模式供给算网资源，使用户聚焦于应用与流量需求，而无须直接关注基础设施与 IaaS 资源，这将在根本上改变目前计算与网络分离、资源与运营绑定的业态模式，服务于"东数西算"、网云融合、工业互联网等重大应用场景。

（四）算电协同成为未来算力互联网发展新模式

算电协同即"算优化电，电支撑算"，是指计算资源与电力资源的统筹调配，旨在通过两者的协同互动，实现资源的优化配置和高效利用。国家发展改革委、国家能源局、国家数据局印发的《加快构建新型电力系统行动方案（2024—2027 年）》提出实施一批算力与电力协同项目。目前，青海省凭借其丰富的清洁能源资源，成为首个绿色算电协同试点省，已建成中国首个清洁能源和绿色算力调度中心，并与多家头部企业签署战略合作协议。预计到 2025 年底，我国算力电力双向协同机制将初步形成，国家枢纽节点新建数据中心绿电占比将超过 80%。

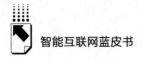

（五）数据分发网络成为数据安全高效传输的关键

内容分发网络（CDN）近年来发展迅猛，全球市场规模预计至 2029 年达到 1402 亿元。① 然而，CDN 的数据安全问题日益凸显，其将网站的静态资源缓存到全球各地服务器上的方式容易泄露敏感信息。构建面向数据安全的新型数据分发网络（DDN）成为智能互联网时代的关键技术之一。基于区块链技术的数据分发网络由公链、联盟链和专有链等组成，具有公开、透明、不可篡改的特点，能够有效地保护用户数据资产。同时，数据分发网络强调以数据为中心，可有效提供丰富的数据服务质量策略，保障数据实时、高效、灵活地分发，满足各种分布式实时通信应用需求。

四 智能互联网网络基础设施支持新型应用

面向未来，智能互联网网络基础设施将广泛应用在智能体通信、具身智能、混合现实与空间计算、新型工业化、低空经济、人工智能训练与推理等新兴领域，助力新科技、新产业的蓬勃发展。

（一）智能体通信与具身智能

智能体通信、具身智能是人工智能与物理世界交互的核心技术。智能体通过多模态感知（如视觉、触觉、语音）与环境实时交互，具身智能则强调智能体在物理载体中的自主决策能力。例如，工业机器人通过传感器和 AI 算法实现复杂任务处理，服务机器人可通过自然语言处理与用户自由交互。多模态大模型的兴起为智能体通信与具身智能的发展注入了强劲动力。国外特斯拉 Optimus 机器人在运动控制和任务执行方面取得了显著进展，展现强大的迭代速度。国内企业在具身智能领域也取得了阶段性成果。例如，

① 《2024—2029 年中国内容分发网络（CDN）行业市场竞争与投资前景预测报告》，前瞻研究院官网，https://x.qianzhan.com/xcharts/detail/7ff8be19c9093756.html。

宇树科技在四足、人形机器人领域持续深耕，推出了面向工业巡检等场景的解决方案。智能体需要网络低延迟以实时响应环境变化，模态数据传输（如高清视频、3D点云等）需要高网络带宽，工业场景中，网络需具备超高可靠性和抗干扰能力，确保任务连续性。智能互联网能满足低延迟、高带宽、可靠性等需求，同时提供了强大的计算资源，能够支持复杂的深度学习模型运行，提升具身智能的泛化能力和适应性，从而推动具身智能的飞速发展，使其在更多领域发挥重要作用。

（二）混合现实与空间计算

混合现实、空间计算作为连接虚拟与现实世界的新兴技术，正在迅速发展并逐渐成为元宇宙的核心支撑技术。2025～2030年是空间计算快速发展期，据预测，到2028年空间计算市场规模将增长到2805亿美元，复合年增长率为23.4%。[①] 要更好地支持混合现实与空间计算，网络需要支持多模态数据的融合，包括视觉、音频、触觉等，以提供更加沉浸式的体验，这要求网络具备更强大的数据处理和传输能力。未来，混合现实、空间计算等将与智能互联网络技术深度融合，构建更加灵活和高效的新型网络架构，这种融合将支持智能家居、无人驾驶、远程医疗等新兴应用场景的快速发展。

（三）新型工业化与低空经济

新型工业化是数字智能的工业化，以工业互联网为核心，推动智能制造与供应链优化。低空经济是以各种有人驾驶和无人驾驶航空器的各类低空飞行活动为牵引，辐射带动相关领域融合发展的综合性经济形态，预计2035年市场规模有望突破3.5万亿元。[②] 新型工业化与低空经济离不开网络基础

---

① MarketsandMarkets Spatial Computing Market by Technology Type（AR Technology，VR Technology，MR Technology），Component（Hardware，Software，Services），Vertical（Media & Entertainment，Manufacturing，Retail & eCommerce）and Region-Global Forecast to 2028，https：// www. marketsandmarkets. com/Market-Reports/spatial-computing-market-233397982. html。

② 《到2035年市场规模有望达3.5万亿元——低空经济蓬勃发展》，新华网，https：// baijiahao. baidu. com/s? id=1817107303733109552&wfr=spider&for=pc。

设施的支持，例如，新一代网络如 5G/5G-A 专网和卫星通信等，将为工业互联网提供高可靠、低延迟的连接，补充地面网络覆盖以支持偏远地区无人机物流。截至 2024 年底，美团无人机已开通 53 条航线，累计配送订单超 45 万单。面向未来，智能网络基础设施的进一步建设将加强数字技术与以制造业为代表的实体经济深度融合，实现产业全领域、产品生命周期全过程、供应链的全链条以及商业生态各个方面的数实融合发展。

（四）人工智能训练与推理

当前，人工智能与大模型技术发展态势迅猛，影响力日益增强。生成式 AI、计算机视觉等技术已在工业、金融、医疗等领域广泛和深度应用。人工智能训练高度依赖大规模数据集与高性能算力，同时在推理层面还强调实时性与能效比。人工智能的广泛应用对网络提出了高带宽、低延迟和分布式算力等新要求。未来，智能网络基础设施发展将更充分保障数据和算力等需求，新一代网络如云计算与边缘计算，将通过分布式算力支持大模型训练与实时推理。例如，生成式 AI 依托超算中心完成千亿参数模型的训练，6G 网络将为推理端提供低延迟连接，支持智能交通、金融风控等实时应用。

五　总结与展望

2024 年，全球智能互联网网络基础设施进入快速发展阶段，数据、算力和智能的深度融合成为核心驱动力。数据作为智能互联网的基础资源，其规模和价值不断提升，推动了网络基础设施向高效、智能和开放的方向发展；算力层面，随着高性能计算、边缘计算和云计算的普及，算力资源实现了泛在化部署，为智能应用提供了强有力的支撑；智能技术的突破，特别是大模型和人工智能的广泛应用，进一步提升了网络基础设施的智能化水平。然而，智能网络基础设施建设仍面临诸多挑战，如网络延迟、带宽瓶颈、数据安全与隐私保护等问题，需要通过技术创新和标准化建设加以解决。关键技术如无损以太网、确定性广域网和算网操作系统的研发与应用，为智能互联网网络基础设施的高效运行奠定了基础。

展望未来，智能互联网网络基础设施建设将在数字经济、新质生产力和未来产业中发挥更加重要的作用。在数字经济领域，智能网络基础设施将推动数据的高效流通和价值挖掘，助力传统产业数字化转型，催生新的商业模式和经济增长点；智能网络基础设施将成为新质生产力的重要载体，助力人工智能、大数据、物联网等技术的深度融合，推动新产业、新业态和新模式的快速涌现。未来产业如智能体通信、具身智能、混合现实、空间计算、新型工业化和低空经济等，将在智能网络基础设施的支持下迎来爆发式增长，成为推动社会经济发展的新引擎。我国应继续加大智能互联网网络基础设施的投入，加快关键技术的研发和标准化进程，构建开放、协同、安全的智能互联网网络基础设施体系，为全球智能互联网发展贡献中国智慧和中国方案。

参考文献

过敏意：《大模型时代网络基础设施的机遇与挑战》，《计算机研究与发展》2024 年第 11 期。

翟恩南、操佳敏、钱坤等：《面向大模型时代的网络基础设施研究：挑战、阶段成果与展望》，《计算机研究与发展》2024 年第 11 期。

许驰、于海斌、金曦等：《面向智能制造的工业互联网：过去、现在与未来（英文）》，*Frontiers of Information Technology & Electronic Engineering* 2024 年第 9 期。

王晓云、孙滔、崔勇等：《算网协同：构建新型信息基础设施和新型服务模式》，*Frontiers of Information Technology & Electronic Engineering* 2024 年第 5 期。

任保平：《以新质生产力赋能中国式现代化的重点与任务》，《经济问题》2024 年第 5 期。

B.8
智能化时代的数据产业发展分析

殷利梅 黄梁峻 刘俊炜 *

摘　要： 数据产业目前呈现产业主体多元化、数据资源总量剧增、数据流通平台建设加速、制度保障体系不断健全的特征。发展趋势上，数据产业的应用场景持续拓展，数据质量管理的重要性日益凸显，数据技术快速进步，数据跨境流动服务体系日益完善。未来亟须在培育多元经营主体、加速数据技术创新、提高数据资源开发利用水平、推动数据流通交易以及提升数据动态安全保障能力等方面进一步发力。

关键词： 数据产业　数据资源　数据流通　高质量发展　智能化

一　数据产业的概念、构成及其运行机制

（一）数据产业的概念及内涵

2024年12月发布的《关于促进数据产业高质量发展的指导意见》提出，数据产业是利用现代信息技术对数据资源进行产品或服务开发，并推动其流通应用所形成的新兴产业，包括数据采集汇聚、计算存储、流通交易、

---

* 殷利梅，国家工业信息安全发展研究中心信息政策所副所长，主要研究领域为数字经济战略、数据要素、数字政府；黄梁峻，国家工业信息安全发展研究中心信息政策所数字经济研究室工程师，主要研究领域为平台经济、数据要素、数字经济国际合作；刘俊炜，中国人民大学，主要研究领域为国际商事争端预防和解决。

开发利用、安全治理和数据基础设施建设等。[①]

从以上定义看出，数据产业包括了两层内涵。一方面，从产业构成要素维度来看，数据产业是由数据资源、数据技术、数据产品、数据企业、数据生态等集合而成的新兴产业。其中，数据资源是数据产业的底层基础，数据技术是数据产业的内在手段，数据产品是数据产业的外在形态，数据生态是数据产业的核心竞争力。另一方面，从数据全生命周期维度来看，数据产业是利用数据技术对数据资源进行产品或服务开发，并推动其流通应用所形成的新兴产业，主要包括数据采集汇聚、计算存储、流通交易、开发利用、安全治理、数据基础设施建设和运营等环节。[②]

（二）数据产业的构成

本报告参照产业经济学的产业构成要素（产业主体、产业客体、产业载体和产业规则），认为数据产业也应包括以下四个方面。

（1）数据产业主体。主要指参与经营数据产业的企业，包括产业链上游的数据资源企业和数据基础设施企业，产业链中游的数据技术企业和数据安全企业，以及产业链下游的数据服务企业和数据应用企业。[③]

（2）数据产业客体（经营对象）。数据产业客体即数据本身，不限于原始数据，应包含原始数据、经加工后的数据产品、数据服务等。

（3）数据产业载体。数据产业载体即可供数据流转的各种设施和场所，如数据中心等数据基础设施、各类数据共享开放交易平台等。

（4）数据产业规则。主要指宏观层面的法律法规和标准规范、中观层面的行业自律机制和微观层面的企业数据管理等，包括数据产权制度、

---

① 《国家发展改革委等部门关于促进数据产业高质量发展的指导意见》，2024 年 12 月，https://www.gov.cn/zhengce/zhengceku/202412/content_6995430.htm。

② 张向宏：《数据产业系列解读之一：数据产业发展的五大基本问题》，交大评论，2024 年 9 月。

③ 吴迪、洪光：《数据产业系列解读之四：数据产业全景——关键指标分析与趋势洞察》，交大评论，2024 年 9 月。

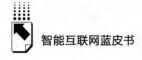

数据要素流通交易制度、数据要素收益分配制度、数据要素治理制度等。

（三）数据产业的运行机制

从数据全生命周期维度来看，数据从产生到消亡的背后有支撑层、流通层、应用层等多层架构协同运作，并最终完成价值释放。

（1）支撑层。数据基础设施构成了数据产业的支撑层，包括网络基础设施、算力基础设施和流通基础设施等。

（2）流通层。流通层是数据要素产生、流转、融合、应用直至消亡的全生命周期过程，包含数据采集汇聚、计算存储、流通交易、开发利用、安全治理等环节，是数据价值释放的根本前提和核心所在。

（3）应用层。在应用层中，数据要素赋能千行百业发展，依托场景牵引释放要素价值，发挥乘数效应，赋能工业制造、现代农业、数字金融、智慧医疗、智慧交通等重点行业领域的数据应用创新，实现知识扩散、价值倍增。

如图1所示，从支撑层、流通层到应用层，数据产业主体参与了数据产生、流转、融合、应用直至消亡的全过程，并在这个过程中遵循数据制度体系的引导，共创数据价值，推动数据产业发展。

二　数据产业发展现状

（一）主体：产业主体不断丰富，产业链上下游合作更加紧密

数据产业主体包括数据基础设施企业、数据应用企业、数据安全企业、数据资源企业、数据服务企业、数据技术企业六大类（见图2）。

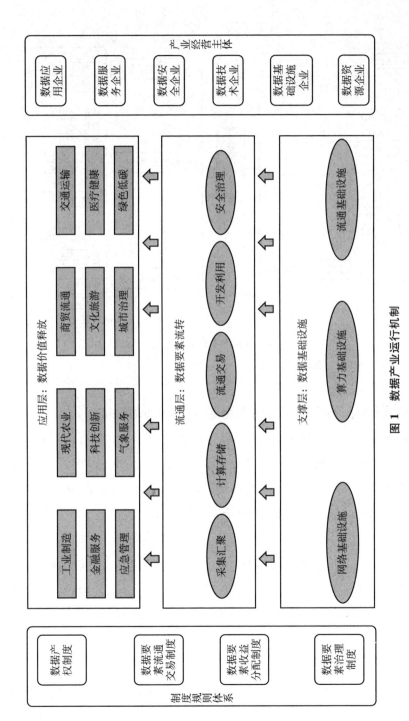

图 1　数据产业运行机制

资料来源：国家工业信息安全发展研究中心制作。

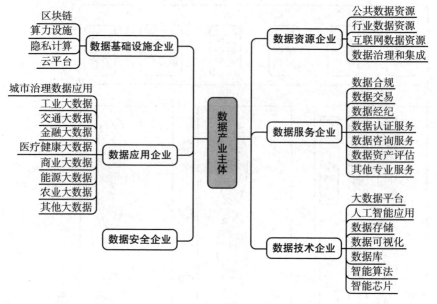

图 2　数据产业图谱

资料来源：张向宏《数据产业图谱》。

1. 产业链上游：数据资源企业和数据基础设施企业有序培育

数据资源企业专注于收集、整理和加工数据，形成了大量有价值的数据资源。例如，国网大数据中心推进能源大数据中心建设，打造两级能源大数据应用支撑平台，构建可视化开发环境，建立标准化共享资源库，截至2024 年 9 月，该中心已累计提供 1300 余个数据产品，服务上下游客户 19.5万家。①

数据基础设施企业是指提供数据存储、计算、网络等基础设施的企业。伴随数据共享流通需求的增加，我国数据基础设施企业快速发展。以云平台为例，2024 年中国云计算市场规模约为 8315 亿元，同比增长 30%，增速在

---

① 宋继勐、吉春宇：《国家电网公司两个案例入选第二批"数据要素×"典型案例》，《国家电网报》2024 年 9 月 13 日。

全球范围内处于领先地位。[①] 其中，阿里云、天翼云、移动云、华为云、腾讯云和联通云占据了中国公有云市场份额的前六位。[②]

2. 产业链中游：数据技术企业和数据安全企业不断壮大

数据技术企业是指致力于研发和提供数据处理、分析、挖掘等技术和工具的企业。我国数据技术应用范围逐步拓宽，创收能力不断增强。以数据平台开发为例，IDC 发布的《中国数字政府一体化大数据平台 2024 年厂商评估》报告显示，华为云持续领跑数字政府一体化大数据平台市场，至今已累计服务超过 800 个政务平台项目。[③] 中国电子云、联通数科、星环科技等企业则被该报告列为数字政府大数据平台市场领导者。

数据安全企业是指研发智能化数据安全产品，大力发展数据可信流通技术的企业。《中国数字安全产业年度报告（2024）》[④] 显示，2023 年，国内数字安全市场规模达 973.7 亿元。目前国内有超过 300 家企业参与数据安全市场竞争，服务的客户群体广泛，核心客户群覆盖政府部委、国防公安、金融、运营商和能源五大领域。此外，工业制造、医疗、ICT 科技和互联网领域等也对数据安全有较高的需求。

3. 产业链下游：数据服务企业和数据应用企业稳步发展

数据服务企业是连接数据与应用的桥梁，主要提供数据咨询、数据解决方案设计、数据运营维护等服务，加速数据价值的转化。当前，数据合规、数据交易、数据经纪等服务类企业快速涌现，为数据交易市场发展壮大提供支撑。2024 年，全国数据市场交易规模预计超 1600 亿元，同比增长 30% 以上。北京、上海、浙江、广州、深圳、海南、贵阳等地重点数据交易机构上

---

① 观知海内咨询：《2025 年中国云计算行业市场全景调研及投资价值评估咨询报告》，2024 年 12 月。

② 中国信息通信研究院：《云计算白皮书（2024 年）》，2024 年 7 月。

③ IDC MarketScape：《中国数字政府一体化大数据平台 2024 年厂商评估》，2024 年 7 月。

④ 数世咨询：《中国数字安全产业年度报告（2024）》（公开版），2024 年 6 月，https：// www.dwcon.cn/post/3660。

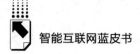
架产品 1.6 万多个，数据交易（含备案交易）总额超 220 亿元，同比增长 80%。[①]

数据应用企业是数据价值的实现者，作为数据产业链条的终端用户，它们将数据转化为具体的产品和服务。如医疗健康大数据领域，2024 年京东健康全年诊疗人次超 1.8 亿，日均在线问诊咨询量超 48 万，客户满意度达到了 98.4%。[②] 金融大数据领域，2024 年 11 月，东方财富发布下一代智能金融终端妙想投研助理——能够覆盖从研究目标确立、市场信息检索、数据整合与分析，到撰写研究报告的完整投研工作流，帮助投研群体切实提效。[③]

（二）客体：数据资源总量日益扩大，数据产品形态日趋丰富

2024 年 5 月公布的全国数据资源调查结果显示，2023 年全国数据生产总量达 32.85ZB（泽字节），同比增长 22.44%。在生活方面，智能网联车驱动车、路、网、云数据快速交换，出行数据同比增幅达到 49%。在生产方面，老旧生产设备的升级改造以及智能边缘设备、工业机器人、数控机床等智能设备的推广应用，推动生产制造数据同比增幅达到 20%。[④] 当前，各类数据产品形态不断丰富，满足日益增长的应用需求。

1. 公共数据类产品

公共数据开放在多个领域催生了丰富的应用和平台，推动了产业发展，赋能各行各业。

科研数据领域。中国科学院下属的国家科技资源共享服务平台汇聚了包

① 《2024 年全国数据市场交易规模预计超 1600 亿元》，新华社，2025 年 1 月 11 日，https：//www. gov. cn/lianbo/bumen/202501/content_ 6997834. htm。

② 《七成互联网医院线上转化率不足 1%，京东健康这款 AI 大模型产品如何赋能医院和医生》，"第一财经"微信公众号，2025 年 1 月 14 日，https：//news. qq. com/rain/a/20250114A08Q9J00。

③ 《东方财富金融 AI 大突破，「妙想」助理重磅发布》，网易新闻，2024 年 12 月 4 日，https：//finance. sina. com. cn/roll/2024-12-04/doc-incyhiqv4056152. shtml。

④ 全国数据资源调查工作组（国家工业信息安全发展研究中心）：《全国数据资源调查报告（2023 年）》，2024 年 5 月。

括基础科研数据、科学仪器、实验室等在内的全国科技数据资源。该平台为企业、科研机构和高校提供技术支持和资源共享服务，初创科技企业可以通过平台获取高端设备的使用权，降低研发成本，缩短研发周期，从而加速创新产品的市场化。

气象数据领域。2024 年 6 月，中国气象局发布了《中国气象局基本气象数据开放共享目录（2024 年第一批，总第五批）》，开放了六类气象数据产品。中国气象局的开放数据催生了"天气通""墨迹天气"等相关气象服务类 APP，不仅能向公众和企业提供精准的天气预报，同时还衍生出旅游、农业、交通等行业的气象预报定制服务。此外，2024 年 10 月，广东省气象局积极探索气象数据"三权"（持有权、加工使用权、产品经营权）的明确与交易模式，深圳数据交易所设立了全国首个气象数据专区，推动气象数据产品的供需衔接和场景应用。①

城市数据领域。高德地图等利用开放的城市运行数据，包括交通流量、公共交通、停车场、道路封闭等信息，为用户提供实时交通导航、路况分析等服务。2024 年成都数据集团通过公共数据与家政雇佣场景深度融合。结合身份数据、法院数据、异常名单数据等多维公共数据和算法模型，打造"家政报告"数据服务。② 保姆通过家政服务平台进行个人主体授权后获取"家政报告"认证，增强家政服务人员的就业竞争力。

2. 企业数据类产品

企业在提供数据产品的过程中，一般通过开放部分数据而达到吸引用户使用的商业目的，并最终利用自身数据服务用户和创造价值，其产品形态有多种类别。

一是数据查询类。数据商对自身拥有的数据或通过购买、网络爬虫等收集来的数据进行分类、汇总、归档等初加工，将原始数据变成标准化的数据

---

① 黄彬、李红梅、徐文文：《乘数据"信风"，强发展动能！深圳激发气象数据要素潜能价值的探索实践》，中国气象数据网，https://data.cma.cn/site/article/id/42452.html。

② 国脉研究院：《公共数据开放案例（三）：成都市"公共数据+家政服务"应用场景实践》，2024 年 8 月 21 日，https://www.govmade.cn/info/detail?id=1091。

包或数据库再进行出售，一般采用会员制、云账户等方式，为客户提供数据包（集）、数据调用接口（API 接口）。查询类的数据产品有很多，比如天眼查、启信宝、新榜、上海钢联等。

二是文本/图像/视频/语音数据集服务类。随着企业对训练人工智能的数据集需求增加，语音、图像、文本及机器人动作等数据集的重要性愈发凸显。2024 年 12 月，智元机器人联合上海人工智能实验室、国家地方共建人形机器人创新中心以及上海库帕思，正式宣布开源全球首个基于全域真实场景的百万真机数据集 AgiBotWorld。该数据集复刻了家居、餐饮、工业、商超和办公五大核心场景，涵盖了 80 余种日常生活中的动作和技能，为未来人形机器人在复杂场景中进行自主学习和决策提供了强有力的支持。[1]

三是商业咨询类。商业咨询类公司通过收集特定行业的数据，以数据报告的形式对外提供服务，知名企业有麦肯锡、波士顿咨询、易观和艾瑞等。例如，电商领域，阿里云向线上商户提供电商各行业品类的销售数据报告等，作为线上商户进货和生产决策的依据。通信领域，地方政府通过采买三大运营商用户位置信息相关报告，即可识别人口在本市的时空分布及动态迁移情况，辅助强化人口流动管理，服务经济社会大局。电力领域，部分大型工业企业通过采买工业用电数据分析报告，为投建分布式电力储能设备提供数据支撑。

3. 个人数据类产品

个人数据类产品一般用于更好地确定个人用户信息或者提供用户画像，通常基于某一特定需求场景为需求方提供数据服务，实践中常见场景包括实名验证查询、金融征信、精准营销等。

一是实名信息核验类产品。以三要素验证为例，三要素验证是指通过官方大数据库对个人手机号码、姓名和身份证号这三个要素进行验证，验证三者是否一致，验证的目的是确认拥有这个手机号的人是否为其注册登记人，

---

① 《智元机器人开源百万真机数据集，推动人形机器人技术新进展》，2024 年 12 月 30 日，https：//www.sohu.com/a/843416792_ 121798711。

以及其实名注册信息是否真实有效。

二是金融征信类产品。数据服务商通过对接多种数据源，为金融机构精准授信提供依据。例如，上海山河汇聚人工智能科技有限公司通过 API 接口、隐私计算平台等形式汇聚三大运营商、银联、腾讯、百行征信、朴道征信等数据源，为金融机构征信需求反馈结果。① 2024 年 11 月，钱塘征信获批成为第三家市场化个人征信机构。② 截至 2024 年 11 月，中国人民银行征信中心已记录 11.6 亿人的借贷信用信息，仍有约 4 亿人无任何信贷信息记录。个人征信机构将对这些"空白"区域形成有益补充，为商业银行提供更为全面的信用判断依据。

三是广告投放类产品。互联网广告已经从大规模"撒网式"的投放模式转变为"千人千面"的自动化精准投放模式。例如，科技企业每日通过收集与分析消费者社会属性、生活习惯、消费行为等主要信息后，完美地抽象出用户的商业全貌，为广告主企业提供了足够的信息基础，能够帮助企业快速找到精准用户群体，精准投放广告，提升产品推广效率。

（三）载体：数据流通平台加速建设，数据开放、共享、交换、交易渠道逐步畅通

1. 公共数据开放平台加速建设

建立公共数据开放平台是各地推进数据开放的主要手段。近年来，各地在公共数据开放平台建设方面积极推进，取得了良好成效。《2024 中国地方公共数据开放利用报告》③ 数据显示，截至 2024 年 7 月，我国已有 243 个省级和城市的地方政府上线了数据开放平台，其中省级平台 24 个（不含直辖市和港、澳、台），城市平台 219 个（含直辖市、副省级与地级行政区）。

---

① 参见山河汇聚科技官网"外部数据管理平台"页面，http：//www.ishanhe.cn/service2. html。

② 《正式获批！钱塘征信拿下"第三张个人征信牌照"蚂蚁持股 35%》，中国网，2024 年 11 月 12 日，https：//finance.china.com.cn/news/20241112/6184929.shtml。

③ 《资讯｜2024 中国开放数林指数发布（复旦 DMG）》，复旦发展研究院，2024 年 9 月，https：//fddi.fudan.edu.cn/_ t2515/96/fe/c21257a694014/page.htm。

与 2023 年相比，新增 17 个地方平台，其中包含 2 个省级平台和 15 个城市平台，平台总数增长约 8%（见图 3）。

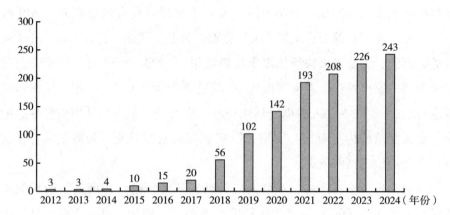

图 3　2012~2024 年地级及以上数据开放平台数量增长情况

资料来源：《2024 中国地方公共数据开放利用报告》。

各省市的数据开放平台建设逐渐完善，数据开放程度逐年提升。根据部分地区公共数据开放平台官网数据，截至 2025 年 1 月，北京市公共数据开放平台已开放 115 个单位，18573 个数据集，14799 个数据接口，71.86 亿条公共数据；上海市公共数据开放平台已开放 50 个数据部门，135 个数据开放机构，5948 个数据集（其中 2291 个数据接口），83 个数据应用，49703 个数据项，20.18 亿条公共数据；深圳市公共数据开放平台已开放 51 个市级部门/区，开放目录总量 4410 个，数据项总量 30311 项，28.48 亿条。

2. 数据交易机构探索聚合数据价值

近年来，各地积极布局建设数据交易机构，截至 2024 年 12 月，全国已注册 50 家数据交易所（见图 4）。

各大数据交易所积极创新交易模式、探索盈利模式，并引入技术手段探索数据价值聚合。例如，北京市国际大数据交易所打造"数据可用不可见，用途可控可计量"新型交易模式；上海数据交易所建设"全时全域全程"的数据交易系统，秉持"只有合规的数据才能挂牌，只有具备实际应用场景

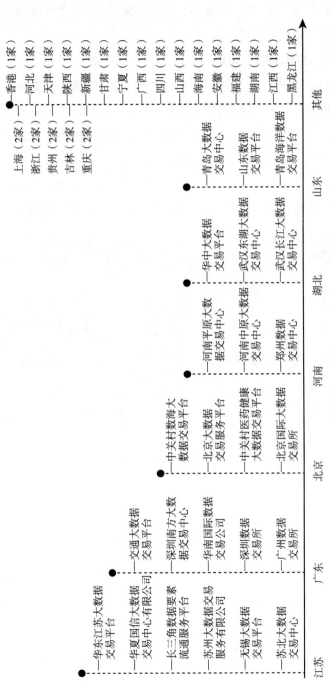

图 4　50 家数据交易平台所在省份分布（截至 2024 年 12 月）

资料来源：国家工业信息安全发展研究中心。

133

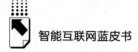

的数据才能进行交易"这一理念,为交易主体提供数据交易合规评估、资产评价、数据交付等一系列专业服务。

3.行业联盟成为数据流通重要载体

随着产业链上下游数据流通协作场景的普及,行业联盟成为数据流通的重要载体。在该模式下,由有影响力的行业机构牵头组建数据流通平台,实现行业内数据高效协同。例如,船级社打造的船舶行业数据共享平台CSBC,整合了船舶制造、航运业、航运物流领域数据资源,涵盖设计、生产、检验、维修、航迹、港口、航道、货物等数据。平台内完成海量数据的安全合规治理和管控体系建设,推动行业数据高效流通与协同(见图5)。

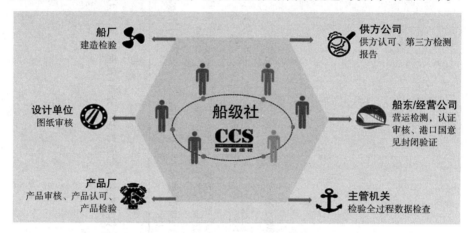

图5 围绕船级社的数据联盟共享模式

资料来源:船级社。

(四)规则:制度体系不断完善,护航数据合规高效流通

产业的发展离不开政策支持。我国高度重视数据要素作用,自2004年以来,我国数据产业培育的战略布局经历了推动信息资源开发利用、促进大数据产业发展、深化数据要素应用、构建全国一体化数据市场四个阶段(见图6)。

国家数据局正式成立,搭建了培育全国一体化数据市场的初步框架。国家数据局成立后,《"数据要素×"三年行动计划(2024—2026年)》《关于

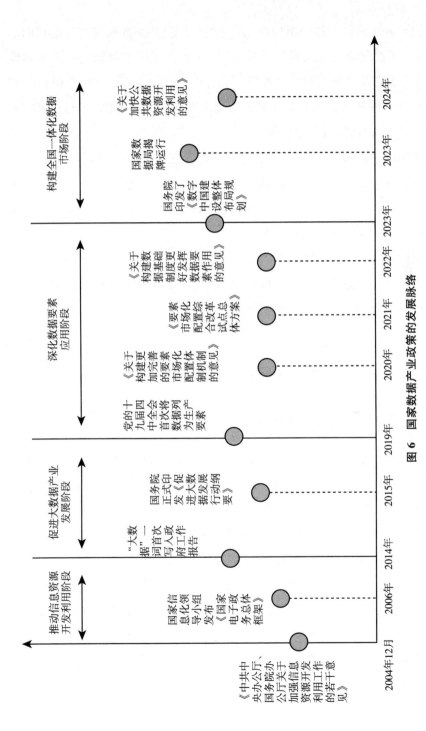

图 6 国家数据产业政策的发展脉络

资料来源：国家工业信息安全发展研究中心。

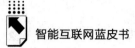

促进数据产业高质量发展的指导意见》《关于加快公共数据资源开发利用的意见》《关于促进企业数据资源开发利用的意见》《国家数据基础设施建设指引》《关于完善数据流通安全治理　更好促进数据要素市场化价值化的实施方案》等文件相继发布，数据产权、数据流通、数据收益分配、数字经济发展等政策文件也在制定过程中。

省级地区数据管理机构完成组建，承担起统筹数据事业发展的职责使命。国家数据局揭牌运行后，各地因地制宜推进改革，组建对应的数据管理机构。截至2024年12月，除港、澳、台地区以外，31个省（区、市）和新疆生产建设兵团均完成机构组建。

数据相关制度体系的建立和完善，增强了数据产业主体的信心，加快了数据要素市场化配置改革步伐，推动全国统一数据市场加速形成，为数据产业长效健康发展提供了坚实的制度保障。

三　数据产业发展趋势

（一）数据应用场景不断开拓，赋能千行百业发展

一方面，数据应用领域逐渐丰富，加速赋能传统行业发展。截至2024年12月，国家数据局已发布两批共48个"数据要素×"典型案例，智慧城市、商贸流通、智慧医疗、普惠金融等领域成为数据应用的创新密集区。工信部开展了2024年工业领域数据要素应用场景征集，将在研发设计、中试验证、生产制造等8个方向发布一批成熟应用场景。

另一方面，数据资产应用方式不断得到创新，有望进一步扩大数据要素的乘数效应。近年来，数据入股、数据信贷和数据资产证券化等创新实践不断涌现。未来随着数据资产入表会计新规落地，企业对数据要素的投入和收益将被重估，带来资产增值，助力融资发展。数据资产应用模式有望进一步丰富，加速赋能千行百业。

（二）数据质量管理受到重视，互联互通成为根本趋势

数据质量管理成为关注重点。广东、四川、湖南、湖北、浙江、广西、江西、江苏、福建等地相继出台了首席数据官制度。其中，广州组建覆盖 33 个单位的首席数据官队伍；长沙、南昌则明确规定首席数据官由分管数据管理工作的副市长和数据资源管理部门主要负责人担任。首席数据官是机构统筹管理数据资源的第一责任人，负责解决数据孤岛问题，打破数据资源开发的碎片化模式，形成数据治理强大合力，推动数据要素价值释放。

数据交易机构的"互联互通"取得新进展。2024 年 5 月，国家数据局推动 24 家数据交易机构发布互认互通倡议，数据交易机构将在未来一段时间内推进数据产品"一地上架，全国互认"、数据需求"一地提出，全国响应"、数据交易"一套标准，全国共通"、参与主体"一地注册，全国互信"，推动构建统一开放、活跃高效的数据要素市场。

展望未来，数据互联互通有望打破行业壁垒，促进跨行业、跨领域、跨部门的合作和技术共享，开拓新的商业模式，推动数据产业高质量发展。

（三）数据技术发展迅猛，助力可信数据空间落地应用

为解决数据流通"不敢""不愿""不能"难题，数据空间应运而生。数据空间是数据流通的基础设施，由数据安全流通平台、各种协议、标准等组成。2024 年 9 月，国家数据局明确未来将建设企业、行业、城市、个人和跨境数据空间五类数据空间（见图 7），促进数据安全可信流通，实现"供得出、流得动、用得好"的目标。当前，区块链、隐私计算等技术加速发展，未来有望推动数据空间落地应用。

区块链技术是一种去中心化、分布式、不可篡改的数据存储和传输技术，以链式数据结构和密码学算法保证数据传输和访问的安全。在数据空间中，区块链能够记录每一次数据交换的详细信息，包括时间戳、参与方和交

图7 五类数据空间及其功能

资料来源：国家工业信息安全发展研究中心。

易内容，从而形成一个透明且可追溯的交易记录。① 2025年1月，在国家重点研发计划的牵引下，我国首个自主可控、性能领先的区块链软硬件技术体系长安链启动链通全国社保数据，支持社保大数据服务信息在企业、金融机构可信安全流通和共享。②

隐私计算以"数据可用不可见"的模式助力数据可信流通，将在可信数据空间下带来多种可能。一方面，重要数据跨行业共享成为可能。电力与通信行业的协作是一个典型案例。电力公司和通信公司通常分别掌握用户的电力消费数据和通信行为数据。这两类数据的联合分析可以优化电力资源的调度，却涉及数据隐私和商业秘密保护的问题。通过隐私计算技术，例如联邦学习或多方安全计算，这种联合分析得以实现，既优化了资源配置，又不需要将数据暴露给对方。另一方面，联合模型训练与预测将得到大规模应用。医疗领域的数据敏感性很高，不同医院间无法直接共享患者信息。然

---

① 《数据空间中的区块链技术应用》，"第四产业数智研究院"微信公众号，2025年1月3日，https：//mp.weixin.qq.com/s/-NvIdMX8mYjo-WCIpLIhPg。

② 赵磊：《国家重点专项！长安链启动链通全国社保数据》，中国日报网，2025年1月3日，https：//news.qq.com/rain/a/20250103A06Q3L00。

而，疾病预测模型需要基于大规模、多样化的数据进行训练。隐私计算技术允许多家医院在本地对各自数据进行模型训练，并通过参数共享实现联合建模。这样，不仅保护了患者隐私，还提升了模型的泛化能力和准确率。[①]

展望未来，区块链、隐私计算等数据技术的成熟和推广，有望为数据空间的落地应用提供支撑，大幅降低敏感数据流通的合规和安全成本。

（四）数据跨境流动服务体系更加健全，数据产业国际合作有望加深

一是制度体系的完善为数据跨境流动"松绑"。2024 年 3 月，中央网信办发布了《规范和促进数据跨境流动规定》，对数据出境安全评估、个人信息出境标准合同、个人信息保护认证等数据出境制度作出优化调整。明确提出"非重要数据不需要申报数据出境安全评估"，并允许自由贸易试验区设立数据跨境流动的负面清单，极大降低了跨境数据流动监管的不确定性。

二是企业出海的加速为数据产业国际化创造旺盛需求。中国电商平台"出海四小龙"（SHEIN、AliExpress、TEMU、TikTok Shop）加速出海，依托数据赋能供应链能效提升。快时尚电商 SHEIN 在美国、加拿大等地设有海外仓，在全球多个地区建立大型配送中心，通过物流系统的数据化，大大提升物流配送效率。此外，中国新能源汽车、移动终端产品、智能家电等企业出海加速，也将为国际数据合作创造大量应用场景。

三是国际合作的开拓为数据跨境流动奠定坚实基础。2024 年 6 月，中国与德国签署了《关于中德数据跨境流动合作的谅解备忘录》，并建立了"中德数据政策法规交流"对话机制，旨在加强数据跨境流动的管理和互信。[②] 2024 年 7 月，中国与新加坡举办数字政策对话机制第一次会议，双方

---

① 《隐私计算技术在可信数据空间建设中的应用》，"数据易 EasyData"微信公众号，2025 年 1 月 8 日，https://mp.weixin.qq.com/s/FZghlCM22uO9EjdPlrNtFg。

② 《〈关于中德数据跨境流动合作的谅解备忘录〉全文翻译》，安全内参网，2024 年 8 月，https://www.secrss.com/articles/68933。

将通过中新数字政策对话机制搭建平台，便利企业数据跨境流动，培育壮大数字经济新业态新模式，推动数字贸易高质量发展，扩大高水平开放。中德、中新双边数据合作提质升级，释放中国推动数据跨境流动国际合作的积极信号。[①] 2024 年 8 月，中欧数据跨境流动交流机制正式建立，将为促进中欧数据跨境流动提供坚实制度保障。

展望未来，在产业链供应链国际合作加强、国内企业出海加速的时代背景下，数据跨境流动面临新形势、新要求，提升数据跨境监管政策高效性、推进数据出境服务便利化将成为未来政策发力方向，数据产业国际合作有望进一步加深。

四　推动数据产业高质量发展的对策建议

（一）培育多元经营主体

围绕数据资源、数据技术、数据服务、数据应用、数据安全、数据基础设施培育一批"数据原生"的创新型企业。针对中小创新主体"有需求、无供给"现状，加快数据产业跨领域、跨行业应用场景创新，开辟数据要素供需对接新模式新赛道，带动数据相关企业做大做强，加速释放数据要素价值。积极培育数据清洗、标注、评估、定价等新业态，发展第三方配套服务企业，壮大数据服务产业集群。鼓励企业间按照市场化方式授权使用数据、共同分享收益，推动企业跨行业发展。

（二）加快数据技术创新

一是突破关键核心技术，大力推动云边端计算技术协同发展，支持云原生等技术模式创新，形成适应数据规模汇聚、实时分析和智能应用的计

---

① 《促进双多边协商　参与国际规则制定　中国积极推动数据跨境流动国际合作》，《人民日报海外版》2024 年 7 月 11 日，https：//www.gov.cn/yaowen/liebiao/202407/content_ 6962453. htm。

算服务能力。加强新型存储技术研发，支撑规模化、实时性跨域数据存储和流动，提高智能存储使用占比。面向人工智能发展，提升数据采集、治理、应用的智能化水平。强化数据标注、数据合成等核心技术攻关。加快可信数据空间、区块链、隐私计算、匿名化等可信流通技术研发和应用推广。二是增强创新支撑能力，支持建设数据领域科学实验室、企业技术中心等科技创新平台，加大对数据领域基础研究和前沿技术创新的支持力度。支持数据产业领军企业联合上下游企业、科研机构和高校等建立创新联合体，优化产学研协作机制，加快科技成果转化和应用落地。完善开源治理生态，支持建设数据技术开源平台和社区，引导激励企业深度参与社区运营。

（三）提高数据资源开发利用水平

一是扩大数据资源供给，支持企业依法依规对其合法获取的数据进行开发利用，培育一批贴近业务需求的行业性数据资源企业。鼓励企业间按照市场化方式授权使用数据、共同分享收益，推动企业跨行业发展。二是推动数据资源开发利用，支持企业面向"智改数转"、新兴产业和全域数字化转型需要，创新应用模式，更好发挥数据要素价值，赋能产业发展。培育一批深刻理解行业特征、高度匹配产业需求的数据应用企业。

（四）发展数据流通交易

一是完善数据交易市场，加快建立数据产权归属认定、市场交易、权益分配、利益保护制度，鼓励探索数据产品、软件和服务计价新模式。健全数据领域监管制度机制，营造公平竞争的市场环境。加强数据产业运行监测。二是推动数据交易创新，支持数据交易机构、数据服务商等依托可信数据空间开展数据共享流通应用。大力培育各类服务型数商和第三方专业服务机构，在资源集成、质量治理、撮合交付、交易仲裁等环节提供合规的专业性服务。

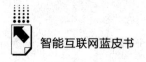
（五）提高数据领域动态安全保障能力

一是加强数据安全技术研发，支持企业面向数据大范围、高速度、高通量流通的发展趋势，研发智能化数据安全产品。深入探索区块链、隐私计算、数据空间技术，培育一批满足高水平动态安全需求的新型数据安全企业。二是完善数据安全治理机制，加强数据安全领域的法律法规和标准规范建设，确保数据在采集、存储、传输、使用、共享等各个环节的安全。建立数据安全监测预警和应急响应机制，及时发现和处置数据安全事件。

参考文献

IDC MarketScape：《中国数字政府一体化大数据平台2024年厂商评估》，2024年7月。

数世咨询：《中国数字安全产业年度报告（2024）公开版》，2024年6月，https：//www. dwcon. cn/post/3660。

吴迪、洪光：《数据产业系列解读之四：数据产业全景——关键指标分析与趋势洞察》，交大评论，2024年9月。

张向宏：《数据产业系列解读之一：数据产业发展的五大基本问题》，交大评论，2024年9月。

中国信息通信研究院：《云计算白皮书（2024年）》，2024年7月。

2024年智算与算力互联网
产业发展报告

栗　蔚[*]

摘　要： 社会对算力的需求爆发式增长，资源布局分散、训练推理调度难等成为亟待突破的挑战。当前，算力互联网三层架构初步形成，企业开展跨域协同试验验证，2024年消费级市场规模已超千亿元。未来，产业侧将通过联合计算通信各界，共筑算力互联网生态体系，构建统一的算力标识体系、培育新业态、研发先进的算力调度技术和探索异构计算框架，支撑数字经济高质量发展。

关键词： 人工智能　智算产业　算力互联网　算力大市场　普惠化

一　算力是数字经济时代的基础
设施底座

（一）人工智能催生算力需求激增

近年来，以大模型为代表的人工智能技术取得了突破性进展。底层算法的统一使得人工智能平台化成为可能，基础模型正在成为新的"操作系统"。例如，OpenAI语言大模型GPT-4、特斯拉自动驾驶FSD、盘古气象

---

* 栗蔚，中国信息通信研究院云计算与大数据研究所副所长，中国通信标准化协会TC1WG5云计算标准化组组长，主要从事云计算、开源、数字化、算力互联互通和算力互联网等方面研究。

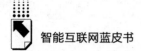

大模型 Pangu-Weather 等。大模型与传统 AI 的区别呈现以下三个特征：一是规模可扩展性强，参数规模、计算量和训练数据的增加可以持续提升模型性能①；二是多任务适应性强，单个模型能同时支持多任务、多模态，甚至实现跨模态任务；三是能力可塑性强，通过模型微调、思维链提示等措施进一步增强模型能力。

2024 年政府工作报告明确提出要开展"人工智能+"行动。② 人工智能正在成为产业创新的关键抓手和驱动新质生产力的关键引擎。新质生产力的发展也为人工智能技术发挥价值和作用提供了新的舞台。"人工智能+"一方面与互联网、6G、低空智联网等前沿科技协同，形成创新合力；另一方面与制造、农业等传统行业深度融合，提高社会效率。

多国政府将人工智能视为国家层面的关键竞争力。据不完全统计，自 2017 年起，已有 50 余个国家发布了人工智能领域相关战略，如美国《关于安全、可靠、值得信赖地开发和使用人工智能的行政命令》（2023 年 10 月）要求数十个联邦机构采取 150 余项行动，在推进联邦政府人工智能应用及强化美国国际领导地位等方面做出努力，并基于《人工智能权利法案》蓝图的五项原则进一步拓展；③ 欧盟《欧盟人工智能法案》（2024 年 3 月）旨在提升欧盟人工智能产业的规范性和透明度，加强技术治理与监管，以人为本推动人工智能有序发展；④ 日本《防卫省推进人工智能有效应用的基本方针》（2024 年 7 月）提出人工智能技术发展应

---

① 根据规模化法则（Scaling Law），大型语言模型性能与其规模（如参数数量）、训练数据集大小以及用于训练的计算资源之间存在可预测的关系，通常表现为随着这些因素的增长，模型性能会按照一定的幂律进行改善。

② 《政府工作报告》，中国政府网，2024 年 3 月 12 日，https：//www.gov.cn/yaowen/liebiao/202403/content_ 6939153. htm。

③ Executive Order on the Safe, Secure, and Trustworthy Development and Use of Artificial Intelligence, 2023-10.

④ Artificial intelligence act, https：//www. consilium. europa. eu/en/press/press-releases/2023/12/09/artificial-intelligence-act-council-and-parliament-strike-a-deal-on-the-first-worldwide-rules-for-ai/.

用的 7 个重点方向、8 项具体推进措施；[①] 韩国通过《人工智能基本法》（2024 年 12 月），对高影响力人工智能和生成式人工智能进行分类管理，明确规定其域外效力。[②]

强大算力是驱动人工智能阶跃式发展的核心引擎。通过扩大模型参数、增大训练数据量，或增加训练轮次，可以持续提升模型能力。从当前数据看，人工智能模型训练的算力需求每 3~4 个月翻一番，其训练成本持续攀升，以 Google 的 Gemini Ultra 为例，训练算力成本为 1.91 亿美元，是 GPT-4 的 2.4 倍。[③] 由此可预见的是，规模扩张仍会是未来一段时间大模型突破的主要路线，意味着算力需求还将持续走高。

（二）算力成为激活新质生产力的关键引擎

数字经济高速发展，各行业数字化转型加速，消费互联网保持增长态势，人工智能等新技术高速发展，促使算力需求激增。中国信息通信研究院数据显示，2023 年，美国、中国、德国、日本、韩国等 5 个国家的数字经济总量超过 33 万亿美元，同比增长超 8%，数字经济占 GDP 比重为 60%，较 2019 年提升约 8 个百分点；2023 年我国数字经济规模达 53.9 万亿元，较上年增长 3.7 万亿元，占 GDP 比重达 42.8%。[④]

算力具有高渗透性、高扩散性、高融合性等特征，是原创性、颠覆性科技创新成果涌现的动力源泉，为新动能、新模式、新业态提供基础性支撑。一是算力推动科技创新与产业升级。人工智能领域的创新，从算法的优化升级到模型的训练搭建都高度依赖算力。以深度学习为例，

---

① 《防卫省推进人工智能有效应用的基本方针》，日本防卫省，2024 年 7 月 2 日，https：//www. mod. go. jp/j/press/news/2024/07/02a_ 03. pdf。

② 《人工智能发展和建立信任基本法》，韩国国会，2024 年 12 月 26 日，https：//chinese. korea. net/NewsFocus/Policies/view？ articleId＝264073

③ Artificial Intelligence Index Report 2024, Stanford Institute for Human – Centered Artificial Intelligence （HAI）, https：//aiindex. stanford. edu/wp – content/uploads/2024/05/HAI _ AI – Index–Report–2024. pdf。

④ 中国信息通信研究院：《全球数字经济发展研究报告（2024 年）》，2025 年 1 月，https：//www. caict. ac. cn/kxyj/qwfb/bps/202501/t20250116_ 651709. htm。

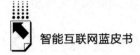

复杂的神经网络模型需要处理海量的数据，强大的算力能够加速数据的处理，使算法快速迭代，挖掘出数据背后更深层次的规律。二是算力成为人工智能产业发展的强劲引擎。在产业层面，算力的提升降低了人工智能技术应用的成本与门槛。一方面，算力硬件的性能优化为人工智能产业发展提供了坚实的硬件基础。另一方面，云计算、边缘计算等依托算力的技术模式，为企业提供了灵活且强大的计算资源，进一步加速人工智能技术在各个行业的渗透与融合。三是人工智能结合算力引领社会变革。政务领域，基于强大算力的人工智能技术助力政务流程智能化，实现高效决策与精准服务，提升政府治理效能。医疗行业，算力支持下的人工智能系统可对大量医疗数据进行分析，辅助疾病诊断与药物研发，提高医疗服务质量。人工智能与海量算力结合，将成为推动社会进步的重要力量。

二 算力互联促进智能计算形成普惠化服务

（一）人工智能任务型应用驱动，提出算力互联成网需求

人工智能等任务型应用大量出现，与传统互联网长连接应用持续运行的特点不同，智算任务短时应用、立即释放，用户使用算力随时、随地、随需，接入不同主体、不同架构、不同地域的算力资源，催生算力调度、"算力漫游"等算力互联成网新形态。

随着人工智能大范围应用改变算力使用形态，对算力的需求从长时低频演化为短时高频，进而对算力资源的互联调度提出更高要求。全球产业各界也开始从不同角度探索算力互联成网架构。英伟达和软银在日本，以及中国铁塔等国内企业开展 AI-RAN 和"算力漫游"研究，将无线基站叠加智算，利用边缘计算优势，为数据在靠近数据源的基站端进行 AI 推理等计算提供基础，降低延迟，提高响应速度，这在智能交通、工业互联网、应急救援等

领域有着广泛应用前景。① 2024 年中国移动发布《"九州"算力互联网（MATRIXES）目标架构白皮书（2024）》，在算力时代新业务对 IP 网络提出新要求的背景下，以 SRv6/G-SRv6 技术为基础，构建 MATRIXES 联接矩阵技术体系，赋能东数西算等多种业务场景，同时构建技术创新与自主可控产业生态，致力于实现算力服务"一点接入、即取即用"。② GSMA Open Gateway 作为全球通用网络应用程序可编程接口框架，旨在为开发者提供通用访问接口，在业务层打通不同运营商云服务等接口与信息，实现业务层互联，促进资源共享与业务协同。全球首个算力互联网国际标准 ITU-T Y. NGNe-RC《支持计算资源跨域互联的下一代网络演进框架和要求》于 2024 年 7 月成功立项，得到多国组织和企业的支持。③

（二）从算力互联到算力互联网

当前，我国算力基础设施规模居全球第二，算力资源服务化程度不足。以智算为例，按服务"卡时"计算，智算利用率仅 25%。并且我国算力资源布局相对分散，算力资源地域分布广，供给主体超 5000 家④，导致算力"找调用"挑战较大。一是"找算力"。我国前十的服务商仅运营 30% 的算力⑤，小型闲散算力居多，定位难度大。二是"调算力"。我国大部分服务商调度和网络能力不足，资源不能有效调用，数据难以低成本高效传输。三是"用算力"。我国计算芯片和框架多达十余种，互相尚未形成兼容生态。

① 《NVIDIA 和软银加速日本成为全球 AI 强国的步伐》，Nvidia. com，2024 年 11 月 12 日，https：//nvidianews. nvidia. com/news/nvidia-and-softbank-accelerate-japans-journey-to-global-ai-powerhouse。

② 《中国移动副总经理李慧镝：积极推进算力网络 AI 注智赋能，推动实现自智网络"三零三自"愿景》，中国移动，2024 年 4 月 29 日，https：//www. 10086. cn/aboutus/news/groupnews/index_ detail_ 49676. html。

③ 《中国信通院联合多国机构立项算力互联网 ITU 国际标准，实现国际对接》，中国信息通信研究院，2024 年 7 月 30 日，https：//mp. weixin. qq. com/s/DDHVjWKkw-dFvTvUur3TVw。

④ 《余晓晖委员：我国算力全球第二，"全国算力服务统一大市场"应适时而建》，环球网，2024 年 3 月 5 日，https：//lianghui. huanqiu. com/article/4Gr6sYsU4bo。

⑤ 《专家谈丨中国信通院栗蔚：算力互联网助力算力普惠化发展》，中国信息通信研究院，2024 年 8 月 15 日，https：//mp. weixin. qq. com/s/8lpRYWtYifbbegsWUqlWDg。

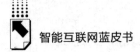

为应对我国算力供需调度平衡中面临的挑战，提高已建设的算力基础设施利用率，我国产业各方积极探索算力互联。如贵州、安徽芜湖、四川等省市政府上线算力调度平台，目的是汇聚区域内的算力；以及中国电信"息壤"算力分发平台、中科曙光"超算互联网"、中国移动"百川"算力并网行动等由企业主导的算力互联行动。各方虽积极推进算力互联成网，但尚未统一标识、调度、传输、适配等方面标准，逐步形成算力"局域网"，对于算力资源的跨主体、跨架构、跨地域互联调度提出挑战，因此亟须借鉴互联网发展历程，加快算力"局域网"间互联互通。中国信息通信研究院以算力感知作为切入点，将打通算力"局域网"、实现全程全网算力资源互联设为核心目标，通过联合产业各方，共建共享算力互联平台，打通互联壁垒，推动算力互联网体系的研究与落地，开启算力协同发展的全新格局。

中国信息通信研究院联合产业各方总结研究经验，结合人工智能发展趋势，确定了算力互联网是在互联网架构内形成叠加（Overlay）的算力互联逻辑网，互联的不仅仅是计算资源，而是包含计算、存储、网络在内的资源总集，并提出算力互联网的初步定义：互联网面向算力应用与调度需求进行能力增强和系统升级形成的新型基础设施，本质是在互联网体系架构内构建统一应用层算力标识符，以算网云调度操作系统和高性能传输协议为基础，增强全光网、弹性网络等能力，提升异构计算能力，实现算力智能感知、实时发现、随需获取，形成算力标准化、服务化的大市场和算力相互连接、灵活调用的一张逻辑上的网。

（三）算力互联网开启普惠算力服务

通过参考国际电联（ITU）《下一代网络演进支持跨区域计算资源连接框架与需求》（ITU-T Y. NGNe-RC）标准框架，中国信息通信研究院联合行业头部企业开展的算力互联网架构研究，形成了与国际标准高度契合的分层架构设计。该架构以跨区域计算资源高效互联为核心目标，通过设施网络层、资源调度层与应用服务层的协同设计，构建了符合 ITU-T Y. NGNe-RC 要求的标准化能力体系。

在算力互联网架构的研究设计中，同时借鉴了 NGNe（Next Generation Network evolution，下一代网络演进）架构的理念和思想，将算力互联网整体划分为算网设施层、资源互联层以及应用服务层三层架构。分层设计不仅确保了功能结构能够紧密围绕业务需求展开，同时提高了架构的兼容性和适应性，为普惠算力服务的实现奠定了坚实基础。

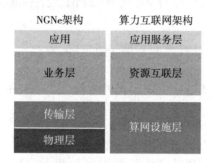

图 1　NGNe 架构和算力互联网架构对比示意

应用服务层作为顶层架构，直接面向用户需求，参考 ITU-T Y.NGNe-RC 中 "端到端计算任务执行"（Computing Tasks Execution），设计提供资源式服务、任务式服务、交易类服务等标准化服务模式。同时，需通过开放接口接收用户请求，并通过授权机制确保资源请求的安全传递。

资源互联层作为中间层，承担算力资源的互联、调度等功能，形成互联逻辑网。参考 ITU-T Y.NGNe-RC 定义的 "多集群调度与资源协调需求"，在跨域资源感知方面，基于 NGNe 的互联能力，形成算力标识体系，通过信息交换获取跨区域、跨 CSP（云服务提供商）的计算资源状态；智能调度方面，根据 QoS、成本优化等任务需求和资源过滤等策略，实现跨集群资源的智能分配。

算网设施层作为底层支撑，提供算力服务运行所需的算、网、存等基础资源。参考 ITU-T Y.NGNe-RC 中定义的 "计算资源池" 概念，通过 API 等标准化接口实现跨区域资源信息的互通，确保不同运营商或服务提供商的资源节点能够通过授权机制进行信息交换，如通过标识解析系统实现资源池位置、容量等元数据的标准化描述，为上层调度提供可信数据源。

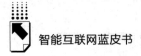

通过三层架构的精准分工，算力互联网实现了从基础设施到资源调度再到应用服务的全链条覆盖，为算力资源的高效利用与普惠服务提供了体系化支撑。

三　算力互联网积极推进落地实践

（一）标准先行引领算力互联网规范化发展

当前，算力互联网正处于快速演进阶段，多条技术路径蓬勃发展，亟须以标准化为基础，响应 2024 年政府工作报告中提出的"适度超前建设数字基础设施，加快形成全国一体化算力体系，培育算力产业生态"的战略目标。尤其在人工智能与智算产业快速发展趋势下，算力互联网作为支撑 AI 模型训练与推理大规模算力需求的核心基础设施，其重要性愈发凸显。通过优化算力调度、提升异构计算等能力，算力互联网能够满足 AI 应用对高性能计算的需求，加速推动智算技术的规模化、商业化落地。算力互联网的标准化不仅为形成全国一体化算力体系提供支持，也为培育以 AI 为核心的算力产业新业态、构建开放协同的产业生态奠定了坚实基础。

中国信息通信研究院联合产业界各方力量，共同编制完成《算力互联互通能力要求》系列标准，旨在通过标准化手段促进全国一体化算力体系的规范化建设，为算力资源的互联互通提供统一的技术框架和实施指南。标准体系涵盖总体框架、算力调度、业务互通、数据流动、算力标识及云环境多 GPU 统一开发框架等部分，为算力互联互通提供全面指导。总体框架明确互联互通的流程机理、关键技术及核心架构；算力调度部分规范了基于业务需求的算力资源匹配与调度流程，对 AI 与智算场景的跨地域、跨主体、跨架构的大规模模型训练与推理提供调度规范；业务互通部分支撑了 AI 应用跨资源池无缝运行；数据流动部分规范跨域数据传输，满足大规模数据分布式训练需求；算力标识部分定义算力资源信息与访问路径，标准化算力资源信息，为调度提供基础；云环境多 GPU 统一开发框架部分简化异构 GPU

调用复杂性，降低 AI 开发门槛。

算力互联互通标准化建设不仅为形成算力互联网体系提供了重要支撑，也为以 AI 趋势下的算力产业新业态的培育奠定了坚实基础。未来，随着标准体系的不断完善与落地实施，算力互联网将进一步释放其技术潜力，推动算力资源的高效配置与普惠服务，助力我国数字经济与人工智能产业的协同发展。

（二）多方参与推动算力互联网试验验证

为推动算力互联互通，多地政府与产业各界积极行动，试验算力互联互通平台能力，将各类算力调度、并网等平台升级，并参考算力互联互通系列标准对接异构算力资源，形成可共享的算力互联平台，启动算力调度试验，加速算力互联网进程。

在管理方面，通过算力互联公共服务平台的标识网关能力，支撑 31 个省区市通信管理局建立基础算力大市场运行监测能力。截至 2024 年底，已促成 112 家算力提供商入网入市，超过 200 个算力可用区接入平台，总计收录超过 40 万条算力资源标识，算力总规模达 90EFlops。[①]

在地方运营方面，各地积极推进算力互联互通、大市场以及调度平台体系试验，如北京启动北京算力互联互通试验验证平台，统筹北京及环京地区算力均衡发展，提升环京地区通用计算基础设施利用率；上海算力互联互通平台向上对接算力互联公共服务平台，向下协同上海周边多个相关算力平台，形成长三角算力枢纽内两大集群间"跨地域、跨主体、跨架构"的算力资源标准化互联互通。各个地方平台总计已汇聚超 30 家提供商的算力资源，满足 280 余次算力调度需求。

在行业运营方面，行业企业也基于已有算网相关架构基础，制定推进战略，积极开展算力互联网技术以及业务运行试验。如中国电信"息壤"算

---

① 《112 家企业获首批"可信算力大市场入网入市标识码"》，通信世界，2024 年 12 月 25 日，https://www.cww.net.cn/article?id=596576。

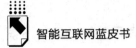

力调度平台、中国移动"大云天穹"算网大脑平台、中国联通"星罗"先进算力调度平台等。同时，各行业企业也根据算力互联互通标准体系，对现有算力并网、调度等平台进行升级改造，完成超 10EFlops 社会公共算力资源并网试验。

（三）算力互联网为企业与消费者提供普惠服务

算力互联网体系将催生多种新型算力服务业务生态。在业务应用方面，任务式、交易类等新型算力服务业务推出，将满足用户不同场景下的算力需求。任务式服务支持按需取用、按"卡时"计费，真正做到算力随时随地随需使用。交易类服务则通过市场化机制实现算力资源的高效配置。新型服务模式尤其适用于 AI 与智算"短时高频"业务场景，能够支持跨地域、跨主体、跨架构的大规模模型训练与推理任务，显著提升部署效率，降低部署成本。

在消费级市场，算力互联网的快速发展显著提升个人用户的算力使用体验。据中国信息通信研究院测算，2024 年，算力互联网消费端用户数已达到 6200 万，市场规模突破 1010 亿元。云手机、云电脑等应用通过算力互联网，使用户无须依赖本地硬件即可享受高性能计算服务，降低了设备成本和使用门槛。此外，算力卡作为一种新型消费级算力服务，为个人用户提供网络与算力资源的融合服务，涵盖人工智能绘画、云盘、云游戏、超算等算力服务，进一步推动了高性能智能算力资源的普惠化。

在企业级市场，算力互联网为各行业提供了高效、灵活的算力支持，显著提升了生产效率与业务创新能力。例如，在工业领域，戴西软件基于算力互联网技术体系，实现了算力资源的精准按需供给、高效部署，显著提升了工业生产的效率与灵活性，为企业数字化转型提供了有力支撑。在能源领域，通过算力互联网技术体系和自有互联方案，汇集多方算力资源，运营商协助企业完成在油气勘探开发、炼油化工、新能源等业务场景的智算训练任务，推动能源行业的智能化升级。

四 发展展望：计算通信各界共筑算力互联网生态体系

算力互联网发展随着标准体系不断完善、技术攻关持续开展、试验验证有序落地，其体系架构的发展路径逐步清晰明确。后续有序联合计算通信各界共筑算力互联网生态体系，逐步实现算力资源的高效配置与普惠服务。

一是构建多级协同算力互联网发展路径，围绕算力互联网产业生态进行深入研究，分析算力互联网的总体框架、技术体系、业务模式等关键环节，形成全面、深入、前瞻性的参考架构。促进业界对算力互联网形成清晰且统一的认识，推动各方在技术路线、标准规范、应用实践等方面的协同合作。

二是攻关异构融合和高效调度关键技术，聚焦于突破算力调度、高性能传输协议等关键技术。第一，统一算力标识与感知技术，通过标识网关实现异构资源的动态发现与智能感知，解决多源异构算力的标准化接入问题。第二，异构算力操作和调度系统，支持CPU、GPU、AI芯片等资源的统一调度与虚拟化管理，兼容主流架构生态，支持动态任务拆分与路径优化，提升算力资源利用率。第三，光传输技术，结合400G/800G光网络技术，构建低时延、高吞吐的确定性传输网络，确保跨区域算力传输的高速稳定性。

三是探索开放共享的算力经济新业态，聚焦于算力互联规则化，算力服务的标准化与规范化。在运营层面，通过"大市场交易"模式，推动算力资源像电力般实现跨区域、跨行业的市场化流通，降低企业用"算"成本。在应用层面，发展算力任务调度平台，支持科研、工业仿真、车联网等场景的算力按需调用，形成"资源池化—服务即插即用"的新型生产模式。

综上所述，算力互联网的发展将以标准化互联为基础，逐步实现算力资源的全局调度与高效利用，最终构建起全国统一的算力服务大市场。算力互联网的持续推进不仅将推动算力资源的普惠化与智能化，还将为人工智能等前沿技术的规模化应用提供坚实支撑，助力我国数字经济的高质量发展。

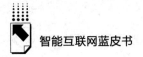

参考文献

卢经纬、郭超、戴星原等：《问答 ChatGPT 之后：超大预训练模型的机遇和挑战》，《自动化学报》2023 年第 4 期。

石建勋、徐玲：《加快形成新质生产力的重大战略意义及实现路径研究》，《财经问题研究》2024 年第 1 期。

米加宁、李大宇、董昌其：《算力驱动的新质生产力：本质特征、基础逻辑与国家治理现代化》，《公共管理学报》2024 年第 2 期。

魏航、杨学良：《下一代网络（NGN）的体系结构与软交换协议》，《计算机应用》2003 年第 12 期。

B.10

2024年移动智能终端发展趋势

赵晓昕　李东豫　康劼　李娟*

摘　要： 2024年全球及国内智能手机市场均呈回暖态势，国产品牌表现
强势。手机技术在影像、AI、融合快充、折叠屏等方面实现重大突破，AI
技术开启手机智能交互新时代。在泛移动智能终端领域，可穿戴设备出货量
预计稳步增长，物联网终端在市场规模、技术创新、应用拓展等方面取得显
著进展。未来，AI技术将推动终端向更智能、更便捷的方向发展。

关键词： 移动智能终端　折叠屏　融合快充　物联网　可穿戴设备

一　2024年智能手机行业出现回暖

（一）全球手机出货量迎来复苏

在消费者换机需求经长期积压后集中释放、消费观念向消费升级与功能
需求细化转变，以及供应链恢复稳定、5G网络建设稳步推进、环保政策积
极推动等行业环境改善与政策利好因素的共同作用下，全球智能手机市场在
历经连续两年的下滑后，在2024年呈现复苏态势。IDC数据统计显示，
2024年全球智能手机出货量攀升至12.38亿部，同比增长6.4%。[①] 2018~
2024年全球智能手机出货量变化趋势如图1所示。

---

* 赵晓昕，中国信息通信研究院泰尔终端实验室环境与安全部副主任；李东豫，中国信息通
　信研究院泰尔终端实验室工程师；康劼，中国信息通信研究院泰尔终端实验室工程师；李
　娟，中国信息通信研究院泰尔终端实验室工程师；研究领域均为信息与通信、电气安全。

① IDC Worldwide Quarterly Mobile Phone Tracker, January 13, 2025.

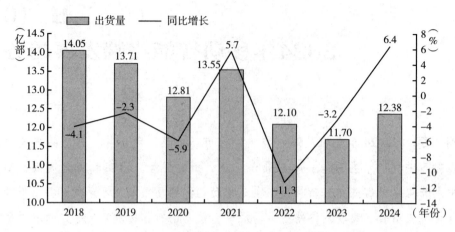

图 1　2018~2024 年全球智能手机出货量变化趋势

资料来源：国际数据公司（IDC）。

　　2024 年国家层面积极推行手机等数码产品购新补贴政策，部分地区亦因地制宜出台新机购置补贴政策。这些政策举措犹如强劲的催化剂，极大地激发了消费者的购买意愿，有效拉动了市场需求，促使国内手机市场呈现一定幅度回暖态势。中国信息通信研究院的统计数据显示，2024 年国内手机市场总体出货量累计 3.14 亿部，同比增长 8.65%（见图 2）。其中智能手机累计出货量 2.94 亿部，同比增长 6.5%。[①] 5G 手机出货量 2.72 亿部，同比增长 13.4%，占同期手机出货量的 86.4%。上市新机型累计 421 款，同比下降 4.5%，其中 5G 手机 227 款，同比下降 3.3%，占同期手机上市新机型数量的 53.9%。对比型号和出货量，5G 手机已然成为消费者购机时的优先选择，这一现象不仅反映了消费者对 5G 技术的高度认可，也预示着 5G 手机在未来手机市场中仍将占据主导地位，引领行业发展方向。

[①] 中国信息通信研究院：《2024 年 12 月国内手机市场运行分析报告》，https：//gma.caict. ac.cn/plat/news/caict-release-china-mobile-phone-market-analysis-report-december-2024。

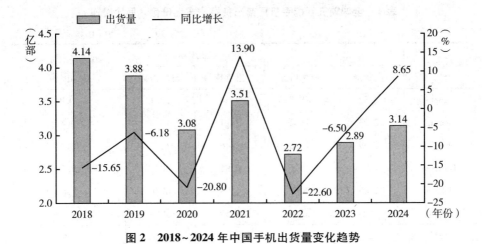

图2 2018~2024年中国手机出货量变化趋势

资料来源：中国信息通信研究院。

（二）国产手机品牌表现强势

凭借深厚的品牌积淀、强劲的研发实力以及卓越的产品品质，2024年，苹果与三星在全球智能手机出货量排行榜中依旧稳居前两位。但从数据来看，2024年苹果和三星出货量同比分别下降0.9%和1.4%，市场占比也分别下降1.4个百分点和1.5个百分点。国产手机品牌小米、传音和OPPO则凭借不俗表现，分别位列第三至第五。小米凭借在国内市场的稳固根基，以及在印度、印度尼西亚、欧洲等市场的积极拓展，出货量同比增长15.4%，市场占比提升至13.6%。传音凭借对非洲市场的深入洞察与精准布局，长期占据该地区市场份额榜首，近年来在印度、印度尼西亚等市场的拓展也成绩斐然，全年出货量增长12.7%，市场占比提升至8.6%，首次跻身全球第四。OPPO虽出货量同比增长1.4%，但由于全球市场竞争激烈，市场份额同比下降至8.5%，位居全球第五。①

---

① IDC Worldwide Quarterly Mobile Phone Tracker, January 13, 2025.

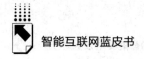
表 1　全球前五智能手机厂商出货量、市场份额、同比增速

单位：亿台，%

厂商	2024 年		2023 年		2024 年出货量同比增速
	出货量	市场份额	出货量	市场份额	
Apple	2.32	18.7	2.34	20.1	-0.9
Samsung	2.23	18.0	2.27	19.5	-1.4
Xiaomi	1.69	13.6	1.46	12.5	15.4
Transsion	1.07	8.6	0.95	8.2	12.7
OPPO	1.05	8.5	1.03	8.9	1.4
其他	4.03	32.6	3.59	30.8	12.3
合计	12.38	100.0	11.64	100.0	6.4

注：由于四舍五入，百分比合计可能无法达到100%。
资料来源：国际数据公司（IDC）。

在国内市场中，根据国际调研机构 Canalys 公布的 2024 年中国市场智能手机销量数据①，2024 年 vivo 反超苹果，以 17%的市场份额位居第一，出货量 4930 万台，同比增长 11%。自 2019 年起，受国际不利环境影响，华为手机业务遇到重重困难，在全球以及国内智能手机出货量榜单中的排名一度下滑至"其他"。但凭借持续的技术创新和强大的品牌影响力，华为在近两年王者归来，2024 年全年出货量达到 4600 万台，同比增长 37%，市场份额仅次于 vivo 以 1 个百分点的差距位列第二。苹果在 2024 年出货量为 4290 万台，同比减少 17%，市场份额由 2023 年的 19%跌至 15%，排名由第一跌至第三。紧随其后的是 OPPO 和荣耀，出货量分别为 4270 万台和4220 万台，市场份额均为 15%。小米以微弱劣势跌出前五，未能出现在2024 年榜单中。

---

① Canalys：《2024 年中国智能手机市场出货 2.85 亿部同比增长 4%》，2025 年 1 月，https：//www.199it.com/archives/1737292.html。

表2 中国前五智能手机厂商出货量、市场份额、同比增速

单位：百万台，%

厂商	2024年		2023年		2024年出货量同比增速
	出货量	市场份额	出货量	市场份额	
vivo	49.3	17	44.5	16	11
华为	46.0	16	33.5	12	37
苹果	42.9	15	51.8	19	−17
OPPO	42.7	15	43.9	16	−3
荣耀	42.2	15	43.6	16	−3
其他	61.6	22	55.3	20	12
合计	284.6	100	272.6	100.0	4

注：由于四舍五入，百分比合计可能无法达到100%。
资料来源：Canalys。

（三）手机技术发展特点

在科技飞速发展的2024年，手机行业也迎来了诸多变革。各大手机品牌纷纷发力，从硬件到软件，在影像技术、AI、融合快充、折叠屏等领域实现了重大突破，为用户带来了前所未有的体验。

1. 影像技术捕捉生活每一帧

2024年，国产手机在影像技术领域实现了跨越式发展，为用户带来了前所未有的拍摄体验。以华为Pura 70 Ultra为例，其伸缩镜头设计独树一帜，突破了传统伸缩镜头用于变焦的局限，通过提升传感器进光量，有效减小了机身厚度，一举成为市场上最轻薄的影像旗舰机型。较小的相机模组，既满足了消费者对轻薄机身的追求，又兼顾了摄影爱好者的需求。vivo X100 Ultra搭载的2亿像素超大底传感器，采用首发的1/1.4英寸三星HP9传感器，配合先进的防抖技术与光学设计，无论是拍摄远景还是特写，都能确保画面稳定，大幅提升了出片率。这些创新不仅提升了用户的拍摄体验，也标志着国产手机在影像技术领域已达到国际领先水平，推动手机摄影进入了全新的发展阶段。

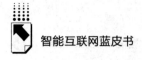

2. AI 开启手机智能交互新时代

2024 年，堪称"AI 手机元年"，AI 技术在国产手机应用领域实现重大突破，彻底革新了传统人机交互模式，为手机行业带来了全新的发展格局。

vivo 在开发者大会上重磅推出 PhoneGPT 手机智能体，其智能交互能力极为强大，能够精准且高效地拆解复杂需求，为用户提供智能化服务。展望未来，PhoneGPT 将朝着端侧化方向深入发展，这将显著提升响应速度，强化个性化服务能力，进而为用户带来更加优质的使用体验。OPPO 发布的 ColorOS 15 实现了系统级 AI 的全面升级。多模态交互变革十分显著，其中"一键问屏"功能尤为亮眼，用户只需轻轻点击，即可获取屏幕信息解读以及操作建议。同时，小布助手的能力大幅提升，在语义理解和任务执行方面表现更为出色。在影像方面，AI 拍照能够智能优化参数，让照片色彩鲜艳夺目、细节丰富细腻。在办公学习领域，智能文档识别、语音转文字等功能有效提高了工作和学习效率。荣耀 Magic7 系列搭载的 AI 智能体同样表现卓越，推出了多项实用核心功能。智能语音助手能够快速响应指令，智能场景识别可自动优化系统设置。MagicOS 信任环实现了跨设备无缝 AI 服务，用户在手机、平板、电脑之间自由切换时，都能享受到连贯的智能体验。在游戏性能上，AI 优化使得帧率更加稳定、画面更加流畅，为游戏爱好者带来了更为出色的游戏体验。

AI 技术的飞速发展，让手机从单纯的通信工具成功转变为智能生活助手，全方位提升了用户体验，为手机行业开辟了全新道路。随着技术的持续进步，AI 在手机领域的应用将不断深化。未来，AI 不仅有望在当前的人机交互、系统功能、影像和办公等方面进一步凸显强大优势，还将在跨设备协作、游戏体验优化等方面不断拓展手机的功能边界。AI 有望进一步融入手机的各个使用场景，实现更精准的个性化服务，甚至在智能家居控制、健康监测等领域发挥更大作用，让手机成为连接生活方方面面的智能中枢，持续推动手机行业的创新与发展，为用户打造更智能、便捷的生活方式。

3. 融合快充开启便携快充体验

融合快充技术（UFCS）是由中国信息通信研究院、华为、OPPO、

vivo、小米牵头，联合多家终端、芯片企业和产业界伙伴共同努力完成的新一代融合快充协议，旨在解决目前市面上快充标准复杂多变、互不兼容的问题，对于全球节能减排、绿色低碳、可持续发展具有积极的影响。该技术自问世以来受到国内外同行业高度关注，目前已经有近百家国内外企业开展该项技术的研发，融合快充产业链正在不断壮大。

2024年，支持UFCS的技术产品迎来爆发式增长。截至2024年12月31日，全国共有176款产品支持UFCS技术，涉及40家企业的各类产品。其中，手机作为人们日常生活中使用频率最高的设备，其UFCS技术的应用情况直接反映融合快充产业发展现状。目前，已有46款手机支持UFCS，华为、OPPO和vivo更是在多款旗舰手机中搭载了UFCS技术。[①]

未来，随着越来越多的手机品牌和不同品类产品支持UFCS，用户将能够享受到更加便捷、高效的充电体验。而随着技术的不断进步和完善，UFCS技术有望在更多领域得到应用，为全球节能减排、绿色低碳、可持续发展做出更大的贡献。

4. 大屏体验新升级

2024年，各品牌的折叠屏手机在轻薄、续航、影像、折痕等方面不断取得创新和进步，给用户带来更优质的大屏体验，其出货量也大幅增长。据IDC数据，2024年中国折叠屏手机总体出货量约917万台，同比增长30.8%，整体呈上扬趋势。[②] 其中，华为推出全球首款三折叠屏手机Mate XT非凡大师，凭借独特设计荣获《时代》周刊2024年度最具创新消费电子产品大奖。Mate X6采用分布式玄武架构，优化内部结构，经重物冲撞、悬挂摩托车等测试，展现出卓越的可靠性与屏幕平整度。vivo X Fold3搭载超可靠铠羽架构，采用铠甲玻璃外屏、UTG超韧玻璃、抗冲击膜内屏、UPE纤维和云纤铠甲后盖多重防护材质，抗冲击能力更强。荣耀Magic V3首发升级的荣耀鲁班架构，借鉴赵州桥拱桥式摆臂结构，用第二代荣耀盾构钢和

---

① 广东省终端快充行业协会：《截至12月，UFCS融合快速充电认证证书达到169张》，2025年1月7日，https://mp.weixin.qq.com/s/1G5fsRl4Syh3eTP3EfWfVw。

② IDC：《中国季度手机市场跟踪报告，2024年第四季度》，2025年1月。

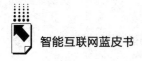

航天特种纤维，铰链寿命提升 25%，刚度提升 1250%，钢材强度达 2100Mpa。而折叠态机身厚仅 9.2mm、重 226g，创内折折叠屏最薄纪录。

2024 年国产折叠屏手机技术创新，解决了耐用性不足、厚重等问题，各方面性能达到直板旗舰机水平，为用户提供更多选择，成为主流手机有力竞争者。未来，随着技术发展，折叠屏手机有望进一步改变人们生活和工作方式。

二 泛移动智能终端发展态势

（一）可穿戴设备

在科技迅猛发展的当下，可穿戴设备已成为消费电子领域的重要增长极。依据市场调查机构 IDC 发布的《全球可穿戴设备季度跟踪报告》，2024 年全球可穿戴设备出货量预计攀升至 5.38 亿台，相较于上年实现 6.1%的稳健增长。[1] 这一良好发展态势，主要归因于技术的持续革新、产品的不断创新以及消费者健康意识的逐步增强。

从不同类型穿戴产品出货量的视角审视，市场呈现多元化发展格局。耳戴式设备在市场中占据主导地位，占比超 60%，出货量预计将显著增长。[2] 随着远程办公和在线教育的常态化，消费者对音质和降噪功能的要求日益提升。在竞争激烈的无线耳机市场，各大厂商纷纷采取开放式设计、降低平均售价（ASP）等创新举措，持续推动产品迭代升级，以契合消费者日益多元的需求。

智能手表出货量的表现较为复杂。2024 年，其出货量预计首次出现同比下降，降幅约 3%，预计 2025 年将迎来反弹，增长率可达 4.8%。印度市场的低迷是致使智能手表出货量下滑的主要原因，印度智能手表市场目前深

---

① IDC：《全球季度可穿戴设备追踪报告》，2024 年 9 月 26 日。
② IDC：《全球季度可穿戴设备追踪报告》，2024 年 9 月 26 日。

受白标产品泛滥的困扰，预计短期内将经历市场整合。然而，若剔除印度市场，全球智能手表市场仍保持良好增长态势，2024年预计增长率为9.9%，且平均售价预计上涨5.7%。[①]

在AI大模型语言技术日趋成熟的当下，AI眼镜一跃成为科技领域的热门话题。2024年，AI眼镜逐步走进大众视野，成为消费电子领域的新焦点。AI眼镜高度聚焦语音交互功能，能完美适配运动、户外、工作、学习等多样化场景，全方位满足用户在不同生活场景下的智能化需求。而且，随着技术的持续迭代以及相关政策的不断完善，其在医疗、教育、工业等领域的应用前景同样被广泛看好。展望未来，AI眼镜的平均价格有望大幅降低，核心器件也将不断更新升级，应用场景也会持续拓展，极有可能成为下一个重要的移动终端。

2024年，智能戒指同样成为科技爱好者新宠，并从概念走向大众生活。技术上，手指皮肤透光性好、佩戴贴合、血流信息丰富，使其生物信息采样效率高。应用场景主要是健康监测和便捷交互：能全天监测睡眠、运动、心率等，给出健康建议；还能与手机等设备连接，实现消息提醒、拍照和音乐控制，方便用户在不便操作手机时完成基础操作。随着更多品牌入局，智能戒指和无屏智能眼镜市场有望扩大。但智能戒指体积小，内部空间有限，对传感器小型化和低功耗设计要求高。

综上所述，2024年可穿戴设备市场在不同品类中展现出各自独特的发展态势。未来，随着技术的进一步突破和市场的持续成熟，可穿戴设备有望在人们的生活中扮演更为关键的角色，为人们的生活带来更多便利与可能。

（二）物联网连接无限未来

近年来，我国一直高度重视物联网发展。自2013年将物联网应用纳入规划，到"十四五"规划提出"推动物联网全面发展"，再到相关通知细化建设要求，一系列政策为产业发展筑牢根基。物联网终端作为物联网架构中

---

① IDC：《全球季度可穿戴设备追踪报告》，2024年9月26日。

直接面向用户和物理世界的关键环节，其发展状况深刻影响着物联网产业的整体进程。2024 年，物联网终端在市场规模、技术创新、应用拓展等多个维度均取得了显著进展。

2024 年，物联网终端市场呈现蓬勃发展的强劲态势，市场规模持续扩张。物联网智能技术驱动的世界数字经济正在以每年 20% 的体量高速增长，2024 年全球物联网连接数增长 23% 以上，有望超过 250 亿，中国物联网连接数有望突破 30 亿[①]，在物联网基础建设、数字经济创新发展方面处于世界第一位。

物联网终端技术创新亦成果斐然，物联网终端技术与人工智能（AI）、大数据、云计算等前沿技术实现了深度融合。AI 技术的赋能使得物联网终端设备具备了更强大的智能决策能力。例如，在工业制造领域，物联网终端通过实时采集设备运行数据，借助 AI 算法进行分析，能够提前预测设备故障，实现预测性维护，提高了生产效率，降低了设备停机带来的损失。同时，边缘计算技术在物联网终端中的应用也愈发广泛。边缘计算允许数据在靠近数据源的地方进行处理，减少了数据传输到云端的延迟，使得物联网系统的实时性和可靠性得到了极大提升。另外，物联网平台数量相比以往略有下降，平台的整体规模却在大幅扩大，这表明物联网平台正朝着更加集中化、规模化的方向发展，为物联网终端的高效管理和应用提供了有力支持。

物联网终端的应用领域得到了进一步的拓展，涵盖了智能家居、工业自动化、智慧城市、医疗健康等多个重要领域。在智能家居领域，随着消费者对生活品质的追求不断提高，智能家电、智能安防产品等物联网终端设备的市场需求持续上升。市场调研机构 TechInsights 报告显示，2024 年全球智能家居设备、服务及安装费用支出预计同比增长 7%，总额超过 1250 亿元，中国市场增速更是高达 20%。[②]

总之，物联网终端在市场规模、技术创新、应用领域拓展以及区域发展

---

① 《世界万物智联数字经济白皮书》，2024 世界物联网大会，2024 年 11 月 3 日。

② TechInsights, Global Smart Home Market Outlook, 2024.

等方面都取得了令人瞩目的成绩。未来，随着 5G、AI、大数据等技术的不断发展和成熟，物联网终端有望在全球范围内实现更加广泛和深入的发展。

三 移动智能终端行业发展趋势

（一）智能手机持续升级

未来手机技术发展呈现多方面的显著特点。在芯片技术上，制程不断向更先进节点迈进，核心频率、缓存容量提升，多线程技术优化，赋予手机强大运算能力，运行大型游戏可快速渲染复杂画面实现高帧率流畅展示，多任务处理时应用切换流畅、操作高效。材料技术方面，为实现轻薄便携与大屏显示，将采用航空铝合金、新型碳纤维等高性能材料，航空铝合金强度高、质量轻，能确保手机坚固耐用并减轻重量，新型碳纤维助力手机轻薄化，优化握持和携带体验。屏幕技术领域，折叠屏和柔性屏将成为主流，折叠屏手机折叠态方便携带，展开后屏幕变大便于多任务处理；柔性屏可卷曲弯折，能根据需求变成手环、平板等形态，满足多样化需求，外观更具科技感与个性化。影像技术上，未来手机影像能力大幅提升，镜头像素迈向亿级，捕捉更多细节，人工智能和深度学习技术优化拍照算法，能精准识别夜景、人像、风景等多种场景并做出针对性处理，夜景模式提升亮度、清晰度，抑制噪点，人像模式自然还原肤色，实现背景虚化，微距模式探索微观世界，视频拍摄支持更高帧率和分辨率，防抖技术升级，拍摄稳定流畅，拍摄质量比肩专业相机。

未来手机技术发展呈现多方面显著特点。芯片、材料、屏幕和影像技术仍是重大研发方向，芯片提升运算能力，材料助力轻薄化，折叠屏和柔性屏成主流，影像能力比肩专业相机。

（二）AI 赋能智能终端全面进化

AI 技术在手机领域的渗透将更为深入且全面。首先，硬件上旗舰款手机的神经网络处理器（Neural Network Processing Unit，NPU）算力将进一步提升，这一变革将促使手机实现从单纯指令执行者到强大 AI 伙伴的跨越，使其具备自主学习以及处理复杂任务的卓越能力。在日常使用场景中，智能助手凭借推理与记忆能力，能够深入理解用户需求，进而实现更为个性化的交互服务，比如主动提醒用户日程安排，依据使用习惯智能推荐应用程序等。届时，手机的应用场景也将朝着智能度 L3 迈进，用户体验将更加流畅，多元需求能够随时随地得到满足。

除此之外，AI 还会向智能穿戴设备、智能家居等新兴终端领域延伸。在智能穿戴设备方面，智能手表借助 AI 能够实现更为精准的健康监测与分析，例如依据用户的运动数据和生理指标提供个性化的健身建议。智能家居设备通过 AI 实现互联互通与智能控制，智能门锁能够识别用户身份并自动开门，智能电视则根据用户的观看习惯推荐节目等。端云协同的混合 AI 架构将成为主流，终端设备借助云处理和高效边缘计算，能够完成更多的数据处理任务，提升响应速度与运行效率。与此同时，AI 终端将从单纯的工具向具备可持续生产力的智能伙伴转变，AI 搜索和文字自动生成视频等功能将加速变现，为用户创造更多价值。

未来智能终端将呈现多技术融合与场景深度渗透的趋势。人形机器人依托 AI 大模型与柔性驱动技术，逐步从实验室走向家庭陪伴、医疗康复等场景，仍需突破能源续航与伦理规范瓶颈。AI 车载终端将深度集成自动驾驶算法与车联网，构建"人—车—路—云"协同生态，推动智能座舱向第三生活空间演进。智能工业终端通过 5G+边缘计算实现设备互联与实时决策，加速工厂数字化转型。北斗终端则向厘米级定位精度迈进，结合低轨卫星拓展全球服务能力，赋能智慧物流、应急救援等领域。四大终端将形成"感知—决策—执行"闭环，共同推动物理世界与数字世界深度融合，需关注数据安全、技术标准与产业协同等共性挑战。

总之，AI 技术不仅会深度赋能手机，还将广泛拓展至新兴终端领域，以创新的架构和功能为用户带来全方位的智能体验与价值提升。这一发展趋势将重塑未来终端产品格局，使 AI 智能终端成为人们生活中不可或缺的部分。

参考文献

IDC Worldwide Quarterly Mobile Phone Tracker, January 13, 2025.

中国信息通信研究院：《2024 年 12 月国内手机市场运行分析报告》，2025 年 2 月。

Canalys：《2024 年中国智能手机市场出货 2.85 亿部 同比增长 4%》，2025 年 1 月。

《世界万物智联数字经济白皮书》，2024 世界物联网大会，2024 年 11 月 3 日。

TechInsights, Global Smart Home Market Outlook, 2024。

B.11
具身智能发展现状与趋势

宋新航　蒋树强　黎向阳*

摘　要： 具身智能强调智能体通过与物理环境的直接交互来获取信息、理解情境，并据此作出决策，从而展现类似人类的智能行为。当前，具身智能在工业制造、交通物流、家庭服务等领域取得初步进展，智能体能够灵活地适应复杂环境，完成精细操作。未来，随着感知、认知、决策、学习技术不断进步，具身智能将更深入地融合于物理世界，实现更高效、更自然的交互，推动人工智能向更高层次发展，将在智能制造、智能机器人、智能驾驶等领域展现重大战略意义。

关键词： 具身智能　智能体　人工智能

随着全球科技的飞速发展，人工智能领域正迎来一场前所未有的深刻变革。在这场技术浪潮中，具身智能作为满足未来社会智能化需求的关键路径，正逐渐成为技术专家和从业者广泛瞩目的焦点，彰显出其在推动世界进步中的重大战略价值。具身智能的核心机理在于智能体能够借助先进的传感技术和数据处理算法，直接与物理环境进行实时交互，从中捕获信息、解析情境，并据此作出精准决策。这一独特机制使得具身智能能够形成模拟出近似人类行为的智能行为模式，为人工智能技术的未来发展铺设了一条创新之

---

* 宋新航，中国科学院计算技术研究所副研究员，北京市杰青，研究领域为具身智能；蒋树强，中国科学院计算技术研究所研究员，博士生导师，国家杰青，研究领域为具身智能；黎向阳，中国科学院计算技术研究所助理研究员，研究领域为具身智能。

路。遵循 S 形曲线技术发展规律①，具身智能正逐步从理论构想迈向实践应用。得益于传感器精度、机器视觉算法、自然语言理解技术等关键技术的持续突破，具身智能在智能制造、智能机器人、智能驾驶等多个前沿领域展现了显著的应用潜力和价值。这些领域的实践探索不仅验证了具身智能技术的可行性和实用性，更为其后续的技术迭代与产业升级提供了有力的支撑。

一　具身智能研究背景

（一）具身智能的定义与内涵

近年来，具身智能得到了学术与产界的广泛关注，其研究任务和内涵得到了大量的讨论，涉及人工智能、机器人、计算机科学、神经科学等不同学科的交叉融合，各领域对具身智能的研究视角各有不同。综合来看，具身智能指智能本体（如机器人）通过与物理环境的交互来获取信息、理解环境、做出决策，以适应性行为和自主学习来完成任务，从而展现在真实物理世界中更加类人的智能行为。具身智能涉及软硬件结合、信息空间和物理空间的连接、多模态数据和多学科知识的融合等多个方面，内涵丰富，外延广泛，在科学研究和技术开发等层面存在着广阔的探索空间。

（二）具身智能的发展历史

具身智能的发展历史可回溯至 20 世纪 50 年代，其概念萌芽源自英国计算机科学家阿兰·图灵。1950 年，图灵在其论文"Computing Machinery and Intelligence"中首次构想了一种能够与环境互动、自行学习的智能体，这种智能体能像人一样感知环境、自主规划、决策、行动，并具备执行能力，这

---

① S 形发展曲线，也被称为逻辑斯蒂增长曲线或 S 形增长曲线，这一概念的数学模型最早由比利时数学家皮埃尔·弗朗索瓦·韦吕勒（Pierre François Verhulst）在 19 世纪提出。这种曲线形状类似于英文字母"S"，增长初期缓慢，随后加速，直至达到饱和状态后增长趋于平稳。

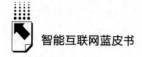

被视为"具身智能体"的初步构想。

进入 1980 年代，伴随罗德尼·布鲁克斯等学者的研究进展，行为主义 AI 开始崭露头角，开始关注通过感知和动作驱动的环境交互来设计智能机器。这一时期的"具身"机器人实验性尝试主要聚焦于"逻辑规则算法+机器人"实现特定应用功能，标志着具身智能的初步探索。

随着技术的不断积累，具身智能迎来了快速发展阶段。深度学习、强化学习等先进算法模型的出现，为具身智能的发展提供了强大的技术支持。这些算法模型使机器人能够更好地理解和处理复杂的环境信息，实现更加智能的行为。同时，传感器和执行器等硬件技术的不断进步，也显著提升了机器人的感知和行动能力。在这一阶段，"具身"机器人技术取得了显著进展，不仅在仿生机器人研发方面取得了重要突破，还在"人工智能+机器人"的智能化水平提升上迈出了坚实步伐。例如，特斯拉的人形机器人 Optimus 通过先进的电机扭矩控制技术，实现了灵活的动作控制能力。

近年来，随着大模型的兴起，具身智能的发展迎来了新的高潮。大模型凭借其强大的通用知识和智能涌现能力，为机器人实现更加高级的智能感知、自主决策和拟人化交互提供了可能。谷歌 DeepMind 推出的 RT 系列机器人，特别是 RT-H 版本，通过任务分解与语言指令转化策略，实现了任务执行的高精度与高效率，进一步提升了具身智能在复杂任务处理方面的能力。此外，Meta AI 发布了目前史上最全面的视觉评估基准 CortexBench，以及专为具身智能设计的视觉模型 VC-1，这些创新举措也极大地推动了具身智能的发展。英伟达作为 GPU 和 AI 计算领域的领导者，同样在具身智能领域有着显著的贡献。它们推出了人形机器人通用基础模型 Project GROOT 以及新款人形机器人计算机 Jetson Thor，并对 Isaac 机器人平台进行了重大升级，有力推动了机器人技术的持续进步。

（三）具身智能的科学意义

具身智能的科学意义在于它不仅推动了人工智能技术的革新，更实现了从数字空间向实体空间的跨越。通过模拟人类的感知、决策和行动能力，具身智能使智能体能够在实体环境中进行有效的互动和操作。这一转变不仅深化了人类对智能本质的理解，还促进了智能算法与硬件技术的一体化深度融合。更重要的是，具身智能的发展使得人工智能技术能够真正应用于实际场景中，如工业制造、自动驾驶、家庭服务等，从而推动了智能化社会的快速发展。这种从数字空间到实体空间的跨越，标志着人工智能技术迈向了更加实用化和普及化的新阶段。

（四）具身智能的应用价值和产业前景

具身智能显著提升智能系统对动态环境的自适应能力与对复杂作业的泛化能力，具备拟人化交互能力，从而实现各类任务的精准、可靠、高效执行。具身智能的发展对于智能制造、智能机器人、智能驾驶、智慧医疗等关键领域具有重大战略意义。在制造业方面，具身智能将赋予制造业工业机器更强的感知与自适应能力，推动传统制造向智能化、柔性化生产模式转变，推动智能制造领域全新转型升级。在智能机器人方面，具身智能大幅提升机器人与环境的互动能力，使其在工业、服务、物流等多个场景实现规模化应用，推动智能机器人超大规模化应用。在智能驾驶方面，具身智能通过自适应感知和决策，实现实时路况分析，做出安全而精准的规划决策，提升驾驶安全性和出行效率，进而推动智能驾驶汽车全场景普及。在智慧医疗方面，具身智能将在医疗机器人、护理机器人、康复训练等方面广泛应用，通过自主学习与自然的人机交互，智能体能够提供更精准的医疗服务，特别是在老龄化社会中，健康养老服务领域将受益于具身智能技术的快速发展。在新质生产力发展方面，具身智能作为新一代智能技术的核心，将推动新的生产力形态形成。具身智能将在软硬件开发、传感器制造、智能控制系统等领域释放出更大潜力，形成一个全新的高科技产业集群，推动经济结构优化。此外，具身智能技术也将显著提高航空、航海、航天、军事等领域的关键设备自主可控的感知、决策与执行能力，大幅提升其智能化水平，增强我国在尖端科技和国防领域的国际竞争力、自主可控能力与自主创新能力。

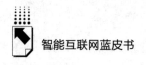

二 具身智能研究与发展现状

（一）具身导航

具身智能体与真实环境进行具身交互的前提是确定并接近待交互对象（如物体、人、其他智能体），然后进行进一步的交互（如操作、抓取），因而，以特定目标为导向的导航能力是具身智能的基础。目标导航任务定义为智能体处于未知环境中的某一随机初始位置，需要根据先前的导航经验导航到指定的目标方位。目标导航的研究问题集中于如何学习导航的先验知识，这种先验知识应当在未知的、多样的环境中具有良好的泛化性，从而帮助智能体基于这些经验来快速、高效地导航到目标位置。

为了学习这种可泛化的导航经验，当前的方法可以分为需要训练和免训练两种类型。其中，需要训练的方法可进一步划分为基于端到端强化学习和基于模块化学习两种类型。端到端强化学习方法将导航经验建模成端到端的策略网络，并通过增加情境记忆和改进视觉表示等方式来增强策略网络，整个策略网络在训练环境中以端到端的强化训练进行学习。端到端的方法受制于强化学习的采用低效、训练成本高等不足，此外缺乏显式的记忆地图，制约了其在复杂环境和长时序导航下的泛化能力。基于模块化的方法通过构建语义地图来精确记忆空间关系，通过监督学习预测语义图边界或通过自监督学习预测语义地图的未知区域，以构建航点预测模块来进行路径规划，从而寻找最有价值的导航方向，实现高效探索。模块化的方法通过引入记忆模块增强了泛化性，但对于新的目标仍需要进行额外训练，面向新目标的泛化性仍然不足。

免训练的方法不需要额外的训练且适用于开放集合的目标，这些方法借助视觉—语言模型（VLMs）或大语言模型（LLMs）作为导航经验。其中，基于 VLM 的方法利用视觉—语言预训练模型计算，实时观测与目标语义之间的相关性分数，从而引导智能体去分数较高的区域。基于 LLM 的方法利用 LLM 强大的先验知识，并通过提示每个边界附近的物体类别来估计接近目标的概率，从而引导智能体不断接近高概率边界，进而不断接近目标。免训练的方法是灵活的，且在真实环境的应用具有更广阔的前景，但其导航性能低于通过训练获得的成果。

当前目标导航的研究方向，从关注在未知模拟器环境下有限集合的导航能力，逐渐延伸到关注于开放目标的导航、多目标的导航、真实环境下的导航以及导航协作等更复杂、综合、泛化的导航情景。

（二）具身操作

具身操作是具身智能的核心研究方向之一，旨在通过智能体与物理环境的实时交互，实现自主感知、决策与执行任务的闭环能力。具身操作可通过端到端大模型驱动或分层任务策略体系实现，前者具备高度的决策—执行统一性，却对高质量多模态数据集与高算力具有依赖性，后者能够分解并逐步完成更为复杂的任务，而模型结构较为复杂。

近年来，具身操作在理论与实践上均取得了迅猛的发展，主要以端到端大模型为核心，逐步突破动态环境适应性和多任务泛化能力瓶颈。谷歌 RT-H 模型结合语言与动作层级优化，实现多任务环境中的动态调整，任务成功率较此前的 RT-2 提升了 15%。北京大学 RoboMamba 将视觉编码器与高效计算的 Mamba 语言模型结合，达到了远超现有模型的推理速度。麻省理工学院进行多模态感知融合（视觉、触觉、力觉）技术的研究，其研发的触觉—视觉联合编码网络使机器人抓取成功率提升至 98%。逐际动力发布的 LimX VGM 算法，通过视频生成大模型（Video Gen Motion）将人类操作视频数据迁移至机器人任务中，突破了传统机器人依赖示教学习的局限，极大提升了任务适应性。在具身操作领域至关重要的双臂操作任务中，清华大学 TSAIL 团队基于扩散模型设计了 RDT-1B 模型，其在多种困难双臂操作任务中表现突出，且具备较强的零样本泛化能力。字节跳动 RoboFlamingo 模型通过预训练视觉语言模型实现了单步视觉语言理解，并结合模仿学习微调，

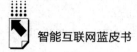

在基准测试中性能优异。浙江大学研发的支气管镜机器人专为医疗场景设计，通过高精度触觉反馈与柔性操作技术提升内窥镜手术安全性和效率，现已进入临床试验阶段。

在具身操作领域后续的发展中，视频生成模型、世界模型（World Model）与具身操作的结合将深化，推动跨模态感知与长期记忆能力的升级。具身操作还将结合群体智能，建立多体协同框架，实现智能体间的任务分配与集体优化，群体智能算法的突破将推动该领域向更高层级的协作模式演进。此外，具身操作将通过"感知—决策—行动—反馈"的闭环系统强化，实现更精准的跨模态环境感知与动态适应能力。

（三）具身对话与交互

具身对话与交互是指智能体在物理或虚拟世界中与人类和环境进行互动，能够反馈信息、执行命令或修改环境，这类任务要求智能体具备感知、理解和行动的能力。具身问答和具身抓取是典型的具身对话与交互任务。该领域的研究经历了从以"语言为中心"到以"环境为中心"的范式转变。早期研究主要依赖于大语言模型的预训练和微调，通过文本数据提升对话能力，但缺乏对物理环境的感知和行动能力。随着多模态学习和具身智能技术的发展，研究者开始将视觉、听觉、触觉、路径规划和运动控制纳入具身智能体的能力范畴，利用强化学习、模仿学习等方法从仿真环境到真实场景训练、迁移和增强智能体的对话与交互能力。

2024 年以来，谷歌（Google）等 21 个机构联合收集的 22 个不同数据集，包括 527 项机器人技能和 16 万个任务，共同打造了 Open X - Embodiment 具身智能数据集和 RT-X 模型[①]，在跨机器人、跨任务、跨环境的具身交互等任务上取得了优秀的泛化成果。对比之下，卡耐基大学仅用

① O'Neill A, Rehman A, Maddukuri A, et al., Open x-embodiment: Robotic learning datasets and rt-x models: Open x-embodiment collaboration, 2024 IEEE International Conference on Robotics and Automation (ICRA), IEEE, 2024: 6892-6903.

7500 个轨迹数据训练通用 RoboAgent 机器人[①]，就可以在 38 个任务中展示 12 种操纵技能，并能够将其推广到 100 种不同的未知场景。此外，特斯拉（Tesla）在 We Robot 活动中展示了其人形机器人 Optimus 的最新动态和技术进展[②]——具备拾取物体、协作搬运和轻型组装等任务执行能力和在不同环境中的平稳行走和对障碍物动态避让等自主移动能力。Meta AI 进一步推出了体现多智能体和人机协作任务的规划和推理任务（PARTNR）基准，包含 100000 个自然语言任务，涵盖 60 栋房屋和 5819 个独特物体。在具身问答方面，Meta AI 也公开了第一个支持情景记忆和主动探索用例的 EQA 开放词汇基准数据集——OpenEQA，包含来自 180 余个真实环境的 1600 余个高质量人工生成问题，智能体可以通过情景记忆（如智能眼镜）或主动探索环境（如移动机器人）来实现充分的环境理解。

从 2025 年开始，英伟达（NVIDIA）将其 Omniverse 平台扩展到机器人、自动驾车和视觉 AI 等物理世界中，其中 Mega 系统主要针对大规模工业操作机器人的开发、测试和现实部署。同时，日本科学家通过机器人语言和动作的交互式学习来开发行为组合和分解的能力，将视觉、本体感觉和语言整合到受大脑启发的 AI 模型中，机器人能够在增加任务组合训练时，显著增强对未知动名词组合的泛化执行能力。

具身对话与交互任务正朝着更实用、更通用、更真实的方向发展，主要体现在多模态协同交互、多生物形态开发、虚拟现实的迁移和融合等方面，其研究成果不仅将推动 AI 技术的进步，还将深刻改变人类—机器—环境三者之间的循环交互方式，为未来智能社会的构建奠定基础。

（四）具身学习

具身学习关注智能体如何通过与环境的交互，自主获取并优化感知和行

---

① Bharadhwaj H, Vakil J, Sharma M, et al., Roboagent：Generalization and efficiency in robot manipulation via semantic augmentations and action chunking, 2024 IEEE International Conference on Robotics and Automation（ICRA），IEEE，2024：4788-4795.

② 维基百科，https：//en. wikipedia. org/wiki/Optimus_（robot）。

动策略，以适应复杂多变的现实世界。当前，该领域的研究致力于探索如何通过学习和适应，使智能体在动态环境中实现高效任务执行和跨任务迁移，突破传统单一任务学习的局限性，向通用智能迈进。近年来，该研究方向受到了广泛关注。在智能体形态进化方面，斯坦福大学研究团队提出深度进化强化学习（DERL）框架，以模拟达尔文式进化过程，探讨智能体形态、环境复杂性和控制学习能力之间的关系。有学者进一步引入拉马克主义进化理论，使机器人能够在生命周期内优化控制器，并将学习到的特征遗传给后代，从而加速"形态智能"的形成。[①] 随着研究的深入，跨具身学习成为关键方向之一，基于 Transformer 的通用策略将来自不同机器人平台的大规模数据集整合，使单一策略泛化至操作、导航、运动和航空等多种任务。[②] NaviLLM 模型则结合了视觉、语言和动作信息，使智能体能够在 3D 环境中执行多种复杂的具身任务。[③] 面对同样的跨任务适应性挑战，有学者提出 ICE 策略，通过"探索—固化—利用"三阶段学习机制，使智能体能够在不同任务之间迁移知识，提高自主适应能力。[④] 此外，为提升机器人在开放环境中的泛化能力，有学者提出了用于存储和组织场景信息的拓扑—语义表示方法"开放场景图"[⑤]，使机器人能够在多样化的环境和不同的实体中实现零样本泛化，而 LLM 增强的对象关联传递（LOAT）框架通过对象关联推理提升智能体在未知环境中的任务执行能力。与此同时，AGENTGYM 框架的提出，推动了基于 LLM 的通用智能体研究，该框架支持智能体在多样化环境中的交互与进化，并引入 AGENTEVOL 方法，探索智能体在复杂任务中的

① Luo J, Miras K, Tomczak J, et al., "Enhancing robot evolution through Lamarckian principles", *Scientific Reports* 2023, 13（1）：21109.

② Doshi R, Walke H, Mees O, et al., "Scaling cross-embodied learning: One policy for manipulation, navigation, locomotion and aviation", arXiv preprint arXiv: 2408. 11812, 2024.

③ Zheng D, Huang S, Zhao L, et al., Towards learning a generalist model for embodied navigation, Proceedings of the IEEE/CVF Conference on Computer Vision and Pattern Recognition, 2024：13624-13634.

④ Qian C, Liang S, Qin Y, et al., "Investigate-consolidate-exploit: A general strategy for inter-task agent self-evolution", arXiv preprint arXiv: 2401. 13996, 2024.

⑤ Loo J, Wu Z, Hsu D., "Open scene graphs for open world object-goal navigation", arXiv preprint arXiv: 2407. 02473, 2024.

自我进化能力。[①] 总体而言，具身学习研究正从形态进化模拟、跨具身策略、开放环境泛化以及自我进化等多个方向推进。未来，该领域将进一步提升智能体的泛化能力、自主学习能力和适应性，为通用人工智能的发展奠定基础。

（五）具身大模型

具身大模型是基于大规模预训练模型的、支持多任务、具备多模态理解能力的具身模型。其结合大规模视觉语言模型（VLM）并通过大规模多模态数据，如文本、图像、视频、动作等数据训练，提升具身感知、决策和行动与环境交互的泛化能力，以适应多样化的具身环境和任务。

具身大模型备受研究者们的关注，其中比较有代表性的进展如下。用于通用机器人控制的流匹配视觉语言动作模型 π0，该模型结合了预训练的视觉语言模型，通过将互联网规模的语义知识与多机器人具身数据相融合，显著提升了智能体的学习能力。针对机器人操作的模型有 OpenVLA，该模型是第一个开源的通用视觉语言动作模型，其结构基于 Llama 2 语言模型，并融合了 DINOv2 和 SigLIP 预训练特征的视觉编码器，不仅支持多机器人协同控制，还能通过高效的参数微调，快速适应新的机器人任务领域，为视觉语言动作模型的普及和应用提供了重要支持。CogACT 利用视觉语言大模型提取认知信息，以指导专用模块的动作预测过程，该模型采用了基于扩散的DiT 模型作为动作模块，并通过注意力机制对大模型的输出进行预处理。另外，针对导航任务的 NaVILA 是一种针对足式机器人视觉语言导航的创新两级框架，旨在解决从人类语言指令到机器人低级关节动作的转换难题，通过将视觉语言动作模型与运动技能相结合，解耦低级执行与中级指令，使得相同的指令能够适用于不同机器人，并且通过丰富的数据源增强了模型的泛化能力。Uni-NaVid 是基于视频的视觉语言动作模型，通过统一建模不同的导

---

① Xi Z, Ding Y, Chen W, et al., "AgentGym: Evolving Large Language Model-based Agents across Diverse Environments", arXiv preprint arXiv: 2406. 04151, 2024.

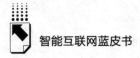

航任务，如视觉和语言导航、对象导航、具体化问题回答和人类跟踪，并协同训练百万个数据样本，实现了在未见过的现实世界环境中的高效无缝导航。

具身大模型要实现从单一任务到多样化场景的广泛应用，需要进一步的持续发展。为此，需要更庞大的数据集、更适应预训练与微调模式的网络架构，以及更精确高效的模型训练策略，这些都是具身大模型未来发展的关键方向。

（六）具身本体与系统

具身本体与系统的研究旨在让机器人和其他智能实体具备类似人类的感知、运动和交互能力，即在硬件本体与智能系统的协同作用下，实现从感知、决策到执行的全流程闭环。总体任务在于构建集硬件、算法、数据与系统集成于一体的具身智能平台，为机器人在工业、服务、家庭等多场景落地提供技术支撑。

研究者们通过设计先进的本体结构、搭建高效的传感器网络和开发灵活的控制算法，探索端到端和分层架构等研究路线。通过软硬件协同、数据采集与模型迭代等方法，实现跨场景、跨任务的泛化能力。早期研究主要依赖于传统的控制理论和固定程序，随着技术的发展，逐步引入机器学习、大模型预训练及仿真技术。目前，端云协同、快慢系统架构及多模态数据训练方法被广泛采用。其中，端到端模型能够直接从感知数据输出控制信号，而分层架构则将任务拆解为规划层和执行层，利用大模型提升任务分解和决策的智能性。此外，利用仿真平台生成大规模训练数据，结合真实数据进行微调，也成为突破数据瓶颈的重要手段。

近几年，针对具身本体与系统的研究已经取得了显著成果。例如，在人形机器人领域，优必选发布的 Walker S 系列和 Walker S1 产品[1]，通过集成一体化关节技术和仿人灵巧手，实现了智能搬运和质检等任务，在工业制造

---

① 优必选，https：//www.ubtrobot.com/cn/。

场景中的应用不断扩大。同时，星动纪元于 2024 年末推出了端到端原生大模型 ERA-42①，结合自主研发的灵巧手，成功实现了更为复杂和精细的操作任务。而在国际上，特斯拉 Optimus② 的人形机器人，通过大模型与仿真平台整合，提高了机器人在非结构化场景下的适应性与稳定性。此外，国内外诸多平台和系统，如英伟达的 Project GROOT③、谷歌 RT 系列及华为、索辰等公司的新型解决方案，均在助推具身智能从实验室走向量产落地。随着大模型技术、数据采集和仿真技术的不断成熟，具身本体与系统将呈现智能化、模块化和标准化的趋势。

三 总结与展望：具身智能未来发展趋势

具身智能作为人工智能与机器人技术的前沿方向，正处在技术快速发展迭代的过程中，虽未来可期，但也面临诸多挑战。其发展趋势主要体现在虚实环境相结合的多模态数据积累，智能体与环境间交互能力的提升，进化能力的不断增强，适应性和泛化能力进一步提升等方面。

具身智能模型训练对数据的要求更高，涵盖环境感知数据、文本知识数据和动作行为数据等，并且对数据量、数据模态和数据结构的需求挑战更大，真实环境数据和仿真数据在具身模型训练中将扮演重要角色。未来将进一步综合利用各类数据源获取大量数据，包括真实数据、仿真数据和互联网数据，充分利用、有效整合这些大规模异质数据，更好支撑具身智能技术研究和应用是关键。

虽然当前具身智能系统能够独立完成操作、导航、抓取等单项任务，但仍缺乏对复杂真实场景的多功能综合性精细任务的完成能力。此外，现有具身智能技术对意图与行为动机的理解还有提升空间，未来需要将具身行为意图和情境进行关联，以进一步增强与人类协作与交互能力，更好实现人机协

---

① 星动纪元，https：//www. robotera. com/。
② Tesla Bot，https：//www. tesla. com/AI.
③ NVIDIA GROOT，https：//developer. nvidia. com/project-gr00t.

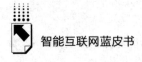
作共生。

现有具身智能技术多集中于已知场景,在动态、开放环境中完成复杂任务仍面临挑战。如何有效应对未知环境中的多变性与不确定性,提高智能系统在真实场景中的自适应和泛化能力,是当前具身智能面临的瓶颈问题。具身智能的特色之一是自主学习和进化能力,逐渐积累经验,优化自身性能,以更好适应复杂多变的现实环境,这也是具身智能系统能够实现大规模应用的关键。

未来,具身智能不仅有望在工业制造、物流配送和家庭服务等传统领域实现深度应用,还将探索在医疗、教育、应急救援等新兴场景中的广泛应用。总体来看,具身智能的发展将逐步突破传统局限,驱动机器人从被动执行向主动决策演进,为实现通用人工智能奠定坚实基础,同时也将催生新的商业模式和产业生态,迎来智能体时代的全面来临。

参考文献

Zhang J, Liu L, Xiang P, et al., "AI co-pilot bronchoscope robot", *Nature communications* 2024, 15 (1): 241.

Vijayaraghavan P, Queißer J F, Flores S V, and Tani J, "Development of compositionality through interactive learning of language and action of robots", *Science Robotics* 2025, 10 (98), eadp0751.

Gupta A, Savarese S, Ganguli S, et al., "Embodied intelligence via learning and evolution", *Nature communications* 2021, 12 (1): 5721.

Luo J, Miras K, Tomczak J, et al., "Enhancing robot evolution through Lamarckian principles", *Scientific Reports* 2023, 13 (1): 21109.

B.12
安全大模型发展路径洞察及落地实践

潘剑锋 黄绍莽 马 琳[*]

摘 要： 以微软为代表的国外企业通过整合大模型技术提升其安全产品的整体智能化水平。我国企业积极探索通过调整模型结构、优化推理过程、创新训练模式，实现安全垂直大模型的专项训练，在终端行为研判、网络告警分析等场景下实现"弯道超车"。安全垂直大模型需要深度融入各类安全场景，达到通用大模型不具备的深度安全能力，以适应不断增长的市场需求和技术挑战。

关键词： 安全大模型 智能化安全运营 快慢思考 紧凑型多专家协同大模型 智能体工作流

一 大模型的"快慢思考"原理

（一）剖析当前大模型的能力

大模型自 2022 年底推出以来，在广泛的专业和学术领域，展示出了一定的"理解"能力，给用户带来震撼。可以观察到，包括大模型在内的机器学习算法能够发现信息之间的概率性关联关系，这可视为一种

---

* 潘剑锋，博士，正高级工程师，360 集团首席科学家、数字安全集团 CTO，中国国家信息安全漏洞库首批特聘专家；黄绍莽，360 数字安全集团安全大模型技术总监，长期从事人工智能相关的前沿研究和技术转化工作；马琳，博士，高级工程师，360 数字安全集团高级安全专家，主要研究人工智能与安全领域的结合。

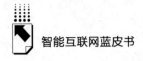

"理解"，目前大模型的"统计性理解"和人类的"本质性理解"虽然有许多相通之处，但面对复杂问题时，两者的巨大鸿沟就会明显地显现出来。

（二）大模型的"快慢思考"原理

参考诺贝尔经济学奖获得者、心理学家丹尼尔·卡尼曼（Daniel Kahneman）在其著作《思考，快与慢》中提出的人类大脑处理信息的不同方式，我们引出"大模型快慢思考"的概念，进而评估当前大模型"擅长做什么，不擅长做什么"，确定大模型在垂直领域应用的技术路线，更好发挥大模型的战斗力。大模型的"快慢思考"具体包括以下几点。

（1）快思考。从大量标签（经验）数据中找出统计性规律，从而解决同类问题的过程，我们称之为"快思考"。它一般是快速的、无反省的，也是很难控制或修正的。

（2）深度思考。在问题和答案之间加入大段推理过程，通过推理式计算不断提升生成答案的准确性，我们称之为"深度思考"（类似 DeepSeek-R1 或 GPT-o1/o3）。

（3）慢思考。基于被理解对象的本质进行关联分析，我们称之为"慢思考"。慢思考一般涉及复杂的计算过程，需要反思、多步骤推理，整体是缓慢的、耗费资源的，不容易出错、存在控制，可能需要结合外部工具、知识调用等，是"深思熟虑"的结晶。

（三）现阶段大模型的"擅长"与"不擅长"

大模型的价值是很好地模拟了人脑的"快思考"。通过海量数据训练，做文字符号层面的统计处理，从数据中找出统计性规律，在概率的意义上掌握学习样本所反映的隐含知识，并以此为基础来生成内容。

推理大模型（GPT-o1/o3、DeepSeek-R1 等）的价值模拟了"深度思考"，其使大模型向"慢思考"更近了一步。大模型的"深度思考"试图突破在"快思考"阶段模型训练数据的局限，寻找能力增长的"第二曲线"。

目前大模型在一些需要通过多步推理、反思得出结果的复杂任务上，表现出了一定的能力局限。主要原因是依靠当前模型结构，更多是基于统计概率进行生成式预测，还不是"本质性理解"。

大模型的"深度思考"不是真正的"慢思考"，并未脱离语言模型的框架。在部分简单任务上，大模型生成的基于表象的统计性理解已经逼近人类的"慢思考"；但在足够复杂的任务上，"快思考""深度思考"与"慢思考"就会产生明显差异。

二　安全大模型落地整体思路

（一）安全大模型产业发展现状

以美国为代表的国外市场引领了安全大模型的创新潮流。微软率先推出了 Microsoft Security Copilot，利用大模型技术强化其网络安全产品和服务。紧随其后的派拓网络（Palo Alto Networks）、防特网（Fortinet）和 CrowdStrike 等公司也迅速跟进，通过整合大模型技术提升其安全产品的整体智能化水平。[①] 这些企业利用先进的大模型技术，优化了威胁检测的准确性，降低了误报率，同时也提高了自动化水平，使得安全响应时间从天级缩短至分钟级，显著提升了防御效率。

部分公司实例描述如下。Anomali 公司这家美国网络安全公司自 2013 年成立以来，已经成为威胁情报领域的领导者。Anomali 不仅提供 SaaS 和本地部署的威胁情报平台，还在 2022 年发布了云原生扩展检测和响应（Extended Detection and Response，XDR）解决方案。2023 年，Anomali 开始提供由人工智能驱动的安全分析，利用 AIGC 技术自动收集威胁数据并驱动

---

① 《安全大模型技术与市场研究报告》，微信公众号"数说安全"，2024 年 6 月 27 日，https：//mp.weixin.qq.com/s/xEk5OTjer8RMRD_ dkgXkKg。

检测、优先级排序和分析，实现了从检测到修复的快速安全响应。① Check Point 软件技术公司作为防火墙的发明者和老牌网络安全公司，在其量子网络安全平台（Quantum Cyber Security Platform）的 Titan 版本中采用了 AI 技术，特别是在域名系统（Domain Name System，DNS）安全、零钓鱼防护方面，通过深度学习技术提高了防护水平。② 派拓网络公司在大模型技术的推动下，通过其 Prisma Cloud 平台增强了云原生应用的安全性，特别是在容器安全和 DevSecOps③ 方面，利用 AI 技术实现了更智能的威胁监测和响应。④ CrowdStrike 公司利用大模型技术提升了其 Falcon 平台的威胁检测能力，能够更精准地识别和应对零日攻击，同时通过 AI 技术优化了事件响应流程，加快了从威胁检测到事件处置的速度。⑤ Fortinet 公司通过旗下的威胁情报研究机构 FortiGuard Labs，结合大模型技术，提升了网络威胁情报的收集和分析能力，强化了其下一代防火墙的安全防御体系，尤其在自动化防御策略生成和攻击研判方面表现突出。

在国内，安全大模型产业化同样展现蓬勃生机。360、中国电信、深信服、奇安信、天融信等企业纷纷宣布了基于大模型的网络安全产品计划。这些企业在安全垂直领域结合自身特点，分别在智能化安全运营、深度威胁监测、自动化处置响应等多方面提升网络安全综合防御水平，在安全大模型的技术方案、产品化应用等方面取得了一些阶段性进展。

综合国内外发展可见，美国在通用大模型底层技术的研究上起步较早，更为成熟，拥有更多的研究资源和企业投入。在安全大模型方面，微软、谷

---

① 《安全大模型技术与市场研究报告》，微信公众号"数说安全"，2024 年 6 月 27 日，https：//mp.weixin.qq.com/s/xEk5OTjer8RMRD_dkgXkKg。

② 《"Check Point 带来全新 AI 网络安全和高级威胁防御解决方案"》，百易（DOIT），2022 年 10 月 26 日，https：//www.doit.com.cn/p/486572.html。

③ DevSecOps 指将开发（Development）、安全（Security）和运维（Operations）三者融合的软件开发和运营理念及实践方法。

④ 《Palo Alto Networks 推出先进云安全解决方案，整合 AI 驱动创新》，英为财情，2025 年 2 月 13 日，https：//cn.investing.com/news/company-news/article-93CH-2670377。

⑤ 全球移动通信系统协会（GSMA）：《人工智能赋能安全应用案例集（AI in Security）》，2021 年 2 月 22 日，https：//finance.sina.com.cn/tech/2021-03-02/doc-ikftpnnz0484567.shtml。

歌等大型企业借助其通用大模型的强大能力，形成了 Security Copilot、Sec-PaLM 等成熟的安全产品。国内虽在通用大模型技术的研究和应用方面起步较晚，但是在安全大模型的研发上，国内企业和研究机构正积极探索，面向安全数据特点，通过调整模型结构、深度定制推理程序，实现安全大模型专项训练，在终端行为研判、网络告警分析等场景下实现"弯道超车"，达到通用大模型不具备的深度安全能力，以适应不断发展的市场需求和技术挑战。

（二）做安全大模型的必备条件

随着安全大模型不断产业化落地应用，区分"安全垂直大模型"与"通用大模型的安全应用"，确定做好安全大模型的必备条件，为安全大模型不断深入安全场景、切实解决安全问题奠定基础。

1. 区分"安全垂直大模型"与"通用大模型的安全应用"

当前，很多安全产品或系统应用了安全大模型，主要包括两种模式：一是应用了安全垂直大模型；二是通用大模型的安全应用。这两种模式之间的区别就像"主任医师"与"一个博学的人拿着一本医科全书"，虽然两者都能根据病人主诉的症状开出药方，但是在"诊断病症的深度"和"药方的效果"方面却存在着较大区别。

安全垂直大模型更像"主任医师"，聚焦于从安全日志、安全告警、安全知识等特定安全数据的文字符号之间发掘关联关系，重点实现安全知识类、安全研判类、安全处置类等各类安全任务，其核心特征包括以下几点。第一，"学得进去"安全数据。基于通用大模型的各类基础能力，通过模型结构调整，借助监督微调、强化学习训练等多种"专项学习"方式，让模型学习安全数据中的特定隐性规律，同时避免"过拟合"和"跷跷板"问题。第二，干专业的"安全事儿"。能够解决通用大模型解决不了的安全任务，如终端检测与响应（Endpoint Detection and Response，EDR）行为序列端到端研判等。第三，与安全场景深度融合。能够深入安全场景内部，针对终端行为序列检测、网络告警降噪、威胁组织归因等各类安全业务场景深度

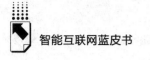

融合。

通用大模型的安全领域应用更像"一个博学的人拿着一本医科全书"，实际是利用通用大模型的能力，通过挂接知识库、结合智能体等外部方式，针对安全场景进行落地应用，其核心特征包括以下几点。第一，依赖通用大模型的能力。整体效果强依赖于现阶段通用大模型的能力达到什么程度，例如关键信息提取、归纳总结、知识问答等。第二，与安全场景"表面"结合。目前主要在安全产品或系统中实现安全知识问答、告警结构化解读、报告总结生成等功能。第三，只能在模型"外围"想办法。一般利用挂接知识库、结合外部工具，或者通过简单 SFT 微调等方式，仅仅利用模型的自然语言意图识别能力，通过知识库召回，大模型对召回内容进行总结输出，同时整合工具能力。

2. 做安全垂直大模型的必备条件

安全垂直大模型深度融入各类安全场景，需要能够完成通用大模型解决不了的安全任务，因此做真正的安全垂直大模型具有较高的技术门槛，其中必备条件包括以下几方面。

第一，海量高质量安全数据积累。安全数据是构建安全垂直大模型的基础，其主要包括两类：一是海量高质量安全语料，用于大模型的微调与专项训练，该类数据要达到一定的数量，同时有较高的质量要求；二是高质量安全知识，用于协同大模型在安全场景中共同完成具体安全任务，消除幻觉、增强及时性信息等，该类数据一般为安全专家运营后的高价值数据，比如威胁情报、攻防技战术等。

第二，创新优化模型底层。网络流量、终端行为、日志告警等安全数据与通用的语言类数据不同，虽然具有一定的序列化特性，但存在重复标签多、前后语义关联性不紧密等特点，各类安全数据的专项训练不是仅仅通过通用大模型的简单 SFT 微调就能达到效果的，需要深入模型内部结构，针对不同的安全任务类型，面向不同安全数据特点，创新模型架构，优化模型训练、推理方法，因此需要掌握模型底层技术。

第三，与安全场景深度融合。深度打开终端安全、流量检测、资产管理、安全运营等各类复杂的安全场景，明确现阶段安全大模型裸模型能够做哪些事情，传统的工具或引擎能够做哪些事情，以及两者如何进行协同。做到这些需要在安全领域深耕多年，对安全产品/系统中的各类安全场景非常熟悉，同时具备主防分析、告警运营、攻防渗透等多种安全专家，能够将安全大模型与各类安全工具、安全知识，面向不同安全场景进行联动协同。

（三）安全大模型落地整体思路

1. 快慢思考任务划分

采用"小切口、大纵深"的原则，选取具体的安全场景，细化成一个个的安全任务，然后区分哪些是"快思考"任务、哪些是"慢思考"任务，进而为后续落地的具体技术路线确定方向。其中，"快思考"任务一般为能由专门训练后的安全大模型直接推理出结果的任务。"慢思考"任务一般指需要进行深度推理与反思多步骤才能完成，并可能需要结合外部工具、外部知识等的安全任务。

通过对"快思考"任务、"慢思考"任务做出清晰的界限划分，很容易判断一个任务是否需要"慢思考"的介入，进而判断它是否适合安全大模型解决。以基于终端行为的威胁狩猎场景为例，终端行为日志研判为"快思考"任务，还原整个攻击链为"慢思考"任务，判别攻击组织画像为"慢思考"任务。

2. 不同安全任务落地思路

针对安全场景内不同的快慢思考任务，整体落地思路如图1所示。

"快思考"任务落地思路：针对专项安全任务生产安全数据语料进行模型结构优化，创新模型训练程序，通过专项训练的方式来完成。当前已针对端点检测与响应（EDR）、网络检测和响应（NDR）、安全运营等多个安全场景，细化梳理出网络告警研判、钓鱼邮件研判、终端行为日志研判等快思考任务，并通过准备相应训练数据进行多轮训练。

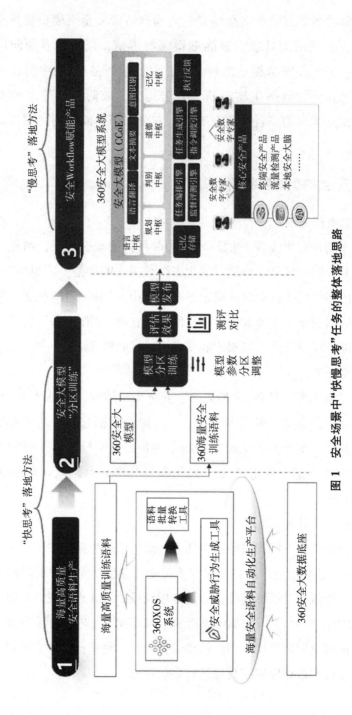

图 1 安全场景中"快慢思考"任务的整体落地思路

188

"慢思考"任务落地思路：现阶段运用智能体工作流（Agentic workflow）结合安全大模型的方式，通过专业化安全编排落地，可达到部分慢思考效果。当前的实现方式，以安全大模型为核心，利用前期积累的专家经验步骤，结合外部知识和工具，增强智能体规划、反思能力，编排形成工作流（workflow），以实现模型推理、外部工具调用、知识库查询的自动化结合，进而完成复杂安全任务。

三 安全大模型实践技术路线

（一）"快思考"任务：安全大模型专项训练

针对安全领域的"快思考"任务，设计了紧凑型多专家协同大模型（CCoE）架构[①]，在安全领域已得到实践应用。CCoE 是针对垂直领域的模型架构，而非一个模型，可基于任何大模型基座进行结构调整和专项训练。该模型结构的出现不是为了"碰瓷"混合专家模型（Mixture of Experts，MoE），而是在安全领域经近两年不断地碰壁、反思、沉淀而来，整体设计思路如下。

（1）适应不同安全任务。根据可以"快思考"来解决的任务需求，训练形成不同的模型分区，为各种安全任务构建不同的"专家分区"。

（2）模型能力与参数达到平衡。各专家分区既需要降低成本，又需要保证效果，即模型能力与参数达到平衡。与多个小参数的大模型组合调用不同，CCoE 采用一体化的模型结构，在保证模型推理能力、任务研判能力的情况下，将模型参数压缩到最低，每个任务训练是激活参数的合理压缩，保证模型能力与参数的最优化。

（3）一体化分区训练。深度定制训练程序，针对不同任务类型，分别进行模型分区训练，有效缓解训练过程中多任务冲突问题。

---

① Huang Shaomang, Pan Jianfeng, Peng Min, Zheng Hanzhong，CCoE：A Compact LLM with Collaboration of Experts，2025 年 2 月 18 日，https://export.arxiv.org/pdf/2407.11686.

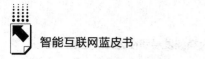

（4）各分区协同工作。与通用的 MoE 架构相比，CCoE 架构更加针对垂直领域任务特点，实现专家分区的明确组合，并优化推理过程保证面向特定任务的有效性。

CCoE 模型架构如图 2 所示。

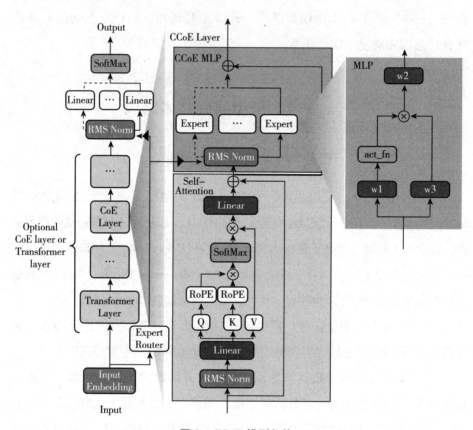

图 2　CCoE 模型架构

CCoE 架构与模型基座解耦，具备模型迁移能力，专项任务训练不必训练大规模的模型基座参数，并且有效避免"跷跷板"效应。[①] 在模型基座之上，针对各类安全研判任务、安全分析任务、安全生成任务，设计了各类安

---

① "跷跷板"效应指对模型进行某些专项任务训练时，在提升某一方面性能的同时，可能会导致其他方面性能下降的现象。

全任务"专家",这些"专家"之间保持相互独立,训练过程和推理过程无干扰。同时,这些"专家"即插即用,仅对路由参数少许训练,即可完成新任务"专家"扩展工作。在推理性能方面,采用共享算力的方式,优化了矩阵计算,节省了推理算力,提高生成速度。

当前针对端点检测与响应(EDR)、网络检测和响应(NDR)、安全运营等安全产品的多个安全场景,梳理出网络告警研判、钓鱼邮件研判、终端行为日志研判等"快思考"任务,通过准备相应专项训练数据,已基于CCoE架构完成进行了多轮训练,并在相关安全产品上进行了落地应用。

(二)"慢思考"任务:Agentic Workflow 安全专家经验沉淀

面向各类"慢思考"任务,构建安全大模型平台,采用低代码方式,利用前期积累的专家经验步骤,整合安全大模型、安全知识库、安全工具库的能力,实现安全的 Agentic Workflow。安全大模型平台主要由 CCoE 安全大模型(裸模型)、安全知识库、安全工具库以及 Agent 框架组成,对上以安全数字专家的方式进行对接,实现面向安全产品系统的安全赋能,具体架构如图3所示。

1. CCoE 安全大模型

CCoE 安全大模型基于百亿参数大模型底座,在模型结构、推理程序等模型底层进行创新,将大模型海量参数按照任务类型进行分区,每个分区相当于一个"专家"模型。采用多"专家"协同方式,每次安全任务无须激活所有参数,根据任务类型、能力要求灵活组合调用语言中枢、规划中枢、判别中枢等。这样可以极大提升模型推理效率,降低模型训练成本,有效缓解多任务冲突问题。

2. Agent 框架

Agent 框架作为安全大模型对接安全产品或系统的接口,弥补安全大模型无法直接调用工具、利用知识的短板。主要提供目标理解、逻辑推理、工具调用、效果评估和知识记忆等能力,通过灵活调用各类安全工具,为解决复杂安全问题提供智力支持。具体包括外部插件、技能编排、数字专家等,通过构建安全数字专家的方式,对上向安全产品赋能。

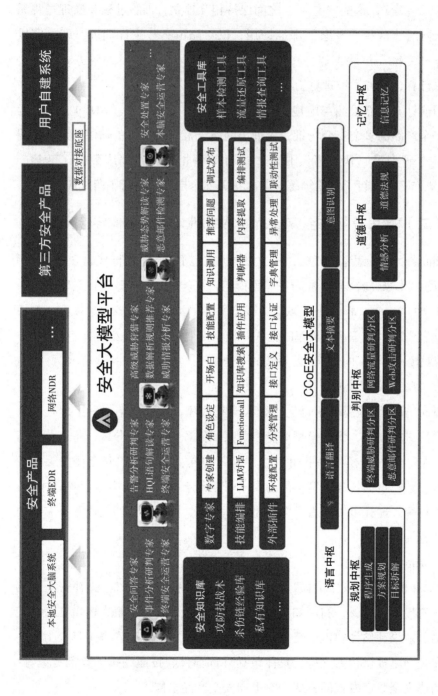

图 3　安全大模型平台架构

3. 安全知识库

面向安全业务中通用知识查询、专用知识问答、文档生成辅助等业务应用场景，重点针对现有大模型存在安全专有领域知识无法理解、数据过期、生成式幻觉、事实偏差等问题，专用向量化安全知识库，通过不断优化检索增强技术，对接安全领域业务应用，实现安全专用知识问答、安全文档智能化生成，提升安全知识管理的智能化水平。

4. 安全工具库

基于 Agent 框架，结合安全工具库，实现安全大模型对于安全工具的自动化调用。安全工具接收到指令和参数后，执行具体的漏洞扫描、流量分析、数据访问、样本检测、响应处置等安全任务，然后反馈执行结果。安全工具库主要包括系统自带的安全工具和用户私有沉淀的安全工具，包括终端安全管理相关工具、威胁情报分析相关工具、抗攻击能力评估相关工具、威胁检测相关工具等。

5. 安全数字专家阵列

安全数字专家作为安全大模型对接安全产品的中间层，可通过低代码编排的方式，根据业务场景通过配置提示词、关联安全技能等操作，创建 Agentic Workflow——发布后会成为一个个安全数字专家，即可对接各类安全产品/系统，具体如图 4 所示。

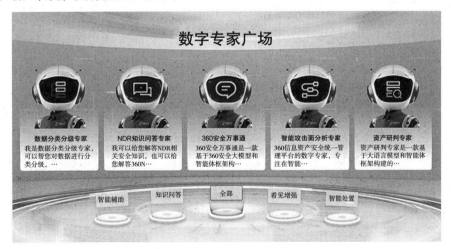

图 4　安全数字专家阵列示意

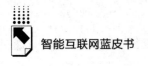

四 安全大模型典型实践案例

（一）基于安全大模型的自动化威胁狩猎系统

国家级攻防对抗形势日益严峻，120余个国家组建网络部队，加大网络攻防投入。中国成为全球高级持续性威胁（Advanced Persistent Threat，APT）攻击首要地区性目标。这些对手攻击手段隐蔽、长期、持续，仅靠传统安全产品很难发现，需要长期跟踪该领域的高级安全专家发掘线索，狩猎难度很大。

基于安全大模型的自动化高级威胁狩猎系统通过专项训练，学习了海量终端、网络等攻击特征，具备了一定的威胁狩猎专家识别能力，可快速判定并标记可疑行为，从而辅助安全产品或系统发现威胁，并自动化调用外部工具和知识进行辅助研判，为安全专家提供深度研判的基础，实现自动化的溯源分析、正向推理、证据链关联等，分析出完整攻击链路，发现真实攻击意图并给出处置建议，实现真正意义的自动化高级威胁狩猎。目前，安全大模型自动化高级威胁狩猎系统已对外服务于政府、能源、金融、教育等关键客户。

（二）技术创新

1. 模型底层创新，与安全场景深度结合

与采用开源大模型挂接专用知识库的方式不同，基于安全大模型的自动化威胁狩猎系统在模型结构、推理程序等模型底层进行创新，独创"紧凑型多专家协同大模型"（CCoE）安全大模型结构，做到掌握模型核心机理，模型"打得开，调得了，训得起来"。这样能够将"大模型+安全"的道路走深走远。

2.应用模式创新，全链路未知威胁猎杀

以 EB 级①高质量安全数据为基础，基于安全大模型的自动化威胁狩猎系统通过海量终端数据、网络流量、日志数据的专项训练，学习各种攻击特征，进而能够快速识别潜在威胁和攻击行为，对日志、告警进行深度研判，并结合专用猎杀工具，实现自动化的溯源分析、正向推理、证据链关联等，分析出完整攻击链路，发现真实攻击意图并给出处置建议。

（三）预期效益

基于安全大模型的自动化高级威胁狩猎系统建设不仅显著增强了企业的安全创新能力，还将在提升经营效率、降低成本、优化决策制定、促进业务稳健增长等方面发挥重要作用，为企业的长远发展奠定坚实的基础。安全大模型的应用能显著降低和缩短安全事件发生率和响应时间，提高业务连续性和客户信任度，间接促进收入增长和品牌价值提升。自动化与智能化的安全运营管理将减少对人工的依赖，降低长期运营成本，同时提供全局视角，能够基于准确、实时的安全数据做出高效决策，增强企业风险管理能力，优化资源配置，提升经营效率。

参考文献

〔美〕丹尼尔·卡尼曼：《思考，快与慢》，胡晓姣、李爱民、何梦莹译，中信出版社，2012。

Konstantina Christakopoulou, Shibl Mourad, Maja Matari'c, Agents Thinking Fast and Slow: A Talker-Reasoner Architecture, Google DeepMind, 2024.

Jianfeng Pan, Senyou Deng, Shaomang Huang, CoAT: Chain-of-Associated-Thoughts Framework for Enhancing Large Language Models Reasoning, 2025.

---

① EB 即 Exabyte（艾字节），1EB 等于 1024^6 字节。

市场篇

B.13
大模型赋能智能政务发展现状与趋势

李 兵　原春锋　阮晓峰　张岳灏　高广泽*

摘　要：　本文梳理了大模型及政务大模型的国内外发展现状，并分析其在政务服务中的实际应用情况、所面临的难题和发展趋势。未来，大模型赋能政务服务将更加注重场景化应用与生态构建，推动资源整合与产业基础建设，同时加强数据安全、隐私保护以及安全监管，实现更广泛、更可靠的政务智能决策、全流程智能化管理和高效应急响应。

关键词：　大模型　智能政务　智能互联

---

* 李兵，中国科学院自动化所研究员，博士生导师，人民中科研究院院长，国家优青，北京市杰青，研究领域为跨模态人工智能与安全；原春锋，中国科学院自动化所研究员、人民中科研究院研究员，研究领域为跨模态大模型；阮晓峰，中国科学院自动化所助理研究员、人民中科研究院研究员，研究领域为模型压缩与加速；张岳灏，中国科学院自动化所，研究领域为智能政务服务；高广泽，中国科学院自动化所，研究领域为智能政务服务。

一 引言

2022 年以来，OpenAI 发布 ChatGPT，凭借其逼真的自然语言交互与多场景内容生成能力，开启大模型时代。随后，国内外科技企业竞相围绕大模型布局，纷纷推出大模型产品，使大模型逐渐发展成为新型基础设施，为上层行业应用开发和开源生态提供低成本技术支撑。2025 年 1 月 20 日，国产 DeepSeek 发布其模型 R1[①]，该模型在多项测试中的表现均优于 OpenAI，并以其 557. 6 万美元的极低训练成本大幅降低了大模型基座的训练成本，为大模型低成本发展应用打下了坚实基础。

近年来，国务院在《国务院关于加强数字政府建设的指导意见》《国务院办公厅关于依托全国一体化政务服务平台建立政务服务效能提升常态化工作机制的意见》等文件中，均提出要强化政务服务数字赋能，加强对人工智能等新技术的探索与运用。《国务院关于进一步优化政务服务提升行政效能推动"高效办成一件事"的指导意见》更具体提出了"探索应用自然语言大模型等技术，提升线上智能客服的意图识别和精准回答能力，优化智能问答、智能搜索、智能导办等服务，更好引导企业和群众高效便利办事"的要求。同时，美国、日本、新加坡、韩国等国家也积极探索将大模型能力融入政务领域，推动智能政务的发展。

大模型赋能智能政务服务，是指通过大模型的强大自然语言处理能力、信息整合能力和逻辑推理能力，构建高效、智能的政务服务体系。其核心在于利用大模型的基础能力和可扩展性，解决政务服务中复杂语义理解、多源异构数据整合以及跨领域协同等问题，从而推动政务服务从"能办"向"好办""易办""高效办"转变。

[①] Liu A, Feng B, Xue B, et al. ，"Deepseek-v3 technical report"，arXiv preprint arXiv：2412. 19437, 2024.

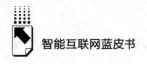
二 大模型赋能智能政务服务

（一）大模型发展新动态

1. 大模型国内外发展现状

大型语言模型（Large Language Models，LLMs）主要指基于 Transformer 架构的预训练语言模型（Pre-trained language models，PLMs），相比传统的预训练语言模型，LLMs 不仅在模型规模上大幅增长，还展现出更强的语言理解与生成能力。本文主要介绍国际典型大模型的发展现状，如图 1 所示，主要分为 GPT 系列、Llama 系列、PaLM 系列以及代表性科技公司训练的大模型。

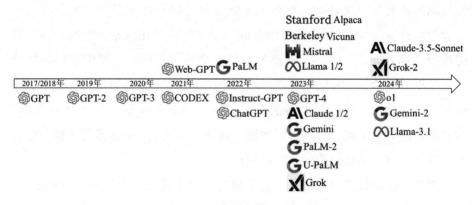

图 1　国际典型大模型时间线

在以 ChatGPT 为代表的生成式大模型发布后，国内企业也陆续推出了一系列有竞争力的大模型产品，在激烈的"百模大战"中不断创新迭代，模型性能迅速提高，现已涌现一批优秀、高效、易用、可靠的大模型产品，在多项通用性能上处于国际领先水平。

目前大模型产品着力发展包含自然语言、图像、视频、语音的多模态[①]基础理解能力、超长文本理解能力、多轮对话能力、多语言翻译理解能力、代码生成能力、复杂数理逻辑推理能力、信息检索能力、事实判断和价值对齐能力、创意内容生成能力、高效快捷交互能力，现行发布的国内大模型均具备上述能力，表 1 为国内部分大模型产品特征情况。

表 1　国内部分大模型及产品特征

厂家	产品名称	产品特征
百度	文心一言	基于知识增强技术的大模型,有强大的问答和理解能力
阿里巴巴	通义千问	在客服、电商等商务场景有强大应用能力
腾讯	混元	混合专家模型,擅长处理文档摘要和文档问答等长文本任务和高质量图片生成任务
华为	盘古	面向行业的多层次大模型,深耕行业领域难题
科大讯飞	星火认知	语音识别和自然语言理解方面有独特优势适用于教育、办公等领域
商汤科技	日日新	图文理解能力强,多模态融合性能卓越
月之暗面	Kimi	具有超长文本能力,适用于专业学术论文理解
昆仑万维	天宫 AI	性能领先的双千亿级大模型
智谱 AI	GLM-4	领域知识广泛,实时更新,推理能力强,响应迅速
快手	可灵 AI	视频生成能力领先
360 公司	360 智脑	涵盖网络安全领域的认知型大模型
字节跳动	豆包	可语音交互式定制个性化内容创作
深度求索	DeepSeek	在编程、数学推理等任务上性能领先,高效低价
MiniMax	海螺 AI	视频生成和内容创作性能卓越

2. 国内大模型在垂直领域的应用

通用大模型在聊天对话中的表现令人惊叹，但在具体领域、特定场景解决专业问题，落地成为实用工具方面仍面临挑战。从技术角度，训练垂直大

---

① Zijing Liang, Yanjie Xu, Yifan Hong, Penghui Shang, Qi Wang, Qiang Fu, and Ke Liu., A Survey of Multimodel Large Language Models, In Proceedings of the 3rd International Conference on Computer, Artificial Intelligence and Control Engineering (CAICE '24), Association for Computing Machinery, New York, NY, USA, 2024, 405 – 409, https：//doi. org/10. 1145/3672758. 3672824.

模型需要在通用大模型的基础上进行增量预训练、指令微调和人类偏好对齐，检索增强生成来对模型注入领域知识，减少生成幻觉，提升答案可靠性。基于此，国内同样涌现诸多垂直领域大模型，通过在特定领域使用高质量专业数据学习，表现出深入、强大的专业能力。

国内的垂直大模型所覆盖的领域范围十分广泛，包括法律、金融、政务、交通、医疗、教育、通信、水利、遥感、文旅、安全等，现阶段国内部分垂直大模型情况如表2所示。

表2 国内部分垂直大模型情况

领域	发布者	模型
法律	北京大学	ChatLaw
金融	蚂蚁集团	蚂蚁金融大模型
政务	华为	盘古政务大模型
交通	北京交通大学等	TransGPT
医疗	神州医疗	神州医疗大模型
教育	科大讯飞	讯飞星火认知大模型
通信	华为	华为通信大模型
水利	华自科技	共工大模型
遥感	蚂蚁集团	SkySense
文旅	云知声	山海大模型
安全	人民中科	白泽大模型
……	……	……

（二）政务大模型的应用探索

1. 国际政务大模型发展现状

据不完全统计，截至2025年5月，全球范围内已有22个国家或地区将大模型技术引入政府事务管理，包括美国、英国、加拿大、日本、韩国、新加坡等国家，在政务领域逐步展开大模型应用，不仅在中央政府层面部署了生成式大模型工具，还在地方政府层面积极探索其实际应用，主要涵盖政务大模型政策智能问答系统和政府管理系统，涉及文本生成、服务支持、决策分析、科研创新等多个领域。

2024 年以来，ChatGPT 已被超过 3500 个美国联邦、州和地方政府机构的 90000 余名用户使用，发送了超过 1800 万条消息，用于协助各种任务。典型应用包括空军研究实验室改善内部资源访问，洛斯阿拉莫斯国家实验室推进科学研究，明尼苏达州企业翻译办公室优化翻译服务，以及宾夕法尼亚联邦的 AI 试点项。2025 年 1 月，OpenAI 推出了 ChatGPT Gov——专为美国政府机构定制的 AI 模型新版本，通过提供先进的人工智能工具来提高政府运营的效率和生产力。

日本政府于 2023 年 4 月组建了一个特别战略小组，制定了一项针对人工智能的国家战略及相应规则、标准，其核心目标是通过科学合理地利用 AI 技术来提高行政效率，确保 AI 技术健康发展。同时，日本政府在多个领域启动了生成式人工智能的试点应用。2024 年 10 月 18 日，日本农业食品产业技术综合研究机构开发出了一套学习农业知识的 AI，并将在三重县启动试运行，这套 AI 系统将首先应用于草莓栽培领域，为推广指导员提供支援。

AI 技术在为新加坡政府节约成本、提升工作效率和改善民众服务方面发挥了重要作用。2023 年 4 月，一套被称为"Pair"的系统走入了新加坡当地公务员的日常工作，提供聊天助手服务。在 2023 年第二季至 2024 年末期间，逐步开发出政府部门背景带入聊天、评估输出质量等功能，加快电子邮件、研究和想法产出。据官方报道，目前，该产品周活跃用户超过 4500 人。

韩国首尔市政府于 2024 年 4 月 2 日公布了"首尔市人工智能行政推进计划"，主要内容包括利用人工智能技术提升行政服务质量，为扩大市民所能感受到的政策奠定基础等，预期于 2026 年，提供"在线非法有害内容自动检测""基于人工智能技术的 120 智慧咨询""基于人工智能技术的智慧路口"等服务。

2. 国内政务大模型发展现状

（1）国内政务大模型的多元参与格局

在国内政务大模型的发展中，多种类型的参与主体共同构成了多元化的参与体系。这些参与者包括互联网巨头、创新型科技企业、科研单位、高校、大型国有企业和传统软件公司,它们各自发挥着独特作用,共同推动政务大模型市场的繁荣发展。

互联网巨头如腾讯和字节跳动等,在政务大模型领域扮演着核心角色。这些公司凭借深厚的技术积累和显著的市场影响力,引领着行业发展。例如,腾讯的云服务和人工智能技术广泛应用于政务信息化建设中,而字节跳动则利用其强大的数据处理能力和云计算平台为政务大模型提供了坚实的技术支持。

创新型科技企业如人民中科、智谱华章和百川智能等,虽然在技术力量和市场份额上不及大型企业,但通过灵活的创新机制和敏锐的市场感知,已在特定领域实现突破,为政务大模型市场注入新活力。

科研单位和高校如中国科学院自动化研究所、清华大学和复旦大学等,通过前沿研究和人才培养,为政务大模型的发展提供理论基础和技术支持。

大型国有企业如中国移动、中国电信和中国联通等,利用央企优势和丰富的数据资源,积极开发通用和行业大模型,不仅在基础设施建设上具有优势,还在数据安全和隐私保护方面提供了更为可靠的保障。

(2)政务大模型的地域应用特色

政务大模型的发展在中国各地呈现多样化态势,各地根据自身的资源、政策和需求,形成了特色的区域应用格局。

在北方地区,北京利用其政策和科技优势,成为政务大模型的前沿阵地。2025年1月,北京经济技术开发区发布了智慧城市建设的十大创新成果,包括全国首个政务大模型服务平台"亦智",该平台采用"模型共享、知识共建、算力共用"模式,有效赋能政府部门的数字化转型,优化政务服务体验。北京还建立了全国首个人工智能数据训练基地,算力已达到5000P。

在南方地区,广东展示了强大的创新力和应用深度。珠海市与金山云签署战略合作,推动数字政府基础设施建设和AI应用。珠海市委市政府推出"云上智城",目标是构建城市级全域数字域,吸引垂直和场景大模型企业落地珠海。金山云依托珠海市的电子公文数据，推出了包括文稿智能生成和智能审办等多项政务办公应用，形成了"珠海政务云+金山政务办公大模型"的政务办公模型。

总体来看，全国范围的政务大模型应用呈现全面开花的发展态势。各地区都在结合自身特点和需求，积极探索适合自己的应用场景，呈现了"一城一策"的特点，也形成了一批具有代表性的示范应用案例。通过政企深度合作，推动了政务大模型的快速落地应用，为提升政务服务质量与效率，加快数字政府建设提供了有力支撑。

3. 智能政务服务的应用探索

在全球范围内，美国、英国、爱尔兰、丹麦、澳大利亚、加拿大、阿联酋、卡塔尔、以色列、新加坡、日本、韩国等多个国家和地区，已广泛将大模型技术应用于政府事务管理之中。我国也着力推动政府从传统数字化向全面数智化的跨越式发展，重点聚焦于为中央和地方政府机构持续提供决策辅助，通过有效整合政务服务与城市公共服务的多元化功能，搭建起政策咨询、办事服务等平台，并构建各类"智能体"，为提升政府治理效能、优化公共服务供给提供了有力支撑，推动政务服务模式向更加智能化、高效化、精准化的方向转变。

（1）智能政府管理

大模型在政务管理中以数据驱动、智能交互、实时监测、决策支持为核心能力，全面赋能城市治理、办公辅助、公共安全等领域，进而推动城市运行更加高效，政府管理效率提升，增强政府应急管理和社会治理能力，助力智慧政务建设迈向更高水平。智能政府管理主要包括以下几个方面。

城市治理。在城市治理中，大模型通过对多源数据的整合和分析，帮助政府决策者全面了解城市运行状况。在交通管理方面，大模型结合交通流量实时监控和天气数据，生成动态交通优化方案，包括红绿灯时间调整和拥堵疏导建议。在能源管理方面，通过对城市电力、供水等资源使用情况的分析，大模型能够发现浪费或过载区域，为节能减排提供支持。

办公辅助。在日常办公场景中，大模型在公文、材料写作等方面展现显著的赋能优势。政府工作人员仅需输入关键基础信息,大模型便能依据既定的公文规范,自动生成格式标准、内容恰当的通知、报告、决议等各类公文。同时,大模型能够快速识别公文中的语法错误、格式问题以及政策内容的准确性问题,减少人工审核的时间,提升公文处理效率。在国际交流或跨区域合作中,大模型所具备的智能翻译功能,能够将文件快速翻译成多种语言,并保持专业性与规范性。在政府内部文件与数据管理方面,大模型通过先进的语义分析技术,能够基于文档的主题、时间以及涉及的部门等关键要素,实现文档的自动分类与整理,方便后续检索和归档。同时,依托政务知识图谱,大模型能够快速定位并提取相关政策法规,为工作人员在处理政务事务时提供实时参考。在政府跨部门协作方面,大模型可以显著提高沟通效率,实时记录会议内容,并自动生成条理清晰的会议纪要分发给相关人员。

公共安全。在公共安全领域,大模型通过实时数据分析和预测能力,能够帮助提升风险防控水平,优化应急管理措施。在突发事件中,当面临地震、火灾等灾害时,大模型能够快速整合多源信息(如监控视频、传感器数据等),分析救援物资和人力资源分布情况,优化调配方案,确保物资及时送达受灾地区。在舆情分析与引导方面,大模型能够快速捕捉网络舆情动向,分析公众关注焦点,预测舆情发展趋势,进而协助政府及时做好信息公开,有效开展舆论引导。

(2)智慧政务服务

智慧政府建设是提升公共服务效能、优化社会治理的关键路径。目前大模型在智慧政府领域的应用主要聚焦在政府服务平台"高效办成一件事"的建设,广泛应用于服务导办、政策查询、12345热线咨询以及投诉建议处理等核心领域,全面推动政府服务智能化升级,为公众提供更加便捷、高效、精准的服务体验。

服务导办。服务导办作为政府服务的前哨,是连接公众与政府服务的第一窗口。通过大模型能够基于对上下文的理解,通过引导式提问澄清需求进行多轮对话,为用户提供个性化、动态化的指引服务。这种智能化的服务导办模式,不仅提高了服务效率,还显著优化了用户从需求表达至服务获取的全过程体验，确保服务流程的连贯性与高效性。

政策查询。政策咨询作为政府服务的政策顾问，通过大模型智能分析用户的咨询信息，深度解析海量政策文件，实现快速检索与精准匹配，及时推送相关政策内容及解读信息，为企业和群众提供便捷、高效、全面的政策咨询服务，满足其对政策信息的深度咨询需求。

12345热线咨询。线上12345热线作为政务服务的投诉建议平台，依托大模型开展多轮对话，精准提取关键信息，迅速识别企业和群众投诉的核心要点，涵盖服务态度、办事效率、政策执行等方面。利用智能派发机制，将投诉信息高效流转至相关部门或专员，确保诉求全收录、问题精处理，构建投诉有渠道、办理有策略、反馈有时效的服务闭环，切实提升企业和群众的满意度与信任度。

投诉建议。投诉建议作为整合多系统网民留言入口，搭建跨层级、跨地区、跨系统、跨部门、跨业务的协同管理和服务架构，达成从接收、分析到反馈的全流程智能化闭环管理。利用大模型，实现智能审校筛选、智能辅助分配、综合查询、自动归档等功能。能够快速对内容分类，并将问题精准分配至相关责任部门，同时依据历史案例和政策文件，为工作人员提供解决方案建议，最终生成自动化决策报告。

（三）政务大模型存在的技术问题与对策

1. 语料问题与对策

在政务服务领域，大量的政策文件、办事流程、法律法规等文件都是以标准化、规范化、书面化的语言来撰写，而在政务服务实践中，用户通常是以口语化、地域化、非规范化的方式来表达办事诉求。因此，仅基于政务语料库训练的大模型所构建的智能问答、智能导办等系统很难快速精准地理解用户的真实意图，从而导致"政务语义鸿沟"问题。为了有效缓解该问题，需要重点探索以下关键技术。

一是持续搜集和构建面向政务服务的多地域多语言多事项口语语料库，并以大模型协同领域专家的方式构建面向政务服务的"政务口语知识图谱"。

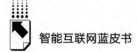

二是借助网络问答社区构建大规模非政务领域口语问答语料库，结合大规模政务语料库，对模型进行预训练；并利用有限的政务服务口语语料进行微调和迁移学习，提升模型的政务口语理解能力，提高对用户口语化查询的理解和响应能力。

三是探索"数据—知识—模型"协同学习的模型训练新范式和新方法，在有限样本条件下，利用有限高质量数据，在领域专家知识的引导下实现面向政务服务的口语化诉求到书面化表达的精准映射。

2. 算法问题与对策

随着深度学习尤其是生成式人工智能技术的快速发展，人工智能在语音识别与生成、自然语言理解与生成、图像/视频理解与生成等领域都取得了突破性进展，各种性能优越的智能算法和技术百花齐放。这也导致很多智能政务服务系统在设计时，一味地追求多种新颖的智能技术的引入，在同一任务中冗余使用不同的人工智能算法，或者在不同任务中重复使用机理近似的算法，从而导致大量人工智能算法的混乱堆砌，忽视了政务服务应用中综合性需求的初衷。为了有效缓解这一技术矛盾，在技术层面需要从单智能体性能提升转向多智能体协同，主要包括以下几点。

一是政务治理的"条块"向"联动"转变。在政务服务中，传统的"条块"模式往往导致各部门工作难以实现高效协作。通过加强跨部门的"联动"机制，推动智能体之间的协同调度和资源共享，促进政务服务整体协同效率的提升。

二是加强意图理解、任务拆解与多元信息交互能力，构建"总客服"式的一站式解决方案。对于用户的多元意图，通过多元信息交互方式利用大模型将用户的需求拆解为具体的、可执行的多个任务，分发给不同的智能体；对于单项复杂任务，通过将其转化为系统能够处理的多个具体步骤协同办理，来提升整体效率和精准度。

三是多智能体协同与信息共享，通过消息传递、任务分配等机制，促进多个智能体之间的信息共享与协作，以实现多部门、跨区域协同，提高政务服务的整体效能。

3. 评估问题与对策

对智能政务服务系统进行系统性评估是判断系统建设质量和服务效果的重要技术手段。然而，人工智能算法的评估往往都是以测试样本为基础，以定量指标为准则的技术性评估。这种评估方式不能完全满足以人为中心的政务服务效果的评估需求。为了进一步提升政务服务系统评估与用户体验的一致性，需要重点探索以下几方面。

一是综合评估机制。结合定性与定量、主观与客观的评估方法，既能衡量系统的技术性能，也能考虑用户的主观体验，从而实现全面的评估效果。定量评估可以考虑准确率、召回率等技术指标，而定性评价则通过用户反馈渠道了解他们使用过程中的体验和感受。

二是全过程无感评估机制。当前大多数的评估与真实用户使用过程是脱节的，往往是在实验室环境下对有限的测试用例进行评估，缺乏对完整使用过程中的用户体验评估。亟须探索利用大数据技术，对用户在政务服务平台办理事项的过程中每个环节页面停留时间、操作频率、鼠标状态等数据进行分析，挖掘潜在用户体验感，从而实现全程无感的评估过程。

三是交互式评估与反馈机制。通过整合多元化的用户参与渠道，如网络评议、社交媒体互动等，将民众的实时反馈纳入评估过程，确保政务服务的评估结果与公众的实际体验和需求相契合，从而实现政务服务的动态优化和持续改进。

通过这些技术探索，可以有效提升政务服务的评估机制和用户体验的一致性，推动政务服务的优化与改进，从而更好地实现以"用户满意"为目标的政务服务。

三　智能政务服务发展趋势

（一）政务大模型发展趋势

1. 技术优化与多模态融合，提升政务服务能力

政务大模型的发展将以技术优化为核心，推动模型架构、算法效率和数

据处理能力的持续提升。多模态融合成为主流趋势，结合文本、图像、语音等多种数据类型，更好地满足政务场景中的复杂需求。例如，政务服务热线可以同时处理语音通话、文字记录和图像信息，提供更加精准的服务。与此同时，模型训练与推理效率将通过模型压缩和分布式计算等技术进一步提升，降低资源消耗，提升整体运行效率。此外，通过与知识图谱、专家系统等技术深度融合，政务大模型将构建起更加丰富的知识体系，显著提升语义理解和认知能力，从而在政策解读和复杂场景分析中提供更智能化的决策支持。

2.场景化应用与生态共建，推动数字化治理

政务大模型的未来发展将聚焦场景化和垂直化应用，针对城市治理、公共安全、环境保护等特定领域开发定制化模型，提升政务服务效率并避免资源浪费。例如，在"一网通办"场景中，通过优化审批流程和智能问答功能，政务大模型可以显著提升服务效率和精准性。同时，政务大模型将强化自适应与个性化服务能力，根据用户需求提供定制化的政策解读和建议，为用户提供更加高效便捷的体验。开源化也将成为重要趋势，通过构建开放生态，政府、企业和科研机构能够共同优化模型，推动政务大模型技术的普及与应用，并增强公众对智能政务服务的信任感。

（二）政务大模型的安全趋势

1.数据安全与隐私保护

政务大模型的应用涉及大量敏感数据，因此数据安全和隐私保护成为未来发展的核心议题。通过引入联邦学习、差分隐私等技术，可以在保证数据安全的前提下实现模型的训练与优化。此外，政府需要建立健全的数据治理体系，明确数据使用权限和责任，确保数据在合法合规的框架下流动。未来，政务大模型将更加注重数据的全生命周期管理，从数据采集、存储、传输到使用和销毁，每个环节都将采用更加先进的加密技术和访问控制机制，确保数据的机密性和完整性，同时严格遵循隐私保护最小化原则，防止数据泄露和滥用。

2. 网络安全与防护升级

政务大模型的广泛应用还带来了新的网络安全挑战[①]，未来需要构建主动防护与被动防护相结合的综合安全体系，提升对网络攻击和数据泄露的防范能力。例如，通过引入区块链等技术，可以进一步增强数据的安全性和不可篡改性，为智能政务服务提供坚实的安全保障。同时，政府应加强对政务大模型的实时监控和风险评估，及时发现并应对潜在的安全威胁，确保模型的安全稳定运行。

3. 安全监管与合规性要求提高

随着政务大模型应用的深入，其安全监管和合规性要求也将不断提高。政府相关部门需制定更加明确和严格的监管政策，对模型的开发、部署和使用环节进行全方位监管。开发者和使用者也应严格遵守相关法律法规，完善内部安全管理制度和风险防控机制，确保政务大模型在满足安全要求的前提下，稳定助力智能政务的发展。

（三）政务大模型应用趋势

1. 智能化与个性化服务的提升

政务大模型推动政务服务向智能化和个性化发展。通过深度学习和自然语言处理技术，大模型能够精准理解并预测用户需求，主动推送相关政策信息和办事流程，同时结合情感分析提供人性化服务，显著提升用户体验和满意度。这一转变使得政务服务从传统的被动响应向更加主动和精准的服务模式演进。

2. 跨部门协同与数据共享促进高效决策

政务大模型推动跨部门协同与数据共享，打破信息孤岛，提高政府整体工作效率。通过统一的数据平台，各部门可以实现数据无缝对接，推动跨部门的高效协作与资源优化配置。在实际应用中，政务大模型能够整合多部门

[①] Badhan Chandra Das, M Hadi Amini, and Yanzhao Wu, Security and privacy challenges of large language models: A survey, arXiv preprint arXiv: 2402. 00888, 2024.

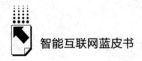

的数据，自动生成协同方案，提升政策决策的全面性和科学性。

3. 智能决策与政策优化

政务大模型在政策制定和优化中发挥着至关重要的作用。通过对海量数据的分析，政务大模型为政府提供科学的决策支持，帮助制定精准的政策建议，并通过模拟和预测评估政策效果。例如，在社会保障和公共安全等领域，大模型可以根据经济、人口等数据为政府提供切实可行的政策建议，及时调整和优化政策方向。

4. 公众参与和社会互动的增强

政务大模型通过智能问答、在线互动等方式，加强政府与公众之间的沟通与合作。公众可以便捷地向政府反映问题、提出建议，而政府也可以利用大模型实时分析公众的需求和反馈，提升决策的科学性和民主性。此外，政务大模型帮助政府提供透明和丰富的政务信息，增强公众对政府的信任与认同，推动良性互动。

参考文献

Liu A, Feng B, Xue B, et al., "Deepseek-v3 technical report", arXiv preprint arXiv：2412.19437, 2024.

Naveed H, Khan A U, Qiu S, et al., "A comprehensive overview of large language models", arXiv preprint arXiv：2307.06435, 2023.

Zijing Liang, Yanjie Xu, Yifan Hong, Penghui Shang, Qi Wang, Qiang Fu, and Ke Liu., A Survey of Multimodel Large Language Models, In Proceedings of the 3rd International Conference on Computer, Artificial Intelligence and Control Engineering (CAICE'24), Association for Computing Machinery, New York, NY, USA, 2024, 405－409, https：//doi.org/10.1145/3672758.3672824.

Kaddour, J., Harris, J., Mozes, M., Bradley, H., Raileanu, R., & McHardy, R., "Challenges and Applications of Large Language Models", ArXiv, 2023, abs/2307.10169.

Badhan Chandra Das, M Hadi Amini, and Yanzhao Wu, "Security and privacy challenges of large language models：A survey", arXiv preprint arXiv：2402.00888, 2024.

B.14
2024年中国智慧农业
发展状况与未来趋势

赵春江 李 瑾 曹冰雪*

摘 要： 我国高度重视智慧农业发展，智能育种、无人农场、智能高效设施园艺、智慧牧场、智慧渔场、农产品智慧供应链等领域发展成效显著，但在政策、数据、技术、人才等方面存在诸多短板。展望未来，智慧农业科技创新与场景建设将持续加速，势必成为农业经济新的增长点。亟须继续加强制度、技术、产业、人才等方面政策供给，助力智慧农业高质量发展。

关键词： 智慧农业 智能育种 无人农场 智慧牧场 智慧供应链

一 引言

（一）智慧农业概念界定

自2009年IBM提出"智慧地球"（Smart Planet）概念后，学术界和相关机构开始将"智慧"与"物联网""大数据""人工智能"等现代信息

---

* 赵春江，中国工程院院士，中国农业信息化领域学科带头人，北京市农林科学院国家农业信息化工程技术研究中心主任/首席科学家、国家农业智能装备工程技术研究中心首席科学家、农业农村部农业信息技术综合性重点实验室主任、中国人工智能学会智能农业专业委员会主任、北京市科协副主席，长期从事现代信息科技与农业融合应用研究，获国家科技进步奖二等奖等；李瑾，北京市农林科学院信息技术研究中心研究员，主要研究方向为智慧农业与数字乡村发展战略；曹冰雪，北京市农林科学院信息技术研究中心博士，主要研究方向为数字化与现代农业。

技术应用范畴紧密结合。在农业领域，随着现代信息技术与农业全产业链的深度融合，"智慧农业"这一概念逐渐形成并发展。如今，智慧农业已成为我国农业产业变革的重要成果，在当前及未来农业发展中将发挥关键作用。

1. 概念内涵

智慧农业是新质生产力在农业领域的具体体现，是指通过现代信息技术、工业装备技术与现代农业生物技术等先进生产力要素与农业全要素、全过程、全生命周期深度融合，形成的数字化管理、智能化决策、自动化作业、精准化投入和网络化服务的全新农业生产经营方式。其本质在于通过数据信息、知识管理与智能装备的应用，最大化节约和利用资源，从而实现农业高质量、高效率、高效能、绿色可持续发展。智慧农业面向农业产前、产中、产后全生命周期，涵盖了种业4.0、无人农场、智能温室、智慧牧（渔）场、农产品智慧供应链、农业智能管理与服务等诸多新型农业产业形态、服务模式与工程科技，是现代农业的重要发展方向。

2. 基本特征

智慧农业的基本特征主要体现在农业信息感知数字化、管理决策科学化、装备控制智能化、要素投入精准化、信息服务网络化五个方面。

（1）信息感知数字化是智慧农业的底层基础。通过集成卫星遥感技术、无人机遥感技术、物联网感知技术等，能够对农业资源环境、动植物生长、农机作业及农产品品质等全要素信息进行自动感知与精准识别，并将其数字化表达，为农业模型构建与数据分析提供基础支撑。

（2）管理决策科学化是智慧农业的核心目标。基于大数据、云计算、人工智能等技术，通过建立农业人工智能大模型与专业领域小模型，能够实现气象灾害预警、病虫害监测、疫病疫情防控、农产品市场风险预警等科学决策，推动农业智慧化管理。

（3）装备控制智能化是智慧农业的主要手段。借助物联网、人工智能等技术，整合传感器、通信系统与控制系统，能够实现农机装备的自动化与智能化操作，可全部或部分替代人高效、便捷、安全、可靠地完成特定复杂的农机作业任务，推动无人作业的全面普及。

（4）要素投入精准化是智慧农业的关键过程。依托农业定量决策模型，能够精准优化农业全产业链资源配置，实现要素投入的定量化与精准化，全面提升农业资源利用率，促进农业节本增效与可持续发展。

（5）信息服务网络化是智慧农业的重要支撑。通过数据挖掘与机器学习构建农业知识图谱，进而结合农业综合服务平台，能够向农业生产经营主体提供符合其需求的多样化信息服务，使农业专家、农技人员与农民之间实现高效互动与精准对接。

（二）我国智慧农业战略布局

智慧农业科技革命风起云涌，大数据、人工智能等现代信息技术与农业领域的融合持续深入。在国家层面，我国政府高度重视智慧农业发展，已构建起一套面向智慧农业的政策体系（见表1），涵盖了农业新基建、涉农数据要素集聚、智慧农业技术推广应用、典型场景建设与产业发展等诸多领域。政策支持从"强基础"向"重应用"转变，落地应用从"点状示范"逐步扩展到"引领区建设"等层面，技术研发也从传统的"宽带支持"向物联网、大数据、人工智能、区块链等更前沿的技术领域延伸，为我国智慧农业发展提供宏观战略指引与政策支撑。据农业农村部数据，2024年，我国新增建设智慧农业创新应用项目19个，累计建设项目116个；累计支持建设国家数字农业创新中心、分中心34个，发布温室精准水肥一体化技术、规模蛋鸡场数字化智能养殖技术等7项智慧农业主推技术；新增立项智慧农业相关行业标准17项、发布实施6项，并推动建立智慧农业技术装备检测中心①，我国智慧农业建设成效显著。

---

① 中华人民共和国农业农村部市场与信息化司：《智慧农业发展开启加速度》，http：//www.scs.moa.gov.cn/xxhtj/202412/t20241217_6468068.htm。

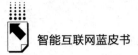

表 1　近年国家智慧农业重要政策

发布时间	发布主体	政策名称	相关内容
2025 年 1 月	国务院	《乡村全面振兴规划（2024—2027 年）》	加快大型高端智能农机和丘陵山区适用小型机械等农机装备和关键核心零部件研发应用；大力发展智慧农业
2024 年 10 月	农业农村部	《关于大力发展智慧农业的指导意见》	全方位提升智慧农业应用水平；加力推进智慧农业技术创新和先行先试；有序推动智慧农业产业健康发展
2024 年 10 月	农业农村部	《全国智慧农业行动计划（2024—2028 年）》	加快打造国家农业农村大数据平台等；培育一批智慧农场、智慧牧场、智慧渔场，推进全产业链数字化改造；支持浙江建设智慧农业引领区，探索推广"伏羲农场"等未来应用场景
2024 年 1 月	国家数据局等十七部门	《"数据要素×"三年行动计划（2024—2026 年）》	提升农业生产数智化水平，加快打造以数据和模型为支撑的农业生产数智化场景，实现精准种植、精准养殖等智慧农业作业方式
2024 年 1 月	国务院	《关于学习运用"千村示范、万村整治"工程经验　有力有效推进乡村全面振兴的意见》	持续实施数字乡村发展行动，发展智慧农业，缩小城乡"数字鸿沟"
2023 年 1 月	国务院	《关于做好 2023 年全面推进乡村振兴重点工作的意见》	加快农业农村大数据应用，推进智慧农业发展
2022 年 3 月	国务院	《"十四五"推进农业农村现代化规划》	发展智慧农业，推进互联网、大数据、人工智能、区块链等新一代信息技术与农业生产经营深度融合
2022 年 2 月	农业农村部	《"十四五"全国农业农村信息化发展规划》	智慧农业技术、产品初步实现产业化应用，部署智慧农业技术创新工程
2022 年 1 月	中央网信办、农业农村部、国家发展改革委	《数字乡村发展行动计划（2022—2025 年）》	部署智慧农业创新发展行动，加快农业生产数字化改造，加快智慧农业科技创新，加强农业科技信息服务

在地方层面，通过对 2024 年 31 个省（区、市）政策文件进行分析（见表 2），发现智慧农业已成为各省份农业发展的重要着力点，省级智慧农业发展支持政策相继出台。例如，浙江将继续推进智慧农业"百千"工程建设，江苏推动农业产业"智改数转网联"，湖南加快"种业硅谷"建设，安徽要求新建 100 个数字农业工厂，四川着力打造天府粮仓数字中心，上海将构建智慧农业技术创新平台等。各省智慧农业政策的支持范畴涵盖了新基建、科技创新、场景建设、产业培育、人才资金支持等多个领域，支持重点聚焦于农业大数据平台、智能育种、智慧农场、智慧设施园艺、智慧牧（渔）场、农产品冷链物流、智能农机装备研发制造等多个方面，已初步形成完备且各具特色的政策体系。在政策支持下，部分省份智慧农业创新实践走在了前列。例如，2024 年，浙江发布了首批 27 个智慧农业"百千"工程成果案例，涵盖了智慧农业集成解决方案、智慧种植养殖典型场景、智能设施装备研发三大类别。全省累计创建数字农业工厂（基地）417 家、未来农场 33 家，"浙农码"累计赋码3600 万次、用码达 4.9 亿次。① 新疆于 2024 年全面推广基于北斗卫星导航系统的棉花精量播种机，实现覆膜、铺设滴灌带、下种、覆土"一次性"完成，每公里直线误差不超过 2 厘米。② 极飞农业在新疆巴州尉犁县的 3000 亩"超级棉田"项目，实现棉花全程无人化种植，2024 年亩产高达 529 公斤。③ 山东大力推广蔬菜智慧化种植，目前，寿光的蔬菜大棚已发展到第七代，约有 1.6 万个大棚集成应用了全程物联网设备，并统筹搭

① 《对齐颗粒度！浙江部署智慧农业，亮出"浙农码"》，《钱江晚报》，https：//baijiahao. baidu. com/s？id=1804431060179301789&wfr=spider&for=pc。
② 《新疆全面使用无人驾驶北斗卫星导航精量播种机　棉花种植机械化率达 100%》，央视网，https：//baijiahao. baidu. com/s？id=1797543360175254656&wfr=spider&for=pc。
③ 《国内首个无人化棉花农场单产达 529 公斤》，巴州零距离，https：//mp. weixin. qq. com/s？__biz=Mzg4MDY2NzM4MQ==&mid=2247721450&idx=1&sn=0119d4e00c2caadd25c7929e7ffd9cba&chksm=cf7c9e70f80b176633cf4bc200d4227d3db0ea3ba9e4de00a6d3cf824ff10 b5897f7df9b2b82&scene=27。

建了"寿光蔬菜产业互联网平台",实现从"经验种菜"向"数据种菜"转变。①

表2　2024年各省（区、市）智慧农业重要政策

省份	发布时间	发布主体	政策名称	相关内容
河北	2024年3月	河北省委、省政府	《中共河北省委　河北省人民政府关于学习运用"千村示范、万村整治"工程经验有力有效推进乡村全面振兴的实施意见》	围绕核心种源、农机装备、耕地质量提升和农业节水等方面开展核心技术攻关和成果应用；加快发展智慧农业，打造智慧农业场景
山西	2024年7月	山西省人民政府	《山西省数据工作管理办法》	加强数字乡村建设，构建农业农村数字资源体系，完善农村综合信息服务平台，促进乡村振兴
辽宁	2024年12月	辽宁省农业农村厅	《辽宁省"数据要素×现代农业"实施方案（2024—2026年）》	到2026年，全省涉农领域数据要素应用广度与深度大幅拓展。智慧农业关键技术、核心零部件、成套智能装备等领域瓶颈加快突破，智慧农业公共服务能力初步形成，探索一批智慧农（牧、渔）场技术模式
吉林	2024年3月	吉林省委、省政府	《中共吉林省委　吉林省人民政府关于学习运用"千村示范、万村整治"工程经验加快发展现代化大农业有力有效推进乡村全面振兴的实施意见》	推动农业数智化发展，依托"吉林一号"卫星，大力发展智慧农业
黑龙江	2024年2月	黑龙江省委、省政府	《中共黑龙江省委　黑龙江省人民政府关于学习运用"千村示范、万村整治"工程经验有力有效推进乡村全面振兴的实施意见》	大力发展智慧农业，争创国家智慧农业引领区。强化公益性服务功能，支持71个县（市、区）基层农技推广体系建设，建设现代农业科技示范展示基地100个以上

---

① 《潍坊寿光：数据说了算，开启智能化种田新时代》，山东省大数据局官网，http://bdb.shandong.gov.cn/art/2024/11/7/art_ 79176_ 10331159. html。

续表

省份	发布时间	发布主体	政策名称	相关内容
江苏	2024年12月	江苏省农业农村厅	《关于推进全省智慧农业高质量发展的实施意见》	突出信息技术在农业农村领域普及应用,提高农业全要素生产率和农业农村管理服务效能。到2027年,全省农业生产信息化水平达60%以上,保持全国领先水平
浙江	2024年2月	浙江省委、省政府	《关于坚持和深化新时代"千万工程"打造乡村全面振兴浙江样板2024年工作要点》	强化数字赋能。加快建设数字乡村引领区,推动数字技术全方位赋能乡村振兴。推进智慧农业"百千"工程,新认定数字农业工厂(基地)120家、未来农场12家
安徽	2024年7月	安徽省委、省政府	《加快推进数字经济高质量发展行动方案(2024—2026年)》	加快"数字皖农"建设,深入实施数字乡村智慧农业暨农业产业互联网"5+8"试点,打造一批种植业、畜牧业、渔业数字农业工厂,数字农业农村应用场景达到1600个
福建	2024年2月	福建省农业农村厅	《关于印发福建省2024年农机化工作要点的通知》	提出在20个省级示范基地重点推广水稻精量播种、蔬菜高效移栽等先进适用新技术,并在建宁、宁化等13个县示范推广
江西	2024年2月	江西省委、省政府	《中共江西省委 江西省人民政府关于学习运用"千村示范、万村整治"工程经验有力有效推进乡村全面振兴的实施意见》	推进农业物联网示范基地(企业)和数字农业创新应用基地建设,打造"江西农安·数智监管"新模式
山东	2024年4月	山东省委、省政府	《中共山东省委 山东省人民政府关于学习运用"千村示范、万村整治"工程经验有力有效推进乡村全面振兴的实施意见》	推进现代设施数字化改造提升,建设智慧农业应用基地100个以上。建设省级数字农业农村综合服务平台。深化数字乡村试点建设

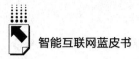

续表

省份	发布时间	发布主体	政策名称	相关内容
河南	2024 年 3 月	河南省数字经济发展领导小组	《关于印发 2024 年河南省数字经济发展工作方案的通知》	实施智慧农业建设工程,组织申报一批数字农业创新应用基地,探索重点品种产业数字化转型路径
湖北	2024 年 6 月	湖北省数字经济发展领导小组	《关于印发湖北省数字经济发展 2024 年工作要点的通知》	推动农业数字化示范应用,开展单品种全产业链数字赋能行动。推广农业物联网应用,全链条推进北斗在农业生产中的应用。到 2024 年底,推介 30 个农业农村信息化基地典型案例
湖南	2024 年 5 月	湖南省人民政府	《湖南省数字经济促进条例》	支持智慧农业场景、农产品质量溯源体系和仓储保鲜冷链物流设施信息化、农业生产服务信息网络平台等建设,推广智能农机,推进精准种植养殖
广东	2024 年 5 月	广东省人民政府办公厅	《关于人工智能赋能千行百业若干措施的通知》	智能系统驱动智慧农业。加快智能设施应用,加强人工智能算法在产量判断、气象预测、市场分析等方面应用,建设数字田园和智慧农(牧、渔)场
海南	2024 年 11 月	海南省第七届人民代表大会	《海南自由贸易港数字经济促进条例》	推动发展智慧农业,推广应用智能农机装备,培育电商赋能的农产品网络品牌,推动建设农产品质量安全溯源信息化体系,探索建设无人值守智慧农田、智能化畜禽养殖场
四川	2024 年 6 月	四川省发改委	《四川省 2024 年"数据要素×"重点工作方案》	运用物联网、卫星遥感、大数据、人工智能等技术手段,整合已有涉农数据资源,推动建设四川天府粮仓数字中心,支持建设省级智慧农(牧、渔)场 10 个,逐步实现农业生产精准化管控和智慧化发展

续表

省份	发布时间	发布主体	政策名称	相关内容
贵州	2024年2月	贵州省委、省政府	《中共贵州省委 贵州省人民政府关于学习运用"千万工程"经验 加快"四在农家·和美乡村"建设 推进乡村全面振兴的实施意见》	构建乡村数字惠民便民服务体系,探索智慧农业试点
云南	2024年2月	云南省人民政府	《2024年进一步推动经济稳进提质政策措施》	用好涉农平台经济沟通协调机制,推进农村电商高质量发展,开展省级智慧商圈、智慧商店试点
陕西	2024年1月	陕西省人民政府	《关于推动数字经济高质量发展的政策措施》	推进陕西省智慧农业农村工程建设,加快涉农数据全面整合和共享开放,推进省级农业农村大数据深化应用
甘肃	2024年4月	甘肃省委、省政府	《中共甘肃省委 甘肃省人民政府关于学习运用"千村示范、万村整治"工程经验有力有效推进陇原乡村全面振兴的实施意见》	加快推进智慧农业发展,分类建设一批智慧农场、智慧牧场、智慧渔场等
青海	2024年2月	青海省委、省政府	《中共青海省委 青海省人民政府关于学习运用"千万工程"经验 有力有效推进乡村全面振兴的实施意见》	持续实施数字农牧区发展行动,加强农牧区第五代移动通信技术(5G)、千兆光网等通信基础设施建设,支持推进电信普遍服务,提升网络覆盖水平,发展智慧农牧业
内蒙古	2024年1月	内蒙古自治区人民政府	《关于印发自治区2024年坚持稳中求进 以进促稳 推动产业高质量发展政策清单的通知》	对入选奶业生产能力整县推进项目的养殖场从草畜配套、智慧牧场、养加一体化试点等方面给予补贴

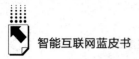
续表

省份	发布时间	发布主体	政策名称	相关内容
西藏	2024 年 9 月	西藏自治区人民政府	《西藏自治区关于促进新型农牧业经营主体高质量发展的若干举措(试行)》	鼓励龙头企业围绕农畜产品生产、加工各环节,开展原创性、增效型科技研发;对成功认定为自治区级数字化转型、两化融合贯标龙头企业,按照奖补标准额度给予奖励
宁夏	2024 年 3 月	宁夏回族自治区农业农村厅	《2024 年乡村振兴农业科技推广六大服务行动方案》	针对产业技术短板,集中攻关关键技术问题,推动农业技术自主化,提升农技推广信息化水平和服务效能
新疆	2024 年 2 月	新疆维吾尔自治区党委、自治区政府	《自治区党委　自治区人民政府关于学习运用"千村示范、万村整治"工程经验有力有效推进乡村全面振兴的实施方案》	强化农业科技装备支撑。推动棉花、玉米、畜禽生物育种产业化应用。强化增产增效重大集成技术推广应用,支持发展智慧农业
北京	2024 年 6 月	北京市农业农村局	《2024—2026 年度北京市农机购置与应用补贴实施方案》	将温室大棚骨架及配套设备、粮食烘干、智慧农场等方面的成套设施设备按规定纳入农机创新产品范围,加快推广应用步伐
上海	2024 年 7 月	上海市人民政府	《关于加快推进本市农业科技创新的实施意见》	构建上海智慧农业技术创新平台,促进长三角设施农业升级换代,服务全国设施农业跨越式发展
天津	2024 年 3 月	天津市委、市政府	《中共天津市委　天津市人民政府关于学习运用"千万工程"经验推进乡村全面振兴的实施意见》	发展智慧农业,加快天津智能农业研究院建设
重庆	2024 年 6 月	重庆市农业农村委员会	《关于做好 2024 年高素质农民培育工作的通知》	聚焦大食物开发,服务设施农业、智慧农业发展,根据设施种植标准化园区、畜禽水产标准化养殖场、智慧农场等从业所需技术技能要求开展技术培训

二　智慧农业典型场景及发展现状

随着现代信息技术与农业生产力要素的高度融合，各地结合农业资源禀赋与数字化基础优势，探索形成了一批典型的智慧农业应用场景。

（一）智慧育种

随着人工智能、基因编辑等前沿技术的融合应用，我国智慧育种进入快速发展阶段，已建成一批智慧育种平台，有效缩短育种年限，加速育种进程。2024年，中国农业科学院与阿里巴巴达摩院联合发布了面向育种数据处理全流程的智慧育种平台，实现了育种数据管理和分析、大模型大算力优化加速、人工智能算法预测亲本及优良品种等功能，其数据容量和运行速度达到世界先进水平。截至2024年3月，已有来自全球60家单位的育种家使用该平台。[①] 北京市农林科学院信息技术研究中心种业信息化团队研发的金种子育种平台，是国内成功案例最多、应用效果最好的育种数据管理平台，包括面向大型商业化育种企业的"金种子企业平台"、面向中小育种团队的"金种子云平台"、面向品种试验的"金种子品种试验平台"。其中，"金种子云平台"作为国内首个投入商业化运营的育种云平台，已覆盖水稻、玉米、小麦、大豆、油菜、棉花、蔬菜等多个作物品种，实现育种全程信息化管理。2024年，中国农业大学开发的"神农·固芯"智慧育种平台，利用算法构建了性状与基因型之间的关系，能够有效估算育种价值，筛选具有育种潜力的样本，提高育种精确性，现已收集超过1000万条农业知识图谱数据，以及5000余万条现代农业生产数据。[②] 2024年10月，沃德辰龙有限公司发布了国内首个家禽智慧育种管理系统，基于生物技

---

① 《海南日报：揭秘全国首个全流程智慧育种平台》，海南省人民政府官网，https：//www.hainan.gov.cn/hainan/5309/202403/76f6c541ae8c4eb19c7ede129f7d133c.shtml。

② 《又一重大科研成果发布！"智慧育种"将助力农业跨越式发展》，央视新闻，http：//ysxw.cctv.cn/article.html？item_id=10550607812883961631。

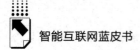

术与信息技术的深度融合，推动蛋鸡育种效率提升 50% 以上，育种周期由 8~10 年缩短为 5~6 年。[①]

（二）无人农场

无人农场是智慧农业的高阶产物，我国无人农场建设处于以政府为主导的示范展示阶段[②]，初步实现"机器换人"。截至 2024 年 7 月，上海建成近 1.43 万亩粮食生产无人农场，完成 46 个蔬菜生产"机器换人"示范基地建设，绿叶菜"耕种收"机械化水平达到 66.4%。[③] 2024 年 11 月，在华南农业大学技术支持下，广西建成省内首个水稻无人农场"贵港市益农水稻智慧农场"，耕种管收机械化水平达 100%，全年亩产干谷超 1000 公斤。且运用水稻机直播技术后，免除了育秧、插秧等环节劳动力的投入，每亩种植成本可节约 200~250 元。[④] 农业农村部印发的《全国智慧农业行动计划（2024—2028 年）》提出，支持中国科学院持续探索总结"伏羲农场"模式，国家数据局发布的第二批"数据要素×"典型案例也将"伏羲"农场纳入其中。[⑤] 目前，中国科学院智能农业技术团队在雄安已建设运营了 500 亩"伏羲农场"，通过智能农机装备的集成配套，实现了玉米耕种管收全流程智能作业。江苏省投入 8.72 亿元，通过集成配备无人驾驶的植保机、拖拉机、插秧机等新型智能农机装备，现已在大田、大棚和果园等场景建成各类"无人化"农场 283 个，建设数量位居全国前

---

① 《国内首个家禽智慧育种管理系统，"平谷智造"》，《新京报》，https：//m. bjnews. cn/detail/1730087034168465. html。

② 中国农业机械流通协会：《无人农场发展报告》，https：//www. 163. com/dy/article/IC4V4 PEP05118U1Q. html。

③ 《解放日报：上海建成 1.43 万亩无人农场 绿叶菜机械化水平达 66.4% 代表建言提高设施农业项目落地效率》，https：//www. shanghai. gov. cn/nw4411/20240704/5184a7a98a37440c 9c7eb68c9b46c09b. html。

④ 《中新网广西：广西首个水稻无人农场全年亩产干谷超 1000 公斤》，农业农村部官网，http：//www. moa. gov. cn/xw/qg/202411/t20241121_ 6466645. htm。

⑤ 《经济日报：从伏羲农场看智慧农业方向》，农业农村部官网，http：//www. scs. moa. gov. cn/xxhtj/202411/t20241105_ 6465729. htm。

列，拥有智能农机数量 3643 台套，2024 年开展"无人化"作业 330 余万亩次。[①]

（三）智能高效设施园艺

智能高效设施园艺已成为我国现代农业的重要组成部分，设施生产智能化技术装备配套不断增强，呈现高效率、高产出的特点。截至 2024 年 4 月，我国现代设施种植面积达到 4000 万亩，自主化、国产化设施装备体系初步形成，90% 的日光温室配备了自动卷帘机，基于云技术、无线传感器的温室物联网技术在部分现代化设施中率先使用。[②] 例如，翠湖智慧农业创新工场是北京第一个高效设施农业试点，也是京津冀单体最大的智能连栋温室，截至 2024 年 11 月，创新工场智能温室面积已达 21 万平方米，温室荷载、风载、加温、通风等核心参数经过本地化优化，国产化率达到 80% 以上，建设成本降低 30%。创新工场通过集成应用番茄工厂化优质高产栽培技术，配备番茄采收机器人、喷雾机器人、自适应授粉机器人等，有效缓解用工压力和成本，劳动效率较传统设施提高 3 倍，化学农药施用减少 25%。[③] 江苏省海门区作为第一批全国现代设施农业创新引领区，截至 2024 年 9 月，设施蔬果总面积 28.27 万亩，其中百亩以上设施园区（基地）达 10.68 万亩，部分配置了秸秆粉碎还田机、自动式喷杆喷雾机、水肥一体机、北斗导航农机自动驾驶系统等机械设备。且已建成 20 亩叶菜工厂，全面探索"机器人+人工智能+物联网"的无人化种植模式。[④] 中国农业科学院都市农业研究所自主研发的无人化垂直植物工厂已在成都投入使用，研发团队攻克了植物

---

① 《江苏共建设各类"无人化"农场 283 个　数量位居全国前列》，中国经济网，http://district. ce. cn/newarea/roll/202501/06/t20250106_ 39257544. shtml。

② 《人民日报：我国现代设施种植面积达 4000 万亩》，中国共产党新闻网，http://cpc. people. com. cn/n1/2024/0417/c64387-40217646. html。

③ 《北京日报：北京智能温室里机器人种番茄，实现国内首创》，农业农村部官网，http://www. moa. gov. cn/xw/qg/202411/t20241105_ 6465686. htm。

④ 《江苏海门：多举措推动设施农业高质量发展》，《消费日报》，http://www. xfrb. cn/article/csjgc-jjcsj/11565541546026. html。

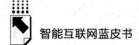
工厂"光效低、能耗高"的难题，解析了"光—温—营养"耦合调控作物快速繁育关键技术，建立了栽培层数世界最高的 20 层垂直植物工厂，实现从种到收全流程自动化作业，年产蔬菜 50 吨左右，相当于普通大田 60 亩产量。①

（四）智慧牧场

国内智慧牧场建设投资日益增加，奶牛、生猪、家禽等产业智慧牧场建设走在前列，实现养殖效率提升与绿色可持续发展。农业农村部及相关行业报告数据显示，通过引入物联网、大数据、人工智能等技术，我国智慧牧场养殖料肉比可由传统养殖的 2.6∶1 降低至 2.5∶1，出栏率提高至 90% 以上，单头养殖生产成本可降低约 50%。② 优然牧业是全球最大的原料奶供应商，其在河南宝丰县投资建设的优然牧业智慧牧场，拥有国际领先的全自动转盘挤奶设备、奶牛饲喂 TMR 配料系统、牛群管理系统、电子识别系统、液肥沼气发酵处理环保系统等，可对饲喂情况、奶牛体况、产奶量、废弃物处理等进行实时有效监测与智能化决策，成功入选"2024 年智慧农业建设典型案例"。③ 河北田原牧歌农业科技有限公司引入了巷道式智能孵化设备，以及智能供水、添料、集蛋设备等，建成蛋鸡"智慧孵化养殖车间"，截至 2024 年底，年蛋鸡孵化可达 6000 万羽，每个鸡舍养殖蛋鸡 10 万羽，养殖效率显著提升。④ 河南牧原农业发展有限公司建成涵盖智能环控、智能饲喂、智能巡检等系统的"智慧楼宇"生猪养殖园区，园区共布置智能化设备 8.5 万套，年出栏生猪 210 万头，土地利用效率提升了 4.3 倍，并通过建

① 《我国自主研发无人化垂直植物工厂投入运营》，农业农村部官网，http://www.moa.gov.cn/xw/shipin/202312/t20231204_ 6442031. htm。

② 智研咨询：《2024 年中国智慧牧场行业发展现状分析：畜牧养殖智能装备研发加强，智慧牧场建设投资日益增多》，http://www.360doc.com/content/24/1107/09/79754478 _ 1138705243. shtml。

③ 《平顶山市宝丰县优然牧业智慧牧场入选"2024 年智慧农业建设典型案例"》，平顶山市农业农村局官网，https://nyncj.pds.gov.cn/contents/47384/674969. html。

④ 《小鸡蛋里有"大智慧"》，农视网，https://www.ntv.cn/content/1/402/991402043. html。

立生猪废弃物综合利用系统，形成绿色循环经济模式，截至 2025 年 1 月，年产水肥 150 余万平方米，为 3 万余亩农田输送养分，每亩化肥减量 50% 以上，该模式已应用至全国 1100 余个养殖场。①

（五）智慧渔场

我国智慧渔场建设虽较发达国家起步晚，但近年发展迅速，在提升水产养殖效率、降低人工成本、保障产品质量安全等方面成效显著。鲟龙科技研究院研发的智慧渔业"智能驾驶舱"能够实时采集展示养殖水体的水温、溶解氧、pH 值、氨氮含量等全维度数据，并与阿里合作，研发了 AI 自动跟踪识别生物资产盘点系统，鱼苗盘点准确率达 97.83%。② 广东湛江市积极推动"智慧渔业"项目建设，已建成智慧渔业大数据平台，实现对"恒燚一号"等深远海养殖平台的全方位监测和智能控制，养殖平台现场工作人员减少 60%，人均管理水面由 50 亩提升至 200 亩，荣获 2024 年"数据要素×"大赛全国总决赛三等奖。③ 福建连江县至 2024 年 9 月，已投放 11 个深远海养殖平台，占全国桁架类养殖平台的 1/4，总养殖水体近 18 万立方米，年产量约 1800 吨，年产值超 2 亿元。④ 其中，"乾动 1 号"等深远海养殖平台，搭载视频监控、水质监测、自动投喂/捕捞等设备，仅 2~3 人即可养殖数以万计的深海鱼，用工成本大幅下降。⑤ 新疆天蕴有机农业有限公司积极推进

① 《高质量发展调研行 | 小猪上楼 变废为"宝"智能养殖助力农业高效发展》，中国青年网，http://news.youth.cn/gn/202501/t20250104_ 15752217.htm。
② 《高质量发展调研行 | 鲟龙科技："一条大鱼"跃动全球市场》，中国科技网，https://www.stdaily.com/web/gdxw/2024-12/09/content_ 270671.html。
③ 《【"数据要素×"全国总决赛巡礼】三等奖项目——数据赋能精准养殖 智慧渔业提质增速》，广东省政务服务和数据管理局官网，http://zfsg.gd.gov.cn/xxfb/ywsd/content/post_ 4587865.html。
④ 《连江"百台万吨"入选国家数据局案例》，福州市人民政府网，https://www.fuzhou.gov.cn/zgfzzt/qyrz/gyfz/202409/t20240902_ 4884990.htm。
⑤ 《福州连江：掘金深蓝 全产业链养大"一条鱼"》，"福建支部生活微平台"微信公众号，https://mp.weixin.qq.com/s?_ _ biz = MzI1NDc5Njg5Ng = = &mid = 2247539034&idx = 2&sn = eb1d1b3bc1e6b8ead34782932ee9114f&chksm = ebdecc01bc8bba9669d8a1c656ea0e083bfe 890c9421d88f31af804988c888f29f6f2f485f7f&scene = 27。

三文鱼智慧养殖，通过采用生态环保网箱、动态水质检测设备、水下清污机器人、半封闭式循环水系统等，打造国家级水产健康养殖和生态养殖示范区，截至2024年11月，已经有40口网箱养殖鱼苗，每口网箱养殖65000尾左右，成功入选农业农村部"2024年智慧农业建设典型案例"名单。[①]

（六）农产品智慧供应链

农产品智慧供应链建设是一项复杂的系统工程，整体处于初期探索阶段，在农产品采后处理、质量追溯、供应链管理等领域已有部分典型实践。江西省绿盟科技作为国家高新技术企业，专注于果蔬采后处理装备的研发制造，通过应用机器视觉、高光谱、人工智能、绿色保鲜等先进技术，其果蔬采后智能装备核心技术达到国际领先水平，已覆盖50余种果蔬品种，产品销往32个国家和地区。[②] 山东省寿光市"从田园到餐桌"的全链条监管走在前列，建立了农业智慧监管平台，将15.7万个蔬菜大棚、1600多个批发市场、1700余家农资门店全部纳入监管，对农资交易信息进行自动采集，构建起覆盖产前、产中、产后的全产业链监管服务体系。截至2024年，寿光本地蔬菜基本实现了二维码交易全覆盖。[③] 地利集团作为全国大型农产品流通企业，积极推动农产品供应链智慧化转型。于2024年上线"地利通"溯源系统，实现农产品流转全程可追溯。此外，地利集团还完成了交易结算、云摊位、场内综合管理、客户管理等系统研发，实现了各市场的大数据互联。[④] 京东集团自主研发了"谷语"数字管控系统，通过前端物联网设备

---

① 《新疆巩留："生态+智慧"让三文鱼产业如鱼得水》，新华网，http：//xj.news.cn/zt/2024-11/05/c_1130216598.htm。

② 《绿萌科技·中国果蔬分选领航者》，绿萌官网，https：//www.reemoon.com/。

③ 《山东寿光："数字+"赋能农业全产业链建设》，《中国食品报》，https：//baijiahao.baidu.com/s？id=1800353683312565372&wfr=spider&for=pc。

④ 《打造数智化流通服务平台，地利集团入选人民网"2024乡村振兴创新案例"》，《中国日报》，http：//ex.chinadaily.com.cn/exchange/partners/82/rss/channel/cn/columns/snl9a7/stories/WS675fd831a310b59111da90f7.html。

布设，能够实时采集京东农场的各类生产信息，并进行可视化展示。同时，利用区块链技术建立加密追溯二维码，让消费者能够准确追溯农产品全程信息，确保农产品质量安全。①

三 智慧农业发展存在的问题

（一）智慧农业标准体系、法规制度和支持政策不健全

一是智慧农业标准体系尚未建立。目前我国仅发布实施了《物联网智慧农业数据传输技术应用指南》《物联网 智慧农业信息系统接口要求》两项智慧农业国家标准，在基础数据采集共享、软硬件设备研发制造、智慧农业场景建设等方面的标准制定滞后，难以满足智慧农业发展要求。二是涉农数据相关法律法规缺失。数据是智慧农业发展的基础，而我国在国家层面仅出台了《中华人民共和国网络安全法》《中华人民共和国数据安全法》"数据二十条"等政策法规，法规内容主要局限于数据传播安全等方面，尚无针对农业数据特点的专门性法规依据，整体缺乏落地性和可操作性。三是农业人工智能等前沿领域政策创设不足。对于农业人工智能等新领域、新赛道，我国在科技创新、产业推进、人才培养、资金融通等方面的政策框架尚不完善，存在较多政策"空白"。同时，对于其可能引发的伦理道德问题、国家安全挑战以及公平竞争风险的政策监管和约束也较为薄弱。

（二）农业数字基础设施不完善，数据整合共享利用难

一是农业数字基础设施发展不平衡、不充分。相较于城市，我国农村网络基础设施发展滞后，截至2024年底农村地区互联网普及率为65.6%，城乡互联网普及率相差19.7个百分点。② 农业算力基础设施与智慧农业同步

---

① 《谷语智慧农业系统》，京东物流，https：//www.jdl.com/farm/。
② 中国互联网络信息中心（CNNIC）：《第55次〈中国互联网络发展状况统计报告〉》，https：//baijiahao.baidu.com/s? id=1821837686513025990&wfr=spider&for=pc。

规划、设计、建设协同不够，千兆光纤、5G 网络、数字通信尚未实现田间地头全覆盖，信号差、速度慢、资费高等问题繁多，与"可接入、质量高、能负担、用得好"仍有较大差距。二是农业数据采集体系不健全、数据共享难度大。我国农业数据体量浩大、模态繁多、生成快速、时空属性显著，涉农数据采集体系与更新机制的不健全，导致数据过时、缺失、重复和杂乱现象普遍存在。且各级各部门往往由于数据资源体系建设基础不一致或利益冲突，以及数据标准统一难度大等问题，数据开放共享的范围不大、程度不高、效果不足。三是涉农数据资源开发利用不够。作为新型资产，国内尚未有针对农业数据的专门性资产评估方法，农业数据要素体系建设面临"确权难、定价难、流通交易难"等问题，制约了农业数据要素市场发展。国家工信安全发展研究中心（CIC）数据显示，2023 年各行业场内数据交易额中，农业领域占比不到 5%。

（三）智慧农业关键技术"卡脖子"，装备研发应用不足

一是农业大数据、人工智能等基础研究存在短板。我国关于农业大数据、人工智能模型算法的基础研究起步较晚，农业人工智能计算芯片与算法依赖国外，面向农业栽培管理、植保防控、产量预测、农情预警、上市规划等领域的算法模型缺乏，难以实现对涉农数据的高效处理和精准挖掘。二是高端智能农机装备研发应用滞后。我国农业专用传感器稳定性和数据分辨率仍有待提升，动植物本体传感器、农机作业传感器、农产品质量感知传感器等研发滞后，高端专用信息感知设备对外依存度达 80% 以上。"一大一小"智能农机装备、农业机器人等研发尚处于起步阶段，农产品采收机器人等核心部件依赖进口。三是智慧农业技术装备应用推广不足。我国高校、科研院所对于智慧农业的研究以项目导向为主，科研成果与市场之间互动性不强，落地转化难度大。且智慧农业技术门槛高，前期投入大，相关场景建设大多处于"点状"示范阶段，技术装备应用的集成性不够，市场化良性运行机制尚未挖掘形成。

（四）智慧农业人才队伍建设滞后，农民数字素养较低

一是智慧农业高层次人才缺乏。数据显示，当前我国数字人才缺口在2500万至3000万之间。[①] 而在农业领域，由于高层次人才引进机制不健全，且受到互联网行业虹吸效应等因素影响，智慧农业高端复合型人才"引不来、留不住、难培养"问题突出。二是智慧农业学科人才与专业技术人才培养体系不健全。虽然国内部分农业高等院校设立了智慧农业、数字农业等研究院，但学科设置、人才培养等仍有待优化，且面向智慧农业范畴的专业技术人才培养基地建设滞后，学科人才与技能型人才极度匮乏。三是农民数字素养与技能偏低。《全民数字素养与技能发展水平调查报告（2024）》显示，目前我国农村成年居民数字素养与技能处于初级及以上的占比为50.57%，较城镇成年居民低15.35个百分点。[②] 农民接受新技术、新装备、新模式较慢，农业生产经营活动主要依赖经验，对数字化、智能化技术设备认知较低，"不会用、不敢用、不善用"现象普遍。

四 智慧农业未来发展趋势与建议

（一）发展趋势

1. 北斗卫星导航与"云大物移智链边"将成为智慧农业核心技术支撑

展望未来，以北斗卫星导航和"云大物移智链边"（云计算、大数据、物联网、移动互联网、人工智能、区块链、边缘计算）为核心的前沿技术，将全面支撑农业产业链的智慧化升级。天空地海一体化监测系统将成为智慧农业数据采集、监测管理的重要基础，通过整合卫星遥感、航空无人机、地

---

① 《人才缺口在 2500 万至 3000 万　中国数字人才培育行动方案出炉》，新华网，https://www.xinhuanet.com/tech/20240429/fef36288d2c94a4db1b22b2a0b700a90/c.html。

② 全民数字素养与技能发展水平调查研究组：《全民数字素养与技能发展水平调查报告（2024）》，https://www.cac.gov.cn/rootimages/uploadimg/1731546601041335/1731546601041335.pdf。

面传感器以及海洋监测设备，将构建起全方位、多层次、立体化的监测体系。基于北斗卫星导航的大型大马力高端智能农机装备、丘陵山区适用小型智能机械，以及特色作物生产、特色养殖需要的高效专用农机将得到广泛应用，"机器替代人力"全面实现。大数据、人工智能大模型等前沿技术将在农业领域深度融合应用，推动农业全产业链实现数据驱动、智能决策。区块链技术将在农产品供应链管理中发挥重要作用，真正实现农产品从田间到餐桌的全程可追溯。

2. 智慧农业应用场景将覆盖全产业链，由"盆景"全面转变为"风景"

现代信息技术与农业的深度融合成为常态，人、机、物三元融合进程加速推进，推动农业无人化、智能化应用场景快速普及。智慧农业的发展将从局部试点示范的"盆景"阶段，迈向全面推广的"风景"阶段。未来，现代信息技术凭借其强大的流程重塑能力，将深刻改变农业的全产业链生态，从农业生产到经营、管理、服务都将进行"生态融合"与"基因重组"。无人化、智能化的应用场景逐渐成为主流，广泛催生智能育种、无人农场、智能温室、智慧牧场、智慧渔场、农产品智慧供应链等一系列创新场景。人机和谐、环境优美、机器自主作业的场景将随处可见，全面提升农业生产效率、优化农业分工、提升农业各环节链接效能，推动农业生产力向"高效能、高效率、高效益"迈进。智慧农业将成为现代农业发展的主要形态，引领农业向无人化、智能化、绿色化方向加速转型，开启农业发展新篇章。

3. 低空经济、绿色低碳经济与智慧农业将加速融合，成为农业新的增长点

随着全球经济转型升级，低空经济、绿色低碳经济与智慧农业将加速融合，成为推动农业现代化的重要引擎，为农业发展带来新的增长点。低空经济已成为我国战略性新兴产业，低空经济与智慧农业的融合将为农业发展注入新的动能。随着以无人机、低空飞行器等装备为支撑的农业低空经济的极大发展，低空技术将全面赋能农田监测、作物种植、病虫害防治等多个领域，为农业生产提供精准、高效的解决方案。同时，在全球气候变化和资源环境压力加大的背景下，绿色低碳经济与智慧农业融合将成为必然选择，精准施肥施药技术、智能灌溉系统、水肥一体化系统等绿色智慧农业技术的广

泛应用，将推动农业"降碳、减污、扩绿、增长"，形成资源节约型、环境友好型、能源低碳型的农业经济发展新模式。展望未来，农业低空经济、农业智慧低碳经济有望成为农业经济增长的新引擎，成为我国经济社会生态持续发展、农民创新创业的重要业态。

（二）对策建议

1. 夯实智慧农业发展制度保障

在国家层面建立健全智慧农业发展政策体系，研究制定国家"三农"数据发展规划、"人工智能×"农业专项规划等，明确数据开发利用、智慧化转型等任务；完善农业数据要素法治保障，研究出台《农业农村信息化促进法》《农业农村数据发展应用促进条例》，组织科研力量加快农业数据标准规范、资产评估方法等研究，为农业数据共享、交易、流通提供制度依据；推动农业人工智能发展与安全制度建设，完善权益保护、安全义务等规则，建立安全治理框架，平衡创新与安全的关系。

2. 推动智慧农业关键技术装备研发应用

加快布局智慧农业高能级科技创新平台，支持科研单位与企业联合共建，开展智慧农业基础理论研究与关键技术攻关；加大科研项目支持力度，推动设立智慧农业国家科技重大专项，重点突破生物特征识别、类脑计算等难题，研发农业高端传感器、农业"小模型+大模型"、智能农机装备等；完善智慧农业科技成果转化机制，建设智慧农业概念验证中心，促进相关技术的示范推广和产业化应用。

3. 加快推进智慧农业先试先行

以政府为主导持续推动天空地海一体化信息感知体系与监测网络建设，加速国家及地方性农业大数据平台的互联互通，实现数据高效利用与产业智慧管理；筛选基础条件好的科研院校、规模化种植养殖基地、农业龙头企业、农业产业园等，开展智慧育种、智慧农（牧、渔）场、智能温室等典型场景建设，建成一批以信息感知为基础、以智能决策为核心、以智能装备为载体的智慧农业创新发展示范基地；在浙江等数字化基础较好的地区率先

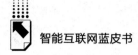
开展智慧农业引领区建设，集中推动现代信息技术装备的示范应用，打造中国智慧农业发展标杆。

4. 强化智慧农业人才队伍建设

将智慧农业高层次人才纳入国家人才工程支持范围，支持涉农科研院校加大跨学科、跨领域专家引进力度，集聚一批具有全球影响力的高水平人才；鼓励涉农高校开设智慧农业相关专业，依托职业院校、企业等打造智慧农业教学基地、实践基地，培育一批智慧农业实用型人才；推动实施"数字农民培训计划"，面向普通农民开展手机新农具、电商直播等数字技能培训服务，让农民从"触网"变为"用网"，共享"智慧红利"。

参考文献

李伟嘉、苏昕：《数字乡村背景下智慧农业的场景、效应与路径》，《科学管理研究》2023 年第 3 期。

刘长全：《关于智慧农业的理论思考：发展模式、潜在问题与推进策略》，《经济纵横》2023 年第 8 期。

王茂福、严雪雁：《生成式人工智能赋能数字乡村建设：应用价值、现实梗阻与路径支持》，《深圳大学学报》（人文社会科学版）2023 年第 4 期。

李建军、白鹏飞：《我国智慧农业创新实践的现实挑战与应对策略》《科学管理研究》2023 年第 2 期。

殷浩栋、霍鹏、肖荣美等：《智慧农业发展的底层逻辑、现实约束与突破路径》，《改革》2021 年第 11 期。

B.15
中国智慧医疗领域的新趋势、新特点、新展望

杨学来　尹琳*

摘　要： 2024 年，政策支持与市场驱动共同推动了智慧医疗发展。技术创新引领医疗模式变革，AI 辅助诊断精准度提升，远程医疗业务提质增效；互联网诊疗业务量增长，个体化医疗与健康管理普及。技术集成与解决方案成熟度提升，智慧医疗社会责任不断增强。展望未来，智慧医疗将在政策导向下构建全域互联新格局，引领行业向更加智能化、个性化、精准化的方向迈进。

关键词： 智慧医疗　数据驱动　生成式人工智能　资源配置

智慧医疗（Wise Information Technology of Med，WITMED）作为一种结合了信息技术、物联网、大数据、云计算和人工智能（AI）等技术手段的新型医疗服务模式，正逐渐改变传统医疗的面貌。智慧医疗的核心目标在于提高医疗服务的质量、效率和效益，通过对医疗资源的数字化、网络化和智能化管理，实现医疗信息的互联互通和共享协作，达到提供医疗决策支持、推动诊疗技术创新、服务广大患者健康等功能。

总体上看，2024 年智慧医疗具有以下几个显著特点。一是数据化。借助物联网设备和移动应用等手段，实时收集和分析各类医疗数据，包括患

---

* 杨学来，博士，副研究员，中日友好医院医改和医疗发展办公室副主任（主持工作），国家远程医疗与互联网医学中心办公室副主任，主要研究方向为远程医疗、互联网医学；尹琳，中日友好医院医改和医疗发展办公室副研究员，主要研究方向为互联网+医疗。

者的生命体征、病情发展、治疗方案等，为医疗决策提供科学的支持和依据。二是智能化。利用 AI 和机器学习技术，实现对医疗数据的深度挖掘和分析，提高医疗服务的精准度和个性化水平，辅助医生进行疾病预防、诊断和治疗。三是标准化。遵循统一的数据格式、交换协议和安全规范，保障医疗数据的质量和安全，促进不同医疗机构之间的信息无障碍流通，优化医疗资源配置。四是便捷化。通过互联网平台，智慧医疗为医务工作者和患者提供了便捷、高效、低成本的医疗服务，打破了传统医疗服务的时空限制。

一 2024年中国智慧医疗领域新趋势

2024 年对于我国智慧医疗的发展而言具有里程碑式的意义。这一年，不仅是政策支持和市场应用全面深化的一年，也是智慧医疗技术飞速进步的一年。智慧医疗在这一年的兴起和发展，是多种因素共同作用的结果。

（一）政策环境与市场驱动双轮并进

1. 政策支持与法律法规完善

党和国家出台了一系列支持政策，推动医疗行业的智能化转型。2024年1月，国家数据局等17个部门联合印发《"数据要素×"三年行动计划（2024—2026 年）》，旨在充分发挥数据要素乘数效应，其中在数据要素×医疗健康方面，计划探索推进电子病历数据共享，推广检查检验结果数据标准统一和共享互认，便捷医疗理赔结算，有序释放健康医疗数据价值，加强医疗数据融合创新，提升中医药发展水平。6月，国务院办公厅印发《深化医药卫生体制改革 2024 年重点工作任务》，提出要改善基层医疗卫生机构基础设施条件，推广智慧医疗辅助信息系统。11月，工业和信息化部等十二部门印发《5G 规模化应用"扬帆"行动升级方案》，其中"5G+卫生健康"提出要推广急诊救治、远程诊断、公共卫生防控等 5G 应用场景，培育 5G 智慧健康养老、医药制造、医疗器械制造、远程手术等应用场景；打造一批

5G 智慧医院，深化多院区医院、医联体、医共体、公共卫生机构等的 5G 行业虚拟专网及边缘云部署应用。

国家卫生健康委、国家中医药管理局及相关部门发布的一系列文件，如《卫生健康行业人工智能应用场景参考指引》《关于促进数字中医药发展的若干意见》《关于建立健全智慧化多点触发传染病监测预警体系的指导意见》《关于组织开展 2024 年智慧健康养老产品及服务推广目录申报工作的通知》等，都涉及智慧医疗内容，为智慧医疗的落地、推广指明方向。各地方政府也纷纷出台一系列支持智慧医疗的政策，如《北京市推动"人工智能+"行动计划（2024—2025 年）》《上海市发展医学人工智能工作方案（2025—2027 年）》《河南省推动"人工智能+"行动计划（2024—2026 年）》等，为智慧医疗特别是人工智能方面的纵深发展创造良好条件。与此同时，智慧医疗的行业标准也在同步跟进，国家卫生健康委牵头制定了关于医疗大数据、医学大模型、智慧医院服务能力等建设评价标准，从数据质量、算法可解释性、伦理合规性等多个维度设定分级评估体系，并发起医疗机构试点。[①]

2024 年，医保支付方式改革对智慧医疗的推动作用显著。一方面，医保支付方式改革推动了医疗信息的实时共享与跨部门协同，为智慧医疗的普及和应用奠定了坚实基础。通过建立和完善大数据平台，医保支付系统实现了对医疗服务全过程的精准监管和高效结算，促进了医疗资源的优化配置和服务均衡发展。另一方面，医保支付方式改革促进了医疗服务的智能化、便捷化和个性化。例如，按病种付费、按人头付费、按病例付费等新型支付方式的应用，激励医疗机构和医务人员提供适宜、合理、有效的医疗服务，减少了过度医疗和无效医疗的发生。同时，这些支付方式也推动了智慧医疗技术的创新和应用，如智能审核、智能监测等技术的应用，提高了医保管理的智能化水平和服务质量。此外，人工智能辅助诊断首次被列入

---

① 韩旭等：《我国智慧医疗核心政策分析及国际经验启示》，《医学信息学杂志》2025 年第 1 期，第 9~16 页。

国家医保局立项指南。2024 年 11 月，国家医保局在新闻发布会上表示，为了支持相对成熟的 AI 辅助技术进入临床应用，同时防止额外增加患者负担，国家医保局分析 AI 潜在的应用场景，在放射检查、超声检查、康复类项目中设立"AI 辅助"扩展项，这意味着 AI 辅助诊断技术得到了政策层面的认可和支持。

2. 医患共同需求推动产业发展

随着医疗技术的不断进步和社会对健康需求的日益提升，医患双方的共同需求成为推动智慧医疗产业蓬勃发展的新引擎。2024 年，智慧医疗产业在技术创新、服务模式优化、医疗资源均衡分配等方面取得了显著进展，不仅提高了医疗服务的效率和质量，也极大地改善了患者的就医体验。

首先，技术创新成为推动智慧医疗发展的核心动力。北京协和医院成功应用一款基于区块链技术的电子病历系统，利用区块链的不可篡改和可追溯特性，实现病历数据的安全共享和高效管理。医生可以实时访问患者的完整病历信息，为精准诊断和治疗提供了有力支持，患者也可以通过手机 APP 查看自己的病历，增强了医疗服务的透明度和患者参与感。这一创新提高了医疗服务的效率，也助推了医疗数据的安全利用。

患者对个性化健康服务的需求不断增加，智慧医疗也积极响应。在慢性病管理和健康管理方面，浙江大学医学院附属第一医院推出了"智慧健康管家"项目，通过可穿戴设备、移动健康 APP 等，对住院患者的健康数据进行实时监测和分析，提供个性化的健康指导和干预措施。自该系统投入使用以来，该院慢性病患者住院率和再入院率均下降，医疗成本得到了有效控制。

复旦大学附属华山医院推出"智慧门诊"项目，引入智能导诊机器人、自助挂号缴费机、移动护理终端等设备，患者在智能导诊机器人的引导下可以快速找到就诊科室，移动护理终端则让护士可以实时记录患者的护理信息，提高了护理工作效率和质量，改善了患者就医体验，也减轻了医护人员的工作负担。浙江省人民医院推出数字健康人"安诊儿"，可根据症状为患者匹配科室和医生，合理安排就诊流程，全程提供 AR（增强现实）智能导航，提供叫号提醒等。复旦大学附属妇产科医院上线的 AI 助理"小红"，为患者提供"7×24 小时"的专业咨询解答，涵盖妇科疾病、产科指导等知识。

在医疗资源均衡分配方面，智慧医疗发挥了重要作用。中日友好医院等医疗行业的"国家队"与西藏自治区不同级别的医疗机构建立了远程医疗合作平台，开展远程会诊、远程影像诊断、远程教学等服务，不仅让西藏的患者能够享受到大医院、大专家优质医疗资源，还促进了当地医疗技术的提升和医疗人才的培养。越来越多的医疗机构和企业开始涉足智慧医疗领域，通过技术创新和服务模式创新，推动智慧医疗产业的快速发展。

（二）技术创新引领医疗模式变革

1. AI 与大数据在医疗决策中深度应用

首先是 AI 辅助诊断系统的精准度显著提升。这些系统利用深度学习算法，对海量医疗健康数据进行训练和分析，实现对疾病的快速、准确诊断。例如，中山大学附属第一医院引入了一款 AI 辅助诊断系统，在肺结节检测中表现优异。该院发布的官方数据显示，与传统人工阅片相比，AI 系统检测准确率提高了近 20%，提升了医生诊断效率和准确性。中日友好医院皮肤病与性病科研发了一套皮肤疾病诊断系统，通过对大量皮肤镜图像的学习，可以自动识别出多种皮肤癌类型，识别准确率超过 90%，为皮肤科医生提供了强有力的辅助诊断工具，提高了皮肤癌早期诊断率，显著降低了漏诊和误诊的风险。

随着深度学习、自然语言处理等技术的不断成熟，医疗大模型在数据处理、知识推理、疾病诊断、医疗质量管理等方面的能力不断增强。上海联通携手复旦大学附属华山医院、上海超算中心等单位发布 Uni-talk 医疗算网大模型，应用于专业医学文献检索、辅助诊断等场景，在通用大规模多语言语料知识库基础上，基于医疗知识图谱重点融合学习了医学领域专业知识，训练知识规模为亿级。讯飞医疗与四川大学华西医院合作的"华西黉医"大模型，将复杂病历内涵质控准确率提升至 90%。由腾讯和迈瑞医疗合作搭建的重症医疗大模型"启元重症大模型"已在浙江大学医学院附属第一医院重症监护病房试点应用。该大模型可以读取患者的生命体征数据，建立患者"数字画像"，医生不再需要逐个信息系统阅读患者的信息，只要询问大模型就可以得到准确的病情回溯，大模型会依据系统内已录入的基础诊疗数据，自动、规范且高效地生成病历，过去需要医生半小时写完的病历如今 1 分钟就可以完成。

大数据和大模型也为疾病预测和防控提供了新的思路。腾讯与中山大学肿瘤防治中心合作，运用 AI 和大数据技术开发肿瘤数字疗法，通过分析患者多组医学数据、临床信息和生活习惯等，为患者提供个性化的肿瘤治疗和康复方案，显著提高肿瘤治疗效果。中国疾病预防控制中心建立了一个全国性的疾病预测大数据平台，整合来自全国各地的医疗数据、环境监测数据、人口流动数据等多源信息，通过大数据分析和大模型算法对传染病暴发趋势进行实时预测和预警。在 2024 年初流感季节来临之前，该平台成功预测出了流感暴发区域和高峰时段，为政府部门的防控决策提供了科学依据。

2. 5G 与物联网技术赋能远程医疗新场景

5G 技术的快速发展为远程医疗提供了强有力的支持。2024 年，多家大医院成功实现了 5G 支持下的高清远程会诊和实时手术。中国人民解放军总医院利用 5G 技术建立了一个远程医疗平台，除支持实时高清远程会诊之外，还支持远程手术操作，医生在千里之外可以指导手术过程。这一成果不仅打破了地域限制，使得优质医疗资源得以跨区域共享，还提高了手术的精准度和安全性，自平台投入使用以来已完成多例远程手术。

物联网技术的普及也给健康监测领域带来了新的变革。2024 年，各种物联网健康监测设备如雨后春笋般涌现，为人们的健康管理提供了更加便捷、高效的工具。医疗机构尝试将物联网设备应用于患者的健康监测中。上海交通大学医学院附属瑞金医院为慢性病患者配备了一款智能血糖仪——能够自动上传患者的血糖数据到医院的健康管理系统，医生可以通过系统实时了解患者的健康状况，及时调整治疗方案。这一做法不仅提高了患者的治疗依从性，还方便了医生对患者的管理和随访。医院发布的官方数据显示，自该系统投入使用以来，慢性病患者的血糖控制率显著提高，医疗成本也得到有效控制。

过去野外紧急医疗救援在极端条件下就信号失联，现在有了卫星+移动5G通信，一个帐篷就能集聚医院的优质医疗急救资源。在2024年的一次灾后急救模拟现场，浙江大学医学院附属第二医院紧急医学救援队利用随身携带的卫星地面站和5G自组网小型基站，在野战医院现场和后方医院建立起5G通信网络，现场伤员的情况实时传输到百里之外的浙大二院滨江院区。伤员被机器狗"背"到主路后，5G救护车已经在待命状态。转运过程中，救护车的实时位置，患者的心电图、超声图像、血压、心率、氧饱和度、体温等实时数据都同步传输到指挥中心的大屏幕上；指挥中心的专家借助VR眼镜，身临其境地查看救护车上的抢救情况，并通过实时音视频互动系统和随车医护保持密切的联系。

此外，物联网技术还在远程监护、家庭医生签约服务等领域得到了广泛应用。通过物联网设备，医生可以实时了解患者的健康状况，及时提供医疗服务和建议，提高了医疗服务的可及性和便捷性，也增强了医患之间的互动和信任。

（三）医疗服务模式的数字化转型

1. 互联网医院建设与监管不断完善

2024年，中国互联网医院发展取得了显著进展，成为医疗服务体系的重要组成部分。截至2024年9月，全国互联网医院数量已达3340所，较往年有了大幅增加。[①] 互联网医院不仅覆盖了大城市，也逐渐向基层和边远地

---

① 《我国卫生事业高质量发展取得积极进展为中国式现代化筑牢健康根基（大健康观察）》，《人民日报海外版》2024年9月24日，http://paper.people.com.cn/rmrbhwb/html/2024-09/24/content_26082548.htm。

区延伸，为患者提供了更加便捷、高效的医疗服务。

诊疗业务量方面，互联网医院表现突出。随着互联网技术的普及和患者接受度的提高，越来越多的患者开始选择在线问诊、远程医疗等互联网医疗服务，不仅减轻了线下医疗机构的压力，也提高了医疗资源的利用效率。同时，互联网医院还不断拓展服务范围，从最初的复诊开方逐渐拓展到健康咨询、疾病预防、康复护理、慢病管理、医养结合等多个领域，满足了患者多样化的医疗需求，我国每年提供的互联网诊疗服务量超过 1 亿人次[①]，逐渐成为线下医疗服务的有力补充。

诊疗质量方面，互联网医院也取得长足进步。通过引入 AI 技术，互联网医院实现了对医疗数据的深度挖掘和分析，提高了诊断的精准度和个性化水平。值得一提的是，2024 年国家继续巩固和深化此前颁布的各项互联网医院政策，加强了对医疗数据安全和隐私保护的监管。同时，医保支付的纳入也降低了患者的就医成本，提高了互联网医疗服务的可及性。互联网医院还加强了对医生的培训和考核，确保医生具备提供高质量医疗服务的能力。

2. 个性化医疗与健康管理的普及

随着基因测序技术的不断发展和成本的降低，基于遗传信息的精准医疗方案在中国逐渐得到普及。在精准医疗领域，基因测序技术结合 AI 的应用成为热点，医疗机构和企业对患者的基因进行检测和分析，利用 AI 算法为患者提供更加个性化和精准的医疗服务。例如，国内一些领先企业利用基因测序技术和大数据分析，联合国内多家医疗机构为患者提供遗传病筛查、肿瘤早期诊断等精准医疗解决方案。北京大学人民医院在精准医疗领域取得了重要突破，该院利用 AI 技术对海量的基因数据进行深度挖掘和分析，进一步提高了诊断的准确性和效率。复旦大学附属肿瘤医院利用大数据、AI 等技术对患者的遗传信息、生理数据、生活习惯等多维度数据进行整合和分析，将基因测序技术和 AI 辅助诊断系统有机融合，成功为多名癌症患者量

[①] 《我国卫生事业高质量发展取得积极进展为中国式现代化筑牢健康根基（大健康观察）》，《人民日报海外版》2024 年 9 月 24 日，http：//paper．people．com．cn/rmrbhwb/html/2024－09/24/content_ 26082548．htm。

身定制了个性化靶向治疗计划,精准提高了治疗效果和生存率,同时预防疾病的发生和发展,减轻了患者疾病负担。

国内各大医院开始尝试将智能穿戴设备与移动健康 APP 相结合,为患者提供更加个性化的健康管理服务。重庆医科大学附属第一医院在基于ePRO(电子化患者报告结局)的患者诊后智慧化管理方面取得了显著成果,将 ePRO 系统融入智慧医院建设中,实现了患者诊后健康状况的实时监测与反馈。通过该系统,患者能够方便地在家中完成健康状况的评估与报告,医生则能远程获取并分析数据,及时调整治疗方案。这一创新模式不仅提高了诊后管理的效率与准确性,还增强了患者的自我管理能力,提升了就医满意度。

二 2024年中国智慧医疗领域的新特点

(一)技术集成与解决方案的成熟度提升

1. 智慧医疗解决方案的提档升级

医疗信息系统的集成与优化是智慧医疗领域的一大亮点。中山大学孙逸仙纪念医院在 2024 年上半年完成了医疗信息系统的全面升级。升级后的信息系统实现了与院内各类医疗设备的无缝对接,包括电子病历系统、影像诊断系统、检验检查系统等,实现了医疗数据的实时共享和互通。郑州大学第一附属医院对医疗信息系统进行优化,优化后的系统可以自动生成患者的综合健康报告,为医生提供了更加便捷、高效的信息获取途径,系统也引入了自然语言处理技术和知识图谱技术,能够对患者的病历数据进行深度挖掘和分析,为医生提供更加精准、个性化的诊疗建议。

2024 年,多家医院智慧医院解决方案更新迭代。广州医科大学附属第一医院引入物联网、大数据和 AI 技术,实现了医疗设备与信息系统的深度融合。升级后的智慧医院系统不仅能够实时监控医疗设备的运行状态,自动预警潜在故障,还能根据患者的历史就诊数据和实时健康监测数据,为医生

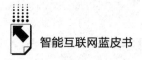

提供精准的诊断建议和个性化治疗方案。这一迭代显著提升了医院的管理效率和服务质量。

华中科技大学同济医学院附属协和医院的智慧药房解决方案集成了自动化配药、智能药品管理、在线审方等多个模块，实现了药品管理的智能化和自动化，能够根据医生的处方自动配药、打包和分发，提高了药品配发的准确性和效率，减少了人为错误的发生。该院还配备了智能药品管理系统，能够实时监测药品的库存情况和有效期，确保药品的安全性和可用性。医院还建立了在线审方平台，支持医生在线审核处方、提供用药建议等。

在元宇宙医院和数字人建设方面，各大医院也纷纷开始尝试，推出了一系列创新项目。上海交通大学医学院附属新华医院启动数字人健康顾问"新华小医"，上线了国内首个三甲医院官方数字人健康管理平台，通过线上问诊交互提供疾病咨询、用药提醒、复诊指导等服务，获国家卫生健康委"智慧服务创新案例"称号。杭州师范大学附属医院成立元宇宙医疗创新中心，构建数字虚拟诊疗场景，患者通过 VR 设备可沉浸式参与远程会诊、康复训练及科普宣教，例如，帕金森患者可在虚拟环境中进行步态训练，系统实时反馈运动数据并调整治疗方案。浙江省中医院致力于建设"省中智慧大脑"，以数字化赋能中医创新发展，利用 5G+AI、物联网等技术，共同搭建数据中台，打造了全国首家元宇宙+智慧医院，引领数字化中医院建设和中医药传承创新。

为患者服务的综合性健康管理平台逐渐兴起。深圳市人民医院推出"健康守护 360"综合性健康管理平台，集成预约挂号、在线问诊、健康监测、疾病预防、康复护理等多种功能，实现了从疾病治疗到健康管理的全方位覆盖。与既往健康管理平台相比，"健康守护 360"更加注重数据的整合与分析，利用大数据和 AI 为患者和用户提供个性化的健康管理方案。据该院官网及《深圳特区报》报道，平台上线后，用户满意度高达 95%，有效提升了患者和医院潜在服务群体的健康意识。重庆医科大学附属儿童医院搭建了基于物联网的儿童疾病全周期统一管理平台系统，通过智能穿戴设备实时收集儿童健康数据，医生可远程监测并提供健康指导，遇到紧急情况能及时通过 5G 网络进行远程会诊，为患儿提供及时治疗。

2. 智能化医疗设备与系统持续更新迭代

智慧医疗技术的应用不仅提升了医疗服务的质量和效率，还为边远地区的患者带来了更加便捷、高效的医疗健康体验。

作为西北地区的医疗中心之一，宁夏回族自治区人民医院在 2024 年牵头构建了区域医疗信息平台，通过整合区域内多家医疗机构的信息资源，实现异地患者健康数据的共享和互通。该院与全省县级人民医院携手，引入了智能化远程心电诊断系统，通过实时传输患者的心电数据至省级医院，由专家进行远程分析和诊断，大大提高了基层医院的心血管疾病诊断能力，提升了县级医院的医疗服务水平，还为患者节省了转诊时间和费用。

新疆医科大学第一附属医院积极响应国家号召，将智慧医疗技术引入南疆边远地区，为南疆地区的多家医疗机构捐赠了智能医疗设备，包括智能心电图机、远程会诊系统等。这些设备通过 5G 网络实现与省级医院的实时连接，南疆地区的患者能够享受到省级专家的远程诊疗服务。

西安交通大学第二附属医院急诊科引入了智能急救设备，包括智能呼吸机、智能除颤器等，这些设备通过集成先进的传感器和 AI 算法，能够实时监测患者的生命体征，并根据情况自动调整治疗参数，提高了急诊救治的效率和成功率，为患者争取了宝贵的抢救时间。

（二）智慧医疗社会责任不断增强

1. 医疗资源优化配置实践

2024 年，湖南省长沙市岳麓区通过构建智慧医疗体系实现医疗资源的合理调配。岳麓区卫生健康局依托大数据技术和云平台，建立了全区医疗资源共享平台，整合了区域内各级医疗机构的医疗资源信息，包括医生排班、床位使用、医疗设备状态等，通过智能算法进行实时分析。当有患者就诊时，平台会根据患者的病情、地理位置以及各级医疗机构的接诊能力，智能推荐最合适的医疗机构。对于轻症患者，平台引导其前往基层医疗机构就诊；对于重症或疑难病例，则快速转诊至上级医院。岳麓区还利用智慧医疗系统实现了检查结果互认等，进一步提高了医疗服务的效率和质量。这一举措不仅合理调配了医疗资源，减轻了大型医院的就诊压力，还提升了基层医疗机构的服务能力，达到了推动分级诊疗的目的。

重庆市卫生健康委积极响应国家医疗对口帮扶政策，利用大数据分析技术，精准匹配了重庆市与西藏自治区之间的医疗资源需求。通过深入分析西藏地区疾病谱、人口结构、医疗设施分布等数据，遴选了一批医疗专家前往西藏进行长期驻点帮扶，并建立了远程医疗协作机制；同时，通过大数据分析预测日喀则等地高发疾病，提前准备医疗物资和药品，有效提升了西藏地区的医疗服务水平。

云南省建立了一系列以大型三甲医院为核心的医联体，以智慧医疗为手段推进医联体业务建设。昆明市作为省会城市，通过大数据分析智能判断患者病情，合理引导患者分流至不同层级的医疗机构。曲靖市麒麟区卫生健康局利用大数据和互联网技术，建立了区域医疗协同平台，将区内各级医疗机构紧密连接在一起，实现了医疗资源的精准调配：对于常见病、多发病患者，平台引导其在基层医疗机构首诊，既方便了患者就医，又减轻了大型医院的负担。而对于疑难重症患者，平台则能够快速安排转诊至上级医院，确保患者得到及时有效的治疗。

2. 智慧医疗在公共卫生应急响应中的作用

2024年，大数据、AI等新技术正在创新传染病防控工作监测预警模式，助力疾病防控从事后响应转向主动预警。监测预警作为有效防范和化解重大传染病风险的第一关口，迎来了"数智化"重塑，"数智疾控"的蓝图正在绘就。

在浙江省温州市，多维、可视化的传染病智能监测预警系统24小时实时滚动更新数据，通过云计算等技术对16种常见传染病进行趋势分析，对十大症候群提前预警。当有学生因水痘等传染病在不同医疗机构就诊，满足"同一班级出现超3例发热病例"等触发条件后，系统能自动识别并发出预警；学生学籍信息与医防信息贯通后，诸如病毒感染、水痘等总能被控制在萌芽状态，同比数据出现明显下降。

AI 赋能让重大传染病筛查关口前移。天津港作为重要口岸，"外防输入"压力较大。天津海关与疾控部门合作，结合邮轮航线、旅客构成和既往疫情数据，利用 AI 分析输入风险，动态调整口岸防控措施。江苏、山东、河北等全国多个省份积极探索电子接种证与疫苗"身份证"，市民接种疫苗后，包含电子监管码、批号、冷链运输等内容的链路信息会自动形成电子记录，全程可追溯。

三　中国智慧医疗领域的新展望

在科技迅猛发展的时代，智慧医疗已成为推动医疗健康领域变革的重要力量。我国政府高度重视智慧医疗的发展，在一系列政策的引导和支持下，智慧医疗在我国得到了快速推进。展望 2025 年，我国智慧医疗将在国家战略的引领下，继续保持蓬勃发展的态势。

（一）政策导向：构建全域互联的智慧医疗新格局

2025 年，我国智慧医疗将在国家战略引领下，继续以数据要素为核心、全域互联为路径，构建覆盖全生命周期的医疗健康服务体系。这一新生态的构建，既是对《"十四五"全民健康信息化规划》的深化实践，也是对《健康中国 2030》战略目标的系统性回应，其核心在于通过政策创新与制度重构，破解医疗资源分布不均、数据流通壁垒、服务协同低效等深层次矛盾。

1.通过数据要素化激活医疗资源价值

国家层面将全面确立医疗数据的生产要素地位，建立"数据确权—流通交易—收益分配"的全链条治理机制。依托国家级医疗健康大数据中心，实现医疗机构临床数据、公共卫生数据、医保数据的标准化汇聚与动态更新。政府将继续出台相关政策，强化智慧医疗领域的顶层设计，推动医疗信息化标准的统一。这包括电子病历、医疗数据共享、远程医疗、互联网医院等方面的标准制定，以确保不同医疗机构之间的信息互联互通。在此框架下，数据共享模式将从"点对点传输"向"区块链分布式账本"升级，[①]通过智能合约技术实现跨机构数据调阅的权限控制和痕迹追溯，确保数据"可用不可见"，破解医疗数据"孤岛化"顽疾。在数据应用层面，国家卫生健康委也将开展医疗数据要素化改革的一系列试点，探索诊疗数据、基因数据、健康行为数据的资产化路径。

2. 加强基础设施建设，升级医疗服务网络

在行业标准方面，需要加快制定和完善智慧医疗领域的相关标准，包括数据格式、交换协议、安全规范等，以促进不同医疗机构之间的信息无障碍流通，进而发挥优化医疗资源配置的作用。国家将继续推进"双千兆医疗专网建设工程"，力争实现 5G 网络覆盖 100% 县域医共体、80% 乡镇卫生院，基层医疗机构带宽提升至 10Gbps，支撑远程会诊、AI 辅助诊断等实时交互场景，并通过边缘计算节点实现医疗数据的本地化处理，降低核心数据跨域传输风险。加快推进智慧医院服务互联互通标准出台，统一电子病历、检查检验、药品处方等 11 类数据的接口规范。例如，未来患者跨省就医时，三甲医院可直接调阅其基层诊疗记录，避免重复检查；急诊抢救场景下，救护车生命监护数据可实时同步至目标医院手术室，为抢救赢得"黄金10 分钟"。

（二）技术突破：生成式 AI 重构智慧医疗新价值

生成式 AI 作为底层技术引擎，将从数据驱动、价值创造和生态重构三个维度重塑医疗产业链，推动医疗服务从"经验医学"向"数据智能医学"跃升。[②] 在此过程中，技术创新必须与制度创新同频共振，在保障医疗安全与伦理底线的前提下，释放 AI 的变革性力量，最终实现"以治病为中心"向"以健康为中心"的全民健康服务体系转型。

---

① 邢昊、赵飞：《区块链技术在医疗医药领域应用困境及改进策略的研究》，《中国数字医学》2025 年第 2 期，第 50~56 页。

② 牛振东、和晓峰、刘晓琦等：《基于 BERTopic 模型的医学人工智能研究主题挖掘及演化特征分析》，《医学信息学杂志》2025 年第 2 期，第 1~9 页。

1. 加强多模态大模型底座建设

在医学人工智能应用技术一系列应用指南框架下,生成式 AI 将形成"基础大模型—领域专用模型—临床微调模型"的三级技术架构。基于工信部"人工智能新基建"工程建设的国家级医疗算力中心,将实现万亿级参数的医学大模型训练能力,支撑电子病历、影像组学、基因组学、穿戴设备等跨模态数据的深度融合。[①]

在知识整合维度,将通过知识图谱技术将权威医学知识库嵌入模型,形成动态更新的医学认知中枢。在场景适配能力方面,针对基层医疗场景开发的轻量化模型,可在移动端实现多病种辅助诊断,模型推理速度突破毫秒级响应,内存占用压缩至 1GB 以内,满足乡村卫生室等边缘计算需求。

2. 以生成式 AI 推进全链条医疗生产力革新

生成式 AI 将贯穿"预防—诊断—治疗—康复"全流程,推动医疗价值创造模式从"人力密集型"转向"智能驱动型"。临床决策支持方面,通过多模态数据实时解析,AI 系统可同步生成个性化诊疗路径建议。在疾病精准预防领域,基于时空大数据的疾病预测模型,可融合气象数据、环境监测、人群流动等信息,实现传染病暴发预警进一步提前。在药物研发方面,虚拟药物发现平台可模拟 10~15 量级的分子空间搜索,将临床前研究周期从 5 年缩短至 18 个月;生成式 AI 在抗体设计、药物重定位等场景的应用也将显著提升我国创新药研发成功率。

3. 促进人机协同的医疗新范式形成

中国信通院提出的"人类医生-AI 协同进化"模式将在 2025 年形成规模化的落地场景。首先是诊疗流程再造,AI 系统将逐步承担医疗机构 50%以上的病历结构化、影像初筛、用药推荐等标准化工作,释放医生生产力聚焦复杂病例和人文关怀。其次是推进医学教育转型,基于生成式 AI 构建的"虚拟标准化病人"系统可模拟上万种临床场景,实现住院医师的个性化培

---

① 肖革新、陈善吉、王博远等:《医疗大模型的应用现状与展望》,《中国数字医学》2025 年第 2 期,第 39~45 页。

训。此外，科研范式也将迎来突破，自动生成研究假设、设计实验方案、分析数据结论的 AI 科研项目评估专家系统可以使单个科研项目的启动周期缩短 70%以上。

4. 构建并升级可信 AI 医疗治理体系

在《数据安全法》《生成式人工智能服务管理暂行办法》指导下，智慧医疗技术发展将形成"创新—安全—伦理"的动态平衡机制。数据治理体系建设方面，基于区块链和联邦学习的医疗数据确权平台实现"数据可用不可见"，患者通过数字身份密钥控制数据流转路径。安全性和可靠性评价方面，医疗器械审评中心将加快算法监管，建立"黑盒测试—白盒验证"双重评估体系，对 AI 模型的临床适用性、公平性进行动态监测，针对模型偏差问题将强制性要求公开训练数据。伦理框架构建方面，主管部门将在临终关怀、生殖医学等敏感领域建立人工复核强制机制，医疗机构伦理委员会也将逐步开展对算法应用的全生命周期审查。

（三）应用场景：由疾病治疗转向全周期健康管理新范式

2025 年，我国智慧医疗将构建覆盖预防、筛查、诊疗、康复、健康促进的闭环服务体系，形成"数据驱动、主动干预、全程可控"的新型健康管理模式。

1. 加强医疗健康数据资源全面协同共享

由地方政府主导建立的全域健康数据中枢将整合电子病历、可穿戴设备、公共卫生、医疗保险、健康档案、医养结合等 18 类数据源，形成动态更新的个人健康画像，建立个人医疗健康数据全生命周期管理体系。而采用基于区块链技术构建健康数据资产账户，可以实现居民健康数据的自主授权使用和跨域安全共享，保障健康数据在生成、传输、使用及销毁全链条的合规性。这一技术将普遍应用于远程医疗和互联网诊疗，并支撑疾病风险预测模型精准度持续提升。

2. 主动健康干预模式努力实现创新突破

在个体层面，AI 驱动的健康行为干预引擎将根据基因特征、生活习惯、环境暴露等多维度数据，生成个性化健康方案，通过数字疗法、智能药盒、VR 康复训练等方式实现精准健康干预。[①] 在主动健康干预方面，智慧医疗将进一步加强与日常生活的融合，通过智能家居、智能穿戴设备等，实时监测个体健康状况，提供个性化健康建议和服务。在精准医疗方面，智慧医疗将继续深化与基因测序、生物信息学等技术的融合，对患者的遗传信息、生理指标等进行深入分析，为医生提供更加全面、准确的诊断依据，智能算法的应用也将使治疗方案的制定更加科学合理。此外，还将加强与公共卫生体系等的部门联动，例如数十个城市将部署"城市健康大脑"，实时接入空气质量、食品检测、健身设施等城市运行数据，构建环境健康风险指数发布信息平台，实现疾病的早期预警和精准防控，为公众的健康保障提供更加有力的支持。

（四）产业协同：打造跨界融合的智慧医疗新业态

1. 加强产业链各方协作

医疗机构可以为智慧医疗设备制造商提供临床验证和应用场景等方面的支持，促进技术的转化和应用；设备制造商通过了解医疗机构的实际需求和痛点问题，也可以推动医疗设备的创新和改进。为了实现产业链医工结合的紧密合作，需要建立健全合作机制和平台，加强对合作项目的评估和监管，确保项目的顺利实施和取得实效。通过政府引导、企业主导、医疗机构应用、高校和科研机构参与等方式，推动产业链上下游之间的协同发展。

2. 做好创新孵化与人才培养

创新是推动智慧医疗领域持续发展的重要动力。加强创新孵化工作，需要建立健全智慧医疗创新孵化中心和孵化器，推动创新创业和成果转化；加强对创新项目的扶持和培育工作，为创新创业团队提供场地、资金和技术支持。

---

① 张洪、张建洪、赵勇等：《全生命周期主动健康科普框架中国专家共识》，《检验医学与临床》2025 年第 2 期，第 145~150 页。

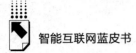

人才是推动智慧医疗领域发展的关键因素，需要建立健全人才培养体系和机制。通过高校和科研机构的培养、企业的实践锻炼等方式，着力培养一批具备医学、计算机科学、数据科学等多学科背景的专业人才，加强人才引进和激励，为行业的持续发展提供有力的人才保障。国内已有一些高校和科研机构开始开设智慧医疗相关专业和课程，培养专业人才。未来，这些机构将继续拓展功能和覆盖范围，为更多创新创业团队和人才提供支持和服务。

2024 年，我国智慧医疗领域展现蓬勃的发展态势。在国家政策的强力驱动和市场需求的共同推动下，智慧医疗在技术创新、服务模式变革、医疗资源优化配置等方面取得了显著成就。通过深度融合大数据、AI、物联网等先进技术，智慧医疗不仅提高了医疗服务的质量和效率，更在主动健康干预和精准医疗模式上实现了创新突破，为实施健康中国战略提供了有力支撑。展望未来，智慧医疗将在政策导向下，持续推动全域互联的新格局建设，实现医疗数据的全域流通与高效利用，促进医疗资源的优化配置和均衡发展。作为医疗健康行业的未来趋势，智慧医疗正引领着我国医疗行业向更加智能化、个性化、精准化的方向迈进，为医疗卫生健康事业发展注入新的活力与动力。

参考文献

韩旭等：《我国智慧医疗核心政策分析及国际经验启示》，《医学信息学杂志》2025年第 1 期。

邢昊、赵飞：《区块链技术在医疗医药领域应用困境及改进策略的研究》，《中国数字医学》2025 年第 2 期。

牛振东、和晓峰、刘晓琦等：《基于 BERTopic 模型的医学人工智能研究主题挖掘及演化特征分析》，《医学信息学杂志》2025 年第 2 期。

肖革新、陈善吉、王博远等：《医疗大模型的应用现状与展望》，《中国数字医学》2025 年第 2 期。

张洪、张建洪、赵勇等：《全生命周期主动健康科普框架中国专家共识》，《检验医学与临床》2025 年第 2 期。

B.16
2024年自动驾驶发展现状与未来趋势

李斌　公维洁　李宏海　张泽忠*

摘　要： 2024年，我国自动驾驶政策环境稳步完善，核心技术迭代显著提速，交通运输部与工信部以试点示范为手段，积极推进自动驾驶在城市与城际典型交通场景中的落地应用。一系列进展为自动驾驶创造了更为广阔的发展空间。未来，自动驾驶将在交通运输系统的数字化、网联化、智能化进程中发挥引领作用，深刻重塑交通运输模式、运载工具行业格局，以及与之相关的产业链结构。

关键词： 智能网联汽车　自动驾驶　智能化

一　自动驾驶发展现状

自动驾驶是指通过先进的技术和系统，使车辆能够在无须人类驾驶员直接干预的情况下，自动完成驾驶任务。

（一）关键技术研发现状

自动驾驶经过多年发展，环境感知、车载芯片和操作系统等关键技术取得了长足的进步，不断推动自动驾驶从技术研发走向落地应用。

---

* 李斌，工学博士，交通运输部路网监测与应急处置中心主任，研究员，长期从事智能交通领域的基础前沿性、工程性以及战略性创新研究；公维洁，国家智能网联汽车创新中心副主任，中国智能网联汽车产业创新联盟秘书长；李宏海，交通运输部公路科学研究院自动驾驶行业研发中心副主任，研究员；张泽忠，国家智能网联汽车创新中心战略研究部路线图研究业务线总监。

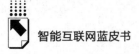

1. 环境感知技术

环境感知系统由车载摄像头、毫米波雷达、激光雷达、超声波雷达、夜视仪等部件构成。环境感知系统基本实现国产化，800万像素摄像头技术进一步成熟，国内企业在图像传感器、镜头模组等核心环节实现全产业链自主可控；毫米波雷达方面，国产厂商推出高分辨率4D成像雷达，探测距离提升至300米以上，MMIC（毫米波单片集成电路）芯片实现自主设计，支持77GHz高频段。国产车载激光雷达传感器兼具高性能与低成本优势，目前正稳步推进量产进程。多家车企纷纷完成半固态激光雷达上车应用，在全球市场规模层面，国产激光雷达领先优势显著。纯固态Flash侧向雷达实现前装量产，覆盖补盲需求。超声波雷达国产化率超90%，主要用于低速泊车场景。部分高端车型搭载国产短波红外摄像头，支持夜间行人识别与动物检测。

2. 车载芯片和操作系统

国内车规级AI计算芯片产品取得了显著进展，不仅在芯片算力上实现了飞跃，能效比也大幅提升，成功缩小了与进口芯片产品的差距，部分高端型号甚至实现了超越。算力超过200TOPS的超强大算力芯片已开始批量部署于多款主流量产车型中。为了满足更高级别的自动驾驶功能以及车辆中央计算平台的严苛需求，各大芯片企业正加速研发算力更强劲的计算芯片，旨在构建一个全面覆盖智能座舱、从L2+至L5各级别自动驾驶需求的完善产品矩阵。

智能驾驶操作系统领域同样迎来了快速发展期。当前，智能驾驶操作系统主要基于经过强化的QNX、Linux等内核进行开发，专为支撑复杂的感知、决策与控制任务设计，对芯片算力、系统实时响应能力和安全性提出了前所未有的高标准。尽管智能操作系统领域仍处于成长初期，技术迭代迅速，但尚未出现能全面满足高等级自动驾驶所有要求的成熟解决方案。特斯拉、英伟达等国际巨头继续在高端车型上引领应用潮流，而我国本土企业如华为、普华基础软件、斑马智行、国汽智图等，其自主研发的智能驾驶操作系统亦步入了量产前夕，即将在国内乃至国际市场上展现强劲竞争力，标志着我国在智能驾驶软件核心技术上的自主能力迈上了新台阶。

3. 通信技术

我国信息通信产业基于智能网联领域的优势显著，正有条不紊地规划并拓展独具特色的发展道路。一方面，我国已经具备网联通信芯片—模组—终端全产业链供应能力。国内企业在通信芯片、模组及终端的研发与生产上，不仅满足了智能网联汽车行业的严格要求，还在不断优化性能，以适应更广泛的应用场景。中信科智联、华为、中兴等领军企业，正通过技术创新推动产业链上下游的协同发展。另一方面，随着5G车载通信模组与C-V2X直连通信模组的大规模应用与成本降低，我国智能网联汽车产业迎来了市场化应用的显著突破。2024年，伴随C-NCAP规程的持续更新与严格要求，C-V2X技术在新车型中的渗透率大幅提升。截至2024年12月，乘用车车联网前装标配量已达到约1200万辆，同比增长近20%。具备C-V2X直连通信功能的新车数量实现了跨越式增长，预计达到约50万辆，同比激增超过200%，标志着C-V2X技术正逐步成为智能网联汽车的标准配置。此外，5G与C-V2X直连通信方案的结合，为新车提供了更高速率、更低时延的车联网应用支持，以及高可靠性、低时延的直连通信安全应用。

4. 高精度地图与定位技术

在高精度地图方面，相关图商积极开展高精度地图建设，目前已完成全国范围内超过40万公里的高速公路与城市快速路采集工作，覆盖范围进一步扩大。与此同时，有关高精度地图产品、辅助驾驶地图产品已在量产车型上得到广泛应用，并结合先进的路径导航技术，实现了厘米级定位能力，为当前相关车型高阶辅助驾驶功能提供了强有力的支持。针对地图更新问题，我国针对众包采集、自动化采集等多种方案进行了深入探索与实践，与此同时，进一步深入探索创新型偏转加密模式，在保障国家地理信息安全的前提下，显著提升高精度地图的更新效率与准确性。

在高精度定位技术方面，我国北斗系统（BDS）自组网完成以来，长期稳定提供有效服务，为全球用户提供精准、有效、实时定位服务。中国卫星导航系统管理办公室最新数据显示，BSD的全球范围实测水平精度小于等于 2.0 米，垂直精度小于等于 4.5 米，在交通运输等领域形成了客观的大规模应用。我国企业自主开发、具有自主知识产权的北斗高精度定位芯片，在性能、功耗等多方面技术水平得到显著提升，且已实现大规模量产。此外，千寻科技等科技公司提供高精度定位、速度、时间、姿态等信息的差分定位服务，在全国范围内建设的 RTK 地基增强站数量已超过 3200 个。相关企业积极开展 UWB（超带宽）定位技术开发并取得重大突破，该技术可针对地下停车场、港口、矿区等卫星定位信号受限的场景形成有效定位，已逐渐进入实际应用阶段，为这些特殊环境下的高精度定位需求提供了有效解决方案。同时，高精度车载定位系统的上车应用步伐进一步加快，2024 年，搭载高精度车载定位系统的乘用车新车数量已突破 60 万辆，蔚来、小鹏、理想等众多汽车品牌的新车型均将高精度定位系统作为标配功能，推动了智能网联汽车产业的快速发展。

5. 测试技术

我国产业各界针对产业发展需求和技术趋势，积极加速构建满足研发需求的测试基础设施与服务能力，全力支撑自动驾驶产品技术迭代、性能验证及商业化探索等方面的多元化需求。在虚拟仿真测试领域，基于中国道路特征，有关公司和机构持续优化自动驾驶场景库与自动驾驶/辅助驾驶仿真测试工具；组合辅助驾驶功能（L2 级）的场景数据库在多年积累下已高度成熟；面向 L3 级及以上自动驾驶的场景库目前也已经实现了大规模积累，尤其是在路测数据以及人工智能生成数据的支持下，数据质量与多样性显著提升。在封闭场地测试方面，截至 2024 年，工业和信息化部、公安部、交通运输部等部门联合推动建立了 17 个国家级自动驾驶测试示范区，全面支撑我国自动驾驶技术的道路测试与示范应用。在开放道路测试方面，我国已开放超过 32000 公里的测试示范道路，累计发放测试示范牌照突破 8000 张，自动驾驶车辆的道路测试总里程超过 1.3 亿公里。Robotaxi（自动驾驶出租车）服务范围持续扩大，干线物流、无人配送等多元化应用场景的示范运营活动也在全国范围内有序、高效地推进，标志着我国自动驾驶技术商业化落地步伐的明显加快。

6.路侧支撑技术

路侧基础设施主要包含摄像头、激光雷达、毫米波雷达等路侧感知设备，通信路侧单元（RSU），信号灯等交通管控设施，路侧计算单元以及区域部署的云控平台等各类管理平台。其主要功能和目的，是在路侧提供更大视角的环境感知、增强的局部辅助定位以及实时交通信息，支撑自动驾驶车辆以及人类驾驶车辆与道路、道路与交通管理中心之间的无缝互联互通，从而能够迅速地将道路上发生的实时信息传递给相关车辆及驾驶人。目前，路侧感知设备、通信路侧单元（RSU）、交通管控设施和路侧计算单元的生产已基本上实现了国产化，标志着我国在路侧设备自主化方面取得了显著进展。路侧设备中采用的芯片仍依赖于国外进口，其主要原因是国产芯片与国际领先水平产品相比，在适配性、可靠性上相比还存在一定的差距。国家和地方政府正加大力度组织推进路侧相关产品和设备的国产化研究与应用，通过政策引导、组织攻关和资金支持，鼓励国内有关路侧设备企业与华为、地平线、黑芝麻等国内芯片公司深入合作、协同攻关，加速国产芯片在路侧设备中的集成与应用，以期逐步实现全面的国产化替代。云控平台作为车路云一体化与智慧交通系统的核心组成部分，已在多个城市和高速公路项目中成功开展研究与示范应用，推动了车路云一体化技术的快速发展。同时，为规范行业发展，相关部门和企业正积极着手制定团体标准，以确保交通云控平台的技术规范性和兼容性，为未来的广泛应用奠定坚实基础。

（二）试点应用现状

近年来我国自动驾驶产业发展迅速，L2级系统已经实现大规模前装量产应用，高级别自动驾驶逐渐从示范应用走向商业化试点。交通运输部、工信部等部委通过智能交通先导应用试点、车路云一体化应用试点，推进高级别自动驾驶具体场景应用落地。

1.智能交通先导应用试点

2024年4月23日，交通运输部办公厅公布了第二批智能交通先导应用试点项目，第二批入选的自动驾驶项目场景类型更丰富，车辆投入规模进一步扩大，第二批涉及自动驾驶项目计划投入的自动驾驶车辆总数超 2300 辆。自动驾驶项目包括鄂尔多斯市公路货运与城市出行服务自动驾驶先导应用试点、黑河跨境公路货运自动驾驶先导应用试点、上海临港城市出行与物流服务自动驾驶先导应用试点、武汉跨区城市出行服务自动驾驶先导应用试点、湖南张家界矿区山地自动驾驶先导应用试点、广州南沙城市出行服务自动驾驶先导应用试点、重庆永川城市出行与物流服务自动驾驶先导应用试点、绵阳城市出行与物流服务自动驾驶先导应用试点、乌鲁木齐国际机场安全巡检作业与园区运输服务自动驾驶先导应用试点等 18 个自动驾驶先导应用试点，将在公路货运、城市出行、物流服务、矿区作业、机场巡检、港口运输等多场景开展试点，探索智能交通技术与交通运输业务的深度融合。

2. 车路云一体化应用试点

2024 年 1 月 17 日，工业和信息化部、交通运输部等五部委联合发布《关于开展智能网联汽车"车路云一体化"应用试点工作的通知》，从 2024 年至 2026 年，将聚焦智能网联汽车车路云一体协同发展，推动建成一批架构相同、标准统一、业务互通、安全可靠的城市级应用试点项目。2024 年 7 月 3 日，北京、上海、重庆、鄂尔多斯、沈阳、长春、南京、苏州等 20 个城市（联合体）脱颖而出，成功入选首批试点城市。此次试点工作围绕多维度展开，着力推进智能化路侧基础设施建设，提高车载终端装配率；搭建城市级服务管理平台，规模化开展示范应用；探索高精度地图安全应用，健全标准及测试评价体系；构建跨域身份互认体系，强化道路交通安全保障能力；积极探索新模式新业态，全力推动自动驾驶领域的创新与发展。

3. 高级别自动驾驶走向商业化应用

在 Robotaxi（自动驾驶出租车）方面，百度、小马智行、文远知行等公司持续深化 Robotaxi 场景的布局，随着各地政策的进一步放宽，车内真正无人的示范运营情况日益增多。2024 年初，上海发布了最新的《上海市智能网联汽车道路测试管理办法》，明确允许并规范了远程载客测试（即车内无安全员）的操作流程，小马智行、百度等企业再次获得相关批准。同年 5 月，深圳市也紧随其后，颁布了类似的政策，为自动驾驶出租车的商业化运营开辟了新路径，文远知行等企业成为首批受益者。

在 Robobus（自动驾驶公交车）方面，2024 年 2 月，无锡市进一步扩大智能巴士的运营规模，新增 30 辆智能巴士，使得该市自动驾驶微循环接驳体系更加完善。截至 2024 年 6 月，广州市自动驾驶巴士数量已增至 80 台，新增了多条便民线路，如大学城环线、珠江新城线等，极大地便利了市民的出行。同年 8 月，武汉市智能网联项目正式落地，首批投放 20 辆无人驾驶公交车，在市区内多条主要线路开展示范运营。此外，杭州、苏州、重庆等城市也相继宣布新增无人驾驶巴士路线，用于接驳、观光及短途出行，部分城市如杭州已开启商业化示范运营，并计划在未来将无人驾驶公交纳入城市公交体系。

在智慧物流方面，小马智行在北京、广州等地的自动驾驶卡车测试持续进行，并于 2024 年 3 月获得了北京首个自动驾驶卡车编队行驶商业化运营牌照。同时，友道智途在上海洋山港的商业化运营也取得了显著进展，2024年度累计测试里程已超过 500 万公里，实现了更高效率的编队行驶。此外，京东物流、菜鸟网络等电商巨头也开始在部分城市试点自动驾驶货车快递配送，标志着智慧物流领域正逐步走向成熟。

在无人矿山方面，安全员下车已成为常态。露天矿山作为自动驾驶技术的重要应用场景之一，2024 年初，踏歌智行在内蒙古等地的多个宽体车无人运输项目已全面实现 7×24 小时无安全员作业，作业效率进一步提升至人工效率的 90% 以上。雷科智途与多家矿企合作，完成了无人驾驶车辆在复杂环境下的各项功能验证，截至 2024 年末，井工煤矿无人驾驶路测数据已超过万公里。同年 9 月，易控智驾在山西等地投放的数百台无人驾驶矿车正式投入使用，打造了多个国内单体矿山车辆规模最大的无人驾驶项目，推动了无人矿山的快速发展。

（三）政策法规现状

国家以及各地方政府陆续先后出台了政策文件，助力自动驾驶技术及产业健康可持续发展。

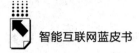

1. 国家层面高度重视

国家发展改革委、交通运输部、工业和信息化部持续深化政策，推动自动驾驶的落地应用和创新发展。2024 年 1 月，工业和信息化部、交通运输部等五部门发布《关于开展智能网联汽车"车路云一体化"应用试点工作的通知》，推动智能化路侧基础设施和云控平台建设，完善车路协同技术标准与测试评价体系，目标在 2024~2026 年建成一批统一架构的城市级应用试点项目，涵盖智能公交、无人配送等场景。2024 年 6 月，工业和信息化部、公安部等四部委发布《智能网联汽车准入和上路通行试点联合体名单》，批准长安、比亚迪、广汽、蔚来等 9 家车企及技术主体开展 L3 级自动驾驶上路试点，明确试点车辆需满足功能安全、数据安全等要求，积累管理经验以支撑法规修订。2024 年 11 月，交通运输部、国家发展改革委发布《交通物流降本提质增效行动计划》，明确提出加快智能网联汽车准入和通行试点，重点在长三角、粤港澳大湾区等区域开展示范应用，推动完全自动驾驶技术在城市环境中的规模化应用。支持 5G/6G 通信技术、车路云协同等新技术在自动驾驶领域的融合，提升交通效率与安全性。

2. 地方政府鼓励自动驾驶发展

在国家政策和地方发展需求的引导下，北京、上海、深圳等多地围绕道路测试、示范应用和商业化运营推出多项创新举措，进一步推动自动驾驶从技术验证迈向规模化应用。2024 年 12 月通过的《北京市自动驾驶汽车条例》将于 2025 年 4 月 1 日正式施行，明确支持 L3 级及以上自动驾驶汽车在个人乘用车、出租车、城市公交等场景的应用，并要求运营主体建立安全监测平台，实时监控车辆状态，配备安全员以应对突发情况。2024 年 7 月深圳市入选全国首批"车路云一体化"试点城市，出台《深圳市促进新能源汽车和智能网联汽车产业高质量发展的若干措施》。上海市进一步放宽 L3 级自动驾驶测试牌照发放，智己汽车、上汽集团等企业获准在上海高快速路开展测试，并探索无安全员远程监管模式。2024 年 11 月 30 日武汉市发布《武汉市智能网联汽车发展促进条例》，于 2025 年 3 月 1 日正式施行，是国内首部以"促进"为核心的自动驾驶地方性法规，明确支持 L3 级及以上自动驾驶技术的测试、示范应用和商业化运营。武汉市通过政策创新、技术积累和跨区域合作，正加速从测试验证向规模化应用转型，成为全国自动驾驶发展的标杆城市。

二　自动驾驶发展面临的问题和挑战

我国自动驾驶技术在发展历程中确实取得了极为显著的进步。然而，要实现对高级别自动驾驶，尤其是开放环境下高级别自动驾驶技术的有力支撑，当下仍然面临着诸多挑战。

在基础方法和关键技术方面，当下自动驾驶系统无法涵盖所有场景，复杂环境下技术成熟度待验。新型激光雷达虽提升了恶劣天气感知力，可面对极端场景，环境感知仍是实现高级别自动驾驶的瓶颈；算法与模型方面，端到端自动驾驶等新型算法框架降低模型复杂度，提升决策效率；特斯拉 FSD 12.5 版本采用端到端技术优化实时决策，但需驾驶员持续监控，尚未完全解决长尾问题。基于强化学习的预测模型逐步应用于城市复杂场景，但对行人行为预测的准确度仍需提升，尤其在突发场景中鲁棒性不足。

在底层软硬件支撑方面，我国在自动驾驶底层核心技术及器件方面仍受制于人，构建完备且自主可控的自动驾驶产业生态体系仍然面临较多挑战。芯片与操作系统国产化方面，国产车规级芯片虽在算力与安全性上接近国际水平，但设计工具链仍依赖欧美厂商；华为鸿蒙 OS 逐步渗透车载系统，但内核生态尚未完全自主。激光雷达国产化率达 70%，高端产品稳定性仍落后于国际品牌。工具链与测试验证方面，百度 Apollo、小鹏 XNGP 等平台推动自动驾驶研发工具链完善，仿真测试覆盖率却不足，极端场景数据库建设仍需加强。

在政策法规方面，我国加强政策引导、推动自动驾驶技术产业落地，并强调主体责任，加强产品、数据和网络安全管理，同时细化管理规则、规范测试示范应用活动。在立法与商业化支持方面，北京、武汉等地推出自动驾驶地方条例，明确事故责任划分，而国家层面《道路交通安全法》尚未纳

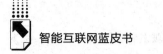

入自动驾驶条款。在地图与数据监管方面，高精度地图审图政策放宽试点，而测绘资质限制仍阻碍全场景应用；数据跨境流动安全管理细则尚在制定中。

在安全管理方面，随着越来越多自动驾驶车辆投入使用，现有交通系统的运行面临新挑战，安全事故时有发生，亟须构建混行交通运行安全及应急保障体系。多地建立自动驾驶事故联合调查机制，跨区域责任认定标准却尚未统一；保险公司推出专项险种，覆盖算法缺陷导致的意外。工信部发布《车联网网络安全防护指南》，要求车企建立数据分类分级制度，漏洞检测标准仍待细化。

在产业融合领域，我国跨部门统筹协同仍需强化。自动驾驶作为跨界融合的产物，涵盖汽车、通信、测绘、交通等诸多领域，需在国家战略引领下，构建跨部门、跨领域的协同合作机制，打造顶层协同体系。国务院为此设立国家制造强国建设领导小组车联网产业发展专委会，有效解决自动驾驶产业发展中的重大问题，有力推动了产业统筹发展。然而，在部分专项领域推进时，各部委工作目标不一致，工作重点缺乏统筹，亟须进一步加强部门协同，发挥体制机制优势，凝聚发展合力。

三 未来发展展望

随着我国自动驾驶政策环境的稳步完善，以及核心技术迭代的显著提速，交通运输部与工信部以试点示范为手段，积极推进自动驾驶在城市与城际典型交通场景中的落地应用，自动驾驶正步入一个前所未有的快速发展阶段，预示着交通运输系统将全面迈向数字化、网联化、智能化的全新纪元，深刻变革交通运输模式、运载工具行业及相关产业链。

一是低级别自动驾驶技术（L2 及以下）商业化步伐显著加快，市场渗透率迅猛提升。上海、广州等多地已出台自动驾驶创新发展专项规划，到2025 年，具备组合驾驶辅助（L2 级）及有条件自动驾驶（L3 级）功能的新车产量占比将突破 50%。同时，营运车辆中的控制类辅助驾驶系统将实现规模化应用，市场渗透率预计超过40%，标志着低级别驾驶技术正逐步成为行业标配。

二是高级别自动驾驶技术在特定场景下的商业化应用前景可期。随着各地政策法规持续取得突破，北京、上海、广州、深圳、武汉、重庆等城市，积极在城市公交、出租车领域推进自动驾驶的示范运营与商业化探索。在城际干线物流运输方面，西北、京津冀等区域也逐步开展试点示范工作，将城际干线物流运输视作最具潜力的商业化应用场景之一。

三是全天候、全场景的高级别自动驾驶技术，亟待进一步突破。从技术研发视角来看，人工智能基础理论、新一代传感器等关键领域，迫切需要创新性成果，从而拓展技术边界。在行业生态构建层面，需要强化行业内外数据共享，促进跨企业、跨地区、跨部门的协同合作。这不仅能够有效突破现有局限，还将助力高级别自动驾驶技术向更为广泛、复杂的实际应用场景稳步迈进。

参考文献

中国汽车工程学会：《节能与新能源汽车技术路线图2.0》，2021年1月。

工业和信息化部等五部委：《关于开展智能网联汽车"车路云一体化"应用试点工作的通知》，2024年1月。

工业和信息化部、公安部等四部委：《智能网联汽车准入和上路通行试点联合体名单》，2024年6月。

交通运输部、国家发展改革委：《交通物流降本提质增效行动计划》，2024年11月。

中国智能交通产业联盟、道路运输装备科技创新联盟：《中国营运车辆智能化运用发展报告（2020）》，人民交通出版社，2020。

B.17
智慧文旅2024年发展总结和2025年展望

王春鹏 蔡 鸿*

摘 要： 2024年，我国智慧文旅保持高速增长态势，成为推动文旅产业转型升级的核心动力。人工智能、XR、数字孪生等技术深度融入文旅产业全链条，催生涵盖智慧景区、智慧文博、智慧旅游等多领域协同发展、线上线下融合的智慧文旅生态。展望2025年，AI大模型将更深入应用于文旅场景，AR智能眼镜应用有望爆发，沉浸式体验持续进化，智慧文旅的发展路径更趋于融合、创新、普惠。

关键词： 智慧文旅 数字化转型 场景创新 产业生态

一 智慧文旅发展概况

（一）智慧文旅产业规模与结构

1.市场规模与增长情况

2024年，我国智慧文旅产业持续保持高速增长态势。在政策引导和市场需求双重驱动下，产业规模持续扩大。中研产业研究院公布的数据显示，截至2023年底，我国数字文旅市场规模达到1.15万亿元，同比增长18.58%，占整个文旅产业的比重已超30%。2024年，市场规模有

---

* 王春鹏，正高级工程师，视觉融合场景体验文化和旅游部技术创新中心副主任，四川川投智胜数字科技有限公司文旅行业总经理，四川智胜慧旅科技有限公司总经理；蔡鸿，视觉融合场景体验文化和旅游部技术创新中心科研主管，四川川投智胜数字科技有限公司科研主管。

望突破 1.2 万亿元，再创历史新高。数字文旅企业已成为推动文旅产业转型升级的核心动力。2015～2024 年我国数字文旅企业数量及市场规模如图 1 所示。

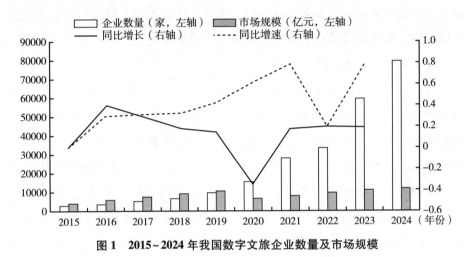

图 1　2015～2024 年我国数字文旅企业数量及市场规模

资料来源：《中国文化产业和旅游业年度研究报告（2024）精华版》，微信公众号"河北省文化和旅游产业协会"，2025 年 2 月 27 日，https：//mp. weixin. qq. com/s/JqNEZNxPRoApdPmO9bGqLg。

国内智慧文旅产业保持快速增长，主要得益于以下因素：一是中央和地方持续加大政策支持力度，营造了良好的产业发展环境；二是 5G、人工智能、大数据、云计算、区块链等数字技术不断取得突破，为智慧文旅提供了强大技术支撑；三是疫情下大量线上文旅消费需求被激发，加快了文旅产业数字化转型升级步伐；四是越来越多的文旅企业主动拥抱智慧化，在产品、服务、运营等方面加大数字化探索力度。

2. 产业结构与区域分布

从产业结构看，智慧文旅已初步形成涵盖智慧景区、在线旅游服务、数字博物馆、虚拟展览等多领域协同发展的产业生态。其中，景区数字化转型已成为带动行业发展的重要引擎。智慧景区建设从单点智慧迈向全域智慧。在线旅游服务持续深化，从单一的信息服务、交易撮合向智能化、个性化服务延伸。数字博物馆建设如火如荼，许多博物馆开始运用 VR、AR、人工智

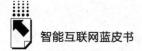

能、数字孪生等技术打造高科技展陈。

从区域分布来看，长三角、珠三角、京津冀等地区作为智慧文旅发展的先行者，产业基础雄厚、创新活力强劲，涌现一批代表性智慧文旅项目。中西部地区近年来发展势头强劲，四川、重庆、陕西等省市纷纷制定智慧文旅专项规划，加快推进具有地方特色的智慧文旅项目建设。

3. 主要参与主体分析

从参与主体看，形成了"政府引导、企业主导、多方协同"的良性互动发展格局。地方政府加强顶层设计，完善配套政策，为智慧文旅营造良好发展环境。文旅企业主动应用新技术改造提升传统要素，积极探索智慧文旅创新模式。互联网企业发挥技术优势，与文博单位、旅游企业开展战略合作，共建数字文博平台、智慧景区等。通信运营商发挥5G信息网络等优势，为智慧文旅基础设施建设、新型应用拓展提供有力支撑。银行、投资机构加大对智慧文旅领域的投融资支持力度。科研机构在智慧文旅关键技术研发、人才培养等方面发挥重要作用。

（二）政策环境与支持体系

1. 国家层面政策支持

2024年，国家持续加大对智慧文旅发展的政策支持力度，持续完善智慧文旅发展政策体系，文化和旅游部办公厅等部门发布了《智慧旅游创新发展行动计划》①和《旅游景区质量等级划分》②国家标准等文件，开展2024年全国智慧旅游解决方案推荐遴选工作，公布或联合公布第二批国家数字乡村试点地区名单、2024年全国文化和旅游装备技术提升优秀案例、全国红色旅游新技术应用优秀案例名单和文化和旅游数字化创新示范案例。这些政策和案例的出台为行业发展提供了有力保障和引导。

---

① 文化和旅游部办公厅等：《智慧旅游创新发展行动计划》，文旅部网站，2024年5月，https://zwgk.mct.gov.cn/zfxxgkml/zykf/202405/t20240513_952825.html。

② 《旅游景区质量等级划分》，全国标准信息公共服务平台，2024年8月，https://std.samr.gov.cn/gb/search/gbDetailed? id=208E903AB5F379F3E06397BE0A0AB2B9。

2. 地方政府推进举措

2024年，各地结合区域特点，先后出台智慧文旅发展政策。比如，浙江杭州提出打造"数字文旅第一城"[①]，重点部署数字景区、沉浸式文旅、文旅数智运营等八大重点赛道；四川加强"智游天府"文化和旅游公共服务平台建设[②]，推动全省文化旅游公共服务、综合管理、宣传推广的全面智慧化，以及巴蜀文化数字化保护与传承。这些区域性政策的实施，有力推动了智慧文旅产业集聚发展。

表1   2024年地方政府工作报告中的文旅工作任务（摘编）

省份	任务
北京	发展"演艺之都"，推动演艺机构和剧目走出国门
上海	推进国际文化大都市建设，推动国际邮轮全面复航
广东	打造粤港澳大湾区世界级旅游目的地，推动区域协同发展
江苏	全面提升旅游品质，打造世界级旅游目的地
福建	建设世界遗产地文旅集聚区，打造世界知名旅游目的地
吉林	打造世界级冰雪品牌和避暑胜地，实施旅游万亿级产业攻坚行动
海南	增加国际邮轮旅游航线，协调保障邮轮旅游国际航线运营
四川	打造世界重要旅游目的地，继续抓好稻城亚丁世界级文旅新地标建设
广西	以桂林世界级旅游城市为龙头，实施"串珠成链"工程

二 2024年智慧文旅发展特征与创新

（一）数字化转型升级

1. 景区数字化转型进展

景区数字化转型在深度和广度上双向推进。一方面，数字化基础设

---

① 《杭州力争打造"数字文旅第一城" 重点布局八大数字文旅赛道》，杭州网，2024年11月5日，https：//hznews.hangzhou.com.cn/chengshi/content/2024-11/05/content_ 8809264. htm。

② 《四川："智游天府"平台初见成效 让民众畅享旅游》，中新网四川，2022年7月8日，https：//www.sc.chinanews.com.cn/bwbd/2022-07-08/170366.html。

施不断完善。《智慧旅游创新发展行动计划》要求，加强5G+智慧旅游协同创新发展。实施"信号升格"专项行动，持续扩大国家4A级以上旅游景区、国家级旅游度假区、国家级旅游休闲街区、国家级夜间文化和旅游消费集聚区、全国乡村旅游重点村镇、国家考古遗址公园等各类重点旅游区域5G网络覆盖，提升重点区域及客流密集区域的5G网络服务质量，挖掘利用5G技术在视频监控、实时传输、无人驾驶等方面的潜力和优势，拓展旅游领域应用场景。持续推出5G+智慧旅游应用试点项目、解决方案。

另一方面，数字化应用场景不断丰富，AR实景导航、AI智能讲解等新型体验模式加速落地。以"数字一大——数字世界中的中国共产党人精神家园"项目为例，中国共产党第一次全国代表大会纪念馆搭建了数字孪生真实空间、数字原生神秘空间以及线上线下融合空间，属于全国首个红色大空间VR体验项目。在"数字一大"APP和小程序、"初心之旅"VR展以及元宇宙实验室内，公众可以利用AR扫描获取故事、还原会议场景、开展线上组织生活、设置主题游览与交互点及开发数字文创等，拓展了党建教育外延，为党员和青少年提供新学习平台。[①]

在三维数据资源方面，故宫博物院已经采集制作完成72万平方米清代紫禁城建筑、687万平方米清代皇城建筑三维数据，以及6万平方米重要建筑高精度三维模型，并基于这些高精度数据研发制作了多部虚拟现实数字作品。[②]

2. 文旅企业数智化改造

文旅企业数智化转型加速推进，呈现全链条数字化升级特征。一是文旅数据资产化，挖掘大数据价值。如陕文投集团实现陕西首单数据资产入表、

---

① 《中共一大纪念馆多个数字化项目概念首发》，中新网上海，2025年2月19日，https://www.sh.chinanews.com.cn/wenhua/2025-02-19/133021.shtml。
② 《2024中国新媒体大会丨于壮：数字资源是博物馆数字化转型的"生命线"》，华声在线，2024年10月16日，https://hunan.voc.com.cn/news/202410/21979387.html。

融资应用双突破;① 四川能投文旅集团依托牛背山景区完成全国第一笔旅游景区交易数据资产入表,挖掘大数据价值。② 二是实施数字化治理,提升管理效能。如云南康旅集团启动财务数字化管理系统建设项目,实现数智化转型;③ 湖北文旅集团通过数字化改造经营、工程、投资、协同办公、大数据可视化等板块,实现"办公一张网,管理一盘棋"。④

3. 智慧营销体系构建

智慧营销体系建设取得显著进展。基于大数据和 AI 技术,文旅企业构建起精准营销、场景营销、情感营销等多层次营销体系。如中传文旅文化公司探索性研发了数字人"华诗远",定位数字导游和数字主播,采用数字化驱动文旅营销宣传与服务。⑤

(二)新技术应用创新

1. AI 技术在文旅领域的应用

人工智能(AI)技术在文旅领域的应用不断深化。内容生成方面,AI创作引擎可快速生成景区讲解词、旅游攻略等内容,智能写作系统可自动生成个性化游记和体验分享,数字人技术让文物"开口说话",提供沉浸式讲解。服务体验方面,情绪识别系统实时分析游客情绪状态,提供情感化服务,AI 导游能根据游客兴趣动态调整讲解内容和路线,智能客服 24 小时在线解答游客问询。运营管理方面,智能预测系统准确把握客流高峰,人工智

---

① 《重点项目巡礼丨成立数据资产管理公司　打造文化大数据应用平台》,头条号"陕文投集团",2024 年 11 月 27 日,https：//www. toutiao. com/article/7441751196722840079/? upstream_biz＝doubao&source＝m_ redirect。

② 《全国第一笔!四川牛背山景区完成旅游景区交易数据资产入表》,头条号"封面新闻",2024 年 4 月 30 日,https：//www. toutiao. com/article/7363567104144015926/? upstream_ biz＝doubao&source＝m_ redirect。

③ 《云南康旅集团以数字化建设为高质量转型发展插上数智化"翅膀"》,云南网,2024 年 5 月 15 日,https：//yn. yunnan. cn/system/2024/05/15/033055061. shtml。

④ 《从规划到落地　湖北文旅集团如何快速构建数字化发展新格局?》,致远互联,2024 年 5 月 8 日,https：//www. seeyon. com/News/desc/id/5871/typeid/1. html。

⑤ 《"数字人"赋能文旅产业加速迭代》,百家号"光明网",2023 年 10 月 31 日,https：//baijiahao. baidu. com/s? id＝1781235782604521330&wfr＝spider&for＝pc。

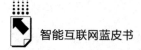
能优化景区资源调配，基于大数据分析精准指导营销决策。

2. 元宇宙文旅探索实践

元宇宙技术在文旅领域的应用加速落地。虚拟场景构建方面，敦煌研究院打造的"寻境敦煌"数字敦煌沉浸展，高精度立体还原了西魏第285窟，构建"游前线上互动、游中沉浸式VR体验、游后现场留念"的旅游服务模式。[①] 力方数字科技打造的《陆游：梦回卷画》数字化文化演艺，通过创新的夜游模式与沉浸式文化体验设计，为游客构建一个古今交融、亦真亦幻的文旅空间，使其成为领略四川独特文化魅力与数字化创新成果的重要窗口。[②]

社交互动创新方面，宁夏旅游信息中心打造的"元游宁夏"平台创新性借助人工智能，为用户提供个性化伴游服务，包括数字景区的AI导游、云展馆的AI讲解员、数字酒庄的AI品酒师及结合动作捕捉等技术的数字艺人，以数字人演唱会形式推广宁夏文旅。除了1比1高仿真复刻"宁夏二十一景"，"元游宁夏"还计划持续打造元宇宙"六特农场"，通过虚拟"种植""养殖"等模拟互动体验，推广宁夏特色农业产业及农产品。[③]

3. VR/AR沉浸式体验创新

硬件设备升级。百度发布的搭载中文大模型的原生AI眼镜重量降至45g，搭载1600万像素摄像头。[④] 雷鸟创新推出搭载第一代骁龙AR1平台的AR眼镜雷鸟X2 Lite，峰值入眼亮度达到1500尼特，全彩MicroLED+衍射光

① 数字敦煌官网，https：//www.e-dunhuang.com/index.htm。
② 《大型沉浸式实景演艺〈陆游·梦回卷画〉12月28日首映！高能剧透抢先看！》，微信公众号"卷画池"，2024年12月20日，https：//mp.weixin.qq.com/s/yWGx5IXdZpZcaPrdH6jcSg。
③ 《"元游宁夏"平台上线 游客实现景区线上深度游》，中国新闻网，2025年1月8日，https：//www.chinanews.com.cn/sh/2025/01-08/10349810.shtml。
④ 《小度AI眼镜》，https：//baike.baidu.com/item/%E5%B0%8F%E5%BA%A6AI%E7%9C%BC%E9%95%9C/65102621。

波导方案，整机重量约 60g。①

应用场景创新。AI+VR/AR 智能眼镜在原有 VR/AR 眼镜的特性以及佩戴方式上，接入 AI 模型，实现大模型交互、图像识别、实时翻译、虚拟内容展示、AI 识物等附加功能，可适配不同落地场景，激发游客使用兴趣，增加游客使用时长和黏性。

三　重点领域进展与成效

（一）智慧景区建设

1. 智慧管理系统应用

景区综合管理平台、电子门票、智能导览、智慧停车、客流监测等系统在全国重点景区加速普及，显著提高了管理和服务效率。以张家界武陵源智慧景区为例，游客从线上预约购票，到入园验票、游览体验，再到离园，都能享受到智慧化、无感化服务。②

2. 游客服务智能化

人工智能、大数据技术显著提升游客服务水平。广西旅发数智人运营服务有限公司打造的"三姐数字人助游"，根植于"刘三姐"的经典形象与文化基因，为游客提供虚拟导游、智能讲解等个性化服务；还整合全区文旅数据资源，在"刘三姐文旅大模型"智能大脑内有超 52 万条文旅知识库数据。"刘三姐"数字人亮相多个重大活动，全网曝光量突破 2 亿次，成为推广广西文旅品牌的重要力量。③

---

① 《雷鸟发布 X2 Lite 智能眼镜：搭载高通骁龙 AR1 芯片，明年第三季度上市》，IT 之家，2023 年 10 月 26 日，https：//www. ithome. com/0/727/926. htm。

② 《一部手机畅游武陵源》，《湖南日报》2024 年 11 月 29 日，https：//hnrb. voc. com. cn/hnrb_epaper/html/2024-11/29/content_ 1713872. htm。

③ 《三姐！优秀！广西这一项目入选 2024 年文化和旅游数字化创新示范优秀案例》，微信公众号"广西文化和旅游厅"，2024 年 12 月 11 日，https：//mp. weixin. qq. com/s/wzcHf5ElW6KzgE3ZBGeYPg。

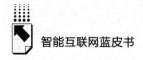

（二）智慧文博发展

1. 数字化展陈创新

VR、AR、全息影像、人工智能等技术广泛应用于文旅展陈。龙门石窟研究院通过对文物进行数字化采集、3D 模型重建等，借助 VR、AR、3D 打印等，覆盖线下、线上，对龙门石窟流散文物复位成果进行展示传播。① 湖南博物院"马王堆汉代文化沉浸式数字大展"用数字投影、虚拟现实等技术展示马王堆汉代文化，重现当时生活场景与文物魅力，共分为时空、阴阳、生命三个板块，如其中的生命板块便用沉浸式 LED 球幕呈现了T 形帛画，生动演绎了生命"由地入天"的升华仪式。② 一大批"数字化""智能化"博物馆新馆建成并投入使用，极大拓展了传统博物馆的社会服务半径。

2. 文物数字化保护

人工智能图像识别、3D 扫描、区块链溯源等技术在文物保护领域广泛应用。眉山三苏祠博物馆"三苏文化大数据库（一期）"整合了 12.5 万条三苏文化相关数据资料，运用大数据对其梳理分类，构建智能检索和关联系统，以宋代美学理念设计展示界面，还推出"东坡行旅"手绘地图特色板块。自 2024 年 6 月 8 日上线后，访问量超 721 万，成为国家首条文物游径"东坡行旅"的数据基石，为全球苏迷免费提供多维度服务，方便深入研究三苏文化。③ 这些举措为文物的数字化保护、监管、利用开辟了新路径。

3. 数字文化传播

数字技术让优秀传统文化"活起来"，让文物 IP"火起来"。数字技术

---

① 《这一案例入选！2024 年文化和旅游数字化创新示范案例公布》，澎湃新闻，2024 年 12 月 11 日，https：//m. thepaper. cn/baijiahao_ 29633973。

② 《马王堆汉代文化沉浸式数字大展启幕　高科技演绎"生命艺术"》，中国新闻网，2024 年 6 月 8 日，https：//www. chinanews. com. cn/cul/2024/06-08/10230880. shtml。

③ 《三苏文化大数据库入选 2024 年文化和旅游数字化创新示范优秀案例》，川观新闻，2024 年 12 月 10 日，https：//cbgc. scol. com. cn/news/5727002。

与文化产业的紧密结合与相互促进，展现出强大的传播势能。5000万人次在由游戏引擎生成的微信"云游长城"小程序上，用指尖在长城上自由"走动"，感受日夜晨昏的变化。① 在国家文物局指导下，基于高清数字照扫、游戏引擎的物理渲染和全局动态光照等游戏科技的使用与再造，腾讯与敦煌研究院合作的"数字藏经洞"得以呈现于世人。② 这些案例表明，数字传播渠道正成为博物馆提升影响力的重要抓手。

（三）智慧旅游服务

1. 智能导览系统应用

随着5G、人工智能、大数据技术的广泛应用，智能导览系统由单一的"电子讲解员"向集语音讲解、实时定位、游客行为分析等于一体的综合服务平台转型升级。以南京数字钟山体验馆为例，馆内行走式VR体验项目"重回大明紫禁城"，带领游客一秒"穿越"回到明朝，让刘伯温成为专属"导游"、"遇见"朱元璋亲临登基大典、殿试，见证600年前的历史大事件，有效提高了游览质量。③

2. 个性化体验服务

文旅行业大模型应用显著提升了个性化服务水平。全国各景区及文旅机构积极部署基于大模型技术的智能语音导览、沉浸式伴游及数字文创定制系统，利用文旅大模型能够根据游客偏好、历史行为和实时情境提供精准推荐服务。四川川投数科公司推出的"时空伴游数字人"④，通过高度拟真的虚拟导游陪伴游客探索景区，不仅提供多语种实时讲解，还能智能调整

---

① 《回望2024：数字文化大放异彩，国产IP顺势崛起》，微信公众号"新华每日电讯"，2024年12月30日，https：//mp. weixin. qq. com/s/OdBAkeXesaerhtFQbuoYxw。

② 同上。

③ 《我市两个项目入选全省2024年度旅游景区智慧旅游创新发展案例》，南京市文化和旅游局网站，2024年11月11日，https：//wlj. nanjing. gov. cn/whyw/202411/t20241106_ 5002435. html。

④ 《数智文旅 点燃行业发展新引擎》，四川新闻联播，2024年9月28日，https：//baijiahao. baidu. com/s？id=1811456210728741188&wfr=spider&for=pc。

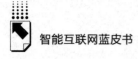

讲解内容深度，打造沉浸式文化体验。依托文旅大模型的图形、图像生成能力，游客可在旅途中创作融合传统文化与个人审美的专属纪念品，使每一份旅游记忆都具有特色。这些智能化产品不仅丰富了游客体验，也为景区提供了新的增值服务渠道，进一步促进了文旅产业的数字化转型与高质量发展。

3. 智慧出行服务

智慧停车、电子门票、移动支付等广泛应用于景区，极大便利了游客出行。以青城山—都江堰为例，游客可在官方 APP 上完成门票预订、餐饮预约、娱乐设施排队预约，实现"掌上一机游"（见图 2）。景区周边交通方面，通过旅游专线、旅游直通车、分时租赁等智慧化出行服务，有效缓解了停车、换乘等难题，提升了游客到达景区的便捷性。

图 2　乐山市全域旅游平台智游乐山 APP 服务内容示意

四　行业发展面临的挑战

（一）技术应用层面

1. 技术整合与落地难题

智慧文旅涉及物联网、大数据、人工智能等多种技术，如何实现多技的融合应用、创新突破，是行业面临的关键难题。同时，不少地方存在重复建设、碎片化发展问题。各系统数据壁垒明显，业务协同、数据共享的智慧化水平有待提高。

2. 数据安全风险

智慧文旅的发展以海量数据为基础，数据采集、存储、流通等环节面临较大的网络信息安全风险。特别是对于游客个人隐私数据，如何在合法合规前提下开发利用，需要平台、政府等多方共同发力。近年来文旅行业数据泄露事件时有发生，亟须建立健全数据安全管理体系，筑牢智慧文旅发展的安全防线。

3. 技术标准不统一

当前，智慧文旅在数据采集、交换、应用等方面尚缺乏统一标准，不同平台、系统间的互联互通、数据共享难度较大。游客的数据难以实现跨景区、跨平台的有效对接，无法形成完整的用户画像，影响智能服务水平的提升。未来应加快构建多层级的文旅大数据标准体系，实现技术层面的协同创新。

（二）运营管理层面

1. 运营成本压力大

智慧文旅项目从建设到运营均需持续投入，中小文旅企业资金实力有限，难以承担高昂的系统建设、维护、升级等成本。以智慧景区为例，前期软硬件建设动辄上千万元，后期的带宽租用、设备更新等运营成本也不断攀升。在保证基础设施建设的同时，如何通过增值服务、流量变现等方式实现投资回报，是景区运营中亟须破解的难题。

2. 人才储备不足

智慧文旅发展需要大批既懂现代信息技术，又熟悉文旅行业业务和用户需求的复合型人才。但目前高校相关专业设置较少，企业自身培养投入不足。未来应加强校企合作，多措并举培养"文旅+科技"复合型人才，为智慧文旅高质量发展提供智力支撑。

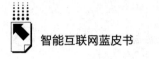

3.服务质量参差不齐

智慧文旅的核心在于提升游客体验。一些平台、企业过度追求技术堆砌，却忽视了游客的实际感受。有的智能服务功能设计脱离用户需求，使用便捷性不高；有的景区 APP 推送信息泛滥，干扰游客正常游览；还有的大数据分析与个性化服务脱节，难以真正"懂"游客。未来智慧文旅服务应以游客为中心，在技术与体验间寻求平衡，不断打磨，提升服务质量。

（三）产业生态层面

1.产业链协同不足

智慧文旅涵盖文旅、交通、科技、金融等多个行业，而各行业主体分工协作的产业生态尚未健全。文旅企业对前沿科技的需求难以得到精准对接；互联网科技企业对景区业务流程、管理机制了解不足；地方政府层面的统筹力度有待加大。上下游、跨界协同不畅，在一定程度上制约了智慧文旅创新要素的高效配置。

2.商业模式待完善

虽然智慧文旅市场在商业模式上进行了积极探索，但成熟、可持续的盈利方式仍未形成。一些景区将 VR/AR 等设备体验作为收费项目，但技术更新迭代快，设备利用率不高。数字文创开发利润空间有限，售价过高，难以被游客接受。私域流量、会员体系建设缺乏有效变现途径。智慧景区如何明晰自身优势，找准盈利点切入，打通上下游利益链条，将会是下一步模式创新的重点。

3.区域发展不平衡

智慧文旅发展呈现区域发展不均衡态势。经济发达地区数字基础设施完善，文旅科技企业集聚，智慧化项目多、水平高；而欠发达地区智慧文旅仍处于起步阶段，缺乏资金保障和人才支撑，与发达地区差距进一步拉大。区域发展失衡短期内难以根本缓解，未来应注重发挥东部地区的辐射带动作用，推动跨区域交流合作，引导社会资金加大对欠发达地区投入力度，以点带面推进区域均衡发展。

五　2025年发展趋势展望

（一）技术发展趋势

1.新一代AI技术应用

2025年，AI技术将更深入地融入智慧文旅各环节，成为推动发展的核心动力。

一是AI大模型应用深化。文旅行业大模型将在内容生成、智能服务、个性化推荐等方面发挥重要作用。AI大模型将在文旅内容创作、智能导览、虚拟场景构建等方面实现突破，提供更智能、个性化的文旅体验。

二是生成式AI营销创新。AI生成的内容将更加个性化、创意化，为文旅营销提供更多可能性。智能内容创作、精准用户画像、个性化推荐等功能将提升营销效率和效果。

三是多模态交互体验升级。AI技术将推动多模态交互体验升级，实现文字、语音、图像、视频等多种模态的无缝融合。多模态大模型将催生新业态、新模式，促进智慧文旅体验的多元化和个性化。

四是AI赋能景区智慧管理。AI技术将在景区客流预测、安全监管、环境保护、服务质量评估等方面发挥更大作用。通过AI分析游客行为数据，实现精准营销和服务推送；通过AI视觉识别技术，实现景区安全隐患的自动识别和预警。

2.智能终端技术创新

2025年，各类智能终端设备将在文旅领域迎来全面应用，显著提升游客体验。

一是扩展现实技术应用普及。AR、VR、MR、XR等扩展现实技术将在文旅导览、沉浸式体验、虚拟场景等方面广泛应用。AR眼镜将向全彩双目真AR眼镜转化，VR技术将提供更真实的沉浸体验，MR技术将打破虚拟与现实的边界，XR与AI技术融合将创造更智能化的文旅

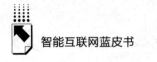

体验。

二是服务机器人功能完善。智能导览机器人、接待机器人、清洁机器人等将在景区、博物馆、酒店等场所普及应用。这些机器人将具备自然语言处理、行为识别、路径规划等能力，提供更便捷、高效的服务。

三是无人机应用场景拓展。无人机将在景区航拍、环境监测、安全巡查、表演秀等方面发挥更大作用。景区可通过无人机实现全域监控和精准管理。无人机编队表演将成为景区吸引游客的新亮点。

四是可穿戴设备生态丰富。智能手表、智能手环、智能服饰等可穿戴设备将与景区系统深度对接，提供导航、支付、健康监测等一站式服务，打造"无感式"智慧体验。

（二）产业融合趋势

1. "文旅+"跨界融合发展

2025年，"文旅+科技+X"的跨界融合将加速推进，催生一批新型业态。

一是跨界场景创新。"文旅+大健康"将打造智慧健康旅游目的地；"文旅+教育"将发展沉浸式研学；"文旅+体育"将结合赛事IP与文化特色；"文旅+非遗"将通过数字化展示传承非遗魅力；"文旅+低碳"将推动绿色智慧旅游发展。这些跨界融合将拓展文旅产业边界，创造新的增长点。

二是跨界技术融合。文旅产业将与大数据、云计算、人工智能、区块链等技术深度融合，推动智慧文旅提质升级。通过这些技术的应用，智慧文旅将实现资源配置更优化、消费体验更个性化、产业发展更可持续。

三是跨界主体协同。文旅企业、科技公司、金融机构、教育机构等多元主体将加强协同，共建智慧文旅生态圈。平台企业将赋能中小文旅企业；专业机构将提供内容创作、技术支持等服务；地方政府将优化发展环境，促进多元主体协同创新。

四是跨界价值创造。跨界融合将创造经济、社会、文化等多重价值。在经济层面，将催生新业态、新模式；在社会层面，将提升公共服务水平；在文化层面，将推动优秀传统文化创造性转化和创新性发展。

2. 线上线下深度融合

2025年，线上虚拟世界与线下实体场景将加速融合，构建虚实一体的智慧文旅新格局。

一是实体景区虚拟化升级。通过数字孪生技术构建景区的数字复制品，游客可在线上完成虚拟体验，再选择到线下深度游览，实现"先体验、后决策"的旅游新模式。

二是虚实互动体验深化。通过数字藏品、虚拟形象等载体，实现线上线下身份统一和权益互通。游客可以在虚拟和现实世界之间自由切换，获得连贯一致的文旅体验。

三是社交体验跨时空延展。远程亲友可通过虚拟化身共同参与文旅体验活动，突破地理限制，创造全新的社交模式。社交体验上将满足人们对社交连接的需求，增强文旅体验的社交属性。

四是消费场景无缝链接。社交电商、直播带货等模式与文旅深度融合，打造"种草—体验—分享—复购"的闭环生态，催生新的消费增长点。线上线下消费场景的无缝链接将促进文旅消费的便捷化和多元化。

3. 产业链生态整合

2025年，智慧文旅产业链将向平台化、生态化方向演进，构建更加开放、协同的产业生态。

一是产业链上下游协同深化。文旅内容制作、技术研发、渠道分发等环节深度融合，形成高效协作的产业集群。产业链各环节将打破壁垒，实现资源共享、数据互通、业务协同。

二是中小文旅企业生态赋能。依托平台共享的技术、流量、数据等资源，中小文旅企业将快速成长，创新门槛降低。平台企业将帮助中小企业实现数字化转型和智能化升级，促进产业生态多元化发展。

三是跨区域产业联盟形成。通过"飞地经济""产业链共建"等新模式，实现资源优势互补、发展成果共享。跨区域产业联盟将促进区域协调发展，形成优势互补、良性互动的发展格局。

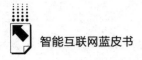

四是产业链数据价值释放。文旅数据资产化将成为产业发展的新动能，通过数据驱动实现精准营销、个性化服务和智能管理。随着数据确权、流通和交易机制的完善，文旅数据的价值将得到进一步释放。

（三）服务升级趋势

1. 个性化服务深化

2025 年，个性化服务将从"千人千面"向"千时千面"升级，满足不同场景下的个性化需求。

一是情绪消费服务创新。Z 世代的情绪消费需求推动智慧文旅通过 AI 大模型分析游客情绪偏好，提供共情场景和有温度的服务。情绪宣泄、治愈、共鸣和陪伴需求将成为文旅消费的重要驱动力。

二是数字人专属服务升级。基于 AI 的数字人将更加智能、自然，能够作为个人专属导游，全程陪伴并持续优化服务。数字人将在行程规划、交互导览、服务推荐、情绪伴游等方面提供更具温度和个性的服务体验。

三是 AI 情感计算技术应用。AI 情感计算技术能实时分析游客微表情，把握情绪变化，提供情境化服务。这种技术将使文旅服务更加精准和情感化，能够根据游客当下的情绪状态，动态调整服务内容和方式。

四是大模型内容创作个性化。大模型能根据用户兴趣实时生成定制化讲解内容、旅游路线和推荐，满足个性化需求。内容创作的个性化将通过智能分析用户数据，为不同游客提供量身定制的内容服务。

2. 沉浸式体验升级

2025 年，沉浸式体验将迈入 3.0 时代，从单一感官体验向多感官协同体验升级。

一是多感官融合体验。通过气味发生器、触感反馈装置等设备，为游客营造全方位沉浸环境，使体验更加真实和立体。多感官融合将让游客通过视听触嗅等多种感官通道，获得更加完整和深度的体验。

二是实时渲染技术应用。光线追踪、物理仿真等技术使虚拟场景更加逼真，模糊虚拟与现实世界的边界。这些技术将大幅提升沉浸式体验的真实感和沉浸感，增强文化传播和教育效果。

三是互动叙事体验设计。游客成为故事的参与者而非旁观者，通过自身选择影响情节发展，获得个性化沉浸体验。互动叙事将增强游客的参与感和体验感，让文化内容更加生动和富有吸引力。

四是社交属性体验增强。通过虚拟形象、共享体验、实时互动等方式，增强游客之间的社交连接，满足社交分享需求。社交属性将让游客能够与亲友或其他游客共同参与体验，分享感受，增强体验的社交价值和情感联结。

参考文献

中国旅游研究院：《全国智慧旅游发展报告2024》，2024年12月。

前瞻产业研究院等：《2024年中国AI大模型场景探索及产业应用调研报告》，2024年8月。

Mob研究院：《2024中国文旅产业发展趋势报告》，2024年5月。

MobTech研究院等：《2024年博物馆文创产业研究报告》，2025年1月。

深圳市维深信息技术有限公司：《AI智能眼镜白皮书》，2024年8月。

B.18
2024年中国智慧体育发展及趋势展望

李晨曦　王雪莉*

摘　要： 发展新质生产力背景下，中国智慧体育迎来蓬勃发展。科技奥运层面，人工智能助力中国代表团取得突破，并助力奥运赛事转播创新。全民健身层面，智慧技术促进体医融合、升级群众赛事、重塑教育模式，线上虚拟赛事如火如荼开展。夯实基础层面，智慧体育相关标准陆续落地实施，数个体育垂直大模型早期版本发布。未来需在扶持初创企业、加强国际合作、强化数据积累和标准制定等方面加速探索。

关键词： 智慧体育　新质生产力　人工智能　科技奥运　全民健身

一　2024年中国智慧体育发展态势

（一）全球智慧体育行业发展迅猛、亮点频出

回顾2024年，全球智慧体育行业发展依旧迅猛，各大体育领域的智能化应用水平持续提升，精英运动竞训、B2B/B2C健身与健康、粉丝互动与媒体内容等赛道的投融资活跃，整体而言有下述三个值得我国智慧体育领域关注的趋势。

---

* 李晨曦，清华大学计算机系博士、体育部博士后，深圳大学体育学院讲师，主要研究方向为体育科技创新；王雪莉，清华大学经济管理学院领导力与组织管理系长聘副教授、清华大学体育产业发展研究中心主任，主要研究方向为体育产业、体育消费、组织变革、战略人力资源管理等。

1. 智能技术应用贯穿精英体育竞训的全过程

世界顶级体育赛事，以维度不断扩展、粒度不断细化、洞察不断深入的智能数据采集与分析，驱动赛事提升竞训水平、优化竞赛产品、规范管理运营。例如，NBA（美国职业篮球联赛）借助鹰眼公司高速智能摄像机系统实现球员身上29个点位的数据采集，在23~24赛季开始辅助干扰球、界外球等执裁环节判罚，并为30支球队提供可视化、可操作的球员表现和技战术分析报告。与此同时，精英体育领域的管理者也开始探索借助智能工具提升组织运营、财务流程、商业营销的工作效率与效果，如NBA马刺队与开拓者队均面向球队员工开展内部AI战略或试点计划，并已取得初步成效。

2. 生成式人工智能赋能健康与健身行业升级

生成式人工智能与大模型技术的飞速发展，为健康与健身行业注入新活力，综合可穿戴设备、多模态数据分析、计算机视觉等技术手段，革新健身与健康行业。就个体而言，基于常态化健康监测与评估、个性化运动处方生成，实现对于主动健康的追求，例如数字化体检工具BellSant能够连接可穿戴、移动设备的日常健身与健康数据，自动分析各类型体检化验单，给出临床级的健康评估并制定个性化计划。对企业而言，健身与健康服务商将各类AI工具整合入客户服务流程之中，为客户提供更为定制化的训练指导、强化与客户的沟通互动并提升企业的运营效率。Amalgama、ABC Fitness是为健身与健康服务商提供智能化服务升级解决方案的代表性公司。

3. 国际体育组织出台政策规范智能体育发展

2024年4月19日，国际奥委会发布其数字化战略的里程碑式成果——《奥林匹克AI议程》。该议程不仅以奥林匹克运动为目标场域描摹了人工智能应用于体育的宏观蓝图，还强调了对于智能体育技术伦理风险的警惕——如侵犯个人隐私与数据权益、加剧赛事不公平竞争、造成体育人文主体地位缺失，等等。议程给出了五大聚焦领域（以运动员为中心提升训练竞赛环境、确保体育人工智能之益的平等可得、提升奥林匹克赛事运营与可持续性、增加奥林匹克赛事与全球粉丝互动、驱动国际奥委会和体育世界的高效管理），并提出了发展体育人工智能的五项指导原则和一个治理框架，对于我国智慧体育发展具有引领性、推动性、规范性意义。

（二）发展新质生产力为中国智慧体育带来全新机遇

2024年1月31日，习近平总书记在中共中央政治局第十一次集体学习时强调：加快发展新质生产力，扎实推进高质量发展。[①] 此后，从理论层面研究归纳新质生产力的理论内涵和价值意蕴，从实践层面以技术革命性突破、生产要素创新性配置、产业深度转型升级探索形成新质生产力的方式，成为各行各业2024年的核心议题。总体而言，新质生产力是指以科技创新、数字化和智能化为核心，提升资源配置效率和价值创造能力的新型生产力形态，包括创新性、智能性和可持续性特征。[②] 不难看出，以数智技术释放体育数据要素价值、提升体育行业生产运行效率、优化各类体育资源配置、实现绿色体育生产制造，从而实现体育行业智慧转型、新型体育消费业态构建、（公共）体育服务模式升级，是全面推动我国体育高质量发展的必然途径。因此，发展新质生产力背景下，我国智慧体育行业迎来了全新的发展机遇和时代使命。

（三）从智能体育典型案例看中国智慧体育发展

国家体育总局与工业和信息化部联合征集、评审的智能体育典型案例依旧能够反映我国智慧体育发展的整体风向。其2024版的案例征集方向进行了细化与调整，设有全民健身（包括"虚拟现实运动设备""运动健身APP及平台""智能健身器材"）、竞技体育（包括"智能运动可穿戴设备""智能体育训练设备"）、体育设施（包括"智能冰雪运动设施""智能户

[①] 《习近平在中共中央政治局第十一次集体学习时强调：加快发展新质生产力 扎实推进高质量发展》，新华社，2024年2月1日，https://www.gov.cn/yaowen/liebiao/202402/content_6929446.htm。

[②] 黄谦、张皓宇、赵楷等：《新质生产力促进体育参与、提升健康福祉的理论机制与实证依据：生产力指数和多期调查数据的综合考量》，《武汉体育学院学报》2024年第12期。

外运动设施""智能体育场馆设施")、其他领域（包括"智能体医融合产品""智能青少年体育产品""智能老年运动健康产品""其他方向"）四个大项，最终共有100项典型案例获评（全民健身38项、竞技体育21项、体育设施16项、其他领域25项）。① 征集到的案例来自全国23个省份（北京、广东、上海数量排名前三），申报单位涵盖政府部门、地方体科所、高校、体育用品制造企业、体育科技初创公司、科技龙头企业等创新主体，无论是地域覆盖的广阔度还是参与主体的多元性，都反映出我国智慧体育的全面发展态势。

将前后两届（2022年和2024年）获评的智能体育典型案例进行对比，可以发现我国智慧体育发展的三方面显著特征。其一，产品和解决方案从功能趋同和泛化逐步走向差异化、精细化、专项化、深入化，凸显出智能体育研发团队深耕某一具体场景的重要性。以两份公示名单的"智能户外运动设施"板块为例，2022年获评案例多为智慧体育公园、步道、社区的整体性解决方案，而2024年出现热气球飞行、武术互动训练、体质测试等细分项目的解决方案。其二，领域覆盖逐渐完全，服务对象多样化。获评案例全面覆盖竞技体育、全民健身、体育教育、体考测试、体育场馆、赛事直播等主要体育场景，且产品和服务的主要购买者从G端、B端拓展到C端用户，如IMBODY智能力量健身镜、每日瑜伽APP、鸵鸟足球智能双足传感器，等等。其三，契合国家纲领性政策要求，同时着眼于未来体育市场。评选设置了体医融合、青少年体育、老年运动健康等细分板块后，大量优质案例涌现，其研发者不仅有原本关注相关领域的初创公司，华为、科大讯飞、旷视科技等科技巨头也纷纷入局。与此同时，基于扩展现实和传感设备的虚拟体育解决方案也日益成熟，打破体育运动参与的时间、空间和场地条件限制，为未来大众以线上化、交互式的方式参与体育锻炼和竞赛创造可能。

---

① 《工业和信息化部办公厅 国家体育总局办公厅：两部门关于公布2024年度智能体育典型案例的通知》，2025年2月25日，https：//www.miit.gov.cn/zwgk/zcwj/wjfb/tz/art/2025/art_8ae6d79517f84acf89e92cc433bc14fa.html。

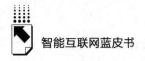

（四）中国智慧体育产业的投融资市场仍旧缺乏活力

2024 年，虽然我国涌现了更多的智能体育技术、产品和服务，但智慧体育产业投融资市场仍旧相对沉寂。根据懒熊体育统计的数据，少数几笔投资主要集中在智慧健身领域，社区智能健康平台坚蛋运动完成了数千万元级别的 A+轮融资，而 2023 年刚完成 5000 万元 A+轮融资的 SPEEDIANCE 速境则于 2024 年再次完成 B 轮融资（金额未披露）。① 相较于投融资更为活跃、应用类型更为多元的全球体育科技生态，我国存在体育消费市场难以支撑体育科技企业发展、缺少高商业价值的体育竞赛表演场景、本土科技巨头深入体育领域仍有待加强等诸多问题，且其他产业领域掀起的大模型风潮在体育产业中起步也相对迟缓。尤其需要指出的是，我国极度缺乏专门性的体育科技投融资机构和创新计划/项目。由全球知名体育科技咨询和服务平台SportsTechX 绘制的全球体育科技地图中显示，中国内地地区的体育科技投融资基金和网络、加速器和孵化器项目、由体育组织或其他类型机构发起的创新计划仍处空白状态，这或许是制约我国体育科技初创企业发展和创新生态活力的重要因素。

二　2024年中国智慧体育应用实践

（一）科技助力奥运不断升级，巴黎奥运会上的中国智能势头强劲

世界大型体育赛事中从来不缺少中国制造与中国力量。近年来，中国的智能化技术、产品和服务登上世界舞台，在彰显现代化、有担当的大国体育形象的同时，为建立我国体育科技国际话语权打下基础，以科技提升我国体育的国际地位与软实力。历经北京冬奥会、杭州亚运会、成都大运会智慧办

---

① 《中国体育投融资数量金额均创新低的一年，谁拿到了钱？｜盘点 2024》，"懒熊体育"微信公众号，2025 年 1 月 3 日，https：//mp. weixin. qq. com/s/vKfsYy_ KzGC9gEvkfZsVqA。

赛的洗礼，以及数届奥运会中国代表团科技助力项目的探索与研发，我国数智化技术在竞训表现提升、智慧场馆运营、高效赛事组织、绿色可持续办赛、媒体内容革新等方面均积累了丰富的实践经验，形成了成熟有效的解决方案。2024年的巴黎奥运会上，中国智能技术势头依旧强劲，一方面助力我国代表团在赛场上争金夺银，另一方面为巴黎奥组委智慧办赛提供有力支持。

1. 智慧技术助力我国运动项目取得突破

经历过数智化时代以来的数个奥运周期，借助可穿戴设备监测、计算机视觉捕捉、机器学习与大数据分析、扩展现实与三维建模等数智技术辅助技战术分析与决策、技术动作识别与纠正、运动表现分析与个性化训练方案生成、负荷管理与伤病预防等竞训事务，已为各运动项目国家队所熟知。顶尖教练员和运动员逐步形成科技和数据意识，掌握在训练备战中使用智能工具的方式，加之相关产品不断成熟、科研人员经验持续丰富，巴黎奥运会上人工智能的助力作用达到新的高度，帮助我国在多个运动项目上取得突破。例如，北京体育大学工程学院的数据分析团队借助自主研发的网球大数据表现平台，建立起专业网球比赛数据库，并与中国网球队构筑起远程/现场支持、内容快速响应的工作模式[1]，成为郑钦文奥运夺金、张之臻/王欣瑜闯入决赛背后重要的科技力量。又如，由清华大学电子工程系带领的科研团队与中国拳击队展开合作，其"多模态运动人因智能传感分析平台及智慧训练系统"将自主研发的近无感高精度穿戴式设备与前沿软硬件技术相结合，实现训练备战期间的实时生理参数和技战术表现监测，提供详细深入的分析报告并生成定制化训练方案，比赛期间平台则实时捕捉比赛动态、分析选手优势与劣势并提供予以应对的技战术建议[2]，帮助中国拳击队取得3金2银的历史性突破。

---

[1] 北京体育大学：《接连创造历史的中国网球队，有"北体科技"助阵》，2024年8月4日，https://mp.weixin.qq.com/s/FjvQ0R_C6BWUy_I1fbZjIQ。

[2] 《清华大学电子工程系助力中国女子拳击队摘金夺银再创佳绩》，清华大学电子工程系官网，2024年4月8日，https://www.ee.tsinghua.edu.cn/info/1076/4541.htm。

此外，百度研发的"文心体育解决方案"基于计算机视觉动作捕捉与分析，帮助中国国家跳水队、游泳队、田径队和攀岩队在训练和比赛过程中，实现逐帧、量化、多视角、细致入微的运动员技术动作分析并进行三维还原，从而为各个环节的技术动作优化提供坚实参考；① 商汤科技基于"日日新 SenseNova5.5"大模型技术，为中国国家篮球队打造能够实时解析运动员状态和篮球轨迹的 AI 智慧篮球产品。国家队级别的智能科技助力不一而足，也开始在世界大赛中发挥实质性作用，而相关技术和产品如何下沉到更基层的竞技体育人才培养场景，为人才选拔与培养提供有力支撑，将是下一阶段的重要议题。

2. 中国力量协助巴黎实现智慧办赛创新

虽非本土大型体育赛事，巴黎奥运会的智慧办赛依然不缺少来自中国的技术力量，中国力量成为其在办赛诸多方面实现创新的关键。最具突破性的便是阿里云为奥林匹克转播服务（OBS）提供的系列解决方案。作为国际奥委会的 TOP（The Olympic Partnership，奥林匹克全球合作伙伴）赞助商、国际奥委会"AI 工作组"中唯一的中国成员，阿里云为巴黎奥运会的赛事转播提供了全面支撑，主要体现在三个方面。第一，云计算首次超越卫星成为主要转播方式。超过 2/3 直播信号基于阿里云向全球分发，云上产出 11000 小时内容，吸引全球超 40 亿观众。大规模云上转播推动奥运会的转播制作向着更高效、智能、环保的方向发展，相较里约奥运会巴黎奥运会在发布更多内容的同时减少 50% 相关能耗。② 第二，带来转播视觉效果革新。AI 增强下的多镜头回放系统实现"子弹时间"（部署于巴黎奥运会的 14 个场馆中），以强化慢镜头、时间静止等特效，让观众能够更沉浸式、多角度地感受比赛的精彩瞬间与运动员的高超技艺。第三，提升国际奥委会的媒体资产管理效率。借助 AI 实现海量视频数据的快速检索、多媒体内容自动分

---

① 《百度 AI 收到多封奥运项目感谢信，他们这样说…》，"百度 AI"微信公众号，2024 年 9 月 6 日，https://mp.weixin.qq.com/s/EAWqY73OALp0q-LkXr_ NCA。

② 《骄傲！全球一半人口看奥运，阿里云成功支撑史上最大规模电视网络转播》，"阿里云"微信公众号，2024 年 8 月 12 日，https://mp.weixin.qq.com/s/fqCuMeOFijBu42no5zbU-w。

类和高光瞬间剪辑制作等功能。此外,阿里云还针对绿色低碳办赛打造了名为"能耗宝"的可持续性解决方案,以人工智能管理和分析巴黎奥运期间35项比赛的能耗数据并将其上传云端。除阿里云之外,巴黎奥运会上的部分装备和设施也由"中国制造"走向"中国智造",足球赛场上用于判断手球和越位的内置芯片(每秒钟能实现500次识别)①,便来自江苏淮安的顶碁运动用品公司;泰山体育作为老牌的世界大型体育赛事体育用品供应商,也在积极探索产品智慧化,在摔跤、柔道垫中植入能够采集运动过程中力量、速度、接触区域等方面数据的智能芯片,旨在为技战术分析、训练指导、伤病预防提供数据支持。

(二)智慧技术造福普罗大众,促进全民健身与体育教育

《体育强国建设纲要》将"推进全民健身智慧化发展"和"提升智慧化全民健身公共服务能力"作为战略任务的重要内容之一。经历数年发展,在大量公共体育空间完成智慧化转型和建设的基础之上,数智技术开始助力群众体育赛事升级、赋能公共体育服务优化、促进体卫医深度融合、推动线上虚拟赛事发展、重塑体育教育模式。

1.智慧促进体医深度融合

《"健康中国2030"规划纲要》的"加强体医融合和非医疗健康干预"小节中要求完善针对不同情况的运动处方库、发挥全民科学健身对于健康促进的积极作用,并明确指出要加强全民健身科技创新平台和科学健身指导服务站点建设。智能化技术或将成为实现相关目标的重要依仗。一方面,各地近年来体系化、标准化、成规模推进建设的智慧公共体育空间(包括公园、步道、体测中心等)已打下良好基础。于个人而言,平台可以综合分析用户在空间中使用智慧器械进行各项锻炼和体质测试的数据,智能地为每个人生成定制化的运动处方和训练计划——好家庭、泰山体育等公司的智慧解决

---

① 《中国造足球内胆1秒内可500次识别动作》,央视网,2024年7月19日,https://weibo.com/3266943013/5057789468345453。

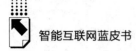

方案中的器械和系统均已具备相关功能。于群体而言，平台可以汇集公共体育空间辐射区域居民的锻炼和体测数据并进行分析，为了解居民健康行为与体质概况、制定公共卫生政策、指导运动健康工作开展提供支撑。另一方面，各地也积极着手研发智慧化运动处方系统，使人们在家就能获得专业性、针对性的健身指导，提供可借鉴、可复制的公共体育服务模式，山东省体卫融合综合服务平台、以动健康人工智能运动处方系统均为近年来的典型案例。

2.智慧升级群众体育赛事

智能技术正持续渗透群众体育赛事，相较于之前的零散应用，数智技术的使用更加多元化、体系化，广泛应用于赛事组织的各个环节，为更加优质的赛事服务提供支撑。以马拉松赛事为例，以"5G+物联网+AI"为技术基础构筑起来的解决方案已成各项赛事的标配，在赛前能够基于人脸识别实现便捷的装备领取；在赛中可与数字孪生、可视化建模、大数据分析等技术联合构成智慧指挥中心，实现赛事计时、道路交通、医疗救援等全方位的智能监测与管理，保障赛事安全有序进行；在赛后能实现海量赛事视频的检索、选手人脸或号码识别并生成每位跑者专属短视频。此外，硅基智能依托DUIX ONE多模态大模型为南京马拉松打造的"南马数字人"，能够在赛前、赛中、赛后为跑者提供补给指引、互动答疑等服务，减轻赛事服务压力的同时增强赛事人文关怀；2024杭州马拉松则甚至将人工智能实体化，启用了一批配速能力极其稳定的机器"陪跑兔"，引导跑者维持跑步节奏的同时，还能通过空翻、跳舞、画爱心、打招呼等方式激励参赛者，兼具实用性、趣味性和互动性。

3.智慧重塑体育教育模式

随着智慧体育校园解决方案逐步成熟并陆续普及，智能可穿戴设备（尤其是团队版）、轻量级智能摄像头系统、智能运动器械与装备、实时数据展示大屏、运动健身移动应用已经逐步融入大中小学的体育教育场景之中，贯穿"教、学、评、测、管"的整个教育过程。广东、湖南、内蒙古、河北、江苏等各地教育厅纷纷出台文件，对将AI引入体育教育提出要求，如鼓励学校增设数智化活动区域、积极探索"AI+体育"体育教学方式、强化体育教师人工智能技术应用和数字素养等。由此可见，依托数智技术革新体育教育模式势在必行。其一，充分利用智慧化系统强大的数据采集与关联分析能力，为每位学生构建覆盖课上课下的运动档案，提供个性化的学习方案、训练计划与动作指导，转变传统以"教师—大纲—课堂"为中心的教学模式，实现体育学习的自适应、增值性和过程性评价，切实帮助学生习得运动技能、促进体质健康提升。其二，将人工智能融入体育与健康跨学科主题教学，引导学生理解现代科技对于运动技能学习、体育装备研发的作用，培养学生使用智能工具解决体育与健康问题的能力[1]，甚至形成"体育—智育"一体化发展，以体育为场景促进学生理解 STEM（Science、Technology、Engineering、Mathematics 首字母的缩写）学科中的复杂概念，以提升其学习效果与兴趣。北京大学开设的全国首个"数字体育"课程便是将体育课程、智能体育设施与数字素养培养相结合的优秀案例。其三，以智慧化系统提升体育考试的准确性、统一性、公正性、透明性与自动化水平，相关产品和服务的数据精度提升、抗干扰能力增强，使其逐渐为体质测试、体育中考、单招考试等重大考试场景所应用。例如，2024 年杭州市体育中考首次引入 AI 跳绳计数并取得不错效果后，计划于 2025 年增加引体向上、仰卧起坐、实心球三个项目的智能考试系统；又如，沈阳体育学院打造的智慧考场承担了本校多个项目的单招考试任务，2024 年该系统使用的电子智能测试设备共有 19 种 70 余件，并保持零投诉、零失误、零负面舆情。[2]

4. 线上虚拟赛事蓬勃发展

线上虚拟赛事在经历近三年的探索之后，其参与便利性、覆盖广泛性、交互趣味性不仅使其成为传统线下赛事的重要补充，甚至逐渐形成具有独立影响力的品牌赛事。

---

① 尹志华、练宇潇、贾晨昱等：《人工智能融入体育与健康跨学科主题教学的框架构建与推进策略》，《成都体育学院学报》2024 年第 5 期。

② 刘昕彤：《沈阳体育学院　发挥科技支撑推动智能考场建设》，《中国体育报》2024 年 10 月 15 日，https：//www. sport. gov. cn/n20001280/n20001265/n20067664/c28169387/content. html。

以国家体育总局群众体育司发起的"全民健身线上运动会"为例，其2024年度赛事呈现以下两个重要特点。其一，参与范围更广，与华为运动健康、我奥篮球APP、黑鸟单车、微博、学习强国等70余家互联网平台建立合作，覆盖超过15个省（区、市）体育行政部门，共有40余个体育总局运动项目管理中心、全国性单项体育协会参与组织。其二，项目设置更多元，囊括铁人三项、健步走、广播体操、空手道等数十个运动项目的线上赛事，同时借助"AI+扩展现实"打造数智骑行、虚拟赛艇等创新赛事，通过其互联化、沉浸式运动体验吸引更多年轻群体参与。自2024年7月20日正式启动"全民健身线上运动会"1个月后，就已上线43项赛事、吸引1003.8万人参赛、累计颁发685.82万张证书，社交媒体曝光量达7.9亿次[①]，充分说明了赛事的社会传播效应与受欢迎程度。

与此同时，我国也力争打造具有国际影响力的虚拟体育系列赛，上海虚拟体育公开赛（SVS）办赛三年累计观赛达到5亿人次，其2024年度赛事设有虚拟赛艇、虚拟自行车、虚拟赛车、虚拟滑雪、虚拟高尔夫、虚拟跳绳、动感单车、EA FC和虚拟F1等项目，吸引美国、俄罗斯、日本、英国等10个国家和地区超13万名选手报名参赛。[②] 线上虚拟赛事的高速发展，为我国智能运动器械、线上赛事服务平台、虚拟体育竞技软件创造了良好的市场前景与机会，但如何增强赛事的商业化能力，通过赛事刺激相关智能体育产品和服务的消费，同时制定好器械、平台、数据和赛事等多维度的行业标准，仍是有待解决的问题。

（三）夯实智慧化转型基础，推进垂直大模型研发和行业标准制定

从前文不难看出，当前国产智慧体育产品、系统和服务类型逐渐丰富、

---

① 冯蕾：《2024年全民健身线上运动会超千万人参与》，《中国体育报》2024年8月26日，https://www.sport.gov.cn/n20001280/n20001265/n20067664/c28045872/content.html。

② 《创造虚拟体育新峰值，探索赛事IP国际化！2024上海虚拟体育公开赛圆满落幕》，"上海发布"公众号，2024年12月9日，https://mp.weixin.qq.com/s/fMAzoVjfsP4ZSWvHB88mqg。

不断更新迭代，并陆续在竞技体育、群众体育、青少年体育等核心体育领域中落地部署、投入使用，呈现出欣欣向荣的发展态势。然而，如何基于现有学术成果、成熟技术、数据积累以及研发和部署经验，夯实我国体育智慧化转型基础，加速我国智慧体育的未来发展，是下一阶段的重要议题。2024年，我国智慧体育从业者也关注到了相关事宜，并取得了一定的成果，主要涉及垂直大模型研发和行业标准制定两方面。

1. 多家机构发布体育垂直大模型的早期版本

垂直大模型是基于特定领域数据进行模型训练、专注于解决该领域内问题的模型，相较通用大模型具有资源效率高、响应速度快、领域专精性、数据针对性、服务定制化等优势特征。体育垂直大模型能够帮助体育从业者（包括体育教师、教练员、运动员、科研人员、工程人员等）便捷获取提高各自业务效能的 AI 工具，为广泛研发智能体育应用提供程序接口和开发套件，是未来体育行业全面开展智慧化转型、落实数智化应用的基础之一。

2024 年发布的国产体育垂直大模型中，SportsGPT 和上体体育大模型最具代表性。上体体育大模型作为国内首个体育行业大模型，由上海体育大学和百度飞桨于 2024 年 6 月 29 日联合发布，包含体育文献大模型（对体育问题进行系统性、专业性解答）、动作识别与分析大模型（自动解析体育训练视频与图像并进行生物力学数据提取和分析）和多模态大模型（综合前两个大模型的输出生成分析结果和个性方案）。入选"2024 年度智能体育典型案例"的 SportsGPT 则由北京体育大学、酷体体育科技和百度智能云联合研发，基于标注 60 亿 token 数据集，采用大模型微调、检索增强生成、混合专家模型等技术，实现对运动训练、运动康复、马拉松、青少年体适能、推拿按摩、肌肉骨骼、运动中医等八大应用场景的数据分析和专业问答。[1]

---

[1] 《体育训练康复大模型，入选工信部和国家体育总局 2024 智能体育典型案例》，"酷体体育科技"公众号，2025 年 1 月 2 日，https://mp.weixin.qq.com/s/_ 54QARCAbTbzx - bdQ5v2lw。

2. 各领域智慧体育标准化工作全面有序推进

行业标准是指引行业规范向善发展、维护产业市场秩序、刺激技术市场良性竞争的重要工具。国家体育总局办公厅印发的《2024年体育标准化工作要点》中明确指出，要大力实施标准化战略，加强体育标准化研究，推动制度体系更加完善，标准质量更加科学，标准应用更有效率，并将全民健身、青少年体育、体育场地设施和器材装备作为重点聚焦领域，涉及体育用品制造标准化、场馆设施建设标准化、公共体育服务标准化、体育数据采集标准化等诸多方面。

2024年，全国团体标准信息平台共公布了10项与体育智慧化直接相关的团体标准，涉及游泳馆智能化装配、健身道和健身驿站智慧化配置、体育场馆智慧化建设、赛车电气智能化系统设计、智能跳绳通用技术、虚拟现实运动感知交互技术等细分领域。其中，中国体育科学学会于2024年1月27日发布的《体育公园智慧化配置指南》（3月1日正式实施），不仅定义了包含基础资源层、设备感知层、数据平台层、管理平台层、智慧应用层、数据展示层的系统总体架构，规定了场地设施、健身器材、体育赛事、体育培训与宣传四方面的配置要求，还给出了健身行为数据采集标准，对于推动我国体育公园智慧化建设、提升管理效率、优化服务具有重要意义。

除场地、设施和服务标准化之外，数据作为数智化时代的新型生产要素，其标准化、规模化、高质量的积累对于推动体育行业发展不可或缺，而这恰好也是过往我国体育行业发展所忽视之处。我国体育从业者已关注到制定数据标准的重要性，并立足细分领域着手研制工作，2024年8月23日中国篮协公布的"K8赛事数据采集质量与维度标准"便是具有代表性的阶段成果。该标准以"AI+篮球"为场景，从场地部署、竞赛规程、视频拍摄、数据指标四方面标准，实现多维度、高质量的篮球比赛数据采集，为建立篮球人才数据库、精准评估运动员和赛事水平提供支撑。不过，我国体育数据标准化工作仍有待加强，尚未实现对各大体育领域的全面覆盖，群众体育、青少年体育领域亟须制定数据标准，竞技体育领域则需持续细化、科学论证现行标准。

三 中国智慧体育发展总结与展望

2024 年，在发展新质生产力的国家战略背景下，中国智慧体育进入了蓬勃发展阶段。其一，智慧体育呈现多元发展，迈向场景多样化、项目细分化、领域专精化，创新生态更具活力，但仍旧存在市场支撑不足、投融资行为不活跃等问题。接下来，我国政府部门、体育组织、投融资机构应积极创办体育科技创新中心、启动体育科技创新计划（孵化器和加速器），扶持我国智慧体育初创企业快速发展。其二，中国技术力量走向国际，阿里云帮助巴黎奥运会实现赛事转播与内容制作的创新，为未来中国科技企业与世界大型体育赛事建立深度合作提供示范。其三，智慧竞训备战取得成效，网球、拳击、游泳等国家队借助智能技术在巴黎奥运会上取得突破，推动相关经验和知识覆盖更多运动项目，下沉到基层竞技体育人才培养，或是未来重点。其四，群众体育智慧化水平不断提升，智慧公共体育空间建设持续开展，使得常态化的大众运动锻炼和体质健康数据采集成为可能，广泛积累数据并汇聚为数据要素，提升政府公共体育服务能力、促成体医深度融合，将是下一阶段的重点。其五，智慧体育转型基础逐步坚实，多项行业标准落地实施，但针对不同体育场景的数据标准仍有待研究制定和科学论证；数个体育垂直大模型早期版本发布，而大模型的产品功能仍有待完善和优化，如何在体育生产中落地应用仍有待探索。

参考文献

黄谦、张皓宇、赵楷等：《新质生产力促进体育参与、提升健康福祉的理论机制与实证依据：生产力指数和多期调查数据的综合考量》，《武汉体育学院学报》2024 年第12 期。

《中国体育投融资数量金额均创新低的一年，谁拿到了钱？｜盘点 2024》，"懒熊体育"公众号，2025 年 1 月 3 日，https：//mp. weixin. qq. com/s/vKfsYy_ KzGC9gEvkfZsVqA。

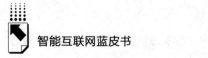
尹志华、练宇潇、贾晨昱等：《人工智能融入体育与健康跨学科主题教学的框架构建与推进策略》，《成都体育学院学报》2024年第5期。

刘昕彤：《沈阳体育学院　发挥科技支撑推动智能考场建设》，《中国体育报》2024年10月15日，https：//www.sport.gov.cn/n20001280/n20001265/n20067664/c28169387/content.html。

冯蕾：《2024年全民健身线上运动会超千万人参与》，《中国体育报》2024年8月26日，https：//www.sport.gov.cn/n20001280/n20001265/n20067664/c28045872/content.html。

B.19
2024年人工智能与虚拟现实产业的融合发展

杨　崑*

摘　要：　虚拟现实/增强现实（VR/AR）产业在人工智能等新技术推动下发展模式出现转变。智能眼镜等新产品开辟出更广阔的硬件赛道，VR大空间给服务带来新的机会。元宇宙正在努力向"可互操作元宇宙"转型，产品质量得到完善，还需要更多时间才能达到理想状态。虽AIGC（人工智能生成内容）和VR结合的实践场景日益丰富，但面临的技术挑战依然存在，需要从内容生成效能、数据保护、虚拟和现实伦理统一等方面持续深化推动。

关键词：　虚拟现实　元宇宙　人工智能

一　2024年全球VR/AR产业发展概述

2024年，全球VR/AR产业出现了以人工智能等新技术来推动发展模式转变的趋势。技术创新和融合为内容的丰富、市场的细分、服务的拓展、产业链完备、交互的提升、硬件的迭代等各个方面注入新的活力。而由此带来的进步不仅体现在VR/AR领域，也全面影响了各个视频和图像领域的发展思路。

从营收角度观察，硬件产品的升级在提升VR/AR市场表现方面依然发

---

* 杨崑，中国信息通信研究院技术与标准研究所正高级工程师，中国通信标准化协会互动媒体工作委员会主席。

挥了重要的作用；比如以 Apple Vision Pro 为代表的头端新产品对吸引用户消费与关注并增强产业信心起到了很大帮助；而随着新厂商的加入和智能眼镜等新产品的出现，VR/AR 硬件产品开辟出更广阔的赛道，这不仅大大拓宽了 VR/AR 服务的创新空间，也为用户提供了更多的选择和更丰富的感受。在硬件产品销售的带动下，VR/AR 在交互方式、应用创意、产业链完备度上都有了新的进展。

（一）全球 VR/AR 市场规模平稳增长

贝哲斯咨询数据显示，2024 年，全球增强现实和虚拟现实市场规模为 580.9 亿美元[①]，预计到 2029 年其规模将增至 1797.7 亿美元。从海外市场看，目前 AR 市场持续增长但整体增速有所放缓；而国内市场的 AR 硬件产品的推出数量和投资额在全球都居于突出位置。相比之下，VR 业态并没有出现强劲的新增长趋势，其中硬件销售依然具有重要影响，据 TrendForce 集邦咨询预测[②]，VR/MR（混合现实）装置的出货量有望在 2030 年达到 3730 万台，2023~2030 年的年复合增长率（CAGR）为 23%。以硬件销售为主导的模式无法让市场规模出现明显的提升；但随着元宇宙应用的增加，VR 娱乐类和教育类内容受到特定行业关注，整体上依然保持稳定的发展态势。

（二）VR/AR 产业2024年发展特点

从技术角度看，VR/AR 的进步主要体现在芯片、显示技术、可穿戴设备集成等几个方面，同时结合在近眼显示、感知交互、图像渲染、算力、灵敏度等方面的新成果，VR/AR 的硬件性能得到大幅提升，用户体验得到明

---

① 湖南贝哲斯信息咨询有限公司：《虚拟现实（VR）行业现状与发展空间调研报告2024年》，2024 年 11 月 11 日，https://report.csdn.net/market/67317b0c2db35d1195096741.html。

② TrendForce 集邦咨询：《Vision Pro 重塑 VR/MR 市场格局，应用领域从视听娱乐向多元生产力工具拓展》，2024 年 12 月 19 日，https://www.trendforce.cn/presscenter/news/20241219-12418.html。

显优化。在芯片方面，高通骁龙的 XR2 芯片、苹果 Vision Pro 的自研芯片等性能指标比之前产品大幅提升，大大提升了交互响应和图像处理的速度，使得沉浸式效果更加流畅；而全彩透视等技术的应用让 MR 的用户体验有显著改善，更为真实；AR/VR 可穿戴设备的集成度和续航能力方面的进步为更多应用的搭载和升级创造了条件。从目前产业发展节奏判断，VR/AR 在技术上仍有较大的提升空间，在未来 2~3 年内可能出现实质性突破，这将改变整个产业发展的面貌。

从产业链角度看，VR/AR 产业已经形成了一个能协同发展的生态系统，从器件研发、硬件生产、软件开发、内容创意、服务构建到 IP 营销等各个环节依然保持着较为平稳的发展，预计未来几年都将是这种状况。产业链内部会继续磨合，主要解决两方面的问题。首先是跨界组合的复杂产业链需要消化各方协作中存在的不协调问题，这大大提升了产业发展的综合成本，尤其是专利的庞杂、标准难统一等几个突出问题依然没有得到根本解决；其次，由于目前市场还没有形成占绝对主导地位的厂商，各家产品与技术难兼容、难互通，并由此带来孤岛效应和高成本，这需要整个行业协力共同解决。这些问题已经成为影响产品普及和深入应用的瓶颈。

从对用户影响最直接的交互方式看，2024 年市场推出的 VR/AR 新产品比前几年取得了明显的进步；一方面，无论是手柄、手势交互还是 VR 手套都已经开始将人体主动操作和对人意图的感知结合起来，从复杂动作中的每一个微动作做出判断来让用户以更自然的方式与虚拟世界互动；另一方面，用户面对不同应用场景可以有更多的选择方式，可以用最贴切的交互手段完成操作以获得更舒适的体验。

从应用角度看，2024 年 VR/AR 应用领域的拓展有了更大的进步；各类形态的应用带来比早期的 AR 和 VR 服务更全面和细腻的体验，MR 带来的混合体验也让应用的创意有了更多的空间。包括在传统的文化、娱乐、旅游、培训领域，以及受到更多关注的交通驾驶、工业制造、远程协作、沉浸式医疗等领域，VR/AR 应用的开发场景明显增加。但 2024 年没有从根本上

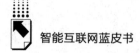

解决应用供给不足的问题，在实际落地过程中还会遇到技术、市场接受度和成本效益等多方面的挑战。

从内容角度看，VR内容的供给不足始终是制约产业发展的核心问题，不降低开发技术成本，不建立有效的优质正版内容保护机制，就无法提升大量中小公司和个人开发者的积极性。随着DeepSeek技术的推广，更多中小厂商和个人会加入VR/AR内容领域的开发，竞争格局可能会面临重新洗牌。

从政策角度看，各国政府对VR/AR产业的政策支持并未消退，在新技术、内容供给、应用创新、标准规范、产业链整合等各方面的支持力度不断加大；2024年，新的政策更加注重与AI等新技术的结合、数据隐私保护等产业高度关注的方向。

2024年，VR/AR领域最明显的变化就是与人工智能技术的融合更加紧密。不仅是更多运用生成式AI来提升内容的生产效率，而且在提升终端设备的交互体验、用户行为分析等方面也发挥了重要的作用，这为VR/AR产业发展的轨迹注入了很大变数。

二 产业发展环境保持稳定

（一）政策环境：继续支持VR产业发展

国家对VR产业的发展持续给予政策支持，各地也出台一系列政策推动VR技术在交通、文化、旅游、教育、科技、制造、商业等多个领域的应用落地和模式创新。特别是结合大模型技术、生成式人工智能技术、新型光影技术，为VR产业注入更强的动力，为整个行业打造更好的发展环境。其中对产业发展影响比较大的政策有如下几项。

2024年5月，文化和旅游部办公厅、中央网信办秘书局、国家发展改革委办公厅、工业和信息化部办公厅、国家数据局综合司发布《智慧旅游创新发展行动计划》①，提出运用虚拟现实、增强现实、拓展现实、混合现实、元宇宙、裸眼 3D、全息投影、数字光影、智能感知等技术和设备建设智慧旅游沉浸式体验新空间，培育文化和旅游消费新场景。

2024 年 5 月，国家发展改革委等部门发布《推动文化和旅游领域设备更新实施方案》②，提出提高电影制作整体水平。鼓励在电影视觉效果和后期制作中运用人工智能、虚拟拍摄、虚拟预演等新技术新装备。推动电影后期制作设备体系的升级改造，实现高新技术化和标准化。推动建立和升级云制作平台、云数据中心，夯实行业通用制作技术和算力底座。

2024 年 5 月，中央网信办、国家市场监管总局、工业和信息化部发布《信息化标准建设行动计划（2024—2027 年）》③，提到加快推进大模型、生成式人工智能标准研制。加快建设下一代互联网、Web3.0、元宇宙等新兴领域标准化项目研究组，推进基础类标准研制，探索融合应用标准。

（二）产业投资环境：侧重于支持优势项目和重点领域

2024 年上半年，整个 XR 产业依然是吸引全球投资的重点领域之一。目前投资分布于硬件品牌、软件应用、内容开发、光学解决方案、微型显示技术等各个细分领域。根据 VR 陀螺的不完全统计，截至 2024 年 6 月 30 日，上半年全球 XR 产业共有 46 家企业完成融资④，累计金额达到 112100.7 万美元。按全球市场划分，上半年国内共有 17 家企业完成融资，合计 35251.6 万美元，海外共有 29 家企业，累计 76849.1 万美元。从整体融资概况来看，海外市场不管是融资总金额还是项目数量皆超过了国内，并且呈现

---

① 《智慧旅游创新发展行动计划》，https：//www. gov. cn/zhengce/zhengceku/202405/content_ 6950881. htm。

② 《推动文化和旅游领域设备更新实施方案》，https：//www. gov. cn/zhengce/zhengceku/ 202405/content_ 6953464. htm。

③ 《信息化标准建设行动计划（2024—2027 年）》，https：//www. gov. cn/lianbo/bumen/ 202405/content_ 6954255. htm。

④ 《陀螺研究院发布〈2024 年全球 VR/AR 行业投融资报告〉》，https：//vrtuoluo. cn/column/ xr_ reports/541880. html。

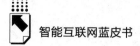

项目多、种类多、资金集中度高的特点。

从 2024 年度投融资数据看，投资者目前已经进入理性投入期，将是否能推出具有颠覆性影响的产品或是建立稳定且盈利的业务模式作为第一考量；而对于前沿或概念性的项目则更多持谨慎态度。投资的聚焦点开始出现分化，作为供应链上游的技术创新一直是投资关注的热点之一；而 XR 硬件品牌、光学方案提供已是巨头企业和成熟品牌有绝对优势的领域，如苹果、Meta、Google、三星、Magic Leap、Mojo Lens 等在产品和技术方面都建立了很高的壁垒。在 VR/AR 的硬件性能取得进一步的实质突破前，能够面向行业赋能、能融合多渠道进行营销的内容和服务产品将获得更多的机会。比如 2024 年，海外获得投资的 29 家企业中有 22 家以内容/解决方案商为主，且主要聚焦于发达国家和地区；它们通常专注于 XR 游戏应用、特定行业或垂直领域的解决方案，如 VR/AR 游戏、教育、医疗、工业设计、零售体验等，通过提供定制化服务和内容解决行业问题，创造新的价值链条。此外 AR 眼镜等新赛道也是各类新创公司较大的机会。

国内对于 VR/AR 的投资还存在一种有特色的形式，地方政府为了扩大招商，尤其是对掌握产业核心环节和关键技术的企业进行招商，专门对具有高技术壁垒的 XR 企业进行投融资。通过这些企业的入驻，拉动本地产业技术水平的提升。这类投资往往看重企业的长期发展潜力和对区域经济的带动作用。比如国内最大的一笔融资来自 Micro-OLED 企业熙泰科技，主要是因为 Micro-OLED 硅基微显示器具有高 PPI、高对比度、小体积等优势，是 VC 们十分看重的投资板块。2024 年上半年，包括 OPTIX 极溯光学、诺视科技、尼卡光学、纳境科技、理湹光晶、JBD、熙泰科技、鸿蚁光电、智云谷、莫界科技等共计 10 家企业成功吸引融资。

三 VR/AR 终端产品更关注形态多元化和性能提升

2024 年，VR 头显设备和 AR 终端等硬件在分辨率、刷新率以及佩戴舒适度等方面均有了显著的提升。在 VR/AR 软件和内容创新方面，通过计算能力的提升实现了内容质量的优化，同时与手势识别、眼球追踪等交互技术结合为用户带来了更加沉浸、自然的交互体验。这种应用还进一步从之前的封闭空间向开放大空间转移，让 VR 服务市场在规模和体验上都实现了质的飞跃。

（一）硬件产品在性能提升的同时，拓展出更多产品形态

1. VR 头显产品性能不断升级

苹果公司在 2024 年发布的 AppleVisionPro 产品很有代表性，其搭载 AppleM2 和 R1 芯片；配备高通透 Micro-OLED 显示屏，画面像素为 2300 万，内置 3D 相机可拍摄深度照片和 3D 视频；用户可以使用手势、眼睛或者语音操作控制，并搭载 visionOS 可以支持办公、文化娱乐和社交等多种应用。

Meta 公司在 2024 年发布的 VR 头显 Quest3S 搭载高通骁龙 XR2Gen2 芯片；配备 LCD 显示屏和菲涅尔透镜，支持 3 档瞳距调节；搭配 TouchPlus 控制器，通过动作按钮可以在虚拟现实和混合现实等不同场景下切换，提供多模态交互体验；保留了之前发布的 Quest3 头显的大部分核心功能，如通过电容式触摸和场景识别技术实现自动空间识别和身体追踪，支持手势识别和触摸操作等多种输入方式，支持 RGBpassthrough 功能等。

PICO 公司发布了首款 MR 混合现实一体机 PICO4Ultra，搭载高通骁龙 XR2Gen2 芯片；采用双目 4K+超视感屏，支持高达 90Hz 的高刷显示，配备双目 3200 万像素彩色透视摄像头；内置双立体声扬声器、四麦克风、Wi-Fi7、蓝牙 5.3 等。

此外，NOLO、纳德光学、小派科技、HTC 等企业也在 2024 年陆续发布了可穿戴交互指环、采用悬镜式设计的开放式头显、首款达到人眼视网膜级显示水平头显等 VR 产品，这对丰富用户的选择，拓展新的市场空间具有积极的作用。

2. 智能眼镜成为新的硬件增长点

智能眼镜是近年来增速最快的 XR 智能硬件，Ray-BanMeta 的发布受到

了整个产业的关注，其后推出了大众级产品 MetaQuest3S 以及 AR 眼镜 Orion。其他企业也纷纷布局，除了 AR 产业链上的企业之外，苹果、亚马逊、谷歌、三星、小米与百度等均参与其中。国内至少有超过 50 个团队在做 AI 智能眼镜。IDC 数据显示，预计 2025 年可达到年出货量 1000 万台的规模。

智能眼镜目前主要包括 AI 音频眼镜、AI 拍照眼镜、AI+AR 眼镜三大形态，这三类产品在采用的基础技术上是一致的，但由于它们背后的产业推动方不同，分别是通信终端企业、AI 眼镜厂商和互联网服务商，它们在产品的具体设计形态和功能配置上，根据自身的业务发展需要采取了差异化的思路。以百度、字节跳动、腾讯为代表的互联网公司借助自身独立的多模态 AI 大模型以及丰富的网络接口和应用打造的智能眼镜更多成为其 AI 大模型的应用硬件形态。华为、OPPO、小米和 vivo 等通信终端企业拥有庞大的用户基础和成熟的销售渠道，希望将智能眼镜作为配件来与手机形成良好的生态协同。以 Rokid、雷鸟创新、蜂巢科技为代表的专门 AR 眼镜厂商在"智能眼镜"领域开展了长时间的探索，具备一定品牌优势与技术积累；不仅推出 AI 音频眼镜、AI 摄影眼镜，还有 AI+AR 眼镜；并通过品牌联名的形式与传统眼镜厂商合作扩大市场渠道。

（二）VR 应用的新热点——向开放大空间扩展

2024 年，应用领域最大的热点是 VR 大空间。在《消失的法老》获得成功后，国内文旅市场掀起一股新热潮，目前市面上有超 100 个 VR 大空间产品。影视传媒企业、大 IP 厂商、游戏厂商、科技企业、文旅景区、博物馆/科技馆、地产企业、展览展示公司等都涌入了这条赛道。

2024 年，国内 VR 大空间的内容主要是围绕华夏文化进行设计的，因此与各地景区推广活动形成很好的衔接。历史典故和文化史迹得到越来越多的展现。这类产品的国内投资力度相对有限，大多在百万元左右，甚至已经有厂商在筹备 20 万元以下即可落地的大空间项目；内容体验不均衡，用户界面（UI）、动画和内容的整体连贯性不高，还需要进一步提升。而海外产品在 IP 内容上投入较大，内容整体连贯性和可欣赏性很高。

从实际运营情况看，大空间项目目前已经具备标准化的运营模式，解决了 VR 大空间最根本的问题——坪效，使其能够形成正向的商业循环。北京、上海、广州、深圳、西安、成都、重庆等是 VR 大空间项目部署较多的城市；主要选择商业综合体部署，利用自然人流量，此外还有部分部署在博物馆、展览馆以及科技馆等环境中。投入较大的 VR 大空间项目盈利能力更强，如《消失的法老》《奇遇三星堆》等，仅授权费就已高达数百万元。其他一部分线下大空间的营收大多在 15 万~35 万元每月。业内也开始计划走院线的模式，会迎来新的市场洗牌。

四　元宇宙正在向"可互操作元宇宙"转型

早期的元宇宙产品受限于当时的硬件性能，提供的画面质感较为粗糙。经过几年的发展，2024 年推出的产品质量得到很大完善，目前不少元宇宙应用会为用户设置虚拟细节，原本难以在 VR 中实现的全身运动追踪也在这两年有了技术上的突破。多个社交平台在多个场景中积极部署这一功能，并推出了新的虚拟化身系统可以追踪全身和手指运动，甚至可支持 11 点全身追踪，这让虚拟形象的展示和在场景中的活动自由度越来越高。比如在 Meta 等厂商部署的元宇宙虚拟社交中，借助网络虚拟人物形象（Avatar）可让用户通过手机应用或者在头显中的软件来自定义编辑，让模型精细度进一步提升，用户可以微调眼睛大小、鼻子形状、躯干造型等，Meta 还支持通过自拍图片生成 Avatar。而身体躯干的关节附件系统也得到了升级，允许开发者为 Avatar 编写随身体尺寸缩放的附件点来实现更多的开发者用例，让虚拟形象看上去更加逼真、成熟和立体。2024 年，随着生成式 AI 技术的接入，这类产品还能支持用户输入简单的文字描述，创建属于自己的全新服饰和皮肤，通过语音指令生成个性化的形象，快速构建基于 AI 驱动的非玩家角色（NPC）。同时，高保真数字人的研究也取得进展，能通过虚拟化身在元宇宙中实现接近真实的面对面访谈。

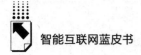

产业界的努力是希望通过可互操作元宇宙来构建新的网络连接，通过更丰富的社交体验打造覆盖全球的虚拟社交系统，极大改变目前的社交和消息传递体验。但这一努力还需要不断解决跨平台的技术复杂性问题，实现 VR 内容的无缝转换，使元宇宙社交应用能跨平台使用，这需要比较长的时间才能达到理想状态。

五　VR 业务与 AI 技术的融合程度不断深化

AIGC 技术利用深度学习算法和大量数据的训练来模拟人类的行为，自动生成具有特定规则的文字、图像、音频和视频等多种类型的内容，极大地降低了 VR 内容的制作成本。而 VR 技术则可以将这些内容推送给用户并提供高度个性化和动态生成的虚拟世界。两者相辅相成，可以使应用环境更具动态性和互动性。

（一）AIGC 和 VR 结合的实践场景日益丰富

从 2024 年已经实现的场景看，目前在教育行业，通过 AIGC 技术和 VR 技术结合可以创建逼真的虚拟学习环境，如历史场景重现或复杂科学概念的可视化；在汽车设计和制造领域，AIGC 可以帮助设计师快速生成汽车模型和内饰设计，设计师和客户可以利用 VR 技术在虚拟环境中预览汽车的最终效果，进行实时修改和优化。在建筑领域，AIGC 可以自动生成建筑和室内设计方案，而 VR 技术则创建用户漫步的虚拟空间来评估设计方案的可行性和美观性。在医疗领域，AIGC 可以用于生成逼真的人体模型和病变图像帮助医生进行诊断和手术规划，并结合 VR 技术帮助患者康复训练。这些丰富的场景可以归纳为以下几类。

（1）动态场景生成。通过 AIGC 技术，按照用户的行为特征和偏好特征生成 VR 中的相关场景。比如在虚拟旅游、教育和游戏中，用户可以在探索虚拟世界时看到不断变化的环境，这些环境将基于用户的行为做出调整，以提供个性化的体验。

（2）智能NPC互动。通过NLP和深度学习模型，AIGC可以为NPC赋予逼真的对话能力，使它们能够与游戏和虚拟世界中的玩家进行复杂的交流。

（3）自动生成背景音乐和音效。AIGC可以通过生成模型自动为虚拟现实场景创作适合的背景音乐，并根据用户的动作生成实时音效，使得虚拟环境更加生动。

（4）个性化的虚拟环境。利用AIGC技术，根据用户的个人喜好和历史行为生成个性化的虚拟环境。比如在VR社交平台中，根据用户的风格和偏好自动装饰和设计用户的房间或个人空间；在VR游戏中，AIGC技术能够根据玩家的选择和行为实时调整游戏场景和情节。

（5）可灵活适应的NPC。利用AIGC技术，使NPC能够根据玩家的行为和情绪作出实时反应，甚至发展出自己的性格特征和故事线，这与先前NPC往往只能按照预设的脚本进行互动有很大不同；在VR教育领域，通过智能化的NPC，学生可以与虚拟教师进行实时互动，获得个性化的指导和反馈。

（6）虚拟商品体验。利用AIGC技术，可以让用户感受虚拟商品使用情况，比如用户可以通过VR眼镜在虚拟环境中试穿不同款式的服装，无须亲自到店试穿；利用AIGC技术能够根据用户的身材和喜好推荐最合适的款式，并提供详细的虚拟模型供用户从各个角度查看产品细节。

（7）虚拟形象宣传。AIGC技术还用于生成商品的虚拟模型和宣传海报；通过AI绘画技术，可以快速生成具有高质量细节的商品图片，为电商平台的宣传和推广提供有力的支持；不仅降低了宣传成本，还提高了商品的吸引力和销售量。

（二）AIGC和VR结合面临的技术挑战依然存在

AIGC和VR技术的结合目前还面临着一系列技术挑战，其中最为突出的是实时性、质量稳定性和数据隐私保护问题。首先，很多VR应用场景需要实时生成内容才能让用户有流畅的使用体验，而AIGC的内容生成需要耗费大量的计算资源，这对很多服务商而言是一个挑战，如何在不影响用户体验的情况下实现对计算成本的有效控制，需要寻求更高效的方案。其次，AIGC目前还没有实现标准化互操作，不同环境和平台下的内容生成质量并不一致，在涉及复杂环境和互动时如何控制生成内容的质量，并与VR业务中的其他元素相协调是一个难点。另外，还要注意保护好AIGC与VR业务结合中涉及的用户数据，避免内容生成和交互过程中用户隐私和敏感数据的泄露。

（三）AIGC和VR的结合需要持续深化推动

从未来产业发展需要看，AIGC等技术和VR业务要实现高效结合需要从以下几个方面持续开展努力。

首先，要提升多模态生成的效能，在精准理解用户喜好和需求的前提下更快速和更高质量完成文本、图像、音频和视频内容的供给，从而保证用户有更好的个性化体验，这对硬件性能和生成算法提出更高的指标要求。

其次，要建立更完善的数据保护机制，对AIGC与VR/AR应用结合过程中收集和分析的个人数据提供全程的安全和隐私保护方案，包括但不限于明确告知用户哪些数据会被收集，及时获取用户同意，建立明确和详细规则来规范数据使用的边界。

在通过AIGC与VR/AR的结合拓展出更多应用场景的同时，要解决好虚拟世界与现实世界之间伦理的统一问题，让用户面临的一系列关于身份认同和社会交往的新问题有可依据的解决标准；建立对VR/AR内容的评测能力，确保不会对现实世界中的用户造成不良影响。

人工智能技术已经在VR/AR应用的各个方面发挥出越来越重要的作用，AIGC在其中承担着重要的份额，逐步重塑VR/AR内容的动态场景生成、用户虚拟形象、智能对话、个性化环境构建等多方面的运行机理。尽管目前存在上述技术和规则方面的挑战，但随着研究认知的不断深入、硬件和算法的不断发展，AIGC与VR的结合必将开创出更好的发展前景。

六 2025年产业发展趋势预测

2024年，国内VR/AR产业在经受多变市场环境压力的情况下，依然保持着基本稳定发展态势。IDC预计，2025年中国VR/AR市场将迎来新的发展热点，尤其会在软硬件技术革新、与人工智能技术融合等方面取得明显进展。产业预计未来会在如下几方面出现大的变化。

产业界会持续开展现有形态产品的技术优化。自研芯片将成为VR/AR厂商进一步实现差异化发展的重要举措，可以实现更高效的数据传输和处理；在大模型技术支持下，通过交互传感器硬件精度的升级，让产品的空间定位、手势识别、眼动追踪、听觉交互等能力具有更高灵敏性，实现与系统的高速交互并给用户提供实时反馈；这也将促使XR产品的交互方式逐步趋向统一，让VR/AR产品与其他电子设备的连接性和互通性加强，进一步推动智能交互产品的新生态构建。

厂商会更关注市场定位的细分和产品体系的完善。VR/AR的产品系列更加多元化，厂商在供应链日趋成熟和综合成本降低后，会面向不同消费能力的用户群体推出更丰富的产品。一体式AR眼镜会成为AR市场的高端代表，轻功能和轻量级的AI+AR产品将实现对更多用户的覆盖；一体式的MR产品会加快迭代升级，进一步改善用户的体验；而面向行业用户提供更有针对性的产品方案会成为一个重点，各个行业差异化的需求会催生定制化VR/AR产品，尤其在医疗、高端制造等部分行业，对软硬件兼容、操作效率和数据传输与安全等将提出与消费市场不同的要求；AR+轻量智能的终端产品将在移动办公场景中得到更多应用，满足移动办公人群对性能、便携性的要求提供舒适的办公体验。

以VR大空间为代表的新业态将对场景进行深耕，不仅依靠成本控制，也会关注从内容创意、产品质量到体验水平等方面的需要，以满足文旅、影视、游戏、演艺等多个领域消费升级的诉求；服务商将更注重打造差异化优势，通过VR、MR、AR等技术的组合运用为用户带来更加丰富和更加贴近

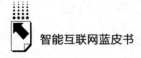

场景的体验。

异军突起的 DeepSeek 技术以更低成本实现了之前大模型的功能并对市场开源，这对 AI 技术的发展会产生重要影响，并会直接影响到 2025 年的产业走势，让产业可以从新的角度规划 AIGC 技术的发展路径和产业的应用。DeepSeek 的开源竞争力在不断增强，据报道 DeepSeek V3 在一些测评中性能已经比肩 GPT-4o，这让更多中小企业可以利用 DeepSeek 技术开发自己的 VR/AR 应用，更多开发者可以进入元宇宙等内容开发领域；随着大量开发者低成本进入，可以汇聚更多市场资源拓宽新的应用场景，VR/AR 产品的开发成本会明显下降，加快 AIGC 技术在各个行业的推广和使用，对 2025 年的市场产生较大的推动作用。

参考文献

《陀螺研究院发〈2024 年全球 VR/AR 行业投融资报告〉》，2025 年 1 月，https：//vrtuoluo. cn/column/nianzhong/541880. html。

工信部元宇宙标准化工作组：《2024 年链接元宇宙：技术与发展报告》，2024 年 12 月，https：//baijiahao. baidu. com/s？id=1819639864239714678&wfr=spider&for=pc。

艾瑞咨询：《2024 年中国虚拟现实（VR）行业研究报告》，2024 年 3 月，https：//www. iresearch. com. cn/Detail/report？id=4326&isfree=0。

专题篇

B.20
人工智能生成内容的著作权法规制路径

冯晓青　李　可*

摘　要：　生成式人工智能技术的快速发展为各行各业带来了前所未有的机遇，同时引发了诸多著作权风险。在鼓励技术创新与保护著作权之间找到平衡，成为当前亟须解决的关键问题。未来，需要进一步完善著作权法律法规，明确人工智能生成内容的法律地位，同时推动技术手段与法律监管的协同发展，以应对生成式人工智能带来的挑战。

关键词：　生成式人工智能　著作权　合理使用

在玛丽·雪莱（Mary Shelley）的著作中，科学家弗兰肯斯坦创造了一个原本想要造福人类的新生物（Frankenstein's monster），结果却因其无法驾

＊　冯晓青，法学博士，中国政法大学二级教授、博士生导师，国家知识产权专家咨询委员会委员，中国法学会知识产权法学研究会副会长，主要研究方向为知识产权法；李可，中国政法大学知识产权法学专业博士研究生。

驭所创造之物而招致了不幸与灾难。人工智能正是这样的"新生物"。诚然，用弗兰肯斯坦这一事例来描述人类与人工智能的关系并非断言二者一定会走向对立。只是人们应时刻警惕和审慎对待自己手中快速升级的力量，正视技术带来的伦理、法律与社会挑战，审慎评估其影响，更要积极探索在安全、道德、法律边界之内，与这一强大技术实现更好的共生与合作，一旦忽视或无法正确引导，"怪物"就有可能反过来吞噬创造者或破坏社会。

在生成式人工智能问世前，世上存在的一切形态的非人脑直接控制的机器皆是人类智慧的附庸，用以替代人类的体力劳动。在大数据技术与计算机硬件的迭代发展下，多模态人工智能模型深耕文字、图像、视频等内容产出形式，并不断拓展其应用场景，人工智能对内容创作领域的涉猎使人类的脑力劳动第一次可以被非人类所替代。当前语境下，通常提及的人工智能生成内容（AI Generated Content）与用户生成内容（User Generated Content）实际上处于一种相互纠缠的状态。人工智能与人类用户在内容生成过程中起到的创作作用均不可忽略，使得传统著作权法中的问题在人工智能语境下更加尖锐。根据目前的司法实践与理论研究，人工智能生成内容所涉著作权法问题可归结为两个阶段四个问题：输入阶段，机器学习使用数据的合规问题；内容输出阶段，对输出内容的权利确定、权利归属与侵权责任承担问题。我国学术界在一些根本立场上，如对人类主体性维护方面，能够形成共识，但整体而言分歧犹在。如何兼顾各方合理关切，在充分吸取域外立法司法经验的基础上应对人工智能产业对著作权制度发起的挑战，成为现阶段理论与实务工作的重心之一。

一 人工智能生成内容著作权治理的困境与共识

人工智能生成内容的过程可以分为输入阶段与输出阶段。在输入阶段，即数据、信息的获取与预处理阶段，人工智能接收来自用户或其他来源的文本、图像、语音等信息，对输入信息进行预处理与特征提取，最后将处理后的特征送入模型进行推断或学习。此阶段为模型提供可理解的、标准化的数据表征，让后续的模型推断或生成能够"读懂"并利用相关信息。在输出阶段，即模型推断与内容生成阶段，模型将根据内部推断或学习结果，输出符合语义逻辑或符合任务要求的内容。在自然语言处理领域，输出端主要聚焦在将模型的隐含表示转换成连贯、合乎语法语义的文本；在图像与视频生成等领域，则是将模型内部的结果映射为视觉可见的图像或其他多媒体形式。人工智能带来的著作权法隐忧在两个阶段中各有不同的体现。

（一）输入端的认知困境

2024 年 9 月，OpenAI 对一款被称为 Orion 的新型大语言模型的训练据传未达到预期效果。[①] 主要原因在于，近年来开发者对大语言模型的训练十分依赖数据源。早期大语言模型背靠互联网，广泛汲取人类上下数十年的知识成果。然而，过去两年中，可靠的人类原创信息已被主流模型反复挖掘，同时互联网上充斥的人工智能生成内容进一步稀释这部分信息，更影响了信息的准确性。面对大语言模型突破受限、数据不足等问题，或许开发者应当开始着眼于新的开发范式，借助某种小样本学习机制，用较少的数据量实现同等能力，减少人工智能对人类数据的依赖。但目前在人工智能大模型的预训练过程中，开发者通常需要海量、多样化的数据来喂养模型，以使其具备广泛的理解或生成能力，这是人工智能生成内容准确性与可信赖性的来源。这些内容包括了公共数据、开源数据、授权数据与受著作权法保护的作品，其中高质量的内容往往来源于受著作权法保护的作品或其片段。人工智能开发者在利用上述作品时，倾向于直接从网络上爬取相关内容，未取得著作权人的许可，从而引发对复制权、演绎权、信息网络传播权等著作权的侵权风险。

如何定性机器学习过程中的作品使用行为是人工智能普及以来最常被探讨的问题。人工智能的开发需要使用海量数据，这是训练机器学习的必要步骤。若要求开发者向所有权利人逐一申请使用许可，未免强人所难。既然无

---

① Dan DeFrancesco, OpenAI Reportedly Facing Issues with Its New AI Model is A Red Flag for the Industry, https：//www. businessinsider. com/sam－altman－openai－speed－bump－orion－lacks－improvement－2024－11, last visited on 12th Feb, 2025.

法从传统途径获得许可，要将机器学习行为纳入现行著作权法进行解释，现存观点包括法定许可与合理使用两种途径。需要注意的是，以下对法定许可与合理使用模式的探讨并不意味着要在人工智能模型开发过程中完全适用该模式，而只是为生成式人工智能训练的合规性提供制度取向。

法定许可与合理使用皆以促进作品传播为最终目的，但二者的侧重点明显不同。法定许可模式指的是，在提升传播效率的需要下，著作权法允许在未事前获得著作权人同意的情况下直接使用作品，但要求在事后支付适当的报酬给著作权人。支持采取法定许可模式的学者认为，随着计算机硬件与算法技术的不断突破，科技公司可隐秘且大规模地获取与分析数据，使其在当前环境下占尽优势，著作权人对作品的控制力已然大大减弱。[①] 若在此基础上甚至不要求开发方向著作权人支付报酬，著作权人的预期收益也会大打折扣，对著作权人而言不甚公平。法定许可模式的弊端在于，一方面，大额的使用费为开发方造成了一定的负担，这些作品使用费最终一定会转嫁至广大社会公众。另一方面，虽然大型企业可以通过内部孵化、研发投入或并购形式获得颠覆性创新，但初创公司在从零到一的关键创新阶段中，往往更能展现出快速试错、突破式成长的优势。初创公司通常团队规模较小，层级简单，决策链路更短，能够更快地试错、迭代，迅速对市场或技术趋势作出反应，这种高效是大型企业难以匹敌的。但相比大企业往往有较为稳定的盈利来源，对于尚处于早期、资金紧张的初创企业而言，向著作权人支付的报酬可能会造成不小的负担，将那些具备最大创新潜力的研发主体排除在创新领域之外。[②] 著作权法的根本目的在于促进创新，这亦是著作权正当性的来源，若为维护著作权人利益而阻碍创新，制度本身的合理性也受到动摇。

不同于法定许可，在合理使用模式下，人们在使用作品时不仅无须事先征求著作权人的同意，还可以免费使用受著作权法保护的作品。支持采取合

---

① 刘友华、魏远山：《机器学习的著作权侵权问题及其解决》，《华东政法大学学报》2019 年第 2 期。

② 万勇、李亚兰：《因应人工智能产业发展的合理使用条款解释论研究》，《数字法治》2023 年第 3 期。

理使用模式的学者通常认为，人工智能开发行为的目的不在于传播信息，而在于创造新信息，即挖掘现有数据中的新价值。[①] 从社会公众的视角看，在此情况下对作品的复制与传播并未直接送达人类用户，虽然在一定程度上利用了作品的表达，但不会"篡夺"作品的原始市场。[②] 更重要的是，当前生成式人工智能的发展，与全球范围内的竞争格局息息相关。无论是大国间的科技竞赛，还是世界各地区的产业竞争，生成式人工智能都是一块至关重要的战略高地。在蓬勃发展的人工智能领域，先发优势与时间窗口格外重要。如果我国对于人工智能开发行为的限制过于严苛，容易让研究人员等感到创新活力受限，从而倾向选择迁往监管更友好、资源更充足的地区。同时，风险投资、科技基金等资本也会跟随人才流动并寻找回报更快、更具增长潜力的市场环境，进而导致本国人工智能产业的资金外流与人才空心化，不利于我国参与国际竞争。

简言之，过度限制生成式人工智能的开发，一方面会抑制国内创新的活力，削弱在国际市场上的竞争力；另一方面也会错失在产业生态和国际规则制定中占据优势的机会。要想在新一轮国际科技竞赛中保持领先地位，就需要在保障安全与伦理的基础上，寻找合适的平衡点，为人工智能开发方提供适当的空间与支持。

（二）输出端的认知困境

输出端把模型的内部处理与推断结果转化为人类或系统可直接利用的内容，完成从数据到"可执行结果"的"最后一公里"。在内容生成后，以人工智能生成内容的创造性来源为中心，展开的对人工智能生成内容的可著作权性、权利归属与权利限制的判断是最早引发理论界讨论的人工智能著作权问题。

---

① 徐小奔：《技术中立视角下人工智能模型训练的著作权合理使用》，《法学评论》2024 年第 4 期。

② 郑重：《日本著作权法柔性合理使用条款及其启示》，《知识产权》2022 年第 1 期。

1. 人工智能生成内容的著作权客体属性争议

当前，关于人工智能生成内容是否能够成为著作权法意义上的作品，在全球范围的学术界和实务界都存在较大争议。传统著作权法律体系往往基于"人（自然人或在某些法域中包括法人）的智力创作行为"来确立作品的著作权归属。[①] 一旦人工智能生成内容无法证明有人类的实质性创作贡献，在传统理论下就可能被视为不符合"人类创作"要件，从而不受著作权法保护。也有观点认为著作权法保护的创造力与智力并非人类所独有，人工智能生成内容亦可成为著作权法保护的对象。[②]

此外，著作权保护需要证明作品的独创性，强调作品是体现了作者个性、具有一定创意或判断的表达。当前容易产生争议的人工智能生成内容往往是人机协作的结果：人给出思路或初稿，人工智能进行润色，或人工智能生成初步稿件，人再进行二次加工。当人工智能根据海量训练数据，通过概率分布或深度学习算法生成结果时，学界讨论的焦点在于：这可否视为体现人类创作个性，还是仅仅是算法对既有素材的机械性拼接或统计式输出？若人工智能的输出只是一种机械式或自动化处理，在关键步骤上脱离或极大弱化了人类的创造性，如用户仅输入一个简单指令"给我生成一段风格化的小说文字"，由人工智能几乎全程自主完成内容，此时难以满足著作权法对作品的独创性要求。很多人工智能生成内容不仅包含人类用户的独创性贡献，人工智能本身也作为内容产出者参与输出表达。若能证明人工智能生成内容受到了有创意的选择、修改或编辑，则其可能仍然构成具有独创性的作品。在这个框架下，只有当（选题、构图、指令设计、后期处理等）具有足够的创作高度时，才可使最终产物符合独创性标准的著作权认定。

2. 人工智能生成内容的著作权归属与责任承担争议

若采取客观标准，认可人工智能生成内容的可著作权性，进而需要解决

---

① 王迁：《论人工智能生成的内容在著作权法中的定性》，《法律科学》（西北政法大学学报）2017年第5期。

② 冯晓青、潘柏华：《人工智能"创作"认定及其财产权益保护研究——兼评"首例人工智能生成内容著作权侵权案"》，《西北大学学报》（哲学社会科学版）2020年第2期；易继明：《人工智能创作物是作品吗？》，《法律科学》（西北政法大学学报）2017年第5期。

的是人工智能生成内容的权利主体之争。一种观点将权利归属于开发者（训练模型的公司或团队），认为鉴于其在搭建模型、挑选训练数据、设计算法等方面投入了创造性劳动，应当享有最终输出作品的著作权。[①] 另一种观点将权利归属于使用者（提示词提供者），认为用户才是触发具体输出内容的关键因素；尤其当用户的提示词、参数调整或后期编辑具有较高创造性时，用户更接近传统著作权法语境下的作者角色。[②] 然而，根据传统的作品著作权归属规则，要认定谁在实际进行创作，需要看到具体的劳动成果如何在作品中得到体现。开发者与用户的分工界限往往比较模糊，也没有统一的裁判标准。此外，还有人提出，随着人工智能技术的进步，或许应当赋予人工智能某种拟制法律人格以享有著作权。[③] 但主流意见认为，这将会动摇现行著作权制度的根基，也不具备立法或司法实践的现实基础。此外，采用人工智能工具论观点的学者，将人工智能视为一种高级工具，使用人工智能生成内容的过程类似于使用绘画工具、摄影设备等情形，人工智能作为工具帮助人实现创作。在此情形下，人工智能生成当然不具备主体资格。[④] 在这样的情形下，如何计算人工智能与人之间的贡献度，从而判定著作权归属，是否应当有新的作品类型或作者身份来区分人机协作等，都是值得探讨的问题。

3. 人工智能生成内容的著作权保护限度争议

如果法律或司法实践逐渐认可人工智能生成内容可以在一定条件下纳入著作权法保护范畴，就势必需要同步解决其保护限度问题。换言之，既要赋予该类内容一定的著作权法保护，又要避免因为其技术特性与生成模式而对

---

① 冯晓青、沈韵：《生成式人工智能服务提供者著作权侵权责任认定》，《法治研究》2025 年第 1 期；袁锋：《人工智能出版物特殊财产权保护路径研究》，《编辑之友》2024 年第 11 期。

② 费安玲、喻钊：《利益衡量视域下人工智能生成内容的邻接权保护》，《河北大学学报》（哲学社会科学版）2024 年第 4 期。

③ 范进学：《人工智能法律主体论：现在与未来》《政法论丛》2022 年第 3 期。

④ 丁文杰：《通用人工智能视野下著作权法的逻辑回归——从"工具论"到"贡献论"》，《东方法学》2023 年第 5 期。

公共利益及正常的创新生态造成不必要的阻碍。设置恰当的保护限度，是平衡创新与避免过度垄断公共资源的关键。虽然有学者认为人工智能表现出的创造力足以使其单独的创作成果满足独创性要求，但法律上仍应当强调人类作者或人类创作贡献在其中所起的作用。若人工智能生成内容的自动化程度极高、人员创作贡献极低，则不受保护或保护力度较弱。同时，立法者、司法者以及行业各方需要从保护范围、权利内容、作者身份、责任承担等多维度进行细化和调整，并建立动态的评估与改进机制。唯有如此，才能确保在高速演进的人工智能时代，既能充分激励前沿技术的应用与发展，也能保障社会整体利益与知识产权生态的良性运转。

二 典型国家的治理路径选择

基于各国经济发展阶段与科学技术水平不同，技术发达国家与技术次发达国家为刺激本国人工智能产业发展采取了不同的战略手段。

（一）技术发达国家的治理路径——以美国为例

整体而言，以美国为代表的技术发达国家对于人工智能相关著作权问题持观望态度。

对于数据挖掘的豁免问题，美国比较审慎。其并未旗帜鲜明地通过立法对人工智能产业发展进行推动或抑制，而是充分发挥判例法的优势，通过个案平衡的方式，鼓励利益相关方在诉讼中进行利益表达，力求尽可能地了解产业与技术需要。美国尚未出台专门针对人工智能数据挖掘的法定例外条款，但其法律体系通过灵活解释合理使用原则，逐步形成对非侵权性数据挖掘的支持。当然，判断合理使用的因素很复杂，美国联邦最高法院始终强调转换性使用的重要性，人工智能开发者对于其生成内容是否具有足够的"转换性"仍不甚明朗。在 Goldsmith 案中，美国联邦最高法院要求若要构成合理使用，新作品需与原作品的目的显著不同，如果人工智能开发者可以指出将受版权法保护的数据材料纳入训练数据的目的与原始作品的目的有本质区别，则可以构建一条通往合理使用的路径。①

对于人工智能生成内容的版权客体属性，美国一贯持十分传统的态度。2023 年 2 月，美国版权局撤销了对漫画小说《黎明的扎里亚》中插图部分的版权保护，仅保留文本部分的版权，理由是该图像由人工智能生成，缺乏人类作者的充分创造性贡献。② 该决定为人工智能辅助创作划定了界限：若人类仅提供基础指令，版权可能无法覆盖由人工智能生成的部分；但若人类深度参与修改环节（如 Photoshop 编辑），则可能符合版权法保护条件。此外，美国版权局于 2023 年 3 月发布的《版权登记指南：包含人工智能生成材料的作品》亦点明人工智能生成内容在版权保护中的法律地位，指出受保护的作品必须是由人类创作的，体现人类智力劳动成果。③ 因此，完全由人工智能自主生成且无人类创造性干预的作品，无法获得版权登记。美国在人工智能生成内容的版权归属规则中，也依然秉持《保护文学和艺术作品伯尔尼公约》所倡导的以人为本的核心原则。根据上述美国当前的版权法律与实践，对于可能构成作品的人工智能生成内容，其著作权归属的核心原则是：仅归属于具有创造性贡献的人类（通常为用户），而非人工智能开发者或人工智能系统本身。

在人工智能监管方面，拜登政府曾在 2023 年 10 月签署行政令（E. O. 14110），对生成式人工智能的安全性与透明性提出要求。④ 2025 年 1 月 20 日，特朗普上任伊始便宣布撤销该行政命令。可见与拜登政府意图通过政府主导，全面规范生成式人工智能的开发与应用不同，特朗普政府废除 E. O. 14110 标志着美国政府的人工智能政策从强监管转向了去监管化。上任

① Andy Warhol Found. for the Visual Arts, Inc. v. Goldsmith 143 S. Ct. 1258（2023）.

② United States Copyright Office, Re：Zarya of the Dawn（Registration # VAu001480196）Feb 21th 2023, https：//www. copyright. gov/docs/zarya-of-the-dawn. pdf, last visited on Jan 30th 2025.

③ United States Copyright Office, Copyright Registration Guidance：Works Containing Material Generated by Artificial Intelligence 37 CFR Part 202, https：//www. govinfo. gov/content/pkg/ FR-2023-03-16/pdf/2023-05321. pdf, last visited on Jan 30th 2025.

④ Executive Order on the Safe, Secure, and Trustworthy Development and Use of Artificial Intelligence, https：//www. govinfo. gov/content/pkg/FR-2023-11-01/pdf/2023-24283. pdf, last visited on Jan 30th 2025.

次日，特朗普宣布启动星际之门（Stargate）计划，在美国建设价值5000亿美元的人工智能基础设施。[①] 特朗普政府的这种政策框架十分符合美国自二战的曼哈顿计划以来重视技术研发的风格，意图以最小限度监管取得美国在全球人工智能领域的最大程度竞争优势。

（二）技术次发达地区的治理路径——以欧盟等国家和地区为例

欧盟是最早关注人工智能生成内容的版权法风险的地区。根据《欧盟版权指令》（2001/29/EC）及成员国法律，版权保护仅适用于人类智力创作成果，[②] 人工智能在完全无人类干预的情况下生成的内容无法获得版权保护。可见，欧盟对于人工智能生成内容的版权客体属性及权利归属规则与美国方面达成共识。

对于数据挖掘的豁免问题，欧盟则是在《数字化单一市场版权指令》（以下简称《指令》）中明确设立了"文本与数据挖掘（TDM）例外"，且附加"合法访问"与"选择退出"限制。《指令》第3、4条允许科研机构为科学研究目的，未经授权对合法获取的作品进行文本与数据挖掘，但不得绕过技术保护措施，且需删除挖掘后数据（除非权利人同意保留）；允许商业实体进行文本与数据挖掘，前提是合法获取数据（如已购买访问权限），且权利人未以"适当方式"明确反对（如通过网站声明或机器可读标签）。[③] 2024年通过的欧盟《人工智能法案》进一步明确了这一规定。在该法案颁布后，2024年9月德国汉堡地区法院一审判决某人工智能的训练数据集尽管未经授权使用了某摄影师的摄影作品，但是符合法定"以科学研

---

① Tech giants are putting ＄500bn into 'Stargate' to build up AI in US, https：//www.bbc.com/news/articles/cy4m84d2xz2o, last visited on Jan 30th 2025.

② Directive 2001/29/EC of the European Parliament and of the Council of 22 May 2001 on the harmonisation of certain aspects of copyright and related rights in the information society, https：//www.wipo.int/wipolex/zh/legislation/details/1453, last visited on Jan 30th 2025.

③ Directive (EU) 2019/790 of the European Parliament and of the Council of Copyright and Related Rights in the Digital Single Market and Amending Directives 96/9/EC and 2001/29/EC, Article 3, 4, https：//www.wipo.int/wipolex/zh/legislation/details/18927, last visited on Jan 30th 2025.

究为目的的文本与数据挖掘例外".① 该案引用"科学研究"条款而非"商业实体"条款,可见欧盟对于人工智能训练数据的豁免持严格态度。

《人工智能法案》被誉为同类法律法规中的首创,其他国家也启动了相关监管程序或提供与现行法律一致的方针策略,只是其并不向《人工智能法案》的约束性看齐。例如,日本政府于2024年4月发布的《商业人工智能指南1.0》,便是一部立足于现行法律的自愿性指南,旨在鼓励负责任地开发与使用人工智能。巴西议院也于2024年12月通过了该国首个监管人工智能的第2338/2024号法案。各国对人工智能产业的监管模式不同根源在于产业结构的不同。欧盟通过监管输出实现布鲁塞尔效应,正如同《通用数据保护条例》(General Data Protecton Regulation,GDPR)影响全球数据保护,欧盟制定的人工智能规则也正被广泛借鉴。日本作为中美技术对抗的中间地带,为了维持其制造业竞争力,避免过度监管削弱本国工业4.0转型,"轻监管"模式也成为日本人工智能监管的必然之路。巴西作为全球南方技术治理的代表,更是体现了广大南方发展中国家的现实需要。

三 人工智能生成内容的本土化治理范式

法律作为上层建筑的一部分,本质上是维护国家与社会发展、保障公共秩序与利益的工具和手段。它并非发展的终极目标,而是为实现社会进步、提升民众福祉而服务。换言之,法律要与社会经济基础相适应,通过制度化、规范化的方式引导、约束和调控各方行为,从而为国家的长治久安和人民的共同利益提供必要保障。根据上文内容,显然国际上技术发达国家与技术发展中国家对人工智能生成内容的治理路径各不相同。因此,在人工智能生成内容本土化治理的具体规则设置上,我国应立足于现阶段国家发展的目标,充分借鉴技术发达国家人工智能生成内容治理的顶层设计,重视产业需求;同时参考同为技术发展中国家对人工智能生成内容著作权治理的规范层

---

① Robert Kneschke v. LAION e. V. , Regional Court of Hamburg, Case No. 310 O 227/23.

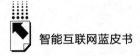
次、规则设置与司法实践，合理平衡人工智能产业与广大社会公众之间的利益。

（一）统一人工智能法的制定

随着人工智能技术深度融入生产生活的各个方面，其引发的伦理争议、数据隐私泄露以及知识产权等问题日益突出。目前，不同行业和地区对人工智能的监管存在碎片化现象。例如，自动驾驶领域的责任认定与医疗人工智能的伦理审查标准可能相互矛盾。统一法典可避免规则冲突，明确技术研发、应用和追责的边界。更重要的是，当前欧盟已经率先通过《人工智能法案》，美国通过行业自律与分散立法推进人工智能治理。我国若成功建立科学合理的人工智能法典，则可以为人工智能产业的全球治理提供中国方案，增强技术规则制定的话语权。

建立统一的人工智能法典是应对技术挑战、提升治理效能的重要方向，但其复杂性和跨领域性要求采取渐进策略。短期内可通过专项立法解决紧迫问题，中长期再向综合法典过渡。关键是以技术中立原则平衡创新与监管，同时确保法律具备足够的灵活性和包容性，以适应人工智能快速演进的特点。最终目标是构建既能防范风险、又能释放技术潜力的治理体系，为全球人工智能产业发展提供中国智慧。

（二）机器学习的数据挖掘豁免规定

域外国家认识到数据喂养对于人工智能产业发展的重要性，并采取相关对策，希望借此在新一轮产业竞争中占领高地。我国正推动人工智能成为核心产业，法律需为技术创新提供"安全港"。如前所述，欧盟《指令》允许科研机构进行非商业性文本与数据挖掘，商业用途需权利人未明确反对。我国可借鉴国际经验，更需立足本土产业需求（如支持中小企业获取训练数据），避免过度倾向权利人而导致"数据垄断"，使技术研发因法律滞后而受限。最终目标应是：让数据流动在合规轨道上，成为人工智能创新的燃料而非枷锁。

在具体设置上，建议以技术合规、利益平衡、分层管理为原则，构建数据挖掘豁免规则。首先明确豁免仅适用于基于合法获取的公开数据（排除个人信息及非法来源内容），且目的限于技术研发、学术研究或公共利益，禁止规避技术保护措施或实施反向工程；其次，要求使用者在输出结果包含原作品实质性内容时履行署名义务，并确保数据挖掘行为不得实质性替代原作品正常市场价值；同时建立分层次豁免机制，非商业性用途的使用（如科研机构）可自动豁免，商业用途则需满足"合法获取＋权利人未明确反对"或向著作权集体管理组织备案并支付合理补偿，避免"一刀切"限制创新；此外，需与现行法律体系衔接，通过修改《中华人民共和国著作权法》，将数据挖掘纳入合理使用范畴，明确其受《中华人民共和国数据安全法》《中华人民共和国个人信息保护法》中数据匿名化、最小必要原则约束，并与《中华人民共和国反不正当竞争法》联动防范数据滥用行为，形成兼顾技术创新与权利保护的系统性规则。

（三）人工智能生成内容的客体属性与权利归属明确

为在人工智能立法中平衡创新激励与传统法理，可优先承认具备显著人类干预的人工智能生成内容（如用户主导的协作型人工智能）享有著作权保护，以促进技术应用与产业发展，同时规避完全自主的人工智能动摇"人类创作"核心原则的风险。虽然有反对意见强调法理冲突与权利归属难题，但通过分层保护（区分工具型、协作型与自主型人工智能成果）和强化独创性门槛（如用户指令的创造性贡献），可在不突破现有法律框架下实现适应性调整，呼应国际竞争趋势。

根据人工智能参与创作的程度不同，可以将人工智能生成内容分为工具型、协作型与自主型。工具型人工智能成果指人工智能仅作为辅助工具，用户全程主导创作方向与细节调整，人工智能执行具体操作但无自主决策。协作型人工智能成果指用户与人工智能通过交互共同生成内容，用户提供创造性指令（如关键词、框架设定），人工智能完成内容填充或风格化表达。自主型人工智能成果指人工智能在无人类实时干预下，基于预设算法自主生成内容。更细致地论及客体属性相关配套机制，应建立分类确权规则：工具型人工智能成果归用户，协作型依独创性判定用户或开发者权益，自主型设为特殊邻接权或公共领域。配套措施需明确权利归属（约定优先、开发者兜底）、数据溯源补偿机制（超阈值相似度支付原权利人）及伦理监管（强制标注 AI 生成标签、侵权责任分级）。实施路径上，建议分阶段试点版权登记沙盒、修订著作权法细则，并开发区块链存证平台，最终形成一套创新包容、风险可控的治理体系。

（四）人工智能生成内容的著作权保护限制规定

我国人工智能法典应严格限定著作权保护范围，仅对具备显著人类智力贡献的生成内容提供保护。针对工具型人工智能成果（如用户主导设计的建筑图纸），权利完全归属用户，但需排除人工智能自动化生成的通用模板（如标准合同条款）；对于协作型人工智能内容，独创性认定须以用户输入的具体性、创造性指令为核心标准（如细化至人物关系、情节转折的文本生成），泛化指令（如"写一篇游记"）不构成受保护作品；自主型人工智能生成内容（如自动抓取数据生成的股市分析）原则上不享有著作权，开发者或可主张有限邻接权（如 5 年专有使用权），但不得阻碍公众基于非商业目的的自由传播。同时，应禁止通过格式条款将用户独创性成果强制归属开发者，防止技术垄断。人工智能生成内容的保护期限需根据其类型、独创性来源及公共利益需求差异化设定，避免传统著作权保护期的机械套用。

此外，需构建双向约束机制：一方面，强制要求人工智能生成内容标注来源（如"本内容由××模型生成"）、使用范围及训练数据合规声明，未履行标识义务则视为放弃著作权主张；另一方面，设立法定豁免条款，允许在科研、教育、评论等场景下不经许可使用人工智能生成内容（如将人工智能生成病理报告用于学术论文），但商业性复制需支付补偿金。此外，应建立侵权责任溯源体系：若生成内容侵犯他人权利（如人工智能生成绘画抄袭特定画家），用户应对故意诱导侵权承担主责（如输入引导词"模仿××画风"），开发者对算法缺陷导致的系统性侵权负连带责任（如模型过度依赖某数据集)。最终通过"保护—限制—追责"三位一体的规则,平衡创新激励与公共利益。

四 结语

自生成式人工智能强势闯入内容创作领域,其生成的诗句、画作乃至学术论文与人类智慧产物在形式上愈发难辨彼此,人类文明史中独属于造物者的神圣叙事正遭遇前所未有的威胁。技术洪流固然冲刷着高等生物独享创造力的傲慢,但法律的使命绝不能放任机器对精神世界的殖民,而是要在代码与灵感的交锋中重构秩序——承认人工智能生成内容的可著作权性,是为避免无序竞争扼杀技术革命的善意;拒绝赋予其与人类作品等同的伦理地位,则是为文明保留最后一块不可让渡的领地。因此即使算法编织的海市蜃楼愈发逼真,著作权法也必须成为那面照见本质的棱镜,方能使这场人机共舞不至沦为文明的慢性自杀。

参考文献

万勇、李亚兰:《因应人工智能产业发展的合理使用条款解释论研究》,《数字法治》2023 年第 3 期。

费安玲、喻钊:《利益衡量视域下人工智能生成内容的邻接权保护》,《河北大学学报》(哲学社会科学版)2024 年第 4 期。

冯晓青、潘柏华:《人工智能"创作"认定及其财产权益保护研究——兼评"首例人工智能生成内容著作权侵权案"》,《西北大学学报》(哲学社会科学版)2020 年第 2 期。

丁文杰:《通用人工智能视野下著作权法的逻辑回归——从"工具论"到"贡献论"》,《东方法学》2023 年第 5 期。

徐小奔:《技术中立视角下人工智能模型训练的著作权合理使用》,《法学评论》2024 年第 4 期。

B.21
我国公共数据应用现状及前景展望

张雅雯 门钰璐 徐恺岳 孟天广*

摘　要:　为促进公共数据要素价值的充分释放,我国构建了以公共数据共享、开放、授权运营为核心的公共数据应用基本架构,形成了各具特色的应用模式。但我国公共数据应用在高质量数据供给、生态系统培育等方面面临着挑战。推动数据共享与回流的生态保障机制建设,持续完善公共数据开发应用的生态系统,是进一步深化公共数据应用的关键所在。

关键词:　公共数据　数据开放　公共数据应用

一　公共数据应用的前沿态势与价值意蕴

作为数字社会不可分割的重要公共资产,公共数据具有规模体量大、数据质量好、价值潜能大、带动作用强的特点,如何最大限度地开放共享、合理利用公共数据,满足公众对公共数据的需求、支撑数字经济发展,是公共部门乃至全社会需要关注的重要课题。近年来,为更好地发挥公共数据的赋能作用,促进数据价值的进一步释放,我国陆续发布了相关政策文件,如《关于构建数据基础制度更好发挥数据要素作用的意见》《关于加快公共数

* 张雅雯,博士,清华大学社会科学学院博士后,研究方向为数字政府、数据治理、数字法治;门钰璐,博士,清华大学社会科学学院博士后,研究方向为数字政府与治理、政府改革、计算社会科学;徐恺岳,博士,清华大学社会科学学院博士后,研究方向为数字经济、人工智能、平台算法治理;孟天广,博士,清华大学社会科学学院教授、博士生导师,清华大学计算社会科学与国家治理实验室副主任,研究方向为信息治理、数字政府与治理、算法政治等。

据资源开发利用的意见》对公共数据的开发利用做出了制度性安排，特别是国家数据局等 17 部门联合印发的《"数据要素×"三年行动计划（2024—2026 年）》对进一步推动公共数据应用价值释放，发挥数据要素乘数价值，赋能经济社会发展具有重要意义。

（一）公共数据应用的前沿态势

公共数据价值释放和开发应用的形式，早期以数据开放为主。自 2009 年美国奥巴马政府颁布《开放政府指令》后，全球各国纷纷开展公共数据开放工作，在开放共享、技术创新、数据治理与协作生态等方面持续推进。顺应全球浪潮，我国公共数据开放发展迅速，截至 2024 年 7 月，我国已有 243 个省级和城市级别的地方政府上线了数据开放平台，其中，省级平台 24 个、城市平台 219 个。全国开放数据集已增长到 37 万多个，[①] 在城市治理、金融服务、绿色低碳等领域重点开放的数据集数量较多，无条件开放的可下载数据集容量从 2019 年的 15 亿增长到 679 亿，增长了约 44 倍。[②]

然而，在公共数据开放平台与数据集数量不断猛增的背景下，公共数据开放仍然面临着"供不出、流不动、用不好"等问题，无法推进数据资源的充分利用与数据价值的深度挖掘，实际的数据开发利用程度不容乐观。为了更好地深挖数据价值、促进数据要素资源流动，我国开启了公共数据授权运营的探索之路，将公共数据价值释放的主要路径从开放转变为授权运营。2021 年 3 月《中华人民共和国国民经济和社会发展第十四个五年规划和2035 年远景目标纲要》首次提出，"开展政府数据授权运营试点，鼓励第三方深化对公共数据的挖掘利用"。2022 年 12 月《关于构建数据基础制度更好发挥数据要素作用的意见》指出，推进数据分类分级确权授权使用和市场化流通交易，加强实施公共数据确权授权机制。在国家支持和鼓励公共数

---

① 复旦大学数字与移动治理实验室、国家信息中心数字中国研究院：《中国地方公共数据开放利用报告（省域）》，2024 年 9 月 26 日，http：//ifopendata.fudan.edu.cn/report。

② 王钦敏：《构建公共数据资源开发利用新格局》，国家发改委官网，2024 年 10 月 14 日，https：//www.ndrc.gov.cn/xwdt/ztzl/szjj/zjgd/202410/t20241014_1393616.html。

据授权运营的宏观政策背景下，我国各地积极开展探索实践，陆续出台公共数据授权运营的相关政策，截至 2024 年底，全国至少 39 个地区（包括 7 个省级、24 个地市级和 8 个区县级）发布了公共数据授权运营专属政策文件，其中 60% 为管理办法或暂行办法，其余为实施细则或方案。北京、上海、福建、海南、成都等地方政府，以引入专业的数据运营管理主体的方式，力图破解公共数据开放面临的公平与效率难题。比如，成都创新性提出构建"管住一级、放活二级"数据资源开发利用模式、海南首创"数据产品化交易模式"、北京分领域的公共数据专区授权运营模式等。各地基于既有工作基础、实际情况与地方特色积极探索多元的数据授权运营模式，促进了公共数据开发利用的有序开展。

（二）公共数据应用的价值意蕴

公共数据应用是一个多元主体共同参与、持续演进的动态过程，兼具"社会治理"与"经济生产"的双重功能，意在实现公共数据社会治理与经济生产价值的融汇共生，加速社会的数字化转型进程并深化数字中国建设，具体表现如下。

首先，公共数据应用能够显著提升社会治理效能，促进公共价值的释放。政府通过收集、整理并开放公共数据，为公众和企业提供了丰富的信息资源，实现精准的社会治理。同时，公共数据的开放还提升了政府的透明度与公信力，拉近了政府与公众的距离，有助于构建更加和谐、稳定的社会关系。

其次，公共数据应用是推动数字经济发展的重要力量。公共数据的开放和共享为数字经济的发展提供了丰富的数据资源，企业和个人可以利用这些数据资源进行产品研发、创新商业模式、优化生产流程、开发场景应用等活动，从而推动数字经济的发展。公共数据的应用还促进了数据要素市场的形成和发展，为数据的交易、流通和增值提供了平台。数据要素市场的活跃，不仅激发了企业的创新活力，还促进了产业结构的优化升级。

最后，公共数据应用还促进了社会的数字化转型，推动数字中国建设的纵深发展。随着信息技术的快速发展，数字化转型已成为社会发展的必然趋势。政府、企业和个人通过应用公共数据资源，为社会的数字化转型提供了有力的支撑，从社会整体层面推进数字政府建设，打造智能精准、敏捷高效的普惠数字服务，催生了数字经济发展的新业态，加速了数字化转型进程，为数字中国建设注入了强劲动力。

二　公共数据应用的基本架构与主要模式

现阶段，我国已初步形成公共数据应用的基本架构，包括内部应用、外部直接应用、外部间接应用等多个应用类别，覆盖了公共数据共享、开放、授权运营等开发利用活动，形成了公共数据开放利用的创新应用生态。

（一）公共数据应用的基本架构

基于公共数据应用范围与主体的差异，可将公共数据应用架构分为公共数据内部应用与外部应用（见图1）。内部应用为公共管理和服务机构内部的公共数据共享，其应用目的是减少公共数据的重复采集，改进公共数据的一致性、真实性和完整性，以提升公共行政管理能力、精准决策能力和公共服务效率。外部应用则是面向社会公众、市场主体、社会组织等社会力量开放公共数据，促进社会化多元利用，最大限度激发数据要素价值。在公共数据外部应用中，根据是否直接向社会开放原始数据，可进一步划分为公共数据开放与授权运营。

为明晰公共数据外部应用路径的差异化特征，需系统辨析公共数据开放与授权运营模式的共性与差异。两者的核心共性体现于共同致力于公共数据要素的价值转化，通过激活公共数据资源实现多元治理价值的充分释放。无论是授权专业机构进行数据开发运营，抑或面向社会直接开放数据集，其本质均在于突破政府部门的数据垄断，促进多元主体对公共数据的经济价值、社会效益及治理效能的深度挖掘。二者差异则主要集中于以下三个维度：数据形态、价值开发、安全治理。一是数据形态，公共数据开

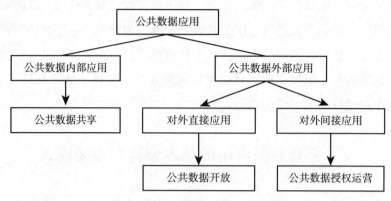

图1　公共数据应用的基本架构

资料来源：笔者自制，下同。

放以非涉密、脱敏处理的原始数据为主体，如《上海市公共数据开放暂行办法》明确界定的"可机读、可重用、原始性数据集"的公共服务供给模式；① 而授权运营则聚焦于对原始数据进行清洗、建模、分析后形成的衍生数据产品或定制化服务输出。二是价值开发，公共数据开放模式下，数据价值释放依赖于社会主体的自主创新能力，其低门槛特性虽提升数据获取效率，但受限于用户的技术能力易导致数据价值折损；授权运营则通过契约机制遴选具备专业分析能力的机构，依托规模化的技术投入实现数据要素的集约化增值开发。三是安全治理，开放场景中，原始数据的不可控传播可能引发敏感信息泄露风险，迫使政府部门采取保守的数据开放策略；而授权运营通过构建"原始数据不出域、数据可用不可见"的技术框架，结合主体准入审查与全流程溯源机制，显著强化数据使用行为的合规性与可审计性。②

---

① 譬如《上海市公共数据开放暂行办法》规定，公共数据开放指的是公共管理和服务机构在公共数据范围内，面向社会提供具备原始性、可机器读取、可供社会化再利用的数据集的公共服务。

② 严宇、李珍珍、孟天广：《公共数据授权运营模式的类型学分析——基于数字治理生态的理论视角》，《行政论坛》2024 年第 1 期，第 76 页。

（二）公共数据应用的主要模式

1. 公共数据共享模式

在公共数据内部应用框架下，基于数据流通属性可构建三级分类体系：无条件共享、有条件共享及禁止性共享。具体而言，无条件共享数据应当向所有公共管理与服务机构全域开放；有条件共享数据需严格遵循法定职责框架，限定在特定业务场景的必需范围内调用；禁止性共享类目须具备明确的法律授权，包括但不限于《网络安全法》规定的国家核心数据、《个人信息保护法》界定的敏感个人信息等法定豁免情形。

2. 公共数据开放模式

公共数据开放作为外部应用的主要方式之一，根据开放的限度与条件划分为无条件开放、有条件开放、不予开放三大模式。其中，有条件开放的需要在开放时限定对象、用途、使用范围，不予开放的则因涉及个人隐私、个人信息、商业秘密、保密商务信息，或者法律法规规定而不得开放，有条件开放和不予开放以外的其他公共数据则属于无条件开放模式。

3. 公共数据授权运营模式

目前，全国至少 29 个地区上线公共数据授权运营平台，并根据地方特点形成了多样化的运营模式。通过对我国各地制度设计和具体实践的观察和梳理，可以基于"对内数据归集"和"对外数据授权"两大维度对公共数据授权运营模式进行类型学划分，包括分散直接授权型、分散间接授权型、统一直接授权型以及统一间接授权型四种类型（见表1）。

表1　公共数据授权运营模式的类型

项目		对外数据授权方式	
		直接	间接
对内数据归集方式	分散	分散直接授权型	分散间接授权型
	统一	统一直接授权型	统一间接授权型

对内数据归集维度指的是政府和公共服务组织（以下简称"公服组织"）管理公共数据的方式。在公共数据授权运营的框架设计中，首要决策层级涉及数据治理架构的选择，具体表现为两种范式——部门级分散管理模式与跨部门集中治理模式，后者通常由数据中枢机构（如政务数据管理局、大数据中心等）实施全局性统筹。在外部授权机制维度，存在两种差异化路径：直接与间接。前者体现为行政主体直接向市场主体（包括自然人、法人及其他社会组织）授予数据运营权利；后者则通过特许第三方机构实施数据开发利用，并允许后者将数据产品和数据服务售卖给其他社会主体。

（1）分散直接授权型

在分散直接授权型的授权运营模式中，数据呈现离散状态，未实现数据聚合，原始数据仍由数源机构管理，但对外直接授予市场主体特定数据开发利用权利（见图2）。整体来看，该类授权运营模式的主要特征是授权运营场景仍聚焦于单一业务，优势在于垂直行业应用效能显著，但不足的是无法实现跨业务、跨场景的数据汇聚和开发利用。有研究发现，该模式早在2015年间就具备制度雏形，政府部门和具有公共服务职能的组织将公共数据授权给特定企业进行分析、研发和交易。相关实践大多发生于气象、航空、医疗、保险、金融等垂直行业。[①]

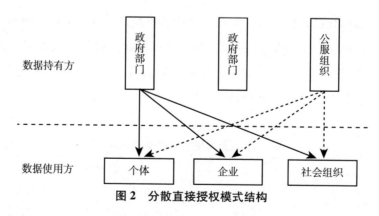

图2 分散直接授权模式结构

---

① 冯洋：《公共数据授权运营的行政许可属性与制度建构方向》，《电子政务》2023年第6期，第77页。

（2）分散间接授权型

分散间接授权型与第一类相似均未实现跨域数据整合，但有所不同的是，该类方式在对外授权数据开发利用时，采用的是间接方式，即数据来源机构保留本体控制权，国有资本主导的运营实体实施数据价值转化，监管主体实行分层监督机制（见图3）。以北京实践为例，该模式通过领域型、区域型及综合基础型三类数据专区的架构设计，形成差异化治理路径：行业主管部门实施垂直领域监管，地方政府承担区域性协调职能，市级数据管理机构统筹基础资源管理。运营主体依托专业化处理流程开发多模态数据产品，构建垂直领域服务矩阵。但受限于分散式的数据管理方式，跨场景协同效能难以充分释放。

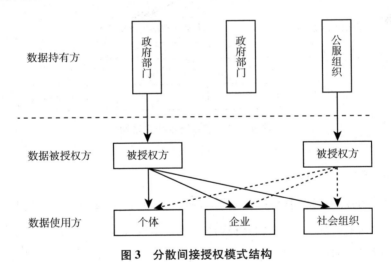

图3　分散间接授权模式结构

（3）统一直接授权型

统一直接授权型核心特征在于构建跨部门数据归集枢纽与垂直授权传导机制。该模式通过归集程序将分散的公共数据转移至主管部门，并采用直接授权的方式，将公共数据授权给市场和社会主体进行开发利用（见图4）。该类型的代表地区为长沙市，实证研究表明，此模式在降低数据泄露风险、全面整合数据资源方面具有制度优势。2024年7月长沙市正式上线政务数

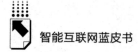
据授权运营平台，现已汇聚全市 66 个单位 199.8 亿条政务数据，为公共数据要素资源的高效流动奠定了基础。①

但此模式下政府需承担行政资源配置压力与技术运维复杂化的双重挑战，主管部门需投入较高成本和较多精力，对于数据处理和平台运维的技术要求也较高。

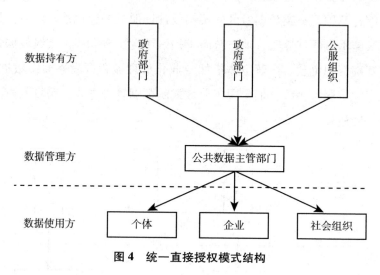

图 4　统一直接授权模式结构

（4）统一间接授权型

统一间接授权架构呈现复合型治理特征，融合了数据统一归集与对外间接授权的双重机制。该模式通过构建跨域数据资源池实现数据整合，同时建立中介运营实体作为市场化接口，形成"主管部门—运营机构—市场主体"的三级传导链路（见图 5）。其制度复杂性体现在双重治理目标：既需完成多源异构数据的系统化整合，又须构建风险隔离机制平衡开发效率与安全合规。该类型的代表地区为上海、成都等地，也是目前各地普遍采用的公共数据授权运营模式。典型实践表明，该架构借助专业运营机构提升数据服务封装能力，保障数据开发利用的专业性，为培育数据要素市场提供了制度创新路径。

---

① 《长沙市数据工作情况汇报》，湖南省人民政府官网，2024 年 7 月 15 日，https://www.hunan.gov.cn/topic/sjzwh/hyzl2024/hyjl/202407/t20240715_ 33355657.html。

但在被授权方的选择上，统一间接授权型存在差异。第一类是选择国有企业作为运营机构，采用该模式需防范垄断风险。从实践中看，国内 40 余个省市已成立或重组了一批地方性数据集团作为公共数据授权运营主体，承担运营平台建设、公共数据加工处理以及运营管理等工作。但需注意的是，此类数据集团多由城市建设、智慧城市建设的企业转型而来，可能存在数据技术处理能力不足、数据运营基础薄弱等问题，[①] 还需在一级授权开发后积极引入多元市场主体共同推进多样化的场景开发。第二类相对开放，被授权主体不限定于国有企业，而是符合条件的运营机构均可提出申请，如浙江省。[②] 此类模式避免单一主体垄断的可能，能够激发市场主体活力，吸纳更多主体共同参与公共数据运营场景的开发和挖掘。

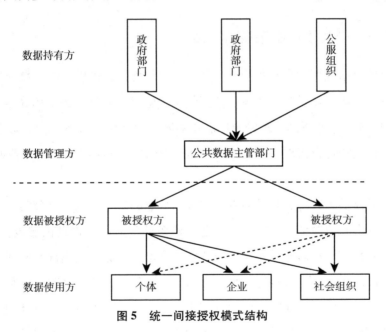

图 5　统一间接授权模式结构

---

① 《公共数据授权运营发展洞察》，中国信通院官网，2023 年 12 月，https：//www. caict. ac. cn/kxyj/qwfb/ztbg/202312/P020231221390945017197. pdf。

② 孟庆国、王友奎、王理达：《公共数据开放利用与授权运营：内涵、模式与机制方法》，《中国行政管理》2024 年第 9 期，第 48 页。

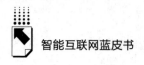

三　公共数据应用的生态系统与前景展望

随着公共数据应用架构的逐步完善与各地应用实践的不断开展，我国公共数据应用已取得初步成效，但结合文献搜集、调研走访、政策分析等工作，可以发现，现阶段我国公共数据应用尚未形成完整的生态系统，在数据共享回流、数据生态机制完善等方面仍有待加强。未来需要基于数字治理生态理论的指导，构建公共数据应用的生态系统，明晰各方主体的生态角色与行动网络，促进数据共享与回流的生态保障机制建设，持续完善公共数据开发应用的生态系统。

（一）公共数据应用的生态系统

公共数据应用的生态系统（见图6）中包含数据提供主体、数据主管部门、运营主体、场景开发主体、数据使用主体以及数据服务主体等多元治理主体。[①] 各主体依托其治理资源禀赋及不同的生态角色彼此交互，以营造生态、可持续的运行机制，推动公共数据生态开发利用以及公益事业和行业发展。

数据提供主体持有和掌握着各领域和行业的政务数据，是公共数据开发利用系统中的数源部门。一方面，各个数源部门之间要推动内部数据共享，采取主动共享与按需共享相结合的方式，确保公共数据的内部开发利用，不断增强群众和企业的获得感。另一方面，推动公共数据的外部开发利用，即社会化开发利用。具体言之，数据提供主体一是要有序推动公共数据开放，优先开放与民生紧密相关、社会需求迫切的数据，提高开放数据的完整性、准确性、及时性和机器可读性；二是推动公共数据授权运营这一新型公共数据开发利用方式，根据相关政策规定向数据主管部门提供所掌握的数据资

---

① 门钰璐、孟天广：《数字治理生态视角下公共数据授权运营结构与机制分析——对杭州市的案例研究》，《电子政务》2025年第3期，第72页。

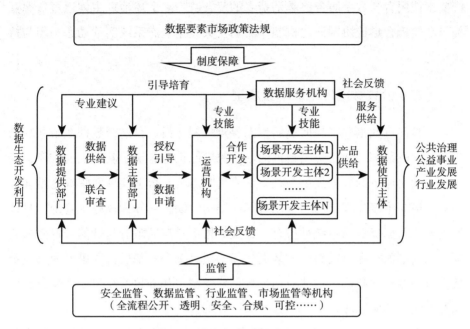

图6　公共数据应用的生态系统

源，通过公共数据授权运营实现数据要素价值充分释放。

　　数据主管部门对各数源部门提供的公共数据进行汇聚和管理，并推动公共数据授权运营实践的探索，其承担着公共数据授权运营政策的制定和数据资源的汇聚职能，发挥着数据运营的整体规划作用，同时也是数据服务提供的监管者。

　　运营主体作为授权运营的核心执行机构，凭借数据整合能力与运营技术储备，承担数据资产价值化开发、多源异构资源系统化运营及智能服务产品化供给等核心职能。场景开发主体作为战略合作方，通过联合创新机制拓展多维度应用场景，依托基础数据服务进行二次研发与产品迭代，实现民生需求响应与市场价值转化的双重目标。

　　数据服务主体依托专业技术与志愿精神等治理资源，既履行数字产品效能评估等公共服务职能，又提供决策支持与战略咨询等智力输出。数据使用主体具备用户行为数据与社会评价双重治理资源，在数据流通生态中兼具生

335

产要素使用者与数字服务终端消费者的复合身份。上述治理主体通过资源互补与功能耦合形成协同演化机制，驱动公共数据生态系统实现动态平衡与持续优化。

（二）公共数据应用的前景展望

一是促进数据共享与回流的生态保障机制建设。目前，数据汇聚共享困难、数据供给部门缺乏提供数据的动力等问题仍是各地普遍面临的难题，亟须建立切实可行的数据提供与共享保障机制。公共数据共享面临双重结构性问题：横向维度呈现跨部门协同共享的结构性缺失，导致核心主管部门难以实现异构数据资源的系统性整合，造成数据要素流通阻滞与价值开发效能衰减；纵向层面存在中央与地方数据传导的层级壁垒，基层行政单元面临关键数据资源的获取障碍，致使应用场景创新受制于基础数据缺失，影响公共数据开发利用的实际成效。

因而，未来应从以下几方面推进公共数据的共享和回流：首先，依靠制度规定和强行政力推动各部门共享数据，利用政策措施保障数据的汇聚共享；其次，依靠考核压力推动各部门共享数据，考核内容可以综合各部门数据提供的数量、质量、效率等多个维度；最后，依靠激励机制推动各部门主动共享数据资源，明确数据提供部门可参与公共数据对外应用的收益分配，主要方式是其依据自身贡献率申请财政支持，从而驱动并强化各部门提供和共享数据的积极性和主动性。此外，数据回流问题也是跨层级、跨部门之间数据共享的重点难点问题，需要国家层面出台相关政策解决基层数据回流难、回流数据质量低的难题，保证数据共享和回流的生态保障机制的系统性和完备性，确保数据资源生态的良性流动。

二是持续完善公共数据开发应用的生态系统。现行公共数据授权运营实践呈现两方面问题：其一，第三方专业服务机构培育不足，该类机构本应承担数据产品合规性审计、安全风险评估等关键职能，但实证研究表明专业服务机构孵化进程迟滞，第三方数据服务环节运行不畅，造成数据要素全流程协同效率降低；其二，应用场景开发主体生态呈现单一化特征，当前以国有资本主导的实体占据主导地位，未能形成多元主体协同创新格局。理论上，场景开发体系应由国有企业、民营机构、科研院所及社会个体构成复合型创新网络，通过多源数据产品再开发实现公共服务优化与市场价值创造。但现实运作中，开发主体多隶属于运营机构控股体系或国有资本序列，市场资源配置机制与社会创新动能尚未有效激活。

因而，未来应从以下两方面推进公共数据的生态应用：一方面，需要加大力度培育数据服务机构，鼓励其主动参与和融入公共数据开发利用实践之中；另一方面，鼓励运营主体主动对接和包容多元场景开发主体，推动更多主体共同参与公共数据运营场景的开发和挖掘，更好地服务于市场和社会发展。[①] 完善的公共数据开发应用生态系统涉及多元主体的参与协作，需要形成多元主体合作的良性生态运行机制以推进各地新兴实践模式的长久发展。

参考文献

严宇、李珍珍、孟天广：《公共数据授权运营模式的类型学分析——基于数字治理生态的理论视角》，《行政论坛》2024年第1期。

门钰璐、孟天广：《数字治理生态视角下公共数据授权运营结构与机制分析——对杭州市的案例研究》，《电子政务》2025年第3期。

孟庆国、王友奎、王理达：《公共数据开放利用与授权运营：内涵、模式与机制方法》，《中国行政管理》2024年第9期。

冯洋：《公共数据授权运营的行政许可属性与制度建构方向》，《电子政务》2023年第6期。

---

① 门钰璐、孟天广：《数字治理生态视角下公共数据授权运营结构与机制分析——对杭州市的案例研究》，《电子政务》2025年第3期，第75页。

B.22
智慧政府发展状况评估、
问题研判与趋势前瞻[*]

马　亮[**]

摘　要： 2024年，生成式人工智能技术发展日新月异，政策支持力度进一步加大，智慧政府实践探索不断拓展。当前智慧政府建设中存在各自为政与分散建设、制度滞后与缺位、潜藏风险防范不足、公务人员数字素养不高等问题。未来智慧政府的发展需加强战略规划与顶层设计、加强智慧政府的制度体系建设、防范智慧政府的潜在风险、提升公务人员的数字素养等。

关键词： 智慧政府　生成式人工智能　数字化转型　数字政府　算法治理

一　引言

数字政府建设是将各类数字技术应用在政府的各种职能，使政府的办事效率、服务质量与治理效能持续提升。早期的数字政府建设或电子政务发展，更多使用的是互联网技术，表现形式为政府网站、管理信息系统与政府办公自动化。此后，随着社交媒体、智能手机与移动互联网的发展，更具双向交互能力的政府2.0成为数字政府建设的重点。而随着大数据与人工智能

---

* 本报告为国家自然科学基金面上项目"数字政府如何降低行政负担：面向中国地方政府的实证研究"（批准号72274203）、国家社会科学基金重大项目"数字政府建设成效测度与评价的理论、方法及应用研究"（23&ZD080）、国家自然科学基金专项课题"公共数据开放利用与授权运营理论与制度设计"（72342010）成果。

** 马亮，北京大学政府管理学院教授，主要研究方向为数字政府与绩效管理。

技术的蓬勃发展，政府日益朝着智能化和智慧化的方向推进，智慧政府建设越来越成为数字政府建设的主要方向。

在各类数字技术中，人工智能（AI）的发展和应用对政府而言意味着一场深刻的技术革命与自我重塑。特别是基于大语言模型的生成式人工智能（Generative Artificial Intelligence，GenAI）在 2023 年以来实现突破性发展，为智慧政府建设带来了史无前例的发展机遇，也带来了迫在眉睫的治理挑战。[①] 一些学者甚至提出"生成式治理"的概念，认为 GenAI 可能带来政府的全新形态。[②] 政府是否可以更加智能和智慧？机器人与数字人在政府的部署应用会带来什么问题？公务人员应该如何在政务工作中利用 GenAI？GenAI 会让哪些政务工作重构或消失？这些问题成为人们关注的焦点问题，也是智慧政府建设需要强调和研究的课题。

智慧政府建设是全球各国都在积极探索和全力推进的发展方向，并引起了国内外的高度重视。《2024 联合国电子政务调查报告》的主题是"加速数字化转型以促进可持续发展"，并附有人工智能补充报告——《人工智能和数字政府》。该报告聚焦公共部门中人工智能的机遇和挑战，探讨人工智能治理和监管框架，分析人工智能素养和能力建设，并提出了值得关注的关键建议，包括建立在现有基础之上，为人工智能技术的发展奠定适当的基础，以及共同参与集体行动。[③]

2024 年，中国智慧政府建设加速推进，在提升政府治理效能的同时，进一步促进经济高质量发展，提高公民的生活品质，并加快中国的高水平开放。与此同时，围绕智慧政府建设而凸显的问题日益明朗，也需要在技术规制与治理方面引入新思维。本报告对中国 2024 年智慧政府的发展状况进行综合评估，对当前智慧政府建设中存在的突出问题进行研判与分析，并对未来智慧政府的发展趋势进行预测与前瞻。

[①] 何哲、曾润喜、郑磊等：《ChatGPT 等新一代人工智能技术的社会影响及其治理》，《电子政务》2023 年第 4 期。

[②] 米加宁：《生成式治理：大模型时代的治理新范式》，《中国社会科学》2024 年第 10 期。

[③] UN，UN E-Government Survey 2024，New York：United Nations，2024.

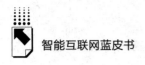

二　智慧政府发展状况

（一）技术发展日新月异

2023 年以来，随着 OpenAI 发布的 ChatGPT 引发全球浪潮，GenAI 的发展进入井喷期。AI 技术在大语言模型引入后实现了技术跃迁，如早期预言家所预测的那样，有了类人乃至超人的认知判断、逻辑推理与内容生成能力。AI 技术的迅猛发展，特别是 GenAI 技术的快速发展，为智慧政府建设提供了强大的技术基础。

随着 GenAI 的迅猛发展，国内外有大量企业发布相关服务。国家互联网信息办公室从 2024 年 4 月开始分批发布生成式人工智能服务备案信息，截至 2024 年底共有 302 款服务完成备案，其中 2024 年就新增 238 款。这带来了日益激烈的"百模大战"，也为政府部门部署应用生成式人工智能提供了更多选择。

与此同时，GenAI 在各类产业的部署应用越来越广泛，基本上成为不少应用的"标配"。无论是搜索引擎还是法律咨询、医疗诊断，抑或文书起草、图片生成等内容生成，围绕 GenAI 诞生了越来越多的新业态。在赋能各行各业实现智能化转型升级的同时，GenAI 技术在各个领域和场景的应用也日益走向深入。例如，在智能手机、智能汽车等智能终端部署的端侧 AI 越来越流行，既解放了人们的双手，也带来新的监管问题。

公众对 GenAI 的认知与期待越来越强，调查显示越来越多的人尝试使用 GenAI 产品，并对政府部门部署应用 GenAI 技术充满期待。中国互联网络信息中心发布的《第 55 次〈中国互联网络发展状况统计报告〉》[①] 显示，截至 2024 年 12 月，我国总人口中分别有 23.5%（3.31 亿人）和 17.7%（2.49 亿人）的人听说过和使用过 GenAI 产品。其中，77.6% 的用户利用

---

① 中国互联网络信息中心：《第 55 次〈中国互联网络发展状况统计报告〉》，2025 年 1 月。

GenAI 产品回答问题，占比最高。也有越来越多的用户将 GenAI 产品作为办公助手，包括生成和处理文本、生成会议纪要、生成图片和视频，甚至是帮写代码。2024 年底至 2025 年初，DeepSeek 的横空出世，进一步掀起了人们使用 GenAI 的热潮。一时之间，大量人员涌入 DeepSeek，GenAI 也成为人们的日常谈资。

（二）政策支持力度进一步加大

GenAI 的发展与智慧政府建设，都需要自上而下的制度建设与政策支持，而 2024 年相关政策支持也进一步得到加强。2023 年 7 月，国家网信办等七部门联合公布《生成式人工智能服务管理暂行办法》，此后不断发布相关政策措施，进一步织密智能技术监管与智慧政府建设的制度体系。

在智慧政府建设中，城市治理领域的智慧城市建设最值得关注。国家数据局等相关部门紧锣密鼓地发布了一系列政策措施，全方位保障智慧城市建设与公共数据授权运营，为智慧政府建设提供数据、算法与算力等方面的制度保障。2024 年 5 月，《关于深化智慧城市发展，推进城市全域数字化转型的指导意见》发布，加强对智慧政府建设的制度保障与政策指导。

政府持有的大量公共数据为智慧政府建设提供了数据基础，而它们只有得到共享和利用，才能真正发挥其潜藏的价值。2024 年 10 月 9 日，《中共中央办公厅、国务院办公厅关于加快公共数据资源开发利用的意见》印发，进一步明确要加快推动公共数据的共享、开放和授权运营。2024 年底，国家发展改革委、国家数据局发布《公共数据资源登记管理暂行办法》《公共数据资源授权运营实施规范（试行）》《关于建立公共数据资源授权运营价格形成机制的通知》，初步构建公共数据资源开发利用"1+3"政策体系。

（三）政府实践探索不断拓展

在技术发展带动与政策措施支持下，地方政府和各类部门都在积极探索实践智慧政府建设，旨在通过 GenAI 的引入来推动政府的数字化与智能化转型。特别值得关注的是，过去数字政府建设更多注重对外信息发布、对外提供服务与对外进行监管，而当前在 GenAI 的赋能下则更多注重政府内部的政务运行如何应用和优化。

智能技术在政务热线、政务咨询与政务服务等方面的应用日益普及，在提高服务效率的同时，也在不断改善用户体验。例如，政务热线越来越多地部署智能客服与自动流转，在接单、派单、办单、考核、反馈等方面的应用越来越多。北京市自 2019 年探索实践接诉即办改革，接诉即办的问题解决率与满意率逐年提升，分别提升到 96.7% 和 97%。[①] 2024 年 12 月 18 日至 19 日，北京举行接诉即办改革论坛，提出加快推动人工智能大模型在接诉即办全流程应用，完善民生大数据的深度挖掘并进一步辅助决策，通过"每月一题"专项治理实现未诉先办。

在政策咨询方面，越来越多的政府部门优化政策发布的智能推荐，从"人找政策"走向"政策找人"。过去很多政府部门发布不同政策，这些政策分散在不同部门网站。如今，不少政府部门将政策发布统一到一个平台，提炼政策的目标群体并同公民和企业的特征进行匹配，主动向其智能推送最相关的政策，从而解决了"过去政策找不到人"和"人找不到政策"的难题。

在政务服务方面，"互联网+政务服务"持续推进，"数据要素 × 政务服务"进一步发力，政务服务的智能化转型也在不断优化。2024 年，国务院推动政务服务"高效办成一件事"，覆盖的事项进一步拓宽，涵盖更多公民企业的办事事项，更好服务两个全生命周期。与此同时，不少政务服务中心和政务大厅引入政务机器人，一些政府网站与政务新媒体推出虚拟数字人，都使政民互动体验明显改善。[②]

在各类公共服务、市场监管与社会治理等方面，智能技术的应用越来越广泛。例如，河长制借助智能算法推荐，使河长的巡河不再是经验主导，而

---

① 任珊等：《"每月一题"驱动城市精治》，《北京日报》2025 年 2 月 28 日，第 4 版，https://wap.bjd.com.cn/common/epaper.html。
② 韩啸、李静怡、马亮：《政务服务数字人：理论诠释、实践困境与因应路径》，《电子科技大学学报》（社科版）2024 年第 6 期。

是更多以智能预警与提醒为主，这使巡河效率大为提升，问题发现率也得到提高。[①] 又如，通过引入"双随机、一公开"、信用监管与综合监管等机制，市场监管可以更加精细化和差别化，降低了执法成本并提高了监管效率。[②] 再如，智能技术赋能市域社会治理现代化，使城市的各个方面都可以更清晰地被"看见"，政府决策也更加智慧。与此同时，大数据与 AI 的应用也使城市风险治理进一步得到强化。[③]

三 智慧政府发展存在的突出问题

（一）各自为政与分散建设的问题

智慧政府建设需要大量财力物力人力的投入，如果各自为政和分散建设，就可能带来严重的资源浪费。无论是数据中心建设与数据汇聚，还是算力的部署与配置，抑或是算法的预训练与优化，都需要前所未有的各类投入。特别是 GenAI 所需要的智能水准是"大力出奇迹"，由此带来的数据、算力与算法等方面的投入是惊人的。当前不少政府部门对 GenAI 的应用热情较高，但是并没有形成一股合力，自上而下的统筹协调还远远不够。各级、各地和各类政府部门都在探索应用 GenAI，甚至不惜血本和不切实际地纷纷上马相关项目。这为相关行业及厂商提供了大量业务，却也是一种极大的公共资源浪费，无助于 AI 行业的转型升级。

这样一种分散的智慧政府建设，一定程度上在重蹈过去电子政务建设的覆辙。这可能带来新的数字泡沫，甚至会影响不少政府部门的应用积极性。例如，"政府上网工程"在鼎盛时期一度有上百万个政府网站，后续很多沦

---

① 颜海娜：《大国治水：基于河长制的检视》，社会科学文献出版社，2023。
② 杨斌、马亮：《事项重构与信用分级：差异化监管何以提升监管效能——以南通市"信用+双随机"融合监管创新为例》，《现代管理科学》2023 年第 3 期。
③ 吴晓林、赵紫涵：《以数增权：城市数字化风险防控中牵头部门的行动策略——对南京市的案例考察》，《公共管理学报》2025 年第 1 期。

为更新不足的"僵尸网站"，或者被黑客攻击而出现白屏。而随着政府网站普查与质量检查，特别是更高层级的集约化建设，现在全国只有一万多个政府网站。[①] 换句话说，有99%的政府网站消失了，而它们曾经消耗了大量政府资源。智慧政府建设应该尽量加以避免。

（二）制度滞后与缺位的问题

尽管各级政府都在加快推动政策发布、制度建设与法律法规制定，为智慧政府建设保驾护航，但是面对 GenAI 突飞猛进的发展和日新月异的应用，依然难以对其进行有效治理。GenAI 的发展及由此带来的技术颠覆、思维重构、产业重塑与治理革命都在以前所未有的速度、规模和深度推进。相对来说，能够用于 GenAI 发展及其应用的制度付诸阙如，而制度缺位乃至制度真空使智慧政府建设面临阻力与难题。

技术与人、技术与组织、技术与制度之间都存在很强的互构关系，即技术并非完全的中性，而是会对人、组织与制度等带来影响，并反过来被人、组织与制度所塑造。[②] 因此，当技术发展和应用而没有相关配套制度时，就可能带来技术的滥用、误用和错用，并反过来侵蚀技术的信任基础。当前智能技术发展较快，不同国家需要权衡技术进步、产业兴起、经济增长、社会发展与国家安全等方面的多元需求，并选择适合本国国情的制度路径。同欧洲、美国等国家和地区相比，中国需要探索适合自己的 AI 发展与应用道路，而这还需要更多努力。

（三）潜藏风险防范不足的问题

GenAI 在政务工作中的应用可能带来法律、安全与伦理等方面的一系列已知与未知挑战，并威胁到政府运行安全。例如，一些公务人员违规使用 GenAI 来生成各类文书，特别是使用一些境外企业开发的应用，可能带来防

---

① 中国互联网络信息中心：《第 55 次〈中国互联网络发展状况统计报告〉》，2025 年 1 月。
② 马亮：《新一代人工智能技术与国家治理现代化》，《特区实践与理论》2023 年第 1 期。

不胜防的数据泄露风险。再如，将政府内部数据用于 GenAI 的大语言模型预训练，也会造成数据泄露和模型偏误等问题。与此同时，GenAI 所带来的知识产权方面的法律纠纷令人担忧，大语言模型的自身局限造成的决策偏差值得警惕。凡此种种，都说明制度滞后和缺位使得智能技术发展与应用面临严峻挑战。

无论是中国还是其他国家和地区，全球都面临同样的 AI 治理难题，并在探索不同的治理路径。① 面对 GenAI 应用所带来的各类风险，政府部门的防范还远远不够。一方面，这是技术本身的复杂性所带来的，比如 GenAI 所生成的内容虽然具备一定特征，但是往往很难被完全检测和认定。另一方面，这是政府治理特别是制度建设不足所带来的，使智能技术得不到有效的规训。如果不能及时建立敏捷治理的制度空间，提升政府用 AI 来治理 AI 的能力，此类风险就可能不断放大和升级恶化，甚至会进入令人细思极恐的危险境地。

（四）公务人员数字素养不高的问题

智慧政府建设离不开领导干部的支持引领与公务人员的应用创新，而这同他们的数字素养有很大关系。然而，当前不少领导干部对 AI 和 GenAI 一知半解，公务人员对 AI 和 GenAI 的应用也还远远不够。② 与此同时，领导干部和公务人员对数字化转型的认知还不足，往往停留在信息化阶段，还没有认识到数字化与信息化的不同，更遑论智能化转型。③

中央网信办与中国科协等机构联合发布的《全民数字素养与技能发展水平调查报告（2024）》显示，不同职业群体的数字素养与技能差异明

---

① 贾开、薛澜：《人工智能伦理问题与安全风险治理的全球比较与中国实践》，《公共管理评论》2021 年第 1 期。
② 马亮：《数字领导力的结构与维度》，《求索》2022 年第 6 期。
③ 马亮：《有数字化而无转型：数字政府建设的悖论与求解》，《公共治理研究》2024 年第 6 期。

显。① 党政机关、群众团体和社会组织、企事业单位的就业人员的数字素养与技能是较高的，均高于全国就业人员的平均水平，但是也呈现一些值得关注的问题。一方面，党政机关、群众团体和社会组织、企事业单位负责人中七成以上具备初级及以上的数字素养与技能，但是只有不到 1/3 具备高级数字素养与技能。与智慧政府建设相关的算法素养或智能素养恰恰属于高级维度，也是当前就业人员特别欠缺的数字素养与技能。另一方面，办事人员和有关人员的数字素养与技能最高，之后是专业技术人员，而各单位负责人的平均水平则最低。这有可能使支持部署和应用智能技术方面受到观念制约、思维固化和能力束缚等因素的影响。

四　智慧政府发展的对策建议

智慧政府建设在加速推进的同时，也需要关注当前存在的突出问题，更好地发挥智能技术在政府治理中的作用，尽可能减少智慧政府建设带来的问题。为此，提出进一步建设智慧政府的如下对策建议。

（一）加强战略规划与顶层设计

要加强战略规划、顶层设计、高位推动与协同发展，使智慧政府建设更加智慧地推行。要力戒智慧政府建设的多头领导、分散建设、重复建设、盲目上马、过分攀比、无序发展等问题，减少由此带来的资源闲置、资金浪费、资产流失等损失。在智能化的热潮下，某些地区智慧政府建设求大求全、不切实际和照搬照抄，极易诱发新一轮的智能泡沫。

在智慧政府建设的组织实施方面，要加强更高层级的统筹协调，强化集中部署与集约化建设，推进数据、算力与算法等资源的跨层级互联、跨地区协同与跨部门共享。GenAI 所需要的算法、算力与数据是惊人的，持续投入

---

① 全民数字素养与技能发展水平调查研究组：《全民数字素养与技能发展水平调查报告（2024）》，2024 年。

力度也是超乎预期的。这意味着只有"集中力量办大事",才能真正让智能技术在政府部门得到最优部署与高效应用。为此应参考应用"一网统管""一网统办""一网协同"等方面的建设经验,收紧智能技术部署应用方面的前期论证、项目审批、财政拨款与建设运营,避免各自为政带来的严重浪费。

(二)加强智慧政府的制度体系建设

智能技术的部署应用离不开制度建设,特别是要通过制度建设来防范人工智能可能带来的法律、安全与伦理风险。技术与制度之间的互构关系决定了技术的发展趋势与应用前景,而如果相关制度不发展和完善,就可能制约乃至阻碍技术创新。

要推动制度探索与创新,建立和完善与智慧政府建设相适应的制度体系,使制度对技术的支撑能力进一步强化。不少政府部门对如何部署应用GenAI缺乏规划,往往"一窝蜂"地扎堆上马。为此,既要自下而上地进行制度试点实验,也要自上而下地推动制度建设,为智能技术在政府的发展与应用提供制度保障。

(三)防范智慧政府的潜在风险

智慧政府理应更加智慧,但是智能技术的应用可能带来诸多风险,也需要政府加以规制。[1] 当前我国在推进智能社会治理,而由此带来的挑战也需要通过社会实验加以监测、纠偏与改进。[2] 在学术研究方面,学者们越来越关注智慧政府建设的相关问题,探究算法官僚、算法决策、数字人等议题,并对智慧政府建设可能引发的歧视、偏见、个人信息泄露等问题与风险展开

---

[1] 马亮:《良术善用:政府如何监管新一代人工智能技术?》,《学海》2023 年第 2 期。

[2] 汝鹏、苏竣、韩志弘等:《智能引领未来:生成式人工智能的社会影响与标准化治理》,《电子政务》2025 年第 1 期。

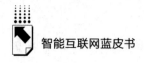

讨论。①

在防范 GenAI 应用的潜在风险方面，要未雨绸缪地预判预警，小步快跑地试点试验，并举一反三地探索学习，不断发现、分析和解决问题。需要建立一套更具敏捷性、韧性和响应力的智慧政府发展制度体系，使之能够在一个相对具有包容性的总体框架中不断微调，适应 GenAI 等新技术应用可能带来的潜在风险。

（四）提升公务人员的数字素养

领导干部与公务人员的数字素养高低，关乎智慧政府建设能否达到预期效果。不少领导干部和公务人员在尝试使用 GenAI，并不遗余力地推动 GenAI 在政府部门的部署应用。但是，很多人还没有真正理解 GenAI，对其应用也呈现表面化和浅层化，还没有真正发挥这些技术的应有潜力。与此同时，不少人对 GenAI 等智能技术存在技术迷信和盲信盲从的心态，缺乏对这些技术的必要警惕与理性批判，往往被相关企业"牵着鼻子走"，失去了对技术部署应用的自主性，使智慧政府建设事与愿违甚至南辕北辙。此外，还有一些人担心智能技术可能威胁乃至取代其工作，使他们面临失去自主性、失业、降职、降薪等风险，因而对智能技术部署应用产生畏惧心态和抵触情绪。

为此应加强领导干部与公务人员的数字素养提升工作，使他们具备现代政府治理所要求的数字思维、数字意识、数字技能与数字能力。要通过培训教育、实战演练、情景模拟等方式，培养领导干部和公务人员的算法素养、智能素养，使他们能够适应人机协同的新型政务运行模式与工作状态。与此同时，在招聘和提拔方面要更多注重考察候选人的智能技术部署应用能力，避免出现人岗不符问题。

① 于文轩、马亮、王佃利等：《"新一代人工智能技术 ChatGPT 的应用与规制"笔谈》，《广西师范大学学报》（哲学社会科学版）2023 年第 2 期。

参考文献

马亮：《新一代人工智能技术与国家治理现代化》，《特区实践与理论》2023 年第 1 期。

马亮：《良术善用：政府如何监管新一代人工智能技术？》，《学海》2023 年第 2 期。

马亮：《有数字化而无转型：数字政府建设的悖论与求解》，《公共治理研究》2024 年第 6 期。

于文轩、马亮、王佃利等：《"新一代人工智能技术 ChatGPT 的应用与规制"笔谈》，《广西师范大学学报》（哲学社会科学版）2023 年第 2 期。

B.23
2024年全球人工智能伦理治理：
核心特征与共识探索

方师师　叶梓铭*

摘　要：　随着生成式人工智能应用迅速发展并带来密集治理议题，2024年全球人工智能伦理治理正加速迈向系统性落实。较为分散的伦理原则逐步聚合于系统性的法律法规，在伦理原则的落实层面仍存在阻碍。虽然各国与国际组织的治理实践持续深入拓展，但全球性治理规则仍方兴未艾。

关键词：　人工智能　全球治理　伦理治理

2024年，以大语言模型为代表的人工智能技术，接连实现突破并展现出重构人类社会发展方向的能力。知名AI模型评测平台"大模型竞技场"（Chatbot Arena）的排行榜显示，2024年已有超过70个模型性能超过了GPT-4。几乎所有的主流大语言模型都支持10万以上token的处理能力，用户可以输入整本书籍进行内容分析，在编程领域输入大量示例代码。年末，OpenAI推出o1系列推理型模型，开创通过优化推理阶段提升性能的新范式。中国开发团队DeepSeek以低成本训练的DeepSeek开源系列模型发布，性能与海外顶尖闭源模型相当，在全球科技与产业界引发广泛热议。随着各方对算力、数据、人才等人工智能发展要素的经济需求愈发炽盛，2024年末曾为非营利组织的OpenAI正式宣布拆分出营利性公司，标志着人工智能

* 方师师，上海社会科学院新闻研究所互联网治理研究中心主任，副研究员，主要研究领域为智能传播、数字修辞、内容治理；叶梓铭，上海社会科学院新闻研究所互联网治理研究中心研究助理，主要研究方向为算法新闻、内容治理。

应用商业化的加速。

与之同步的是，人工智能治理所面临的复杂形势日益严峻。在业界对通用人工智能（AGI）的持续探索过程中，人工智能从其发展初期便不可避免地涉及伦理这一关乎人类良善生活的漫长思索与实践。随着性能的突破以及商业模式的拓展，从军事化智能体等高危应用到深度伪造、学术不端等现实问题不断涌现，全球各国与国际组织普遍将伦理治理作为治理人工智能的逻辑起点与最终目标。

人工智能伦理治理属于科技伦理治理范畴，是各相关主体以伦理原则为指导，解决人工智能发展所面临的伦理与社会问题，促进科技有益发展的方式总和。其核心在于推动人工智能朝着有益于人类福祉和社会安康的方向发展。本报告收集了2024年全球各国与国际组织、顶尖智库推出的91份人工智能治理相关文件，梳理了2024年全球主要治理主体通过立法监管、行业自律、国际合作等多元路径所开展的人工智能伦理治理实践。相较于伦理原则本身，本报告更关注总结当前人工智能伦理治理从原则迈向实践进程中的核心特征，以期探索全球治理共识的可能路径。

一　2024年全球人工智能伦理治理的决策背景

（一）伦理协同立法：人工智能伦理治理当前推进进程

自2021年联合国教科文组织提出全球首份框架性协议《人工智能伦理问题建议书》以来，人工智能伦理治理已从原则共识逐步迈向规则建构的新阶段：2024年3月，联合国大会通过了人工智能决议（AI Resolution）。9月，联合国成立的人工智能高级别咨询机构发布最终报告《为人类治理人工智能》①，提出建立全球人工智能监管机构（GARO）的远景规划，建议

---

① 联合国：《治理人工智能，助力造福人类：最后报告》，2024年9月，https：//www.un.org/sites/un2.un.org/files/governing_ai_for_humanity_final_report_zh.pdf。

构建包含伦理审查、技术审计、事故追责的跨国治理框架。2024 年 10 月，人工智能首尔峰会实现重要突破，27 国及欧盟签署的《首尔宣言》首次确立"安全、创新、包容"三维治理原则，标志着全球人工智能治理从理念共识开始转向制度构建。

在全球积极推进制度构建的大背景下，作为人工智能发展与治理的前沿，欧盟、美国和中国等国家和地区，纷纷加快了人工智能领域的立法脚步。欧盟率先构建起一套严密的立法框架，并特意预留了充足的缓冲时间，以便与产业界进行充分沟通。2024 年 5 月正式生效的《人工智能法案》，明确禁止了认知操纵、社会评分等高伦理风险的应用。该法案还要求通用人工智能模型开发者必须建立风险管理系统，对人工智能实施全生命周期监管。美国则呈现实践领先的特点。在联邦层面，第 14110 号总统行政令《安全、可靠和可信的人工智能》正式通过，美国还建立了人工智能安全研究所，积极推动 NIST（National Institute of Standards and Technology）标准在 16 家头部企业的自愿应用。在地方层面，加州议会历经 12 轮修订的《前沿人工智能模型安全与创新法案》，却因可能抑制创新竞争力遭到州长否决，这一事件凸显了美国在安全监管与技术创新之间的政策矛盾。中国始终秉持"以人为本，智能向善"的基本理念，在《生成式人工智能服务管理暂行办法》等相关部门规章和规范性文件的基础上，稳步推进人工智能立法工作。2024 年 3 月，《中华人民共和国人工智能法（学者建议稿）》发布；同年 4 月，另一组专家发布了《人工智能示范法（建议稿）（2.0 版）》，为立法提供了重要参考。这些建议稿都贯彻了以人为本等核心伦理原则，致力于保障技术发展与社会价值观的和谐统一。

（二）多利益相关方：参与主体与新一轮价值观念博弈

全球人工智能伦理治理目前仍处于不断探索与发展的阶段。在人工智能创新从实验室走向全球应用的这一关键扩散与转变进程中，围绕着人工智能的技术路线选择、风险控制策略以及价值导向设定，众多利益相关方带着各自的诉求和价值观念参与其中。这使得在人工智能发展路径的抉择上，一场激烈的观念博弈难以避免。其中，伦理治理最核心的关切便是在现实生活中，"人"的边界与尺度究竟该如何精准设定。

随着人工智能在医疗、金融、教育、交通等诸多不同领域的广泛应用，在社会生活的各个层面，多维度的价值观念辩论已经频繁上演。从人工智能在医疗诊断中对患者隐私的保护，到金融领域算法决策可能带来的不公平性，再到教育中智能教学系统对学生个性化发展的影响，这些问题都引发了社会各界广泛而深入的讨论，并且以紧迫的现实矛盾不断呼唤着政府、企业、科研机构、社会组织以及公众等各方的及时介入。

在以人为本的普遍共识之下，非人类中心主义的观点也开始引发思考。这一观点涉及是否应该在人工智能发展过程中考量环境保护的因素，以及是否应当赋予机器人免予被伤害的权利。比如，在一些涉及自然环境监测与保护的人工智能应用场景中，就需要考虑如何通过技术设计来确保人工智能的运行不会对生态环境造成负面影响；而在机器人的研发与使用中，是否要为机器人设定类似"生命权"的概念，避免其被无端破坏，这些都成为新的伦理争议点。

与此同时，区域国别乃至文化等一系列异质性因素对人工智能风险感知的影响正逐渐受到学界和业界的关注。不同国家和地区由于历史文化、社会制度、经济发展水平等方面的差异，对人工智能风险的认知和接受程度也大不相同。2024年全球市场调研机构 Ipsos 的调查显示，东亚地区基于自身对科技发展的积极态度以及对未来发展机遇的敏锐捕捉，更重视人工智能带来的重要前景，积极推动人工智能在各个领域的应用与发展；而英语圈，由于长期受传统人文主义思想的熏陶以及对科技不确定性的担忧，对于人工智能技术更多持怀疑态度，在人工智能的推广和应用上更为谨慎。[①] 这种差异不仅体现在公众的认知层面，也深刻影响着各国在人工智能政策制定、技术研发方向以及产业发展策略等方面的决策。

---

① Ipsos, The Ipsos AI Monitor 2024, 2024 - 6 - 6, https：//www.ipsos.com/en - us/ipsos - ai - monitor-2024.

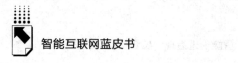

（三）多重不确定性：人工智能伦理治理面临的挑战与机遇

在通用人工智能的探索之路上，全球众多团队和机构展开了激烈竞逐。而人工智能伦理治理，作为一套以坚守人类价值原则为核心目标的实践体系，其构建过程充满复杂性，绝不能被简单、片面地固化为一套僵硬不变的硬性标准。正是由于这种灵活性和多元性，在2024年，全球范围内的人工智能伦理治理实践遭遇了来自多方面外生因素的干扰，伦理原则向正式立法实践转化的过程中，机遇与挑战并存的局面愈发显著。

首先，技术代际演进的轨迹充满未知。当下，算力成为众多开发者团队眼中推动人工智能发展的关键力量，它们大多秉持尺度定律（Scaling Law），坚信通过全力建设超大规模算力基础设施，便能实现智能水平的飞跃式提升。然而，将大量成本集中投入算力领域已引发一系列潜在风险。在当前数据量有限，且全球面临能源紧张的大环境下，过度追求性能提升，极有可能进一步压缩用于管控人工智能伦理风险的必要资源。例如，为了满足算力需求，一些数据中心消耗大量能源，却忽视了对数据隐私保护和算法偏见监测等伦理管控措施的投入，一旦出现伦理问题，可能引发公众对人工智能技术的信任危机。

其次，伦理治理的复杂程度指数级上升。尽管全球已就人工智能的基本伦理达成初步共识，如尊重人类自主性、保障公平公正、避免伤害等，但在实际应用中，仍难以杜绝部分人为了追逐利润、权力或其他不道德目的而肆意利用人工智能。以本地化部署的小模型为例，这类模型通常由用户自行使用，监管难度极大。并且，应用更新换代的速度远远超过法律与政策的制定和推行速度，人类制度创新在既有伦理学与管理科学等学科范畴内寻求突破愈发艰难。即便排除恶意使用情况，普通用户在使用人工智能时，由于缺乏专业知识和规范引导，也存在诸多不确定性，可能无意间引发隐私泄露、算法歧视等伦理问题。

再者，一系列现实因素阻碍伦理治理的全球合作。谷歌在2018年发布的人工智能原则中，明确禁止人工智能用于敏感目的，这一举措在当时引起广泛关注，被视为科技企业在伦理自律方面的积极表率。然而，在美国特朗普总统第二个任期来临之际，谷歌大幅修改了这一原则，背后或许涉及政治、商业利益等多方面因素。[①] 这一事件充分反映出不同国家和地区在人工智能伦理治理上的立场差异，以及企业在复杂的国际政治经济环境下，为平衡各方利益而做出的妥协，也使全球范围内形成统一、有效的伦理治理合作机制变得更加困难。

二 2024年全球人工智能伦理治理的核心议程

（一）主导治理模式逐步定形

2024年，生成式人工智能的应用已在全球主要国家广泛拓展。由于相同的应用类型往往会带来类似的风险挑战，所以无论是人工智能技术先发国家，还是技术后发国家，都开始积极跟进新近的人工智能伦理治理实践。例如，非洲联盟、阿联酋和泰国等人工智能伦理治理起步较晚的国家和区域组织，相继实施的人工智能伦理治理体系总体呈现相似特征：从最初发布的发展战略原则宣言和章程这类侧重于理念引导的柔性规范，逐步过渡到具有强制力的标准化文件和立法这类刚性约束手段。在全球范围内，一种将软性引导与硬性约束相结合的伦理治理模式正逐渐形成并趋于稳定。

虽然应用问题相似，但各国技术发展水平与政府治理意愿的差距，致使伦理治理模式的隐忧仍存。中国与美国对于推动人工智能发展持坚定态度，在采纳积极政策推进先进人工智能发展的能力上领先世界上多数国家，具备全球影响力。而欧盟在维护人类基本权利方面不遗余力，这也导致欧盟所设置的规则过于理想化，与技术产业脱节严重。有实证数据显示，欧盟的通用数据保护条例（GDPR）实施对于欧盟数字经济竞争力带来了明显的负面效

---

① 《谷歌重大转向：解除AI军事禁令，科技巨头全面拥抱国防市场》，腾讯网，2025年2月5日，https://news.qq.com/rain/a/20250205A07VA100。

应。与此同时，GDPR 严苛的合规要求巩固了大企业的市场地位，换言之，欧盟在治理实践上的巨大影响一定程度上以本土市场作为代价，这是欧盟立法者在打造 GDPR 之初时未曾预料到的，而在《人工智能法》生效前，欧盟人工智能公约（EU AI Pact）已经获得超过 100 家公司签署①——承诺实施该法案的各项原则，未来将如何影响人工智能产业发展还需要持续观察。②

（二）治理方案正适应技术迭代速率

在总体治理模式定形的同时，人工智能先发国家的伦理治理已历经试验形成了逐步跟进最新的技术迭代、保障安全发展的治理方案。2024 年 12 月 18 日，英国人工智能安全研究所（UKAISI）与美国人工智能安全研究所（USAISI）对 OpenAI 于 2024 年 12 月 5 日发布的最新模型 o1 进行了联合部署前测试，评估其在入侵计算机系统、滥用于生物信息学工具以及独立开展软件工程等任务方面的执行能力，推动发展人工智能安全科学。2024 年 12 月 27 日，中国工业和信息化部成立人工智能标准化技术委员会，明确部署工作程序和要点，标志着人工智能行业标准化工作迈入新阶段。③ 同时，虽然多数国家 AI 产业发展并未进入第一梯队，但是在应用端具有巨大潜能，因而也高度重视人工智能的伦理自律原则和发展计划。比如，巴西虽然在人工智能技术上大幅落后，但移动网民数量过亿，在 2024 年紧跟欧盟《人工智能法》，迅速推进国内人工智能立法。12 月 10 日，巴西参议院投票批准 AI 法案（Bill 2338/2023），待众议院表决。巴西有望成为人工智能立法监管的首批国家之一。

---

① EU Press corner, Over a hundred companies sign EU AI Pact pledges to drive trustworthy and safe AI development, 2024 - 9 - 25, https：//ec. europa. eu/commission/presscorner/detail/en/ip＿24＿4864.

② 腾讯研究院：《AI 时代，欧盟会复制下一个 GDPR 吗?》，2023 年 12 月 21 日，https：//www. tisi. org/27214/。

③ 工业和信息化部：《工业和信息化部人工智能标准化技术委员会成立》，2024 年 12 月 30 日，https：//www. miit. gov. cn/xwfb/bldhd/art/2024/art＿56789999105c43aea2137bb5f4985d5c. html。

（三）前沿性治理议题共识分殊

以立法为代表的治理实践取得一系列进展，围绕是否应该执行严格的全球监管等，在宏观政策层面的伦理治理模式逐渐稳固的同时，具体至微观和中观层面的一系列关键问题尚未取得一致意见。如在是否将伦理原则纳入技术开发起点的问题上，以 OpenAI 高层人事震动为代表性事件的"超级对齐"（Superalignment）与"有效加速"（Effective Acceleration，e/acc）之争，成为技术团队内部缺乏伦理治理共识的典型缩影。"有效加速"理念认为，历史上技术革命总体极大改善了人类的生存境况，主张以技术突破为核心驱动力重塑世界，认为人类应无条件推动 AI 能力边界扩展，通过技术创新加速社会变革。"超级对齐"强调人类与人工智能的价值对齐，确保人工智能行为符合人类价值观，然而，这一路径面临多重挑战：设计者难以精准表述意图、AI 可能过度优化单一目标、对齐对象（如个体、群体或全人类）的界定模糊等。并且，虽然两种观点对于理解当前人工智能的发展与安全的平衡两难具有代表性意义，但都强调研发阶段技术的决定作用，缺乏对人类主导的制度机制问题的关注，组织机构层面的复杂性和地区议题也未纳入争议的考虑范围。

（四）目标与风险评估方案更新

在伦理原则转译为以政策、法律法规为核心的制度规则进程中，各国尚不需要大幅修订法律体系以适应人工智能的监管需要，而是重视既有框架内调适治理目标和风险评估方案的持续更新。截至 2024 年 9 月底，美国加州州长加文·纽森（Gavin Newsom）已经签署了 18 项人工智能法案，全面覆盖人工智能领域包括选举诚信、深度伪造在内的急迫问题。而加州作为全球大多数顶尖人工智能企业的所在地，其治理政策尤其凸显了人工智能伦理治理的多元利益冲突与动态平衡需求。纽森在否决加州 SB 1047 法案时指出，现有法案缺乏基于实证的风险轨迹分析，过于依赖假设性威胁，转而推动李飞飞等专家主导的科学驱动型评估框架，结合技术动态调整监管策略。① 欧盟在 2024 年则以《人工智能法》为核心，倾向于服务该法案稳健落地，包括启动利益相关者的咨询，详细制定实践守则、产品责任指令等合规文件。中国对于前沿人工智能的监管重视不同应用功能的算法备案和安全审查，逐步推进以行业共识性标准化文件确定伦理底线，2024 年全国网络安全标准化技术委员会发布《生成式人工智能服务安全基本要求》《人工智能安全治理框架》，多维度保障人工智能以人为本，智能向善的底线不被打破，促进服务健康且有竞争力地发展。

三 2024年全球人工智能伦理治理的主要特征

（一）定位原则：逐步聚合治理机制设计

在伦理治理的政策规则模式趋向相似的进程中，以人类价值为核心的伦理原则正在迅速纳入立法进程的各项规则文本中，而各项伦理原则在规则文本中的定位和表述是否清晰关系到最终实效大小，有观点指出在政策制定环节，伦理原则本身在转译为治理政策中容易出现概念模糊、理解偏差等不利于实现伦理治理的问题。② 因此，全球范围内各国家、地区和跨国公司的治理经验逐渐汇聚，治理方的制度设计表现为以伦理原则为目标的系列治理工具组合，系统性评估伦理原则是否可以实现的制度工具正在逐步被提出。欧盟委员会发布的通用人工智能实践守则初稿，强调对欧盟价值和原则的对齐，且按照透明性、版权、系统性风险、安全等类别归纳并聚合机制设计。③ 又

---

① 《SB 1047 尘埃落定！州长否决，李飞飞等人有了新使命》，2024 年 9 月 30 日，https://www.jiqizhixin.com/articles/2024-09-30-2。

② Carat, I, Ethics Lost in Translation: Trustworthy AI from Governance to Regulation, Opinium Juris in Comparatione, 2023.

③ EU Policy and legislation, First Draft of the General-Purpose AI Code of Practice published, written by independent experts, 2024-11-14, https://digital-strategy.ec.europa.eu/en/library/first-draft-general-purpose-ai-code-practice-published-written-independent-experts.

如，基于安全框架的需求设计中聚合了涵盖全生命周期的工具或操作规程，包括预处理的数据清晰、算法鲁棒性检测、大模型落地应用的供应链投毒检测[1]，系统性保障伦理原则稳健落地，逐步搭建大语言模型乃至具身智能等人工智能应用的伦理治理体系。

（二）关键主体：跨国科技巨头加入伦理治理行动

在人工智能技术重塑全球产业格局的当下，以微软、谷歌、Meta 为代表的一众跨国科技平台公司作为技术研发、应用落地的核心枢纽，已成为人工智能伦理治理的关键主体，而非完全是被动的治理对象。一是科技巨头的算法设计、数据使用与产品部署不仅仅直接影响用户权益与社会公平，更深度参与构建技术与社会共生的伦理框架，包括红队测试等一系列技术在内，各科技巨头虽然在方向上和远景目标上有所分歧，但均在推进人工智能治理行动中持续发力。Meta 宣布开源其人工智能偏见检测工具，支持中小开发者筛查歧视性数据，从源头上避免数据存在偏见而导致的伦理问题。二是以实现安全、透明等伦理原则为目标的人工智能企业正快速崛起，比如美国人工智能安全和研究公司 Anthropic 关注伦理对齐，拒绝将伦理对齐与提升模型性能对立的观点，开发的 Claude 3 模型在伦理对齐过程中添加了"角色训练"，目标是让人工智能开始拥有更细腻、丰富的特质如好奇心、开放性的思想和体贴的特质[2]，包括 OpenAI 在内，前沿科技巨头正致力于提升模型的可解释性，让模型的行为更加透明。三是虽然美国在人工智能领域仍然占据主导地位，但随着 Deep seek-R1 等中国和非英语区国家人工智能应用的崛起，未来全球各国或能逐步构建更具自主性，也更符合地方伦理文化的人工智能服务。

（三）马太效应：国别间治理能力差异分化

本轮人工智能浪潮起始于美国，在基于训练量推进"量变导致质变"

---

[1] 腾讯研究院：《大模型安全与伦理研究报告 2024：以负责任 AI 引领大模型创新》，2024 年 1 月，https：//www.tisi.org/27898。

[2] Anthropic，Claude's Character，2024-6-9，https：//www.anthropic.com/news/claude-character。

的 Scaling Law 驱动下，前沿人工智能的发展基本与经济和金融条件强力绑定，虽然世界各国正迅速跟进人工智能法和发展计划，但仅作为用户市场而不具备前沿人工智能开发能力的国家和地区是绝大多数，这一巨大差距也表现在伦理治理的参与程度上。2024 年 9 月 19 日，联合国秘书长高级别人工智能咨询机构发布了《为人类治理人工智能》最终报告，指出在联合国 193个会员国中，只有 7 个国家完整参与了近期提出的七项重要人工智能治理举措，118 个会员国完全缺席，主要为全球南方国家[①]，这再度于伦理治理领域体现了强者恒强的马太效应。

当前全球互联网接入鸿沟仍然相当大，依然有超过 26 亿人在 2023 年无法使用互联网。[②] 前沿人工智能国家在快速推进人工智能应用的同时，巨大的发展差距可能带来的潜在问题难以预测。譬如，国别间的治理水平的不均为监管套利提供了巨大的空间，即使各国在追随欧盟等治理先发国家。作为广泛意义上的信息技术，前沿人工智能发展的创新扩散在具备一定素养的开发者之间基本没有壁垒，即使某一地区采纳了有效的治理手段也难以阻碍高危技术的跨境传播。

2024 年 5 月 21 日至 22 日于韩国首尔召开的第二届全球人工智能安全峰会以"安全、创新、包容"为主题，发布了顶尖人工智能签署的《前沿人工智能安全承诺》，领导人会议发布了《关于安全、创新和包容性人工智能的首尔宣言》，部长级会议签署了《首尔人工智能安全科学国际合作意向声明》。但这一进程中以美国和西方普遍标准替代全球南方国家的标准共识意图日趋明显，不利于全球范围内的人工智能伦理治理形成合力。

（四）长尾效应：软性基础设施与全球南方建设

软性基础设施指各种在社会发展过程中发挥支撑性的关键制度框架。当

---

① 联合国：《联合国呼吁各国携手治理人工智能》，2024 年 9 月 19 日，https：//news. un. org/zh/story/2024/09/1131551。

② UN, Interim Report, Governing AI for Humanity, 2023－10－26, www. un. org/en/ai－advisory－body.

前全球南方国家人工智能伦理治理能力的不足，在较大程度上属于软性基础设施的匮乏。一项基于制度理论对中国人工智能上市公司的研究指出，作为正式制度的政府科技伦理治理，对人工智能企业的科技向善具有显著的正向驱动作用，同时需要关注作为非正式制度的社会信任与协同治理。[①]

面对全球南方的治理赤字和全球治理机制的空缺，联合国正组建国际人工智能治理机构，试图发挥全球治理的主导作用，而《首尔宣言》虽然特别强调发展中国家参与权，要求建立人工智能公共研发资源共享平台，但仅向所谓"受邀国"开放，将中国等非西方阵营国家排除框架讨论外，实际上是争夺全球治理的主导权。在可预见的议程内，人工智能发展与治理领域强者恒强的现象将长期存在，但是全球南方国家累积的巨大市场潜力累积的长尾效应不可忽视。一方面，在跨国公司主导人工智能发展的背景下，只有全球各国间治理底线标准的充分"对齐"才能防范监管套利，全球南方国家可以通过发挥自身独特制度优势，如创新的人工智能安全监管模式，将制度优势转化为经济优势。另一方面，全球南方治理资源与发展水平的异质性也提供了大量开展制度比较的机遇，有助于发展更加开放包容的人工智能伦理治理。更进一步，人工智能已经展现的强大能力，未来或能充分发挥其能力赋能全球南方国家社会治理和更广泛的软性基础设施建设，推进智能治理服务全人类，比如利用先进且受控的人工智能代理辅助监管，帮助后发国家跟进提升人工智能治理能力。

四　系统性落地：探索人工智能伦理治理的共识范式

（一）寻求治理能力与产业发展相匹配的伦理方案

人工智能伦理治理的核心目标，是持续把社会及人类文化的复杂性融入

---

① 阮荣彬、朱祖平、陈莞、李文攀：《政府科技伦理治理与人工智能企业科技向善》，《科学学研究》2024 年第 8 期。

人工智能参与构建的社会—技术系统之中。在相当长的一段时间里，构建伦理方案将是一个与技术发展齐头并进的系统性落地过程，具体涵盖以下三个关键方面。

第一，面向产业界预防极端伦理风险。即便人工智能相关立法全面落地，考虑到法律法规为推动产业发展通常保持谦抑性，预防极端风险的不确定性仍将是各方长期关注的焦点。2024年12月，中国信息通信研究院发布的《人工智能风险治理报告》着重强调构建面向产业的人工智能安全治理实践方案，打造全链条的人工智能风险框架，并提出一系列政策建议。未来的人工智能立法，需紧密围绕人工智能与人类伦理的关系展开，不能仅仅照搬现有的数据治理、网络治理框架，以免出现风险等级模糊、类型区分不明等问题，影响治理的实际效果。

第二，面向利益相关方深入探索人工智能伦理治理机制。产业界已将人机对齐作为人工智能大模型安全治理的重要实践，并取得了一定成果，但与达成全面共识仍有差距。一方面是因为价值对齐技术转化为经济效益的能力较弱，且难以完全实现；另一方面是因为受大模型性能竞争日益激烈、通用人工智能重构人类未来的愿景以及争夺人工智能"定义权"等因素的影响。因此，有必要长期投入由人工智能前沿科技专家参与的跨学科团队，以推动创新性治理思路与模式的产生，弥补现有治理机制的不足。同时，要综合考量成本—收益，重视激励相容，让各方在追求自身利益的过程中，自然而然地实现整体利益最大化，在"求善"与"求力"之间实现充分平衡，力求达到两者兼顾的最优状态。

第三，面向全球人类发展开放且精准的治理协商模式。鉴于当前人工智能伦理治理领域的复杂性，斯坦福大学李飞飞教授团队指出，应确立精准科学的人工智能治理模式，防止被空泛的科幻想象主导人工智能治理方向。不过，除技术专家外，不同学科和更多群体的观点也不容忽视。例如，旧金山大学法学院教授约书亚·戴维斯从心灵哲学的角度提出，未来应着重控制人工智能自主意识的出现，避免有意识体验的人工智能产生，以防无法进行道德判断的人工智能违背以人为本的基本原则，这一观点极具启发性。在前沿发展的决策共识存在争议的情况下，人工智能伦理治理需要在准确认识风险挑战的基础上，努力实现开放透明的治理决策，尤其要注重拓展科学传播渠道，以消除利益相关方的疑虑。

（二）构建并长期维系区域合作中的关键中介力量

2024年，联合国先后通过了《抓住安全、可靠和值得信赖的人工智能系统带来的机遇，促进可持续发展》，以及由中国主提的《加强人工智能能力建设国际合作》的决议。但在全球人工智能发展竞争白热化，地缘政治局势强力影响人工智能政策以及多数国家参与能力不足的情况下，构建所有主要国家参与的全球伦理治理框架仍将困难重重。

一方面，人工智能治理先发国家间的双边对话能带来有益的补充，为全球合作提供必要对话基础。2024年5月14日，中美人工智能政府间对话首次会议在瑞士日内瓦举行，双方重申继续致力于落实"旧金山共识"，但具体议题有所差异，尤其是美国政府认为中国坚持联合国框架将削弱美国影响力。①

另一方面，有必要构建并长期维系区域合作中的关键中介力量，在双边对话与全球合作之间建立对话桥梁。既有的国际组织如经合组织（OECD）、国际标准化组织（ISO）等难以充分针对人工智能迅速变迁的议题实现全球沟通，相较之下区域性国际组织因为更加紧密的地缘、政治与文化联系，能够发挥更好的效果。比如东南亚国家联盟作为政府性国际组织，推出了《东盟人工智能治理与道德准则》等，并成立了东盟人工智能工作组（WG-AI），以促进其成员国之间的合作努力和合乎道德的人工智能使用，非洲联盟发布的《非洲大陆人工智能战略》也提倡人工智能合伦理发展实践。

而除区域性国际组织外，国际会议等大型周期性对话平台能够起到协调

---

① 李亚琦、何文翔：《美国观察｜中美人工智能政府间首次对话，最前沿的合作效果如何？》，复旦发展研究院官网，2024年5月24日，https：//fddi.fudan.edu.cn/_t2515/50/5f/c21253a675935/page.htm。

对话、弥合分歧等重要作用。经国务院批准，世界人工智能大会（WAIC）由外交部等多部门与上海市人民政府共同主办，自2018年创办以来已经成功举办六届，成长为全球人工智能领域最具有影响力的行业盛会，2024年，围绕"以共商促共享，以善治促善智"主题，世界人工智能大会深化人工智能国际合作，充分发挥了全球范围内产业沟通与高级别治理对话的平台作用。[①]

（三）以可行且稳健的路径弥合结构性"新数智鸿沟"

在人工智能领域，以美国为代表的先发国家和广大全球南方国家之间，存在着显著的发展分配不均现象，同时，不同国家使用者的素养也参差不齐。这意味着即将有大量相关工作亟待开展，绝不能简单盲目地秉持技术决定论，天真地认为未来顶尖的人工智能服务就能解决人类面临的所有问题。事实上，经济发展水平的高低、地理位置的差异以及文化背景的不同等多重客观因素，使得已有的数字鸿沟呈现进一步扩展为人工智能使用差异"新数智鸿沟"的趋势。

硅谷的部分企业家曾设想"机器外脑"能够实现理想化分配智能资源，进而提升个体技能，达到人类能力均质化的效果，但这在现实中根本无法实现。个体如何适应新兴技术带来的复杂问题，成为人工智能伦理治理长期需要面对的重大课题，具体涵盖以下多个方面。

第一，个体素养与伦理水平考验。在可预见的未来，个体使用人工智能的素养差距以及伦理水平，将对各国的人工智能治理形成严峻考验。例如，未成年人保护等网络治理议题，可能因为人工智能的普及应用而面临调整。随着个体部署智能体等新兴现象的出现，与之相关的伦理治理议题不断涌现，这就需要制定可行的多维度方案，对其进行规范管理，以确保个体在使用人工智能时遵循道德和法律准则。

---

① 世界人工智能大会：《围绕"以共商促共享 以善治促善智"主题，深化人工智能国际合作》，2024年9月13日，https：//www.worldaic.com.cn/wangjie? year＝2024。

第二，后发国家的在地化实践。随着 AI 污染等不良现象逐渐浮现，对于人工智能技术后发国家而言，推进人工智能训练和部署的在地化，尊重本土语言文化进行开发和治理实践，或许是有效弥合"新数智鸿沟"的重要途径。通过结合本土实际需求和文化特色，开发适合本国国情的人工智能应用，能够提升技术的适用性和接受度，避免技术不匹配导致的差距进一步扩大。

第三，利用既有模型弥合差距。虽然当前前沿智能体的开发主要集中在少数国家，但后发国家并非毫无作为。它们完全可以充分利用现有的模型进行应用开发，通过部署小模型来满足特定的、差异化的需求。这种方式不仅能够降低开发成本，还能在一定程度上弥合不同地区之间经济与社会发展的差距，提升后发国家在人工智能时代的竞争力。

第四，构建后发国家利基市场。以符合安全等伦理规范为主要追求的人工智能，或许能够在后发国家构建起具有针对性的利基市场。后发国家可以根据自身的市场需求和发展阶段，聚焦于特定领域的人工智能应用开发，在保证技术安全性和伦理合规性的前提下，满足本土市场对于人工智能技术的独特需求，推动产业的发展。

未来"新数智鸿沟"的差异不仅仅体现在人工智能先发国家和后发国家之间，人工智能的广泛应用和全面影响，促使不同学科、不同文化等多个领域都需要以积极主动的态度作出回应。经合组织（OECD）针对人工智能风险阈值发起公众咨询，广泛征求公众对于人工智能长期风险的观点和看法，这一举措旨在汇聚公众智慧，提升人工智能风险治理的科学性和民主性。面对生成式人工智能带来的文本环境污染等现实问题，美国马里兰大学开设了"数字叙事与诗学"（Digital Storytelling and Poetics）辅修项目，该项目的核心理念是帮助学生以创造性和负责任的方式与人工智能技术互动，培养学生在人工智能时代的媒介素养和伦理意识。在更多不同的学科与领域中，我们需要坚守善的常识感和健康的怀疑意识，这与系统性地建构底线性共识相辅相成，共同推动人工智能善治共同愿景的逐步构建，让人工智能真正服务于全人类的福祉。

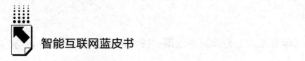

参考文献

Ipsos，The Ipsos AI Monitor 2024，2024-6-6，https：//www.ipsos.com/en-us/ipsos-ai-monitor-2024.

腾讯研究院：《大模型安全与伦理研究报告 2024：以负责任 AI 引领大模型创新》，2024 年 1 月，https：//www.tisi.org/27898。

阮荣彬、朱祖平、陈莞、李文攀：《政府科技伦理治理与人工智能企业科技向善》，《科学学研究》2024 年第 8 期。

李亚琦、何文翔：《美国观察丨中美人工智能政府间首次对话，最前沿的合作效果如何?》，复旦发展研究院官网，2024 年 5 月 24 日，https：//fddi.fudan.edu.cn/_ t2515/50/5f/c21253a675935/page.htm。

B.24
人工智能系统支持下的
教学质量常模构建研究

张春华　蔡玮倩　左江慧　冯玮琳*

摘　要：　随着人工智能技术在教育领域的深入应用，传统教学质量评价方法面临维度单一、数据不足等挑战。本研究基于希沃教学大模型，结合 LICC 课堂观察模型，构建了人工智能支持下的教学质量常模框架。从教师教学和学生学习两大核心维度出发，依托多模态数据采集与智能分析技术，实现教学质量的动态化、精准化评估。

关键词：　人工智能　教学质量常模　希沃教学大模型　教育质量评估

一　引言

随着人工智能技术的迅猛发展，教育领域正迎来前所未有的变革机遇。2025 年 1 月，中共中央、国务院印发的《教育强国建设规划纲要（2024—2035 年）》明确提出，要以教育数字化开辟发展新赛道、塑造发展新优势，促进人工智能助力教育变革。政策强调，要构建适应人工智能时代的课程教材体系，推动教学改革，转变人才培养模式，同时更新教育评价理念，创新

---

* 张春华，北京开放大学副研究员，主要研究方向为数字素养、教育技术；蔡玮倩，希沃教育发展研究院教育研究员；左江慧，希沃教育发展研究院教育研究员；冯玮琳，希沃教育发展研究院教育研究员。

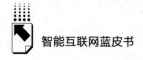

评价方式，强化多样化评价。①

人工智能在教育中的应用已经从理论探讨走向实践应用，并在多个方面展现巨大潜力。AI 技术在精细化辅导、个性化学习路径规划等方面为学生提供有力支持，同时在教师日常工作中也发挥着重要作用，全方位促进教育质量与效率的提升。② 例如，AI 作为教学助手的应用不仅体现在日常任务的分担上，还能协助教师进行课程设计、推荐适合的教学资源，并模拟不同的教学情境，帮助教师优化教学策略。③ 此外，人工智能还能够通过智能分析学生的学习行为和成绩数据，为教师提供精准的教学反馈，从而优化教学设计。④ 技术的应用不仅改变了传统的教学模式，还推动了教育的个性化和智能化发展。

随着人工智能技术在教育中的广泛应用，教学质量评价面临着新的挑战和机遇。传统的教学质量评价主要依赖于主观的调查问卷、督导听课和学生评教等方式，这些方法往往存在评价维度单一、数据不全面等问题。⑤ 在人工智能的支持下，教学评价可以更加科学、全面和客观。通过收集和分析课堂教学行为、学生学习动态等多维度数据，人工智能可以为教师和教学管理部门提供精准的反馈，助力其优化教学过程。

在此背景下，希沃研发了希沃教学大模型，通过融合教育硬件、应用软件及基座平台，参与到教、学、评、辅等多个环节，逐步实现人工智能助力教育教学全流程。本研究基于希沃大模型的教学质量常模构建，探索如何利用人工智能技术建立科学、系统的教学质量评价标准，为进一步提升教育质量提供实践指导。

---

① 李丹：《促进人工智能助力教育变革》，《经济日报》2025 年 1 月 23 日，https：//www. gov. cn/zhengce/202501/content_ 7000579. htm。

② 艾瑞咨询：《2024 年人工智能+教育行业发展研究报告》，https：//baijiahao. baidu. com/s? id＝1806785427620180393&wfr＝spider&for＝pc。

③ 李宁：《生成式人工智能驱动教育变革的路径探索》，《教育科学研究》2024 年第 12 期，第 5~11 页。

④ 任飞翔：《教育数字化转型视野下数据驱动精准施教研究》，云南人民出版社，2023，第 203~205 页。

⑤ 张立群：《人工智能赋能高等教育教学改革的中国范式构建》，《中国高等教育》2024 年第 12 期。

二 人工智能系统支持下教学质量常模框架

（一）理论基础

2013 年 6 月，教育部颁布《关于推进中小学教育质量综合评价改革的意见》，明确提出要建立科学的教育质量评价体系，强调教育评价的多元化和科学性。2022 年教育部发布的《义务教育课程方案和课程标准》进一步强调了课程目标的达成、学生核心素养的培养以及教学过程的优化。这些政策为教学质量常模框架的构建提供了明确的政策指导，要求教育评价从单一的考试成绩转向对学生综合素质的全面评价。

LICC（Learning、Instruction、Curriculum、Culture）课堂观察模型为教学质量常模框架提供了重要的理论基础。该模型将课堂解构为学生学习（Learning）、教师教学（Instruction）、课程性质（Curriculum）和课堂文化（Culture）四个要素，并进一步细分为 20 个视角和 68 个观察点。① 这种解构方法为教学质量常模框架提供了清晰的结构和丰富的评价维度，使其能够从多个角度全面评估教学质量。

（二）技术支持

随着人工智能技术在教育领域的应用日益广泛，人工智能系统在支持教学质量评估方面展现出巨大的可能性与现实性。人工智能可以通过大数据分析、机器学习和深度学习等技术手段，对教学过程中的多模态数据进行实时监控和分析，从而实现精准、动态的教学质量评价。希沃教学大模型基于开源模型训练和教育领域适配，构建希沃 AI 技术底座。希沃 AI 技术体系支撑涵盖基础层（采集终端）、平台层（分析平台）、应用层（反馈评价）三部分（见图 1），希沃课堂智能反馈系统以交互智能平板为载体，通过基础层采集数据，平台层进行人工智能数据分析，应用层为教师和教研管理者提供不同访问入口。这种云端协同分析机制，角色分层使用的架构，为教学质量

---

① 崔允漷：《论课堂观察 LICC 范式：一种专业的听评课》，《教育研究》2012 年第 5 期。

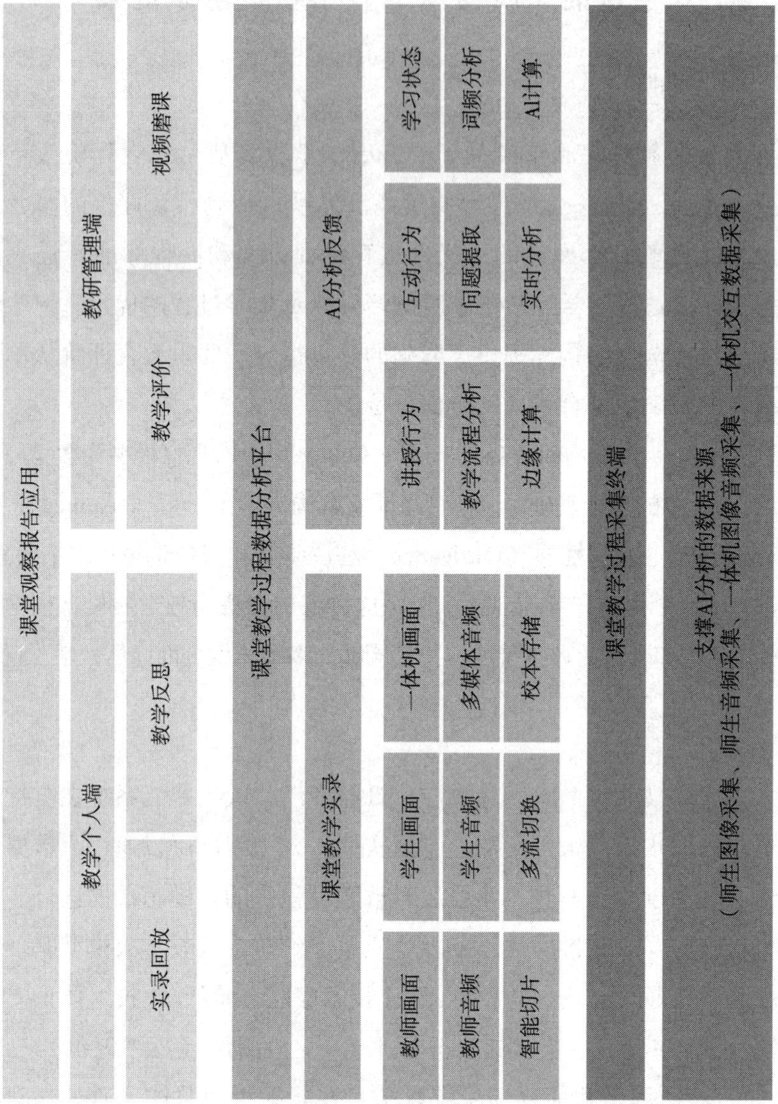

图 1 希沃课堂智能反馈系统

常模框架提供了系统性的支持，使数据采集、分析与应用有序进行。

基础层构建实现数据采集和分析的物理环境、智能软件系统。智慧教室配备的拾音麦克、摄像头等设施，以及交互智能平板、内置摄像头及阵列拾音麦克风等音视频采集终端，构成了数据采集的硬件基础，用于采集师生图像数据、师生音频数据、多媒体设备的图像音频数据及交互数据。

平台层利用多种核心算法技术对教学过程进行深入分析。视频理解和识别技术可分析教师教学活动轨迹、师生姿态及表情等；ASR 语音识别技术能处理师生音频数据；TTS 语音合成技术用于生成相关语音内容；NLP 自然语言处理技术对教师提问句式、教学互动内容等文本信息进行处理；AIGC 大模型为数据分析提供更强大的支持，全面细致地解构课堂教学要素，确保数据分析的客观性和准确性。

应用层依托希沃课堂智能反馈系统，实现对教师教学和学生学习过程的伴随式数据采集，挖掘学生的过程性学业质量，为教学质量评估提供了更丰富的数据支持，促使评价内容、方式和形式更加多元化。

（三）人工智能系统支持下的教学质量常模框架

1. 教学质量常模框架

人工智能系统支持下教学质量常模框架借鉴 LICC 课堂观察模型，并根据教育部相关政策的理论依据，同时鉴于当前视频和语音识别技术更加稳定与精准的情况，聚焦于教师教学和学生学习两个维度下的课堂观察视角及观察点进行了丰富和完善，形成了课堂教学与学习的综合评估框架（见图 2）。

2. 整体结构与逻辑

教学质量常模框架基于教师和学生两类行为主体，以"教师教学"和"学生学习"为核心，共同构成了课堂教学的整体生态。这种结构不仅强调了教学过程中教师与学生的同等重要性，还突出了二者之间的互动关系。每个核心部分进一步细分为四个维度，每个维度下设有具体的指标，形成了一个层次分明、逻辑清晰的评估体系。通过对课堂从整体到局部的解剖，将影响教师教学和学生学习质量的各类行为因素进行整理归纳，如教师的讲授语速、课堂语言的可理解度、目标达成情况，以及学生的学习兴趣度、响应

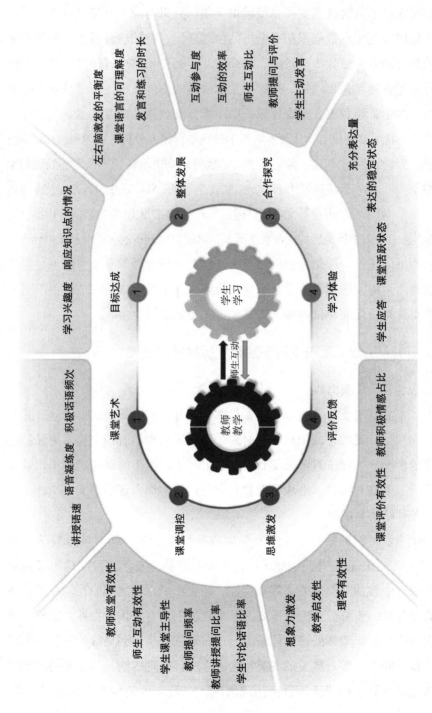

图 2　人工智能系统支持下教学质量常模框架

知识点的情况等，构建了一个包含 2 个维度（教师教学、学生学习）8 个视角 28 个观察点的课堂教学质量分析模型。

3. 教师教学部分

教师教学部分着重刻画了教师的教学行为，这些行为涵盖了课堂艺术、课堂调控、思维激发和评价反馈等关键维度。教师的角色超越了单纯的知识传递者，通过确保合理的讲授语速、课堂语言的清晰度和左右脑激发的平衡度，致力于营造一个充满活力、促进互动的学习氛围。此外，教师与学生之间的互动质量、提问的频率以及提问的方法，都是影响课堂效果的重要因素。通过这些行为，教师不仅能够提升课堂的吸引力和参与度，还能有效地促进学生的理解和思考，从而显著提高教学质量。

4. 学生学习部分

学生学习部分则代表学生行为，突出了学生在学习过程中的主体地位，涵盖学生的整体发展、学习体验以及他们在合作研究、学习成效等方面的表现。学生的学习反应情况、合作情况都是衡量学生学习积极性和参与度的重要指标。此外，学生在课堂上的整体发展、互动参与度以及表达的稳定状态，也反映了教学效果。

（四）教学质量测评框架指标体系

依据常模框架中对教师教学行为和学生学习行为的细致分类，进一步细化和量化了各个维度的观测点和计算方式（见表 1），确保测评框架的科学性和实用性，使其能够全面、客观地评估教学质量。分值设置主要参照观测点的数量以及在教学过程中的重要程度。

表 1　教学质量测评框架指标体系

一级维度	二级维度	观测点	观测点内涵	计算方式
教师教学（50%）	01 - 课堂艺术（10分）	讲授语速（3分）	衡量教师讲授语速是否适中	讲授平均语速（3分）
		语言凝练度（3分）	衡量教师语言是否简洁准确	教师讲授时长/总授课时长（3分）
		积极话语频次（4分）	衡量教师给予学生积极反馈的频率	教师理答中的肯定性评价/总理答次数（4分）

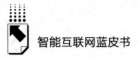

续表

一级维度	二级维度	观测点	观测点内涵	计算方式
教师教学 （50%）	02 - 课堂调控 （15分）	教师巡堂有效性 （3分）	衡量教师是否关注到不同区域的学生	教师在前、中、后区域的停留时长/总授课时长占比（3分）
		师生互动有效性 （3分）	衡量课堂上师生行为转换的活跃程度	Ch 师生行为转化率均值（3分）
		学生课堂主导性 （3分）	衡量学生在课堂上的主导性	Rt 教师行为占有率均值（3分）
		教师在课堂教学过程中对学生提出问题的频率（2分）	衡量教师提问的频率	弗兰德斯互动分析的教师提问比 TQR 均值（2分）
		教师聚焦讲授与提问的比率（2分）	衡量教师讲授与提问环节的平衡	弗兰德斯互动分析的教学内容比 CCR 均值（2分）
		学生在课堂讨论中的话语比率（2分）	衡量学生讨论的活跃程度	弗兰德斯互动分析的学生话题稳定比 PSSR 均值（2分）
	03 - 思维激发 （15分）	课堂想象力激发度 （8分）	衡量教师对学生高阶思维能力的启发和培养	布鲁姆提问类型中高阶问题（分析、评价、创造）占比均值（4分）
				布鲁姆提问中高阶问题（分析、评价、创造）与低阶问题（记忆、理解、应用）的比值（2分）
				四何问题中应用性问题（如何、若何）与知识性问题（是何、为何）的比值（2分）
				4MAT 模式问题类型中如何+若何两类问题的总次数/四何问题总数（4分）

一级维度	二级维度	观测点	观测点内涵	计算方式
教师教学（50%）	03-思维激发（15分）	教师教学启发性（3分）	衡量教师采用启发式教学的程度	弗兰德斯分析教师启发指导比 I/D 均值（3分）
		教师理答有效性（4分）	衡量教师在提出问题后，是否给学生足够的时间进行思考和回答	候答次数/核心问题数量（2分）
				候答时长大于3S的次数/候答次数（2分）
	04-评价反馈（10分）	课堂评价有效性（7分）	衡量教师给予学生明确评价或反馈的次数及占比	一堂课中的教师评价总数均值（3分）
				评价总数/学生应答总数（4分）
		教师积极情感占比（3分）	衡量教师给予学生积极反馈的程度	教师理答中的肯定型评价总数/理答次数（3分）
学生学习（50%）	01-目标达成（10分）	学习兴趣度（5分）	衡量学生课堂的参与度、抬头、举手情况	平均参与度（2分）
				平均抬头率（1分）
				平均举手率的均值（2分）
		学生响应知识点的情况（5分）	衡量学生对教师提出知识点的反应和理解程度	学生应答总数/核心问题数量（2分）
				学生平均参与度均值（3分）
	02-整体发展（15分）	学生左右脑激发的平衡度（5分）	衡量课堂中教师对学生左右脑特征的激发	4MAT 模式问题类型中如何与若何的次数/是何与为何的次数比例均值（5分）
		课堂语言的可理解度（5分）	衡量授课语言的晦涩程度	学生平均参与度均值（3分）
				弗兰德斯学生发言比 PIR 均值（2分）

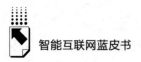
续表

一级维度	二级维度	观测点	观测点内涵	计算方式
学生学习（50%）	02-整体发展（15分）	学生发言和练习的时长（5分）	衡量学生在课堂上进行口头表达和实际操作练习的时间总和	课堂练习时长均值（2分）
				学生应答5s以上次数/应答总数（2分）
				弗兰德斯学生稳态比PSSR均值（1分）
	03-合作探究（15分）	教师激励学生主动参与互动的情况（3分）	衡量教师促使学生自发参与课堂讨论和活动的程度	弗兰德斯学生发言比PIR（1分）
				小组讨论时长/课程总时长均值（2分）
		教师激励学生互动的效率（3分）	衡量教师促进学生参与课堂讨论和活动的能力	弗兰德斯学生发言比PIR均值（1分）
				师生互动时长/课程时长均值（1分）
				Ch师生行为占有率（1分）
		师生的互动比（3分）	衡量师生互动的时间占整个课程时间的比例	师生互动时长/课程时长均值（3分）
		教师提问与评价（3分）	衡量教师提出问题并进行反馈和评估的过程	核心提问次数均值（1分）
				评价次数均值（2分）
	04-学习体验（10分）	学生主动发言（3分）	衡量学生主动表达自己的意见的情况	平均举手率（3分）
		学生充分表达量（3分）	衡量学生在课堂上主动发言的频率和持续时间	弗兰德斯学生发言比PIR（3分）

一级维度	二级维度	观测点	观测点内涵	计算方式
学生学习（50%）	04-学习体验（10分）	学生表达的稳定状态（2分）	衡量学生发言时的言谈风格稳定性	弗兰德斯分析学生稳态比 PSSR 均值（2分）
		学生课堂活跃状态（3分）	衡量学生参与讨论、提问和回答问题的积极性和频率	平均参与度（1.5分） 平均举手率的均值（1.5分）
		学生应答（2分）	衡量学生对教师问题或讨论的反应和回答	学生应答15秒以上次数占学生应答总次数的比值（2分）

三 人工智能系统在教学质量评估中的案例分析

（一）数据采集

1. 全国均值

作为重要参考基准的"全国均值"，取自2024年全国31个省份（这些省份涵盖了不同地域、经济发展水平及教育资源配置情况），在这些省份中精选了具有代表性的413所学校（包括从小学到高中各个教育阶段，既有城市名校也有乡村学校，确保了样本的多样性和全面性），收集了这些学校提交的7519份详尽的教学质量报告数据，包括学校使用概况、课程教学质量分析等方面的数据。数据不仅庞大，且经过严格筛选和质量控制，确保研究的准确性和可靠性，为构建适用于本校乃至更广泛教育环境的教学质量常模提供了坚实的基础。

2. 目标校选取

案例分析以广东某学校为例，统计时间为2024年9月至2025年1月，该校部署设备14套，在统计时间段内，累计使用教师17人，在全校教师中占比14.1%，累计生成报告254份。生成的报告中，以数学学科为主，累计210份，占比82.7%。

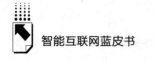

（二）数据分析

1.课程教学质量总体分析

该校课程教学质量总体分值为 82.0，较全国均值 83.5 略低，这一数据直观地反映出本校课程教学质量在整体上仍存在一定的提升空间。深入剖析各维度数据（见表 2），能更清晰地洞察本校教学质量的优势与不足，为后续改进提供有力依据。

（1）优势维度

思维激发。该校在思维激发维度的分值达到 12.5，高于全国均值。彰显了该校教师在教学过程中，能够熟练运用启发式教学方法。善于设计问题情境，激发学生的好奇心和求知欲，有效调动学生的思维积极性，引导学生主动思考问题，培养学生的创新思维和批判性思维能力。

整体发展。整体发展维度分值同样为 12.5，高于全国均值。这表明该校在促进学生全面发展方面成效明显。

合作探究。合作探究维度分值为 13.5，高于全国均值。该校对学生合作能力培养较为重视，学生能够学会与他人协作沟通，共同解决问题，提升团队协作与自主探究能力，符合现代教育对学生综合素质培养的要求。

（2）待改进维度

课堂艺术。本校课堂艺术维度分值为 8.5，低于全国均值。这意味着教师在教学过程中，需进一步提升教学的艺术性。一方面，教师应注重增强教学语言的生动性，使教学内容更具吸引力，让学生更容易沉浸于课堂学习；另一方面，要优化教学环节设计，增强其巧妙性和趣味性，提高学生的学习积极性和参与度。

课堂调控。课堂调控维度分值为 11，低于全国均值。这提示教师需要加强课堂秩序的管理与引导能力。教师应更加熟练地掌握课堂节奏，及时处理课堂中的突发情况，营造良好的课堂氛围，确保教学活动能够高效有序地进行，为学生创造有利于学习的环境。

评价反馈。评价反馈维度分值为 8，低于全国均值。该校需提高反馈的及时性与针对性。及时的反馈能让学生迅速了解自己的学习情况，针对性的反馈则有助于学生明确改进方向。

目标达成。目标达成维度分值仅为 7.5，低于全国均值。这要求学校重新审视教学目标的设定是否科学合理，同时反思教学过程是否能够切实有效地保障目标的达成。学校可以组织教师深入研讨，结合学生的实际情况和发展需求，制定更具可行性的教学目标，并优化教学过程，确保教学活动紧密围绕教学目标展开。

表 2　广东某学校课程教学质量评价分值

单位：分

维度/总数值	本校数值	全国均值	数值对比
总体指数（100）	82	83.5	↓
课堂艺术（10）	8.5	9.5	↓
课堂调控（15）	11	13	↓
思维激发（15）	12.5	12	↑
评价反馈（10）	8	8.5	↓
目标达成（10）	7.5	8	↓
整体发展（15）	12.5	11.5	↑
合作探究（15）	13.5	12.5	↑
学习体验（10）	8.5	8.5	−

（三）教师教学全景智能对比分析

图 3 展示了该校在教师教学质量各维度上与全国平均水平的对比情况。通过对比分析，可以发现本校在"课堂艺术"和"课堂调控"两个维度上的得分均低于全国平均水平，这表明本校教师在教学语言、教学情感、课堂节奏控制等方面还有较大的提升空间。然而，在"思维激发"和"评价反馈"两个维度上，得分大部分高于或接近全国平均水平，显示出本校教师在激发学生思维和给予积极反馈方面具有一定的优势。

为此，建议该校针对得分较低的维度采取相应的改进措施。在"课堂艺术"维度，建议教师通过观看优秀教学视频、参与专业培训等方式，提升教

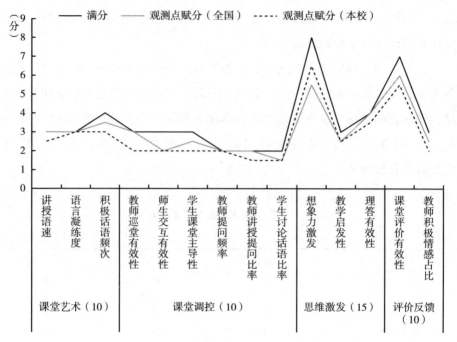

图 3 教师教学全景对比

学语言的凝练度和讲授语速，同时增加积极话语的使用频次，以营造更加积极活跃的课堂氛围。在"课堂调控"维度，建议教师通过优化教学策略，提高巡堂的有效性，增强学生的课堂主导性，以及更加精准地把握讲授与提问的重点，从而提升整体的课堂调控能力。通过这些针对性的改进措施，学校有望在教师教学质量上实现全面提升，进一步缩小与全国平均水平的差距。

（四）学生学习全景智能对比分析

图 4 展示了该校学生学习质量与全国平均水平的对比情况。在"整体发展"和"合作探究"两个维度上，该校的得分大部分高于全国平均水平，显示出学校在促进学生全面发展和合作探究式学习方面具有一定的优势。然而，在"目标达成"和"学习体验"两个维度上的得分接近或略低于全国平均水平，这表明在激发学生学习兴趣和提高学生响应知识点的占比方面还有提升空间。

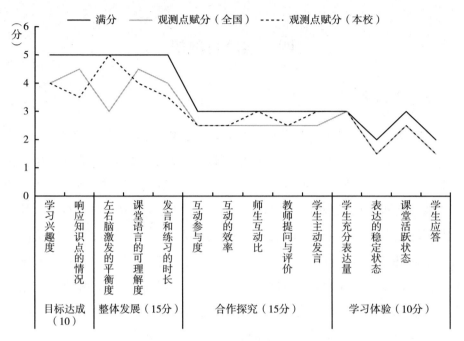

图4　学生学习全景对比

　　为此，建议在"目标达成"维度，教师进一步优化教学内容和方法，确保教学内容的难易程度符合学生的认知水平，并且注重知识点之间的连贯性和系统性。同时，教师可以加强对学生学习过程的关注，及时给予反馈和指导，帮助学生更好地掌握知识点。在"学习体验"维度，建议进一步深入研究如何根据不同学生的特点和需求，更加精准地提升每个学生的充分表达量，如开展个性化的表达能力训练课程或活动。在学生表达的稳定状态方面，可以探索更有效的教学策略，以提高学生在复杂问题或压力情境下的表达稳定性。对于课堂活跃状态，可以尝试引入更多创新的教学元素，如跨学科融合的教学活动，以进一步提升课堂的活跃程度。在学生应答方面，可以加强对学生批判性思维和深度思考能力的培养，使学生的应答更具质量和深度。

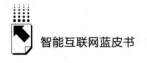

四 结论与展望

（一）结论

本研究在人工智能技术蓬勃发展以及教育数字化转型的大背景下，围绕基于希沃大模型的教学质量常模构建展开实践探究。教学质量常模框架从教师教学和学生学习两个核心维度出发，借助人工智能系统进行评估，为学校教育教学管理提供了全面、客观的评价工具。学校能够依据常模框架，精准定位教学过程中存在的问题，如案例中的广东某学校，通过与全国均值对比，清晰知晓自身在各教学维度的优势与不足，进而有针对性地调整教学策略、优化教学资源配置。这有助于学校从整体上提升教学管理水平，推动教学活动更加规范化、科学化，确保教学目标的实现，进而提升教育质量。

教学质量常模构建研究在推动教育公平与提升教育质量方面具有不可忽视的重要作用。

首先，在促进教育公平方面，借助统一的常模标准，能够对不同地区、不同学校的教学质量进行客观比较，客观评估教育资源分配情况，为教育部门制定公平合理的教育政策提供有力的数据支撑，从而有效推动教育公平的实现。通过全国均值与区域数据的对比分析，还能清晰揭示教学质量差异，为教育资源精准配置提供依据，助力缩小教育鸿沟。

其次，在服务教学质量督导的角度，希沃教学大模型能够精准地反馈教师的教学行为情况，如讲授语速、提问质量、互动效率等，这种精准反馈为教学督导提供了详细的参考依据，可以帮助督导人员更准确地了解教师在课堂上的表现，从而给出更有针对性的建议和指导。此外，希沃教学大模型实现了多维度数据的采集与分析，这为教学督导提供了全面的视角，不仅能够观察到教师的教学行为，还能分析学生的学习反应和课堂互动情况，从而更全面地评估教学质量。

再次，从提升教育质量角度来看，常模框架促使教师密切关注教学的各个环节，激励教师积极改进教学方法，提升教学能力，在思维激发、课堂调控等方面不断优化，培养出更具创新思维和实践能力的学生。这一过程也推动了教学从"分数导向"向"素养导向"的转变，更加关注学生学习兴趣、合作探究能力及思维激发效果，为学生全面发展提供保障。

不仅如此，教学质量常模构建还在教育管理和教师发展层面产生积极影响。在教育管理上，打破了传统评价的单一性与主观性，借助人工智能技术实现多维度数据采集与分析，为教育管理者提供客观、全面的决策支持，推动教学从"经验驱动"向"数据驱动"转型，促进教育管理科学化。在教师发展方面，通过精准反馈教学行为情况，如讲授语速、提问质量、互动效率等，帮助教师有针对性地优化教学策略，提升课堂艺术性与调控能力，助力教师角色从"知识传授者"转变为"学习引导者"，赋能教师专业发展。

（二）研究局限及未来方向

实践虽然取得一定成果，但仍存在局限性。数据方面，全国均值数据虽广泛采集自 31 个省份的 413 所学校，但随着教育环境、学校数量的变化，现有数据可能无法及时、全面反映教育领域新出现的情况和问题。模型方面，教学质量常模框架虽基于多种理论和技术构建，但教学过程复杂多变，难以涵盖所有影响教学质量的因素，在面对一些特殊教学场景或新兴教学模式时，可能存在评估不够精准的情况。

未来的研究与实践可以持续开展。一是持续更新和扩充数据资源，构建动态的数据采集和分析机制，通过持续的数据采集和算法升级，更精准地采集和分析教育数据，确保常模标准的时效性和准确性；二是进一步完善教学质量常模框架，深入研究教学过程中的隐性因素，如师生情感互动、校园文化对教学质量的影响，将其纳入评估体系，提高评估的全面性和精准性；三是开展跨平台、跨产品的合作与研究，探索如何将本研究成果应用于不同的人工智能教育系统，提升研究成果的通用性和推广价值；四是加强对教学质量常模应用效果的长期跟踪研究，分析其对学生长期学习发展、教师职业成

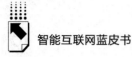
长以及学校整体教育生态的影响，为教育决策提供更具前瞻性的建议，推动教育事业在人工智能技术支持下不断发展进步。

参考文献

崔允漷：《论课堂观察 LICC 范式：一种专业的听评课》，《教育研究》2012 年第5 期。

李宁：《生成式人工智能驱动教育变革的路径探索》，《教育科学研究》2024 年第12 期。

李爽、刘紫荆、郑勤华：《智能时代数据驱动的在线教学质量评价探究》，《电化教育研究》2022 年第 8 期。

张立群：《人工智能赋能高等教育教学改革的中国范式构建》，《中国高等教育》2024 年第 12 期。

张兆津：《基于人工智能的职业本科教育评估系统构建与效果分析》，《办公自动化》2025 年第 2 期。

任飞翔：《教育数字化转型视野下数据驱动精准施教研究》，云南人民出版社，2023。

附　录
2024年中国智能互联网大事记

1.科技部发文规范 AI 使用，禁用 AIGC 直接生成申报材料

1月3日，科技部监督司发布《负责任研究行为规范指引（2023）》，提出不得使用生成式人工智能直接生成申报材料，不得将生成式人工智能列为成果共同完成人，同时强调科研人员应把科技伦理要求贯穿到研究活动的全过程。

2. 17部门：以科学数据支持大模型开发

1月4日，国家数据局等 17 部门发布《"数据要素×"三年行动计划（2024—2026 年）》。提出以科学数据支持大模型开发，深入挖掘各类科学数据和科技文献，通过细粒度知识抽取和多来源知识融合，构建科学知识资源底座，建设高质量语料库和基础科学数据集，支持开展人工智能大模型开发和训练。探索科研新范式，充分依托各类数据库与知识库，推进跨学科、跨领域协同创新，以数据驱动发现新规律，创造新知识，加速科学研究范式变革。

3.两部门：加强云计算、人工智能、大数据等在应急机器人中的创新应用，提升机器人智能化水平

1月4日，应急管理部、工业和信息化部发布《关于加快应急机器人发展的指导意见》，提出提升机器人控制及智能化水平，加强云计算、人工智能、大数据等在应急机器人中的创新应用，提升机器人智能化水平。

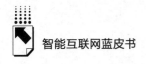

4. 五部门：开展智能网联汽车"车路云一体化"应用试点工作

1月15日，工业和信息化部等五部门发布《关于开展智能网联汽车"车路云一体化"应用试点工作的通知》，鼓励在限定区域内开展智慧公交、智慧乘用车、自动泊车、城市物流、自动配送等多场景（任选一种或几种）应用试点。部署不少于200辆的智慧乘用车试点，部分可实现无人化示范运行；部署不少于200辆的低速无人车试点，实现车路协同自动驾驶功能的示范应用。

5. 中国电信中部智算中心在武汉投运

1月26日，中国电信中部智算中心在武汉东湖新技术开发区（光谷）正式投入运营。该智算中心依托中国电信2+4+31+X+O全球算力布局、空天一体的卫星网络、全球最大的5G SA共建共享网络、全球最大的光纤网络，提供全场景智算服务，满足多场景下科研创新算力和大模型训练所需的高并发算力需求。

6. 中国移动天地一体网络低轨试验卫星成功发射入轨

2月3日，搭载中国移动星载基站和核心网设备的两颗天地一体低轨试验卫星成功发射入轨。其中，"中国移动01星"搭载支持5G天地一体演进技术的星载基站，是全球首颗可验证5G天地一体演进技术的星上信号处理试验卫星；"'星核'验证星"搭载业界首个采用6G理念设计，具备在轨业务能力的星载核心网系统，是全球首颗6G架构验证星。

7. 中国移动完成全球最大规模RedCap现网规模试验

2月19日，中国移动宣布携手10余家合作伙伴率先完成全球最大规模、最全场景、最全产业的5G RedCap（5G轻量化）现网规模试验，推动首批芯片、终端具备商用条件，RedCap端到端产业已全面达到商用水平。

8. 国务院国资委：扎实推动 AI 赋能产业焕新

2 月 19 日，国务院国资委召开"AI 赋能产业焕新"中央企业人工智能专题推进会。会议强调，要夯实发展基础底座，把主要资源集中投入到最需要、最有优势的领域，加快建设一批智能算力中心，进一步深化开放合作，更好发挥跨央企协同创新平台作用。开展 AI+专项行动，强化需求牵引，加快重点行业赋能，构建一批产业多模态优质数据集，打造从基础设施、算法工具、智能平台到解决方案的大模型赋能产业生态。

9. 工信部发布国内首个个人信息保护 AI 大模型"智御"助手

2 月 29 日，工业和信息化部发布国内首个个人信息保护 AI 大模型"智御"助手，为 APP 开发运营、检测防护、政策解读等提供智能化服务。着力整治"摇一摇"乱跳转等突出问题，公开通报 81 款违规 APP 和 SDK，持续净化移动互联网服务环境。

10. 政府工作报告首提"人工智能+"

3 月 5 日，李强总理在作政府工作报告时强调"大力推进现代化产业体系建设，加快发展新质生产力""深化大数据、人工智能等研发应用，开展'人工智能+'行动……"。2024 年政府工作报告首次提出"人工智能+"行动。

11. 我国首个电动汽车智慧充换电示范区建成

3 月 4 日，我国首个电动汽车智慧充换电示范区在江苏建成。示范区覆盖江苏苏州、无锡、常州三地，将新建 21 座充换电站、近 300 个充电桩。依托智能算法，系统对充电车位实际状态、充电价格、排队等待时间等信息综合研判后，向车主推送最优充电方案。据测算，示范区内车主月平均充电排队时间可降低近 50%。

12. "东数西算"首条400G全光省际骨干网正式商用

3月9日,"东数西算"国家工程关键技术——首条400G全光省际骨干网商用,这种由中国移动自主研发的数据传输系统将大幅提升"东数西算"八大枢纽间的数据传输效率。400G全光省际骨干网是一种超高速光纤通信传输技术,承担着连接国家数据中心枢纽的作用,是"东数西算"的大动脉,也是算力数据流通的"超级运输系统"。相比上一代干线网络,这种技术的传输带宽提升了4倍、网络容量超过30PB(1P = 1024×1024G)、枢纽间时延不到20毫秒。

13. 国家发改委:加快设在新区的国家新一代人工智能创新发展试验区和国家人工智能创新应用先导区建设

3月15日,国家发展改革委发布《促进国家级新区高质量建设行动计划》。支持新区优化重点产业布局。有序推进智能制造和数字化转型。加快设在新区的国家新一代人工智能创新发展试验区和国家人工智能创新应用先导区建设,上海浦东新区带动赋能千家企业数字化转型,天津滨海新区打造一批典型应用场景。研究支持在有条件的新区所在地方布局建设未来产业先导区。依托设在新区的中小企业数字化转型试点和新区承担的建设国家算力枢纽节点等重要任务,实施智能制造重大项目,布局一批工业互联网平台。

14. 我国完成了全球首个全频段、全制式、全场景5G轻量化商用验证

3月27日,中国电信联合中国联通在浙江、贵州、广东、河南、上海等五省/市成功完成了全球首个全频段、全制式、全场景5G轻量化(RedCap)商用验证,并正式启动百城规模商用进程。

15. 北京获批筹建全国首个汽车自动驾驶领域国家计量数据建设应用基地

3月27日,国家市场监管总局批准北京市基于高级别自动驾驶示范区应用场景筹建国家计量数据建设应用基地(汽车自动驾驶)。

16. 胡润：全球 AI 独角兽企业中，中国占比达到40%

4月9日，《胡润百富》创刊人胡润在第十届中国广州国际投资年会上演讲时发布了最新的全球独角兽榜单。其中，中国以 340 家独角兽企业的总量位居全球第二，仅次于美国。中国在人工智能领域发展迅猛，在全球 AI 独角兽企业中，中国占比达到 40%。

17. 国家超算互联网平台上线

4月11日，国家超算互联网平台上线。国家超算互联网计划在各算力中心之间形成高效数据传输网络，并构建全国一体的算力调度网络和面向应用的生态协作网络。国家超算互联网平台已建立起运营体系，连接 10 余个算力中心和软件、平台、数据等 200 余家技术服务商，同时建立源码库，3000 余个源代码覆盖百余行业千余场景。

18. 北京人形机器人创新中心发布全球首个纯电驱拟人奔跑的全尺寸人形机器人"天工"

4月27日，北京人形机器人创新中心在北京经开区发布全球首个纯电驱拟人奔跑的全尺寸人形机器人"天工"，能以 6km/h 的速度稳定奔跑。此外，"天工"还配备了高精度的六维力传感器，以提供精确的力量反馈。

19. 中美举行人工智能政府间对话首次会议

5月14日，中美人工智能政府间对话首次会议在瑞士日内瓦举行。双方介绍了各自对人工智能技术风险的看法和治理举措以及推动人工智能赋能经济社会发展采取的措施。中方强调人工智能技术是当前最受关注的新兴科技，中方始终坚持以人为本、智能向善理念，确保人工智能技术有益、安全、公平。中方支持加强人工智能全球治理，主张发挥联合国主渠道作用，愿同包括美方在内的国际社会加强沟通协调，形成具有广泛共识的全球人工智能治理框架和标准规范。中方就美方在人工智能领域对华限制打压表明严正立场。

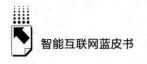
20. 工信部与上海市政府签约共建人形机器人创新中心

5 月 17 日，工业和信息化部与上海市人民政府在沪签署战略合作协议，国家地方共建人形机器人创新中心当天揭牌。

21. 中央网信办等三部门：加快推进大模型、生成式人工智能标准研制

5 月 29 日，中央网信办等三部门发布《信息化标准建设行动计划（2024—2027 年）》。计划提出，完善人工智能标准，强化通用性、基础性、伦理、安全、隐私等标准研制。加快推进大模型、生成式人工智能标准研制。加快建设下一代互联网、Web3.0、元宇宙等新兴领域标准化项目研究组，推进基础类标准研制，探索融合应用标准。

22. 清华天眸芯登 Nature 封面　世界首个类脑互补视觉芯片发布

5 月 30 日，清华团队发布世界首款类脑互补视觉芯片——天眸芯。这是一种基于视觉原语的互补双通路类脑视觉感知新范式，标志着我国在类脑计算和类脑感知两个重要方向取得突破。

23. 国内大模型掀降价潮

上半年，阿里、百度、字节跳动等互联网企业相继宣布旗下大模型产品降价。例如，阿里云将旗下通义千问的多款商业化及开源模型进行大幅降价。百度文心大模型的两款主力模型 ENIRESpeed、ENIRELite 将全面免费。字节跳动宣布旗下的豆包大模型大幅降价。此外，不少中小大模型厂商也相继宣布降价。

24. 工信部等四部门印发《国家人工智能产业综合标准化体系建设指南（2024版）》

7 月 3 日，工业和信息化部等四部门印发《国家人工智能产业综合标准化体系建设指南（2024 版）》，提出目标：到 2026 年，标准与产业科技创

新的联动水平持续提升，新制定国家标准和行业标准 50 项以上，开展标准宣贯和实施推广的企业超过 1000 家，参与制定国际标准 20 项以上，促进人工智能产业全球化发展。

25. 世界知识产权组织：过去十年中国生成式 AI 专利申请量居全球第一

7 月 3 日，世界知识产权组织发布的《生成式人工智能专利态势报告》显示，2014 年至 2023 年，全球生成式人工智能相关的发明申请量达 54000 件，其中超过 25% 是在 2023 年一年出现的。中国的生成式人工智能发明超过 3.8 万件，是排名第二的美国的 6 倍。

26. 我国成功搭建国际首个通信与智能融合的6G 试验网

7 月 10 日，中国通信学会发布消息称，我国率先搭建了国际首个通信与智能融合的 6G 外场试验网，实现了 6G 主要场景下通信性能的全面提升。

27. 中共中央：建立人工智能安全监管制度

7 月 21 日，党的二十届三中全会通过的《中共中央关于进一步全面深化改革、推进中国式现代化的决定》提到，要健全网络综合治理体系。深化网络管理体制改革，整合网络内容建设和管理职能，推进新闻宣传和网络舆论一体化管理。完善生成式人工智能发展和管理机制。加强网络空间法治建设，健全网络生态治理长效机制，健全未成年人网络保护工作体系。要加强网络安全体制建设，建立人工智能安全监管制度。

28. 中共中央、国务院：推进产业数字化智能化同绿色化的深度融合

7 月 31 日，中共中央、国务院发布《关于加快经济社会发展全面绿色转型的意见》。其中提出，加快数字化绿色化协同转型发展。推进产业数字化智能化同绿色化的深度融合，深化人工智能、大数据、云计算、工业互联网等在电力系统、工农业生产、交通运输、建筑建设运行等领域的应用，实现数字技术赋能绿色转型。推动各类用户"上云、用数、赋智"，支持企业

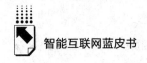

用数智技术、绿色技术改造提升传统产业。

29.国内首家人工智能标准化研究机构落地北京亦庄

8月25日，国内首家人工智能标准化研究机构——北京人工智能标准化研究院揭牌成立，落地北京经济技术开发区。据悉，北京人工智能标准化研究院将围绕人工智能前沿关键技术、行业场景应用、风险防范治理等领域开展全链条标准化研究。

30.国内运营商最大单集群智算中心运营

8月30日，由中国移动承建的国内运营商最大单集群智算中心在哈尔滨正式运营，该智算中心具有单集群算力规模最大、国产化网络设备组网规模最大等特点。单集群智算中心把所有 AI 加速卡打造成 1 个集群，用以支持千万亿级参数的大模型训练。这个单集群智算中心共有超过 1.8 万张 AI 加速卡，运算能力达到每秒 690 亿亿次浮点运算，能满足万亿参数的大模型训练要求。

31.《人工智能安全治理框架》1.0版发布

9月9日，全国网络安全标准化技术委员会发布了《人工智能安全治理框架》1.0版。框架以鼓励人工智能创新发展为第一要务，以有效防范化解人工智能安全风险为出发点和落脚点，提出了包容审慎、确保安全，风险导向、敏捷治理，技管结合、协同应对，开放合作、共治共享等人工智能安全治理的原则。

32.国家网信办：不得恶意删除、篡改、隐匿 AI 生成合成内容标识

9月14日，国家互联网信息办公室发布《人工智能生成合成内容标识办法（征求意见稿）》。其中提到，提供网络信息内容传播平台服务的服务提供者应当采取措施，规范生成合成内容传播活动。任何组织和个人不得恶意删除、篡改、伪造、隐匿本办法规定的生成合成内容标识，不得为他人实

施上述恶意行为提供工具或服务。

33. 《网络数据安全管理条例》发布并于2025年1月1日起施行

9月24日，国务院总理李强签署国务院令，发布《网络数据安全管理条例》。该条例自2025年1月1日起施行。该条例提到，提供生成式人工智能服务的网络数据处理者应当加强对训练数据和训练数据处理活动的安全管理，采取有效措施防范和处置网络数据安全风险。

34. 国家发改委：到2026年底基本建成国家数据标准体系

9月25日，国家发展改革委等部门印发《国家数据标准体系建设指南》，到2026年底，基本建成国家数据标准体系，围绕数据流通利用基础设施、数据管理、数据服务、训练数据集、公共数据授权运营、数据确权、数据资源定价、企业数据范式交易等方面制修订30项以上数据领域基础通用国家标准，形成一批标准应用示范案例，建成标准验证和应用服务平台，培育一批具备数据管理能力评估、数据评价、数据服务能力评估、公共数据授权运营绩效评估等能力的第三方标准化服务机构。

35. 我国智能网联汽车产业体系基本形成

10月17日，工业和信息化部在2024世界智能网联汽车大会开幕式上表示，我国智能网联汽车产业体系基本形成，建成涵盖基础芯片、传感器、计算平台、底盘控制、网联云控等在内的完整产业体系，人机交互等技术全球领先，线控转向、主动悬架等技术加快突破。

36. 全国首批人形机器人具身智能标准发布：按下肢运动、上肢作业等分4个等级

10月28日，国家地方共建人形机器人创新中心联合行业内头部企业和机构，共同发布全国首批人形机器人具身智能标准——《人形机器人分类分级应用指南》《具身智能智能化等级分级指南》。《人形机器人分类分级应

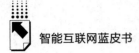
用指南》定义了人形机器人通用、结构、智能相关的术语名词，从结构外观、移动方式、智能模型等方面进行指导分类，按照具身智能、下肢运动、上肢作业、应用环境等作为分级要素，将人形机器人划分为 L1-L4 四个技术等级。

37. 中国工业机器人保有量全球第一

11 月 20 日，国际机器人联合会发布的《2024 年世界机器人报告》显示，2023 年全球平均机器人密度再创新高，达到每万名员工配有 162 台机器人，是七年前的两倍多。2023 年，中国机器人密度达到每万名员工配有 470 台机器人，超越德国、日本，升至全球第三。中国 2023 年的工业机器人总保有量近 180 万台，位居全球第一。

38. 国家数据局：有序推进5G 网络向5G-A 升级演进，全面推进6G 网络技术研发创新

11 月 22 日，国家数据局向社会公开征求《国家数据基础设施建设指引（征求意见稿）》意见。其中提到，建设高速数据传输网，实现不同终端、平台、专网之间的数据高效弹性传输和互联互通，解决数据传输能力不足、成本较高、难以互联等问题。推动传统网络设施优化升级，有序推进 5G 网络向 5G-A 升级演进，全面推进 6G 网络技术研发创新。

39. 十二部门：推动基于5G 的智能机器人、智能移动终端、云设备等研发应用

11 月 22 日，工业和信息化部等十二部门印发《5G 规模化应用"扬帆"行动升级方案》，推动基于 5G 的智能机器人、智能移动终端、云设备等研发应用，鼓励融合 5G 的 XR 业务系统、裸眼 3D、智能穿戴、智能家居等产品创新发展。推动"5G 上车"，鼓励汽车前装 5G 通信模块，助力智能网联汽车智驾、智舱提质升级。

40. 中国多个行业协会呼吁国内企业审慎选择采购美国芯片

12月3日，美国以国家安全为借口，宣布了新的出口管制规定，将140家中国企业列入实体清单，将更多半导体设备、高带宽存储芯片等半导体产品列入出口管制。12月3日，中国互联网协会、中国汽车工业协会、中国半导体行业协会、中国通信企业协会发表声明，呼吁国内企业审慎选择采购美国芯片。

41. 工信部决定成立部人工智能标准化技术委员会

11月22日，工业和信息化部决定成立部人工智能标准化技术委员会，编号为MIIT/TC1，主要负责人工智能评估测试、运营运维、数据集、基础硬件、软件平台、大模型、应用成熟度、应用开发管理、人工智能风险等领域行业标准制修订工作。第一届工业和信息化部人工智能标准化技术委员会由41名委员组成，秘书处由中国信息通信研究院承担。

42. 五部门：打造一批示范带动性强的人工智能创新应用

12月，国家数据局联合中央网信办、工业和信息化部、公安部、国务院国资委印发《关于促进企业数据资源开发利用的意见》。其中提到，支持企业面向人工智能发展，开发高质量数据集。在科研、制造、农业、能源、交通、金融、通信、广电、医疗、教育、商贸流通、文化旅游等重点行业领域，打造一批示范带动性强的人工智能创新应用，深化"人工智能+"应用赋能千行百业。

43. 中国5G基站达425万个，在用算力中心标准机架数超过880万

工业和信息化部发布的消息显示，截至2024年底，我国建成全球规模最大的移动通信和光纤宽带网络，5G基站达到425万个，千兆用户突破2亿。移动物联网加快从"万物互联"向"万物智联"发展，终端用户超过26亿户，"物超人"持续扩大。在用算力中心标准机架数超过880万，算力规模较2023年底增长16.5%。

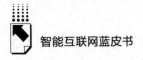

44. 多地发布智能机器人产业发展支持政策

2024 年，多地密集发布了促进机器人产业发展的相关政策。例如，杭州发布了《杭州市人形机器人产业发展规划（2024—2029 年）》，从 15 个方面提出重点任务举措，赋能机器人产业高质量发展。此外，南京、四川天府新区等地，也发布了促进机器人产业发展的相关政策，这些政策立足各地优势和特色，推动机器人产业向更高层次发展。

45. 我国生成式人工智能产品用户规模达2.49亿人

中国互联网络信息中心（CNNIC）《第 55 次〈中国互联网络发展状况统计报告〉》显示，截至 2024 年底，中国生成式人工智能产品的用户规模达 2.49 亿人，占整体人口的 17.7%，共 302 款生成式人工智能服务在国家网信办完成备案，其中 2024 年新增 238 款备案。

Abstract

In 2024, driven by the "Artificial Intelligence +" policy, multi-modal large language models in China evolved at a high speed, and AI agents and intelligent terminals witnessed an explosion. The Intelligent Internet supported the integration of artificial intelligence with basic internet applications such as search engines and social applications, and accelerated its application in vertical industries and professional fields. The digital and intelligent construction of the government had comprehensively accelerated, the digital and intelligent development of industries and green development had been coordinated, and the artificial intelligence governance system had become increasingly improved. Looking ahead to 2025, the technological foundation of the Intelligent Internet will accelerate innovation and breakthroughs. The integration of scientific and industrial innovation will propel the Intelligent Internet toward deeper, more practical applications, fostering a new paradigm of innovation. Meanwhile, the governance of artificial intelligence in China will reach a higher level.

In 2024, the global Intelligent Internet accelerated its evolution towards in-depth integration. The regulations and policies of the Intelligent Internet showed the characteristics of refinement and diversification. The supervision and development of artificial intelligence were equally emphasized, and the management of data and network security was further strengthened. The intelligent economy industry experienced a boom, encompassing the industrialization of intelligent technologies and the intelligent upgrading of traditional industries. Through aspects such as the reconstruction of data elements, the reengineering of production processes, and the reshaping of spatial forms, intelligent technology promoted the construction of the cultural industry ecosystem. The coordinated

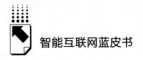

development of digitalization and greening had created a situation marked by the green development of the Intelligent Internet itself and the strengthening of its enabling role in the green transformation of traditional industries.

In 2024, the key technologies of the network infrastructure of the Intelligent Internet, represented by lossless Ethernet, deterministic wide area networks, and computing network operating systems, accelerated their development. The data industry showed characteristics such as the diversification of industrial entities, a sharp increase in the total amount of data resources, and the acceleration of the construction of data circulation platforms. The social demand for computing power, which is the infrastructure foundation in the era of the digital economy, experienced explosive growth, and the computing power network promoted the high-quality development of China's intelligent computing industry. AI technology opened a new era of intelligent interaction for mobile phones, promoting the development of terminals towards being more intelligent and convenient. The development of embodied intelligence not only promoted the innovation of artificial intelligence technology but also showed great strategic significance in fields such as intelligent manufacturing, intelligent robots, and intelligent driving. The application of large language model technology in the security field had been continuously deepening.

In 2024, the empowerment of largelanguage models in government services paid more attention to scenario-based applications and ecological construction, promoting resource integration and industrial infrastructure construction. In the field of smart agriculture, remarkable achievements were made in the development of fields such as intelligent breeding, unmanned farms, and intelligent supply chains for agricultural products. Policy support and market drive jointly promoted the development of smart healthcare. Technological innovation led the transformation of the medical model, and the accuracy of AI-assisted diagnosis was further improved. The policy environment for autonomous driving in China had been continuously optimized, and the iteration of core technologies had been accelerated. The Ministry of Transport and the Ministry of Industry and Information Technology promoted the implementation of autonomous driving in typical urban and intercity traffic application scenarios through pilot demonstrations.

Smart cultural tourism maintained a high growth trend and became the core driving force for promoting the transformation and upgrading of the cultural tourism industry. Smart sports ushered in booming development in the context of developing new quality productive forces. The VR/AR industry witnessed a transformation in its development model driven by new technologies such as artificial intelligence.

In 2024, the rapid development of generative artificial intelligence technology triggered many copyright risks. How to strike a balance between encouraging technological innovation and protecting copyright emerged as a key issue. China established a basic framework for public data applications with the sharing, opening, and authorized operation of public data as the core, and formed application models with distinct characteristics. However, it faced challenges in aspects such as the supply of high-quality data and the cultivation of the ecosystem. The practical exploration of smart government was continuously expanding, with issues such as decentralized construction and lagging systems remaining to be solved. The ethical governance of artificial intelligence globally was accelerating towards systematic implementation. The governance practices of various countries and international organizations were continuously deepening and expanding, and global governance rules were in the ascendant. Artificial intelligence technology was deeply applied in the field of education. Relying on multi-modal data collection and intelligent analysis technology, it realized the dynamic and precise evaluation of teaching quality.

Keywords: Intelligent Internet; Artificial Intelligence +; Large Language Model

Contents

I General Report

Abstract: In 2024, driven by the "Artificial Intelligence+" policy, China's large-scale models will make multidimensional leaps, and intelligent agents and terminals will experience explosive growth. Intelligent Internet supports the integration of AI with Internet basic applications such as search engines and social applications, and accelerates its application in vertical industries and professional fields. The government's digital and intelligent construction has been comprehensively accelerated, the industry's digital and intelligent and green development have been coordinated, and the AI governance system has become increasingly perfect. Looking forward to 2025, the smart Internet technology base will accelerate innovation and breakthrough, the integrated application will go deep into the practical innovation paradigm, and China's AI governance will move to a higher level.

Keywords: Artificial Intelligence +; Multimodality; Agent; Intelligent Terminal Artificial; Intelligence Governance

II Overall Reports

Abstract: In 2024, the global intelligent internet accelerated its evolution
towards deeper integration. The United States continued to deepen its intelligent
ecosystem, while Europe faced challenges in its intelligent transformation. China
overtook others through independent innovation. Meanwhile, the AI Divide in
Asia, Africa, and Latin America worsened. The Global Digital Compact pioneered
a new landscape for global internet governance and enhanced new mechanisms for
innovative governance. Looking ahead, intelligent agents and spatial intelligence
will drive multi-dimensional expansion of the intelligent internet. Technological
innovation, industrial integration, policy support, and international cooperation
will remain key strategies.

Keywords: Intelligent Internet; Innovation Ecosystem; AI Empowerment;
AI Governance; Global Internet Governance

Abstract: In 2024, regulations and policies for the intelligent internet will
become more refined and diversified, emphasizing both the regulation and
development of artificial intelligence, while further strengthening data and network
security management. Law enforcement will be people-centered, undertaking a
series of special actions to purify the online environment. Judicial practices will

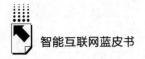

focus on exploring the legal boundaries of AI technology and enhancing the protection of minors and personal information. Looking ahead, intelligent internet regulations and policies will accelerate the legislative process, improve the institutional framework, prioritize the prevention of risks in emerging fields, and actively participate in international rules and cooperation to adapt to technological development trends, ensuring healthy industrial development and network security.

Keywords: Regulations and Policies of Intelligent Internet; Artificial Intelligence; Data Governance; Cybersecurity

B.4 Current Status and Trends of China's Intelligent Economy Industry Development

Zhu Guibo, Zhang Wei and Wang Jinqiao / 065

Abstract: In 2024, China's intelligent economy industry has seen vigorous development, encompassing the industrialization of intelligent technologies and the intelligent upgrading of traditional industries. The enhancement of large language model inference capabilities, innovations in generative technology, the application of synthetic data, the construction of low-energy intelligent computing centers, and the improvement of relevant laws and regulations are all accelerating the development of the intelligent economy industry. However, challenges such as difficulties in domestic chip production, a lack of high-quality industry datasets, and increased safety risks associated with general artificial intelligence still persist. Governments and enterprises need to work together to promote core technology R&D, facilitate open data sharing, and strengthen intelligent governance measures.

Keywords: Intelligent Industrialization; Industrial Intelligence; Large Language Models; Intelligent Economy Industry

B.5 Pathways and Mechanisms of Intelligent Technologies Driving

the Development of the Cultural Industry   *Song Yangyang* / 079

Abstract: Intelligent technologies facilitate the assetization of cultural data through block chain and related technologies, while revolutionizing creative processes via generative artificial intelligence and extended reality (XR) technologies. The integration of 5G and cloud computing optimizes cross-industry collaboration across the entire industrial chain, with intelligent sensing technologies enabling immersive interactive scenarios. Through a matrix of integrated technologies, this technological framework drives the restructuring of cultural production relationships. The transformation advances in phases through technological penetration, process reengineering, and paradigm shifts. Guided by democratization principles in creativity, dissemination, and experience design, this evolution promotes industrial upgrading and social value co-creation.

Keywords: Intelligent Technologies; Cultural Industry; Ecosystem; Generative AI

B.6 Green Development of the Smart Internet

Wang Jingyuan, Deng Linbi / 094

Abstract: In recent years, the EU's green trade barriers have forced China to accelerate its low-carbon transformation. Domestically, the dual-carbon policies have been continuously deepened, and the coordinated development of digitalization and greening has taken shape. A trend of coordinated development of digitalization and greening has emerged, represented by the green development of the smart internet itself and the enhanced enabling effect on the green transformation of traditional industries. This trend breaks down industrial boundaries, promotes integrated innovation, comprehensively and deeply advances the high-quality development of China's economy and society at a high level, and

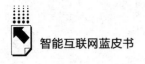

achieves a win-win situation of economic and ecological benefits.

Keywords：Smart Internet；Coordinated Development of Digitalization and Greening；Computing Power；Greenization；Dual-Carbon

Ⅲ Foundation Reports

B.7 Smart Internet Network Infrastructure Development Report

Huang Tao，Wang Shuo and Liu Yunjie / 110

Abstract：This paper focuses on the three core elements：data, computing power, and intelligence. It thoroughly examines the current development status of intelligent Internet network infrastructure, along with the emerging demands and challenges it encounters. The paper systematically reviews and summarizes key technologies underpinning intelligent Internet network infrastructure, including lossless Ethernet, deterministic wide-area networks, and computing network operating systems. Furthermore, it provides insights into the application of intelligent Internet network infrastructure in emerging fields such as intelligent communication and embodied intelligence, mixed reality and spatial computing, new industrialization and low-altitude economy, as well as artificial intelligence training and reasoning. Finally, the paper concludes by summarizing and forecasting the developmental trends of intelligent Internet network infrastructure in China.

Keywords：Intelligent Internet；Network Infrastructure；Artificial Intelligence；Digital Economy；Future Industry

B.8 Analysis of the Development of the Data Industry in the

Intelligent Era   *Yin Limei，Huang Liangjun and Liu Junwei* / 122

Abstract：The data industry is currently characterized by the diversification of industry participants, the explosive growth of data resources, the accelerated construction of data circulation platforms, and the continuous improvement of institutional support systems. In terms of development trends, the application scenarios of the data industry are continuously expanding, the importance of data quality management is becoming increasingly prominent, data technologies are advancing rapidly, and the service system for cross-border data flows is steadily improving. In the future, efforts should focus on cultivating diverse business entities, accelerating data technology innovation, enhancing the development and utilization of data resources, promoting data circulation and transactions, and strengthening dynamic data security measures.

Keywords: Data Industry; Data Resources; Data Circulation; High–Quality Development; Intelligence

B.9 Development Analysis of Intelligent Computing and Internet of Computing Resource   *Li Wei* / 143

Abstract: There has been an explosive growth in society's demand for computing power. However, challenges such as the dispersed layout of resources, difficulties in scheduling of training and reasoning tasks, and so on need to be addressed. Currently, the three-layered architecture of the Internet of Computing resource has been preliminarily formed, and enterprises are conducting cross-regional collaborative experimental verification. In 2024, the market size of the consumer-grade segment has exceeded 100 billion yuan. In the future, on the industrial side, by uniting all participants of computing and communication, an Internet of Computing resource ecological system will be jointly built. This includes constructing a unified computing power identification system, cultivating new business forms, researching and developing advanced computing power scheduling technologies, and exploring heterogeneous computing frameworks, so as to support the high-quality development of the digital economy.

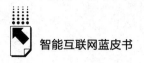

Keywords: Artificial Intelligence; Intelligent Computing Industry; Internet of Computing Resource; Computing Power Market; Inclusiveness

B . 10 Development trend of Mobile Communication Terminal

in 2024   *Zhao Xiaoxin, Li Dongyu, Kang Zhe and Li Juan* / 155

Abstract: In 2024, both the global and domestic smartphone markets showed signs of recovery, with domestic brands demonstrating strong performance. Mobile phone technology has achieved major breakthroughs in imaging, AI, integrated fast charging, folding screens, etc. AI technology has opened a new era of intelligent mobile phone interaction. In the field of pan-mobile intelligent terminals, shipments of wearable devices are expected to grow steadily, and IoT terminals have made significant progress in terms of market size, technological innovation, and application expansion. In the future, AI technology will promote the development of terminals in a smarter and more convenient direction.

Keywords: Intelligent Terminal; Folding Screen; UFCS; Internet of Things; Wearable Device

B . 11 Current Status and Trends of Embodied Intelligence

Development

Song Xinhang, Jiang Shuqiang and Li Xiangyang / 168

Abstract: Embodied intelligence emphasizes that intelligent agents acquire information, understand situations, and make decisions through direct interaction with the physical environment, thereby exhibiting human-like intelligent behavior. At present, embodied intelligence has achieved initial progress in industrial manufacturing, transportation logistics, domestic services, and other fields, enabling intelligent agents to adapt more flexibly to complex environments and execute precise operations. Looking ahead, as advancements in perception, cognition, decision-making, and learning technologies continue to evolve, embodied intelligence will achieve deeper integration with the physical world. This integration will facilitate more efficient and natural interactions, propelling artificial intelligence to higher levels of development. It is anticipated to demonstrate profound strategic significance in domains such as smart manufacturing, intelligent robotics, and autonomous driving

Keywords: Embodied Intelligence; Agent; Artificial Intelligence

B.12 Insights into the Development Path and Implementation Practices of Security Large Model

Pan Jianfeng, Huang Shaomang and Ma Lin / 181

Abstract: Foreign enterprises represented by Microsoft have improved the overall intelligence level of their security products by integrating large language model (LLM) technologies. Chinese enterprises are actively exploring methodologies for specialized training of security-oriented LLMs through architectural modifications and deep customization of reasoning pipelines, achieving performance breakthroughs in scenarios such as endpoint behavior analysis and network alert investigation. Security LLMs need to be deeply integrated into various security scenarios to attain capabilities that general LLMs do not possess, in order to meet the growing market demands and technological challenges.

Keywords: Security Large Model; Intelligent Security Operation; Fast and Slow Thinking; A Compact LLM with Collaboration of Experts; Agentic Workflow

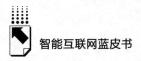
IV   Market Reports

B.13   Current Situation and Development Trend of Large
Model–Enabled Intelligent Government Services

Li Bing, Yuan Chunfeng, Ruan Xiaofeng,

Zhang Yuehao and Gao Guangze / 196

Abstract: This article reviews the current development status of large models and government large models both domestically and internationally, and analyzes their practical applications in government services, the challenges they face, and their development trends. In the future, large models will empower government services with a greater focus on scenario-based applications and ecosystem construction, promoting resource integration and industrial infrastructure development. At the same time, they will strengthen data security, privacy protection, and safety supervision to achieve broader and more reliable intelligent decision-making in government affairs, full-process intelligent management, and efficient emergency response.

Keywords: Large Model; Intelligent Government; Intelligent Interconnection

B.14   Development Status and Trends of Smart Agriculture in China

Zhao Chunjiang, Li Jin and Cao Bingxue / 211

Abstract: China attaches great importance to the development of smart agriculture. Significant achievements have been made in the fields of intelligent breeding, unmanned farms, intelligent and efficient facility horticulture, smart ranches, smart fisheries, and smart supply chains for agricultural products. However, there are many shortcomings in policy, data, technology, and talent. In the future, technological innovation and scene construction of smart agriculture will continue to accelerate, and will inevitably become a new growth point for the agricultural economy. It is urgent to strengthen the supply of policies such as systems, technologies, industries, and talents to support the high-quality development of smart agriculture.

Keywords: Smart Agriculture; Intelligent Breeding; Unmanned Farm; Smart Ranches; Smart Supply Chain

B . 15   Emerging Trends, Characteristics, and Prospects in the Field
         of Smart Healthcare in China

Yang Xuelai, Yin Lin / 233

Abstract: In 2024, the advancement of smart healthcare in China was significantly driven by the synergistic interplay of policy support and market dynamics. Key advancements include technological innovation catalyzing the transformation of medical paradigms, with AI-assisted diagnostics achieving unprecedented precision and telemedicine services attaining enhanced quality and operational efficiency. The volume of internet-based medical consultations witnessed substantial growth, paralleled by the widespread adoption of personalized medicine and health management systems. Furthermore, the maturation of technology integration and solution frameworks has been observed, reinforcing the societal accountability of smart healthcare initiatives. Prospectively, under strategic policy guidance, China's smart healthcare ecosystem is anticipated to establish a novel paradigm of omnidirectional connectivity, propelling the industry toward heightened levels of intelligence, personalization, and precision.

Keywords: Smart Healthcare; Data-driven; Generative Artificial Intelligence; Resource Optimization

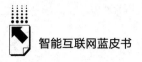

B.16 Development Status and Trends of Automated Driving

Li Bin, *Gong Weijie*, *Li Honghai and Zhang Zezhong* / 251

Abstract: In 2024, With the steady improvement of the policy environment for autonomous driving in China and the remarkable acceleration of the iteration of core technologies, the Ministry of Transport and the Ministry of Industry and Information Technology have actively promoted the implementation and application of autonomous driving in typical urban and intercity traffic scenarios by means of pilot demonstrations. This series of progress has created a broader development space and injected stronger development momentum for autonomous driving. In the future, autonomous driving will play a leading role in the digitalization, networking and intelligentization process of the transportation system, profoundly reshaping the transportation mode, the industrial pattern of vehicles, as well as the relevant industrial chain structure.

Keywords: Intelligent and Connected Vehicle; Automated Driving; Intelligentization

B.17 Development of Smart Cultural Tourism in 2024 and Prospects for 2025

Wang Chunpeng, *Cai Hong* / 262

Abstract: In 2024, the smart cultural tourism industry in China maintained a high-speed growth trend and became the core driving force for promoting the transformation and upgrading of the culture and tourism industry. Technologies such as artificial intelligence, XR, and digital twin were deeply integrated into the entire chain of the cultural tourism industry, giving rise to a ecosystem that covers the coordinated development of multiple fields including smart scenic spots, smart cultural and museum institutions, and smart tourism, and integrates online and offline experiences. Looking ahead to 2025, large AI models will be more deeply applied to tourism scenarios. The application of AR smart glasses is expected to experience a boom, and immersive experiences will continue to evolve. The development path of smart culture and tourism will tend more towards integration, innovation, and inclusiveness.

Keywords: Smart Cultural Tourism; Digital Transformation; Scenario Innovation; Industrial Ecosystem

B. 18 Development and Trends of 2024 China's Intelligent Sports

Li Chenxi, Wang Xueli / 280

Abstract: In the context of developing new quality productive forces, China's intelligent sports industry is experiencing vigorous growth. In the aspect of High-tech Olympics, artificial intelligence assisted Team China in making breakthroughs, while Alibaba Cloud contributed to innovations in Olympic broadcasting. With respect to national fitness, intelligent technologies are fostering the integration of sports and medicine, upgrading mass sports events, reshaping sports education, and boosting online virtual competitions. As for the foundation of intelligent transformation, several standards related to intelligent sports have been executed, and early versions of sports-specific large models have been released.

Keywords: Intelligent Sports; New Quality Productive Forces; Artificial Intelligence; High-tech Olympics; Mass Sports

B. 19 Integrated Development of Artificial Intelligence and Virtual

Reality Industry in 2024 *Yang Kun* / 295

Abstract: The VR/AR industry has undergone a transformation in development mode driven by new technologies such as artificial intelligence. New products such as smart eyes have opened up a broader hardware track, and VR's large space brings new opportunities for services. Themetaverse is striving to

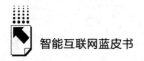

transform into an "interoperable metaverse", with improved product quality, but more time is needed to reach the ideal state. The practical scenarios combining AIGC and VR are becoming increasingly diverse, but there are still technical challenges that need to be continuously deepened and promoted in terms of content generation efficiency, data protection, and the ethical unity of virtual and real worlds.

Keywords: Virtual Reality; Metaverse; Artificial Intelligence

V   Special Reports

B.20   On the Regulatory Path of Copyright Law for AI-Generated

Contents   *Feng Xiaoqing, Li Ke* / 309

Abstract: The rapid development of generative artificial intelligence technology has brought unprecedented opportunities to various industries. Multimodal large models are capable of autonomously creating text, images, videos, and other contents, while simultaneously raising numerous copyright risks. Striking a balance between encouraging technological innovation and protecting copyright has become a critical issue that urgently needs to be addressed. In the future, it is necessary to further refine laws and regulations to clarify the legal status of AI-generated content, while promoting the coordinated development of technological solutions and legal oversight to address the challenges posed by generative AI.

Keywords: Generative Artificial Intelligence; Aopyright; Fair Use

B.21   Application Status and Future Prospects of Public Data in China

Zhang Yawen, Men Yulu, Xu Kaiyue and Meng Tianguang / 324

Abstract: In order to promote the full release of the value of public data elements, China has established a fundamental framework for public data applications centered around public data sharing, openness, and authorized operation, forming distinctive application models. However, the application of public data in China faces challenges in providing high-quality data and cultivating ecosystem. The linchpin of further deepening the application of public data lies in propelling the construction of an ecological guarantee mechanism for data sharing and feedback, and steadily enhancing the ecosystem for the development and application of public data.

Keywords: Public Data; Data Openness; Public Data Application

B.22 Smart Government in China: Development, Pitfalls, and Future Avenues *Ma Liang* / 338

Abstract: Artificial intelligence particularly generative artificial intelligence (GenAI) technologies have been rapidly developing in China in 2024. Policy support of smart government has been further strengthened, and local and sector-specific exploration has been constantly expanding. In the development of smart government, there are problems such as fragmented and decentralized construction, lagging and lack of system, insufficient prevention of hidden risks, and low digital literacy of public officials. Future development of smart government should strengthen strategic planning and top-level design, enhance the institutional system of smart government, prevent the potential risks of smart government, and improve the digital literacy of public officials.

Keywords: Smart Government; GenAI; Digital Transformation; Digital Government; Algorithmic Governance

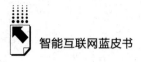
B . 23   Global Governance of Artificial Intelligence Ethics in 2024：
Core Characteristics and Exploration of Consensus

Fang Shishi, *Ye Ziming* / 350

Abstract：As generative artificial intelligence applications rapidly advance and bring about extensive governance challenges, global ethical governance of artificial intelligence is accelerating toward systematic implementation in 2024. Previously fragmented ethical principles are gradually converging into systemic laws and regulations, yet obstacles remain in translating these principles into practice. While governance efforts by nations and international organizations continue to deepen and expand, globally unified governance rules are still in their nascent stages.

Keywords：Artificial Intelligence；Global Governance；Ethical Governance

B . 24   Construction of Teaching Quality Norms Supported by
Artificial Intelligence Systems

Zhang Chunhua, *Cai Weiqian*, *Zuo Jianghui and Feng Weilin* / 367

Abstract：With the deepening application of artificial intelligence（AI）technology in the field of education, traditional teaching quality evaluation methods face challenges such as single-dimensional assessments and insufficient data. This study constructs an AI-supported teaching quality norm framework based on the Seewo Teaching Large Model and the LICC（Learning, Instruction, Curriculum, Culture）classroom observation model. The framework focuses on two core dimensions—teacher instruction and student learning. Leveraging multimodal data collection and intelligent analysis technologies, it enables dynamic and precise evaluation of teaching quality.

Keywords：Artificial Intelligence；Teaching Quality Norms；Seewo Teaching Large Model；Educational Quality Assessment

Appendix

社会科学文献出版社

皮 书

智库成果出版与传播平台

✦ 皮书定义 ✦

皮书是对中国与世界发展状况和热点问题进行年度监测，以专业的角度、专家的视野和实证研究方法，针对某一领域或区域现状与发展态势展开分析和预测，具备前沿性、原创性、实证性、连续性、时效性等特点的公开出版物，由一系列权威研究报告组成。

✦ 皮书作者 ✦

皮书系列报告作者以国内外一流研究机构、知名高校等重点智库的研究人员为主，多为相关领域一流专家学者，他们的观点代表了当下学界对中国与世界的现实和未来最高水平的解读与分析。

✦ 皮书荣誉 ✦

皮书作为中国社会科学院基础理论研究与应用对策研究融合发展的代表性成果，不仅是哲学社会科学工作者服务中国特色社会主义现代化建设的重要成果，更是助力中国特色新型智库建设、构建中国特色哲学社会科学"三大体系"的重要平台。皮书系列先后被列入"十二五""十三五""十四五"时期国家重点出版物出版专项规划项目；自2013年起，重点皮书被列入中国社会科学院国家哲学社会科学创新工程项目。

权威报告·连续出版·独家资源

皮书数据库
ANNUAL REPORT(YEARBOOK)
DATABASE

分析解读当下中国发展变迁的高端智库平台

所获荣誉

- 2022年，入选技术赋能"新闻+"推荐案例
- 2020年，入选全国新闻出版深度融合发展创新案例
- 2019年，入选国家新闻出版署数字出版精品遴选推荐计划
- 2016年，入选"十三五"国家重点电子出版物出版规划骨干工程
- 2013年，荣获"中国出版政府奖·网络出版物奖"提名奖

皮书数据库

"社科数托邦"
微信公众号

成为用户

登录网址www.pishu.com.cn访问皮书数据库网站或下载皮书数据库APP，通过手机号码验证或邮箱验证即可成为皮书数据库用户。

用户福利

- 已注册用户购书后可免费获赠100元皮书数据库充值卡。刮开充值卡涂层获取充值密码，登录并进入"会员中心"—"在线充值"—"充值卡充值"，充值成功即可购买和查看数据库内容。
- 用户福利最终解释权归社会科学文献出版社所有。

数据库服务热线：010-59367265
数据库服务QQ：2475522410
数据库服务邮箱：database@ssap.cn
图书销售热线：010-59367070/7028
图书服务QQ：1265056568
图书服务邮箱：duzhe@ssap.cn

社会科学文献出版社 皮书系列
SOCIAL SCIENCES ACADEMIC PRESS (CHINA)

卡号：763387525692
密码：

S 基本子库
SUB DATABASE

中国社会发展数据库（下设 12 个专题子库）

紧扣人口、政治、外交、法律、教育、医疗卫生、资源环境等 12 个社会发展领域的前沿和热点，全面整合专业著作、智库报告、学术资讯、调研数据等类型资源，帮助用户追踪中国社会发展动态、研究社会发展战略与政策、了解社会热点问题、分析社会发展趋势。

中国经济发展数据库（下设 12 专题子库）

内容涵盖宏观经济、产业经济、工业经济、农业经济、财政金融、房地产经济、城市经济、商业贸易等 12 个重点经济领域，为把握经济运行态势、洞察经济发展规律、研判经济发展趋势、进行经济调控决策提供参考和依据。

中国行业发展数据库（下设 17 个专题子库）

以中国国民经济行业分类为依据，覆盖金融业、旅游业、交通运输业、能源矿产业、制造业等 100 多个行业，跟踪分析国民经济相关行业市场运行状况和政策导向，汇集行业发展前沿资讯，为投资、从业及各种经济决策提供理论支撑和实践指导。

中国区域发展数据库（下设 4 个专题子库）

对中国特定区域内的经济、社会、文化等领域现状与发展情况进行深度分析和预测，涉及省级行政区、城市群、城市、农村等不同维度，研究层级至县及县以下行政区，为学者研究地方经济社会宏观态势、经验模式、发展案例提供支撑，为地方政府决策提供参考。

中国文化传媒数据库（下设 18 个专题子库）

内容覆盖文化产业、新闻传播、电影娱乐、文学艺术、群众文化、图书情报等 18 个重点研究领域，聚焦文化传媒领域发展前沿、热点话题、行业实践，服务用户的教学科研、文化投资、企业规划等需要。

世界经济与国际关系数据库（下设 6 个专题子库）

整合世界经济、国际政治、世界文化与科技、全球性问题、国际组织与国际法、区域研究 6 大领域研究成果，对世界经济形势、国际形势进行连续性深度分析，对年度热点问题进行专题解读，为研判全球发展趋势提供事实和数据支持。

法律声明

"皮书系列"（含蓝皮书、绿皮书、黄皮书）之品牌由社会科学文献出版社最早使用并持续至今，现已被中国图书行业所熟知。"皮书系列"的相关商标已在国家商标管理部门商标局注册，包括但不限于 LOGO（ ▨ ）、皮书、Pishu、经济蓝皮书、社会蓝皮书等。"皮书系列"图书的注册商标专用权及封面设计、版式设计的著作权均为社会科学文献出版社所有。未经社会科学文献出版社书面授权许可，任何使用与"皮书系列"图书注册商标、封面设计、版式设计相同或者近似的文字、图形或其组合的行为均系侵权行为。

经作者授权，本书的专有出版权及信息网络传播权等为社会科学文献出版社享有。未经社会科学文献出版社书面授权许可，任何就本书内容的复制、发行或以数字形式进行网络传播的行为均系侵权行为。

社会科学文献出版社将通过法律途径追究上述侵权行为的法律责任，维护自身合法权益。

欢迎社会各界人士对侵犯社会科学文献出版社上述权利的侵权行为进行举报。电话：010-59367121，电子邮箱：fawubu@ssap.cn。

社会科学文献出版社